普通高等教育“十三五”规划教材

运筹学

第2版

主编 孔造杰
参编 苑清敏 赵文燕

机械工业出版社

本书是河北省省级精品课程配套教材。

本书是基于高等院校管理类、经济类与工程技术类相关专业的教学需要编写的，编写的逻辑与方式符合教学的要求，编写的内容兼顾理论基础和实际应用。本书主要内容包括线性规划、运输规划、整数规划、目标规划、动态规划、图与网络优化、网络计划技术、非线性规划、存储论、排队论、决策分析等，每章后面都配有与教学内容相对应的习题，书末有习题参考答案及提示。在相关章节详细介绍了 Excel 在优化中的应用。

本书主要用作高等院校管理类、经济类和工程技术类等相关专业的本科生、研究生以及工程硕士的教材，也可供从事管理工作的人员和技术人员参考。

图书在版编目（CIP）数据

运筹学/孔造杰主编. —2 版. —北京：机械工业出版社，2017.10（2023.8 重印）
普通高等教育“十三五”规划教材
ISBN 978-7-111-57834-5

Ⅰ.①运… Ⅱ.①孔… Ⅲ.①运筹学-高等学校-教材 Ⅳ.①O22

中国版本图书馆 CIP 数据核字（2017）第 208739 号

机械工业出版社（北京市百万庄大街 22 号 邮政编码 100037）
策划编辑：曹俊玲 责任编辑：曹俊玲 陈崇昱 刘鑫佳
责任印制：常天培 责任校对：刘丽华 任秀丽
北京机工印刷厂有限公司印刷
2023 年 8 月第 2 版 · 第 6 次印刷
184mm×260mm · 20 印张 · 482 千字
标准书号：ISBN 978-7-111-57834-5
定价：49.80 元

凡购本书，如有缺页、倒页、脱页，由本社发行部调换

电话服务	网络服务
服务咨询热线：010-88379833	机 工 官 网：www.cmpbook.com
读者购书热线：010-88379649	机 工 官 博：weibo.com/cmp1952
	教育服务网：www.cmpedu.com
封面无防伪标均为盗版	金 书 网：www.golden-book.com

前　言

运筹学是研究优化理论的一门学科，是管理科学的基本理论与方法。它广泛应用于工业、农业、军事国防、交通运输、政府机关、网络通信、工程建设以及商业营销等领域。它主要研究最优资源分配问题、最低成本产出问题、网络优化问题、最佳配送问题等诸多方面的内容。它是根据实际问题的特征抽象出不同类型的数学优化模型，再对模型进行分析求解的一系列方法体系。

随着管理科学的发展，优化理论也在不断地丰富和扩展。但是，基础的经典理论与方法仍然是这一领域应用最为广泛的部分，是运筹学最为重要的构成部分，也是理论与方法体系最为完整的部分。因此，本书从大学本科以及研究生教学的实际需要出发，编排了运筹学最为基础也是最为核心的内容，主要包括线性规划、运输规划、整数规划、目标规划、动态规划、图与网络优化、网络计划技术、非线性规划、存储论、排队论、决策分析等内容。这些内容涵盖了运筹学的大部分内容，是运筹学中最为基础且广为应用的主体内容。

本书的编写是面向教学的，充分考虑了学生学习这门课程的思维逻辑，在阐述基本概念与基本理论时，力求清晰、透彻、直观；对基本定理都给出了详细证明，使读者不仅知其然，而且知其所以然；对于每一类规划模型在讲清思路的同时，对相关算法也都进行了详细的推导。另外，所有编者都有几十年的运筹学教学经验，在章节的安排及内容的选取上都做了深入周密的考虑，学生可以比较容易地理解算法的原理，掌握算法的基本步骤，并学会如何应用这些算法。

本书的编写是面向应用和实际的，每一个规划模型都是从实际问题引出，通过对实例的分析，列出该问题的优化模型，再详细讲解求解的思路和方法，并配有大量的实例分析。读者可以参照这些实例学习到根据实际问题建立相应的数学规划模型的方法和技巧。在每章后面都配有与教学内容相对应的适量习题，并在书末给出了参考答案或必要提示。这些习题对于读者掌握相关知识起着至关重要的作用，并为自学这门课程提供了帮助。

本书的编写也是面向求解方法的，在每一类规划模型中不仅详细讲解了其求解的一般方法与步骤，而且从实际应用的角度出发在相关章节详细讲解了用 Excel 软件进行优化求解的方法。之所以选择 Excel 软件，不仅因为其方便，而且因为其实用，应用 Excel 的规划求解命令及相应的挂接软件包几乎可以解决优化模型的绝大部分求解问题。

本书自 2006 年 8 月出版以来，深受广大学生和教师的欢迎，截至 2016 年已经先后印刷了 8 次。作为编者，能够帮助这么多学生学习运筹学的知识深感欣慰。为了能够更好地帮助大家，经与机械工业出版社沟通，决定对本书进行修订。在新版教材中，除了对原书的不当之处进行修订外，还增加了非线性规划一章，这主要是考虑到运筹学知识的完整性和部分考研学生的考研需要，这部分内容对研究生运筹学的教学也是必要的。为了进一步帮助广大学生学习运筹学，我们正在考虑编写与本书配套的《运筹学——知识概要与习题详解》，敬请关注。

本书由河北工业大学孔造杰担任主编。具体编写分工如下：第一章、第二章、第三章、第四章、第七章、第九章和第十一章由孔造杰编写；第八章、第十二章、第十三章和第十四章由天津理工大学苑清敏编写；第五章、第六章和第十章由河北工业大学赵文燕编写。在本书的编写过程中，作者从许多国内外同行专家、学者的著作中汲取了丰富的营养，获益匪浅，在此对这些专家学者表示诚挚的感谢和敬意。

由于作者水平有限，加之成书时间仓促，本书的缺点和谬误之处在所难免，敬请专家、学者及读者不吝指教。

本书配有电子课件，凡使用本书作为教材的教师可登录机械工业出版社教育服务网（www. cmpedu. com）注册后免费下载。

编者

目 录

绪　论

管理是在生产发展的基础上提出来，并随着生产的进一步发展而不断完善和提高。社会经济的发展和生产规模的不断扩大，需要众多的人共同完成一项活动或工程，也需要更多资源的投入。如何充分利用各种资源，使之发挥最大的效用，取得最好的效果，是管理者的责任和任务，也是管理者必须掌握的基本技能。这里所说的资源包括经济活动和企业生产赖以进行的人力、物力、财力与时间等各种物质和非物质的资源。运筹学正是帮助管理者掌握这门技能，充分利用这些资源，并就实际问题做出正确决策的有效手段。

一、运筹学及其性质

运筹学是一门系统优化科学，是使系统的各种资源充分发挥效能的科学，是选择问题最优解决方案的科学。运筹学的英文名称是 Operations Research（简称 O. R.），直译为“作业研究”。在我国“运筹”这个名词很早就有，其基本含义就是制定策略、筹划、决策。据《史记 · 高祖本纪》记载，汉高祖刘邦曾经说过：“夫运筹帷幄之中，决胜千里之外，吾不如子房（张良）。”这里说的是用兵打仗，后人则因此以“运筹帷幄”指在后方决定作战策略，也泛指筹划决策，这一点恰好同运筹学这门学科的起源及其内涵不谋而合，所以将 Operations Research 译为运筹学，比较恰当地反映了这门学科的性质和内涵。

运筹学在不同人的笔下有过许多的定义。世界上第一本运筹学著作的作者莫斯（P. M. Morse）和凯波尔（G. E. Kimball）给出的定义是：运筹学是为决策机构对所控制的业务活动做决策时，提供以数量为基础的科学方法。世界上第一个运筹学学术组织——英国运筹学俱乐部给出的定义是：运筹学是把科学方法应用在指导人员、工商企业、政府和国防等方面解决发生的各种问题，其方法是发展一个科学的系统模式，并运用这种模式预测、比较各种决策及其产生的后果，以帮助主管人员科学地决定工作方针和政策。《中国企业管理百科全书》（1984 年版）给出的定义是：运筹学是应用分析、试验、量化的方法对经济管理系统中人力、物力、财力等资源进行统筹安排，为决策者提供有依据的最优方案，以实现最有效的管理。

概括上述定义的精髓和核心思想，运筹学是一门边缘性的、综合性的应用科学，它是以应用数学为主要技术手段，综合应用经济、军事、心理学、社会学、物理学、化学以及工农业生产的一些理论和方法，对实际问题找出最优的或满意的解决方案的一门科学。

二、运筹学发展简史

运筹学起源于20世纪30年代，是由于当时军事上的需要而产生与发展起来的一门边缘性交叉学科。在当时的战争态势中，英美的军事力量特别是空军力量与德国比较处于相对劣势，如何调动一切可以调动的力量，如何充分利用有限的战争资源是摆在英美最高领导机构的重要课题。为此，英美最高领导机构召集相关领域的专家学者就有关实际问题展开研究，如为对付德国的空袭如何布置其雷达防空系统问题，为防止德国潜艇对运送物资船队的攻击而面临的护航舰队如何编队问题，为对付德国潜艇的攻击研究反潜深水炸弹的合理爆炸深度问题，以及空军飞行员的编组问题，军事物资的存储问题等等。当时，这些研究工作有一个统一的名称——Operational Research，即“作业研究”。这些研究充分利用了当时飞速发展的线性代数、概率数理统计等领域的知识以及工程领域的各种原理和方法，并在战后逐步形成了具有鲜明特色的相对独立的新学科，并从军事领域逐步扩展到工业生产和经济活动中来。概括运筹学的发展历程大致可以分为以下三个时期：

（1）创立时期，20世纪40年代。在战争中研究和发展的一些优化方法构成了运筹学的雏形，战后这些方法进一步得到发展并扩展至经济领域和工业生产过程，逐步形成具有鲜明特色的新学科。但是，这一时期涉及的人数很少，应用的领域和范围较小，学术组织和出版物形只影单。1947年丹齐格（G. B. Dantzig）提出了求解线性规划的单纯形方法。1948年英国第一个成立了运筹学的学术组织——“运筹学俱乐部”，并在煤炭、电力等部门推广运筹学的应用，取得了一定的进展。1948年美国麻省理工学院第一次把运筹学作为一门学科介绍。1950年英国伯明翰大学正式开设了运筹学课程。所有这些都促进了运筹学作为一门独立学科的产生。

（2）成长时期，20世纪50年代。这一时期运筹学的理论得到了迅速发展，特别是计算机技术的产生与发展，促进了运筹学更为广泛的推广和应用。相应的学术组织和学术期刊也如雨后春笋般不断涌现。1950年第一本运筹学杂志《运筹学季刊》（O. R. Quarterly）在英国创刊。1952年美国运筹学学会成立，并于同年出版运筹学月刊（Journal of ORSA）。从1956年到1959年，法国、印度、日本、荷兰、比利时等十个国家先后成立了运筹学学会，并有6种运筹学刊物出版问世。1957年在英国牛津大学召开了世界上第一次国际运筹学会议。1959年成立了国际运筹学联合会（the International Federation of Operations Research Societies，IFORS）。

（3）成熟时期，20世纪60年代一直到现在。这一时期的特点是：运筹学的经典内容理论上已经完善成熟，主体内容细分分支已经明朗，应用实践进入了广为普及阶段，专业学术团体迅速增多，学术期刊的创办更多，运筹学书籍出版的更多，更多的学校将运筹学纳入到教学计划中。特别是计算机科学的普及，极大地促进了运筹学的广为应用，使运筹学解决一些大型的复杂系统问题成为可能，如国民经济计划问题、城市交通规划问题、环境污染问题、大型综合性项目的计划控制问题等。随着运筹学在工业、农业、经济和社会系统等领域越来越广泛的应用，也促进了其自身的飞速发展，到20世纪60年代末已经形成了比较完整的理论体系。

运筹学在我国的发展是在20世纪50年代中期。虽然朴素的运筹学思想在我国古代文献中就有不少记载（如丁谓主持皇宫的修复——故事发生在北宋时期，皇宫被大火焚毁，由丁谓主持修复工程，他让人在修建宫殿前的大街上取土烧砖，取土后的大沟灌水成渠，用水渠运送各种建筑材料，工程完工后再以废砖烂瓦填沟修复大街，做到了减少运输和方便运输，工程各个环节协调一致，缩短了工期），也有人们津津乐道的典故（如齐王赛马——有一次齐王要与大将田忌赛马，规定双方在各自的上、中、下三个等级的马中各出一匹马进行比赛，如果按同等级的马进行对阵，由于齐王的马好于田忌的马，齐王肯定会获全胜。这时，田忌的谋事孙膑出主意，以下等马对齐王的上等马，以上等马对齐王的中等马，以中等马对齐王的下等马，结果田忌反以二比一获胜），但运筹学在我国成为一个系统学科却是在20世纪50年代。在20世纪50年代，早期回国的一些科学家钱学森、华罗庚、许国志等人将运筹学的方法由西方引入我国，并结合我国的特定情况在国内推广应用。在这方面华罗庚教授做了大量基础性的工作，出版了一批推广应用优化方法的书籍，并吸引了一大批专家学者加入到这一领域的研究与应用队伍中，在许多方面使运筹学的各分支很快赶上了当时的国际水平。

三、运筹学的主体内容

运筹学的主体内容包括以下分支：

1. 数学规划论

这是一类通过特定的数学模型来刻画和描述实际问题的优化理论。按照数学模型的特点、要求和表达方式的不同，数学规划可以分为：线性规划、非线性规划、整数规划、动态规划、目标规划等内容。这类规划的数学模型的共同特征是，由反映问题目标要求的数学式和反映客观限制的约束条件数学方程所构成，使得在满足约束条件限制之下的目标数学式达到最优结果。简言之就是有约束极值问题。

2. 图论与网络理论

它主要包括最短路问题、最大流问题、最小树问题以及网络计划技术。这些内容是图论与优化理论相结合的结晶，对于解决社会和工程实际问题有极大的帮助，其中有些方法和技术已经成为工程实际中不可或缺的工具，网络计划技术就是其中典型的代表。

3. 随机优化理论

它主要包括排队论、存储论、决策论和对策论，它们主要是研究在随机环境中管理决策的优化问题。其中排队论研究随机服务理论与模型，解决具有排队现象的服务系统的效率与顾客满意度的平衡问题；存储论研究在确定和随机条件下的存储策略问题，以实现存储过程费用最低的目标；决策论则是研究决策的程序与方法，探讨应对各种可能自然状态情况下的有效策略；对策论又名博弈论，它研究人类在竞争环境下的决策优化问题。

4. 系统仿真与模拟

它是通过反复大量试验的方式模拟各种可能出现的情况与状态，统计分析并比较其对应的结果，寻找满意结果所对应状态的一系列方法体系，主要包括随机模拟技术与方法、系统动力学等内容。

除了上述四个类别的优化理论外，还有一些边缘性的理论在一定程度上也属于运筹学范畴，如模型论、系统可靠性与维修性、系统的可用性等。

四、运筹学的基本特点

运筹学作为一门学科所表现出来的基本特点是：系统整体优化、多学科体系交叉配合和模型模拟方法的应用。

1. 系统整体优化是运筹学的根本

无论是军事、社会还是企业经营、工程活动都是由许多子系统构成的一个整体，系统内各个部分之间是相互联系、相互制约的。运筹学方法的目标是实现系统整体优化，而并非系统中某一部分或每一部分都达到最优，它是把相互影响和制约的各个方面作为一个统一体，从总体效果的观点出发寻找出一个优化协调的解决方案。

2. 多学科交叉配合是运筹学边缘性和综合性学科特性的体现

虽然运筹学是一门应用于管理决策和系统优化领域的应用数学，但它必须与社会、经济、管理、科学技术和工程领域的知识相结合。多学科的协调配合是分析问题和解决问题的基本要求，解决实际问题也需要不同领域专家的协调配合，来自不同学科领域的专家具有不同的经验和技能，对于分析问题和解决问题无疑会相互促进和弥补缺失。

3. 模型（模拟）方法是优化理论的基本方法

针对研究的系统建立问题的数学模型或模拟模型，围绕数学模型的建立、修正、求解、分析与应用展开研究，或者通过模拟技术与方法寻求解决问题的优化方法。

五、运筹学的工作步骤

运筹学是一门用于解决实际问题的应用学科，明晰其工作步骤是至关重要的。按照应用运筹学解决实际问题的过程，可以将其工作步骤分为：明确问题、建立模型、设计算法、整理数据、求解模型、评价结果和实施控制。其基本流程如图 0-1 所示。

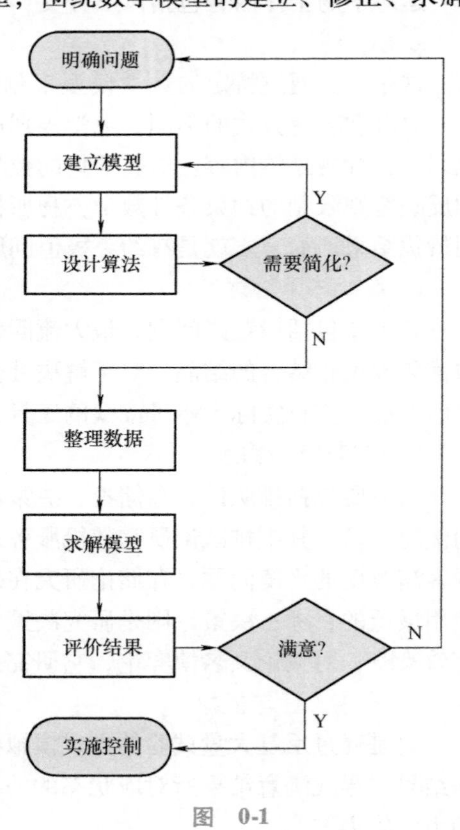

图 0-1

1. 提出和形成问题

这是指针对具体的实际问题，弄清其性质、目标和条件，掌握客观约束、各种参数以及有关资料。这一步骤需要明晰系统边界，突出主要矛盾。

2. 建立模型

建立模型的过程是一种创造性的劳动过程，它就是把实际问题中的决策变量、参数和约束条件用一定的数学模型表达出来的过程。建立数学模型不仅需要运筹学的知识和能力，也需要相关的经济、科技与工程领域的基本知识。

3. 求解模型

它是指运用各种技术手段，特别是数学手段，求得所建模型的最优解和满意解的过程。复杂的模型求解通常需要借助计算机来完成。

4. 解的检验、实施和控制

通过一定的手段和相关领域的知识，分析和判断所求得的模型的解是否符合于客观实际和解决问题的需要，将所得的优化解决方案加以实施的过程也必然需要相应的控制手段，以排除一些不可预见的因素对系统的影响，确保沿着正确的方向实施最优方案。

六、运筹学的主要应用领域

正如运筹学产生与发展的过程一样，运筹学在早期主要应用于军事科学，随着其发展和社会、经济、技术的不断进步，现在运筹学除了应用于军事领域外，还广泛应用于社会经济、企业管理与经营、科学技术等领域。

（1）社会经济领域。如财政金融、工业经济、农业经济、城市建设、统计与规划等。

（2）企业管理与经营。如市场销售、生产组织、库存管理、运输问题、人事管理、项目的选择与评价、设备的维修与更新等。

（3）科学技术领域。如工程的优化设计与施工组织，产品的可靠性设计与质量控制，计算机和信息系统领域，其他技术科学领域。

第一章 线性规划基础

线性规划是优化理论最基础的部分，也是运筹学最核心的内容之一。线性规划单纯形求解方法的提出，使得线性规划的理论与方法趋于完善，并极大地促进了线性规划在经济、管理、工程、军事、科技等领域的广泛应用。本章主要介绍线性规划的基础理论，包括线性规划模型的建立、图解、标准型及其解的概念，以及线性规划基础理论和基本定理。

第一节 线性规划问题的提出与模型

一、问题的提出

【例 1-1】 某制造工厂在计划期内要安排生产甲、乙两种产品，这两种产品消耗同一种原材料并分别在 A、B 设备上加工。按照工艺要求，产品甲、乙在设备 A、B 上所需的加工台时及原材料消耗量如表 1-1 所示。已知设备 A、B 在计划期内有效台时分别是 16h 和 12h，原材料总量为 8 个单位，该工厂每生产一件产品甲、乙可分别获得利润 3 千元、4 千元。问应如何安排生产计划才能得到最大利润？

表 1-1 例 1-1 数据资料

产品 \ 资源	原材料/单位	设备 A/h	设备 B/h	单件利润/千元
甲	1	4	0	3
乙	2	0	4	4
资源数量	8	16	12	

此例的问题用数学语言描述如下：

假设 x_1、x_2 分别表示在计划期内产品甲、乙的产量，该企业的目标为利润最大，用 z 表示为

$$z = 3x_1 + 4x_2$$

这个方程表达了实际问题所追求的目标，因此称之为问题的目标方程。在此方程中，利润 z 是产量 x_1 和 x_2 的单调递增函数，x_1、x_2 越大，利润 z 就越大。但是，由于受到有限资源的限制（此题中为原材料数量和设备台时的限制），x_1、x_2 不可能任意增大，它要受到资源量的制约。比如，对于原材料而言，其总的拥有量为 8 个单位，生产产品甲和乙所消耗的该原料的数量不能超过 8 个单位，即

$$x_1 + 2x_2 \leqslant 8$$

称此表达式为约束条件。同样地，对于设备资源 A、B 而言，我们也可以得到约束条件：

$$4x_1 \leqslant 16$$
$$4x_2 \leqslant 12$$

在这三个约束表达式中，不等号的左端为实际消耗量，右端是实际拥有量。就此实际问题而言，除了原材料和设备有效台时的限制条件之外，还有一个隐含的限制，那就是产量 x_1、x_2 都必须大于等于零。

综上所述，得到该问题的一组数学表达式——数学模型如下：

$$\max z = 3x_1 + 4x_2$$
$$\text{s. t.} \begin{cases} x_1 + 2x_2 \leqslant 8 \\ 4x_1 \qquad \leqslant 16 \\ \qquad 4x_2 \leqslant 12 \\ x_1,\ x_2 \geqslant 0 \end{cases}$$

我们称此类在约束条件限定下求极值的数学模型为规划模型。由于模型中的目标方程和约束条件都是一次式，故称为线性规划模型。模型中符号 max 是英文 maximize 的简写，表示求目标方程的最大值，符号 s. t. 是英文 subject to 的简写，表示对模型变量的约束。例1-1 的问题就是要求出满足这些约束条件并使得目标函数达到最大的 x_1、x_2 的取值。

【例 1-2】　下料问题。某种设备的制造需要用甲、乙、丙三种规格的轴各一根，这些轴的长度规格分别是 2. 9m、2. 1m 和 1. 5m，由于这些轴的直径相同，所以用同一种圆钢作为原料，圆钢棒料的长度为 7. 4m。现在要制造 100 台这种设备，问最少要用多少根圆钢来生产这些轴?

分析：从一根长 7. 4m 的圆钢棒料上切割出三种不同长度的轴有许多种不同的切割方法。按照通常的思维模式从长到短进行切割，例如在一根棒料上切 2. 9m 长的轴 2 根，剩下 1. 6m 只能再切 1. 5m 长的轴 1 根，剩余料头 0. 1m。列出所有可能的切割方案，如表 1-2 所示。

表 1-2　例 1-2 可能的切割方案

规格＼方案	1	2	3	4	5	6	7	8
2. 9m	2	1	1	1	0	0	0	0
2. 1m	0	2	1	0	3	2	1	0
1. 5m	1	0	1	3	0	2	3	4
合计/m	7. 3	7. 1	6. 5	7. 4	6. 3	7. 2	6. 6	6. 0
剩余料头/m	0. 1	0. 3	0. 9	0	1. 1	0. 2	0. 8	1. 4

根据要求，要生产 100 台设备需要甲、乙、丙三种规格的轴各 100 根，显然，仅采用表 1-2 中的某一种方案进行切割不可能是最节省的，甚至是不可行的，需要综合采用上述 8 种方案（或 8 种方案中的一部分）。

设采用第 j 种方案切割原棒料的根数为 x_j，$j=1, 2, \cdots, 8$，则需要的原料根数可以表达为

$$z = \sum_{j=1}^{8} x_j$$

根据问题的要求，z 越小越好，它是描述问题目标的方程。但甲、乙、丙三种规格的轴至少要各有 100 根，即各个切割方案所产生的甲、乙、丙的数量之和分别不少于 100 根，所以要满足下面的条件：

$$\begin{cases} 2x_1 + x_2 + x_3 + x_4 \geqslant 100 & 2.9\text{m 长轴的根数} \\ 2x_2 + x_3 + 3x_5 + 2x_6 + x_7 \geqslant 100 & 2.1\text{m 长轴的根数} \\ x_1 + x_3 + 3x_4 + 2x_6 + 3x_7 + 4x_8 \geqslant 100 & 1.5\text{m 长轴的根数} \end{cases}$$

将上述分析表达在一起，得到该下料问题的数学模型：

$$\min z = \sum_{j=1}^{8} x_j$$

$$\text{s. t.} \begin{cases} 2x_1 + x_2 + x_3 + x_4 \geqslant 100 \\ 2x_2 + x_3 + 3x_5 + 2x_6 + x_7 \geqslant 100 \\ x_1 + x_3 + 3x_4 + 2x_6 + 3x_7 + 4x_8 \geqslant 100 \\ x_j \geqslant 0, \ j=1, 2, \cdots, 8 \end{cases}$$

这也是一个线性规划的数学模型，求得的变量 x_1，x_2，$\cdots$，x_8 的值构成了问题的一个可行的实施方案，这个方案可以消耗最少的圆钢棒料。模型中的 min 是英文 minimize 的简写，表示数学模型是求目标方程的最小值。

概括线性规划在工农业生产及经济领域各方面的应用有两大类：第一类为在一定资源限制条件下使利益最大，第二类为在产出一定的前提下使费用最小。

二、线性规划的一般数学模型

一般线性规划数学模型有下面三个要素：

（1）决策变量集合：（x_1，x_2，$\cdots$，x_n），其每一组可能的取值代表问题的一个解决方案。通常决策变量要求非负。

（2）约束条件集合，即决策变量集必须服从的条件。它是决策变量集的一组线性等式或不等式。

（3）目标函数：$z=f(x_1, x_2, \cdots, x_n)$，它是衡量决策变量集所形成决策方案优劣的数量指标。根据问题求其在满足所有约束条件下的最大值或最小值。

线性规划的一般模型为

目标函数：$\max(\min) z = c_1x_1 + c_2x_2 + \cdots + c_nx_n$

约束条件：s. t.

$$\begin{cases} a_{11}x_1 + a_{12}x_2 + \cdots + a_{1n}x_n \leqslant (\geqslant, =) b_1 \\ a_{21}x_1 + a_{22}x_2 + \cdots + a_{2n}x_n \leqslant (\geqslant, =) b_2 \\ \vdots \\ a_{m1}x_1 + a_{m2}x_2 + \cdots + a_{mn}x_n \leqslant (\geqslant, =) b_m \\ x_1, x_2, \cdots, x_n \geqslant 0 \end{cases} \tag{1-1}$$

第二节　线性规划的图解

由于线性规划模型中的目标方程和约束条件都是线性的，当模型中只有两个决策变量时，它们都是平面中的直线方程，所以可以在直角坐标系下进行图解。

现在我们对第一节中的例 1-1 进行图解，以期对线性规划模型的解有一个直观的认识。在以决策变量 x_1、x_2 为坐标轴的直角坐标系中，首先画出模型中每一个约束条件所表达的直线，不等式约束所要求的则是直线一侧的区域，如约束 $4x_1 \leqslant 16$ 所表达的是在直线 $x_1=4$ 的左侧，并注意到决策变量非负的约束要求，如图 1-1 所示。

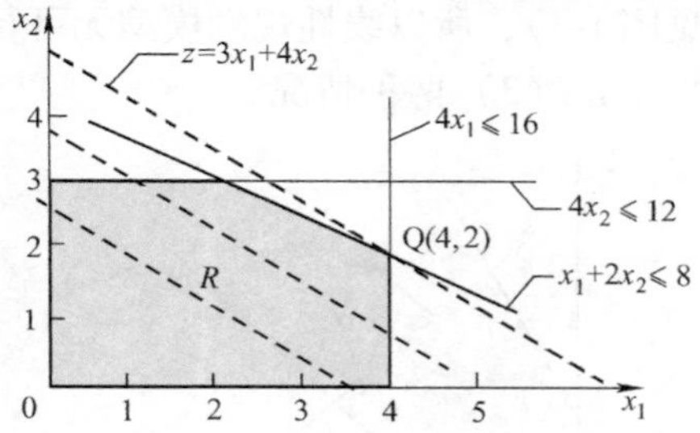

在图中，所有约束条件的直线围拢出一块闭合的区域（图中粗实线部分），在该区域中（含边界），每一点的坐标都满足所有约束条件，都是该问题的可行的解决方案——称之为可行解，这个区域就是该线性规划模型可行解的集合（图中阴影部分），称之为可行域，通常用 R 表示。

图　1-1

再来分析目标函数，如果把目标方程中的 z 看作参数，则在直角坐标系下形成以 z 为参数的一族平行线（图 1-1 中的虚线）：

$$x_2 = -\frac{3}{4}x_1 + \frac{z}{4}$$

当参数 z 从小向大变化时，该直线沿其法线向右上角方向移动，当移动到与可行域只有最后一个交点时（图 1-1 中粗虚线所表示的目标方程与可行域 R 交于 Q 点），z 达到其在可行域内所有可行解的最大值，也就是线性规划模型的最优解。在本题中 $Q(4,\ 2)$ 点就是例 1-1 的最优解：$x_1=4$，$x_2=2$，$z=20$，即产品甲生产 4 个，产品乙生产 2 个，可以获得最大利润 20 千元。

注意几种特殊情况：

（1）无穷多个最优解。当目标方程直线与某一约束直线平行时，最优值不唯一。

如在例 1-1 中，若将目标函数的表达式改为 max $z=2x_1+4x_2$，则其直线与约束 $x_1+2x_2 \leqslant 8$ 的直线平行，当目标函数直线向右上方移动离开可行域时，与可行域相切的是直线 $x_1+2x_2 \leqslant 8$ 在可行域中的线段部分，线段上每一点都是规划问题的最优解。如图 1-2 中的 AB

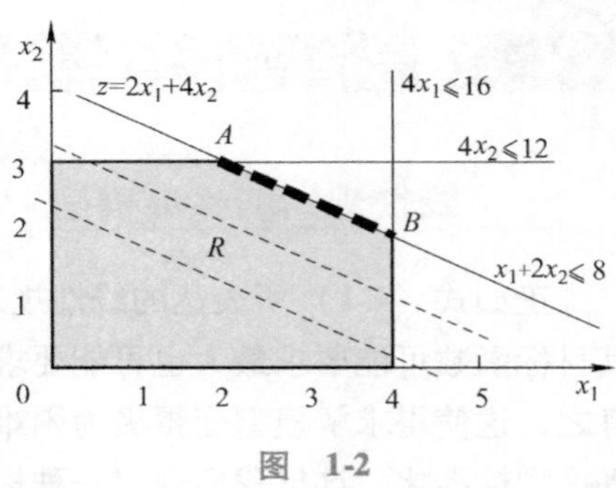

图　1-2

线段。

（2）无界解。有可行域，但无最优解，即目标函数的取值 $z\rightarrow+\infty$，如下面的线性规划模型，其可行解集为无穷集，如图 1-3 所示。

$$\max z=x_1+x_2$$
$$\text{s. t.}\begin{cases}-2x_1+x_2\leqslant 4\\ x_1-x_2\leqslant 2\\ x_1,\ x_2\geqslant 0\end{cases}$$

（3）无可行解。如下面的线性规划模型：

$$\max z=2x_1+3x_2$$
$$\text{s. t.}\begin{cases}2x_1+2x_2\leqslant 12\\ x_1+2x_2\geqslant 14\\ x_1,\ x_2\geqslant 0\end{cases}$$

由于约束条件出现相互矛盾，形不成满足所有约束条件的公共区间，即不存在可行域（见图 1-4），所以线性规划模型无可行解。在实际问题中，当数学模型有错误时，才可能发生（2）、（3）两种情况。

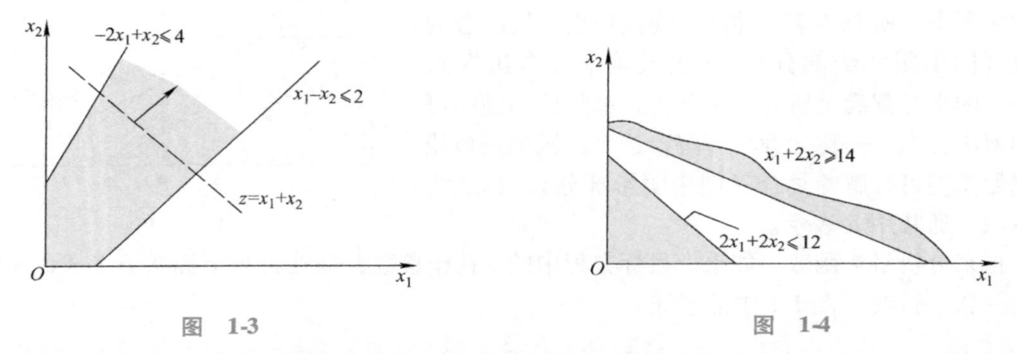

图 1-3　　　　图 1-4

通过对例 1-1 的图解，我们直观地看到了线性规划模型的约束条件、目标方程与其解之间的关系。但是，由于图解只能在二维平面直角坐标系中描述只有两个决策变量的模型，而且通常只能求得模型的近似最优解，所以这种方法并不实用，对于复杂的问题是不可能用图解法求解的。因此，还需要找到一种线性规划模型的一般的、通用的求解方法。

第三节　线性规划标准型与解的概念

一、线性规划的标准模型

正如式（1-1）所表达的线性规划的一般形式那样，从实际问题中产生的线性规划模型，其目标函数可能要求最大也可能要求最小，约束条件中的约束符号可能是≤、≥、=或兼而有之，这使得求解模型变得极为困难。为探讨线性规划模型的一般的、通用的解法，有必要将模型标准化。这里我们规定一种标准形式如式（1-2）：最大化目标函数、等式约束条件以及非负决策变量。

$$
\max z = c_1x_1 + c_2x_2 + \cdots + c_nx_n
$$
$$
\text{s. t.} \begin{cases} a_{11}x_1 + a_{12}x_2 + \cdots + a_{1n}x_n = b_1 \\ a_{21}x_1 + a_{22}x_2 + \cdots + a_{2n}x_n = b_2 \\ \vdots \\ a_{m1}x_1 + a_{m2}x_2 + \cdots + a_{mn}x_n = b_m \\ x_1, x_2, \cdots, x_n \geqslant 0 \end{cases} \tag{1-2}
$$

为了表达的方便性，也可以将上述线性规划的标准式写成矩阵形式：

$$
\max z = \boldsymbol{CX}
$$
$$
\text{s. t.} \begin{cases} \boldsymbol{AX} = \boldsymbol{b} \\ \boldsymbol{X} \geqslant \boldsymbol{0} \end{cases} \tag{1-3}
$$

或写成下面的形式：

$$
\max z = \sum_{j=1}^{n} c_j x_j
$$
$$
\text{s. t.} \begin{cases} \sum_{j=1}^{n} a_{ij}x_j = b_i, & i = 1,2,\cdots,m \\ x_j \geqslant 0, & j = 1,2,\cdots,n \end{cases} \tag{1-4}
$$

在式（1-3）中：

$$
\boldsymbol{C} = (c_1, c_2, \cdots, c_n),\ \boldsymbol{X} = (x_1, x_2, \cdots, x_n)^{\mathrm{T}},\ \boldsymbol{b} = (b_1, b_2, \cdots, b_m)^{\mathrm{T}}
$$
$$
\boldsymbol{p}_j = (a_{1j}, a_{2j}, \cdots, a_{mj})^{\mathrm{T}}
$$
$$
\boldsymbol{A} = \begin{pmatrix} a_{11} & a_{12} & \cdots & a_{1n} \\ a_{21} & a_{22} & \cdots & a_{2n} \\ \vdots & \vdots & & \vdots \\ a_{m1} & a_{m2} & \cdots & a_{mn} \end{pmatrix}
$$

其中，$\boldsymbol{C}$ 称为价值行向量；$\boldsymbol{b}$ 称为资源列向量；$\boldsymbol{X}$ 为决策变量列向量；$\boldsymbol{A}$ 为系数矩阵；$\boldsymbol{p}_j$ 为对应于决策变量 $\boldsymbol{x}_j$ 的系数列向量。

二、化一般模型为标准模型

线性规划模型的标准形式只是研究其求解方法的一种人为规定，由实际问题得到的线性规划模型可能是各式各样的，为了求解这些模型就需要将其化成标准形式。化标准模型的过程由下述四步完成：

（1）若问题的目标函数为最小化 $\min z = \boldsymbol{CX}$，则作代换 $z' = -z = -\boldsymbol{CX}$，求以 $\max z' = -\boldsymbol{CX}$为目标函数的标准线性规划模型，得到最优解为 x^* 和 z'^*，则原来的最小化问题的解为 x^*和z^*，其中$z^* = -z'^*$。最小化线性规划模型与对应的最大化模型之间关系的示意图如图 1-5 所示。

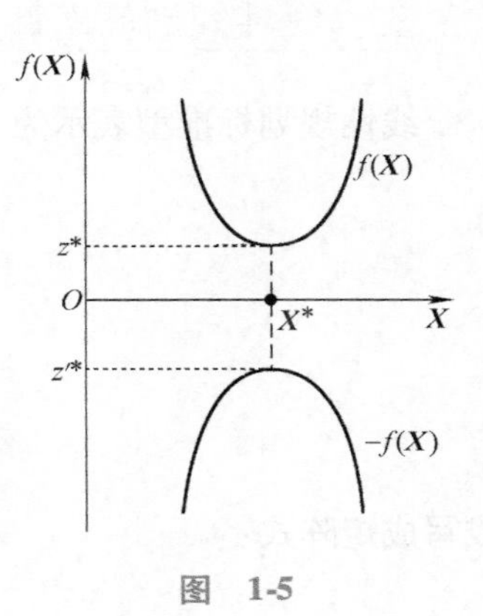

图　1-5

（2）若约束条件为不等式，则分两种情况：一种是“≤”约束，则将该不等式的左端加上一个非负的变量，使其变为等式，该变量称为松弛变量；另一种是“≥”约束，则将该不等式的左端减去一个非负的变量，使其变为等式，该变量称为剩余变量（也可统称为松弛变量）。

（3）若某一决策变量 x_k 无非负约束，即可正可负，则用 $x_k' - x_k''$代替 x_k，其中 x_k'，$x_k'' \geqslant 0$。

（4）若某一决策变量 $x_k \leqslant 0$，则用 $-x_k'$代替 x_k，其中 $x_k' = -x_k$ 且 $x_k' \geqslant 0$。

经过以上四步就可以把任一线性规划模型变成标准型。

【例 1-3】 试将下面的线性规划模型化成为标准型。

$$\min z = -3x_1 + x_2 - 2x_3$$

$$\text{s. t.} \begin{cases} x_1 + x_2 + x_3 \leqslant 6 \\ x_1 - x_2 + x_3 \geqslant 3 \\ -2x_1 + x_2 + 3x_3 = 4 \\ x_1 \geqslant 0,\ x_2 \leqslant 0,\ x_3 \text{ 无符号要求} \end{cases}$$

解 通过以下步骤将其化为标准型：

（1）用（$x_3' - x_3''$）替代 x_3，其中 x_3'，$x_3'' \geqslant 0$。

（2）用 $-x_2'$替代 x_2，其中 $x_2' = -x_2$ 且 $x_2' \geqslant 0$。

（3）在第一个约束条件的“≤”号左端加入非负松弛变量 x_4。

（4）在第二个约束条件的“≥”号左端减去非负剩余变量 x_5。

（5）令 $z' = -z$，变求 $\min z$ 为求 $\max z'$。

得到标准型：

$$\max z' = 3x_1 + x_2' + 2(x_3' - x_3'') + 0x_4 + 0x_5$$

$$\text{s. t.} \begin{cases} x_1 - x_2' + (x_3' - x_3'') + x_4 = 6 \\ x_1 + x_2' + (x_3' - x_3'') - x_5 = 3 \\ -2x_1 - x_2' + 3(x_3' - x_3'') = 4 \\ x_1, x_2', x_3', x_3'', x_4, x_5 \geqslant 0 \end{cases}$$

三、线性规划问题解的概念

线性规划标准型表示为

$$\max z = \sum_{j=1}^{n} c_j x_j$$

$$\text{s. t.} \begin{cases} \sum_{j=1}^{n} a_{ij} x_j = b_i, i = 1,2,\cdots,m \\ x_j \geqslant 0, j = 1,2,\cdots,n \end{cases}$$

或写成矩阵式：

$$\max z = \boldsymbol{CX} \tag{1-5}$$

$$\text{s.t.}\begin{cases}\boldsymbol{AX}=\boldsymbol{b} & (1\text{-}6)\\ \boldsymbol{X}\geqslant \boldsymbol{0} & (1\text{-}7)\end{cases}$$

（1）**可行解**：满足规划模型所有约束条件式（1-6）、式（1-7）的解 $\boldsymbol{X}=(x_1, x_2, \cdots, x_n)^{\mathrm{T}}$ 称为该规划问题的可行解。所有可行解的集合构成可行域。

（2）**最优解**：使目标函数式（1-5）达到最大值的可行解称为最优解。

（3）**基**：$\boldsymbol{A}$ 是约束方程组的 $m\times n$ 阶系数矩阵，设其秩为 m，矩阵 $\boldsymbol{B}$ 是矩阵 $\boldsymbol{A}$ 中 $m\times m$ 阶非奇异子矩阵（即 $|\boldsymbol{B}|\neq 0$），则称 $\boldsymbol{B}$ 是线性规划模型的一个基。也就是说，$\boldsymbol{B}$ 是由 $\boldsymbol{A}$ 中 m 个线性独立的列向量所组成的。不失一般性，可以设

$$\boldsymbol{B}=\begin{pmatrix} a_{11} & a_{12} & \cdots & a_{1m}\\ a_{21} & a_{22} & \cdots & a_{2m}\\ \vdots & \vdots & & \vdots\\ a_{m1} & a_{m2} & \cdots & a_{mm}\end{pmatrix}=(\boldsymbol{p}_1, \boldsymbol{p}_2, \cdots, \boldsymbol{p}_m)$$

称 $\boldsymbol{B}$ 中的列向量 $\boldsymbol{p}_j$（$j=1, 2, \cdots, m$）为基向量，与基向量 $\boldsymbol{p}_j$ 对应的变量 x_j（$j=1, 2, \cdots, m$）为基变量，其余的为非基变量。

（4）**基本解**：对于上述基 $\boldsymbol{B}$，其秩为 m，一般 $m<n$，则式（1-6）可变为

$$\boldsymbol{p}_1x_1+\boldsymbol{p}_2x_2+\cdots\boldsymbol{p}_mx_m=\boldsymbol{b}-\boldsymbol{p}_{m+1}x_{m+1}-\cdots-\boldsymbol{p}_nx_n \tag{1-8}$$

设 $\boldsymbol{X}_B$ 是对应于这个基 $\boldsymbol{B}$ 的基变量向量，则

$$\boldsymbol{X}_B=(x_1, x_2, \cdots, x_m)^{\mathrm{T}}$$

若令非基变量 $x_{m+1}=x_{m+2}=\cdots=x_n=0$，则可用高斯消元法求得式（1-8）的一个解：$\boldsymbol{X}=(x_1, x_2, \cdots, x_m, 0, \cdots, 0)^{\mathrm{T}}$，这个解中非零分量的个数不大于方程数 m，则称 $\boldsymbol{X}$ 为基本解。

（5）**基本可行解**：满足非负条件式（1-7）的基本解称之为基本可行解。

（6）**可行基**：对应于基本可行解的基称为可行基。

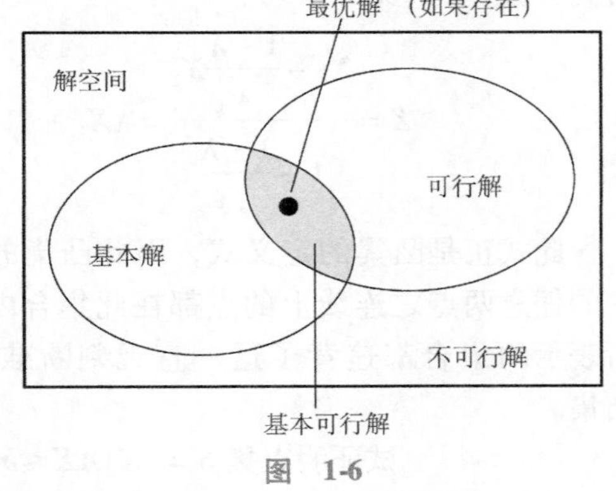

图　1-6

由上面分析可知，线性规划的约束方程组中基本解的数目是有限的，最多为 C_n^m 个，而基本可行解的数目要小于或等于基本解的数目。另外，在基本解中，若非零分量的数目小于 m，则称之为退化解。在上述线性规划解的概念中，可行解、基本解、基本可行解以及最优解之间的关系可以用图 1-6 表示。

第四节　线性规划的基本理论

在第二节中，通过对只有两个决策变量的线性规划模型的图解分析，可以得出以下两点基本的认识：

（1）线性规划模型的可行域是一个有界的多边形或无界，其顶点（两直线的交点）的

个数是有限的。

（2）若线性规划模型有最优解，则一定可以在其可行域边界处的顶点上找到最优解。

这两点基本认识是十分重要的，这是图解方法给我们的最重要的东西，同时，这也是分析求解线性规划模型的基石。下面从理论上证明这种认识的正确性。

一、凸集、凸组合与顶点

【定义 1-1】 设有点集合 $S \subset \mathbf{R}^n$，若对 $\forall \boldsymbol{X}_1,\ \boldsymbol{X}_2 \in S$，及任意数 $\lambda \in [0,\ 1]$，都有

$$\lambda \boldsymbol{X}_1 + (1-\lambda)\boldsymbol{X}_2 \in S$$

成立，则称点集合 S 为凸集。

实心圆、实心球、实心长方体以及任意实心多面体都是凸集，图 1-7 所示均为凸集，图 1-8均不是凸集。直观来看，凸集是表面没有凹陷内部没有空洞的几何图形，而且任意凸集的交集也必然是凸集。

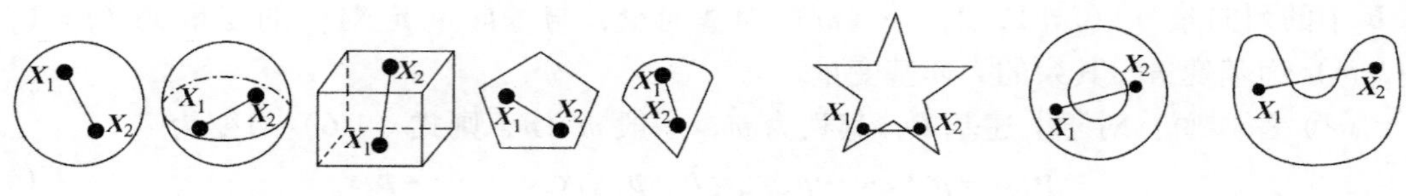

图 1-7　　图 1-8

根据定义 1-1，若 A、B 两点属于点集合 S，其坐标分别为 $\boldsymbol{X}_1$、$\boldsymbol{X}_2$，作连接这两点的线段，该线段上任意一点 C 的坐标记作 $\boldsymbol{X}$，当 $|AC| : |CB| = (1-\lambda) : \lambda$ 时，由解析几何可以得到 C 点坐标（见图 1-9）：

$$\boldsymbol{X} = \frac{\boldsymbol{X}_1 + \dfrac{1-\lambda}{\lambda}\boldsymbol{X}_2}{1 + \dfrac{1-\lambda}{\lambda}} = \lambda \boldsymbol{X}_1 + (1-\lambda)\boldsymbol{X}_2$$

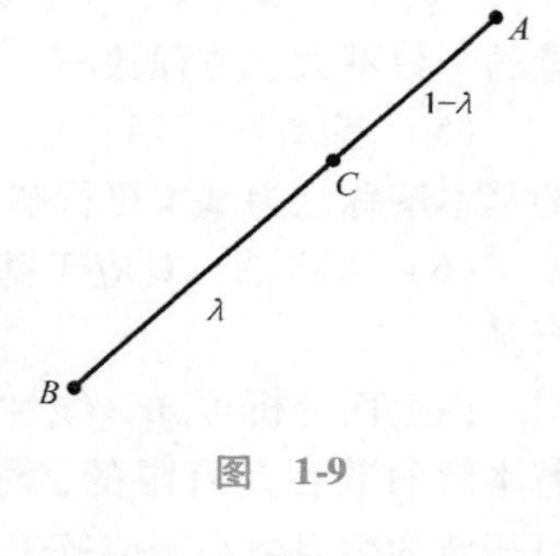

图 1-9

此式正是凸集的定义式，因此凸集的几何解释为：集合 S 中的任意两点之连线上的点都在此集合内。在图 1-8 中的图形所表示的集合都违背了这一直观判断准则，所以它们都不是凸集。

【例 1-4】 试证明点集 $S = \{\boldsymbol{X} | \boldsymbol{AX} \leqslant \boldsymbol{b}, \boldsymbol{X} \geqslant 0, \boldsymbol{A} \in \boldsymbol{M}_{m \times n}, \boldsymbol{b} \in \mathbf{R}^m, \boldsymbol{X} \in \mathbf{R}^n\}$ 是凸集。

证明　设 $\forall \boldsymbol{X}_1, \boldsymbol{X}_2 \in S$，又 $\forall \lambda \in [0,1]$，记 $\lambda \boldsymbol{X}_1 + (1-\lambda)\boldsymbol{X}_2 = \boldsymbol{X}$，则有：

$$\boldsymbol{AX} = \boldsymbol{A}[\lambda \boldsymbol{X}_1 + (1-\lambda)\boldsymbol{X}_2] = \lambda \boldsymbol{AX}_1 + (1-\lambda)\boldsymbol{AX}_2 \leqslant \lambda \boldsymbol{b} + (1-\lambda)\boldsymbol{b} = \boldsymbol{b}$$

又
$$\boldsymbol{X}_1 \geqslant \boldsymbol{0}, \boldsymbol{X}_2 \geqslant \boldsymbol{0}, \lambda \geqslant 0, (1-\lambda) \geqslant 0$$

故
$$\boldsymbol{X} = \lambda \boldsymbol{X}_1 + (1-\lambda)\boldsymbol{X}_2 \geqslant \boldsymbol{0}$$

所以有：$\boldsymbol{X} \in S$，即 S 是凸集。

注意到此点集是由线性规划的约束条件所构成的，即线性规划的约束条件所形成的点集合是凸集。这一点也可以从例 1-1 的图解中（见图 1-1）得到直观的证实。

【定义 1-2】 设 $\boldsymbol{X}_1,\ \boldsymbol{X}_2,\ \cdots,\ \boldsymbol{X}_k$ 是 n 维欧式空间 $\mathbf{R}^n$ 中的 k 个点，若存在实数 $\lambda_1,\ \lambda_2,\ \cdots,\ \lambda_k$，$0 \leqslant \lambda_i \leqslant 1$ $(i=1,\ 2,\ \cdots,\ k)$ 且 $\sum_{i=1}^{k} \lambda_i = 1$，使得

$$X=\lambda_1 X_1+\lambda_2 X_2+\cdots+\lambda_k X_k$$

成立，则称 X 为点 X_1，X_2，…，X_k 的一个凸组合。

若式中实数 $\lambda_i\in(0,1)$ $(i=1,2,\cdots,k)$，且 $\sum_{i=1}^{k}\lambda_i=1$，则称 X 为点 X_1，X_2，…，X_k 的一个严格凸组合。

显而易见，凸集 S 中任意两点 X_1、X_2 连线上任意一点 X 都是 X_1、X_2 的一个凸组合。

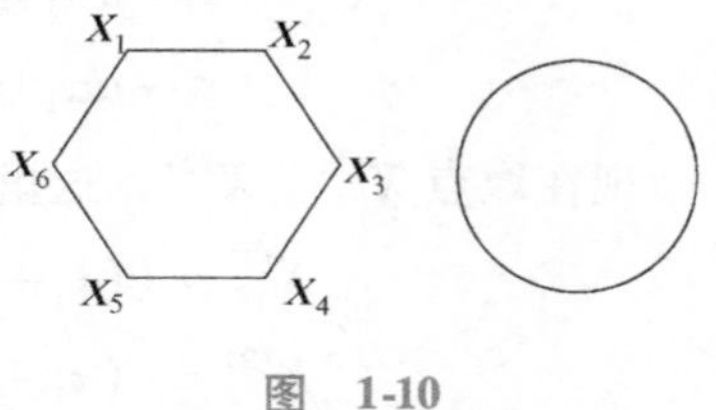

图　1-10

【定义 1-3】　设 S 为凸集，$X\in S$，若 X 不能表示为 S 中任意两个不同点 X_1、X_2 的一个严格凸组合，则称 X 为 S 中的一个顶点。

在图 1-10 中的六边形区域中的每个角点都是顶点，而圆形区域的边界上任何一点都是顶点。在图 1-1 中各个约束直线的交点都是该可行域的顶点。

二、线性规划基本定理

【定理 1-1】　若线性规划问题存在可行域，则其可行域

$$S=\{X\mid AX\leqslant b, X\geqslant 0, A\in M_{m\times n}, b\in \mathbf{R}^m, X\in \mathbf{R}^n\}$$

为凸集。

本定理已由例 1-4 证明。

【引理 1-1】　线性规划问题可行解 $X=(x_1,x_2,\cdots,x_n)^{\mathrm{T}}$ 为基本可行解的充分必要条件是：X 中正分量所对应的系数列向量线性无关。

证明　必要性：由基本可行解的定义可知，基本可行解是基本解中的一部分，而基本解中的基列向量是线性无关的，对于满足非负条件式（1-7）的基本解也同样成立。

充分性：设 $X=(x_1,x_2,\cdots,x_k,0,\cdots,0)^{\mathrm{T}}$ 为线性规划问题式（1-3）的一个可行解，其中正的分量 x_1，x_2，…，x_k 线性无关，且必有 $k\leqslant m$，其中 m 为式（1-3）中系数矩阵 A 的秩。

当 $k=m$ 时，x_1，x_2，…，x_k 所对应的列向量恰好构成问题的一个基，则根据定义 X 为基本可行解；

当 $k<m$ 时，则一定可以在其他变量所对应的列向量中找到 $m-k$ 个与 p_1，p_2，…，p_k 构成最大的线性无关向量组——基矩阵，对应的基变量的取值 $x_i>0$ $(i=1,2,\cdots,k)$ 和 $x_j=0$ $(j=k+1,\cdots,m)$，即 $X=(x_1,x_2,\cdots,x_k,0,\cdots,0)^{\mathrm{T}}$ 为基本可行解。

【定理 1-2】　线性规划问题的基本可行解对应于其可行域的顶点。

证明　若 X 是线性规划问题的一个基本可行解，且不失一般性，假设其前 m 个分量为正，则有：

$$p_1x_1+p_2x_2+\cdots+p_mx_m=b \tag{1-9}$$

下面用反证法分两步来证明：

(1) 若 X 不是基本可行解，则它一定不是可行域 R 的顶点。

根据引理 1-1，若 X 不是基本可行解，则其正分量所对应的系数列向量 p_1，p_2，…，p_m 线性相关，即存在一组不全为零的数 α_j $(j=1,2,\cdots,m)$，使得下式成立：

$$\alpha_1\boldsymbol{p}_1+\alpha_2\boldsymbol{p}_2+\cdots+\alpha_m\boldsymbol{p}_m=0 \tag{1-10}$$

现在用一个正数$\mu>0$乘以式（1-10）后，再分别由式（1-9）减去和加上相乘的结果得到：

$$(x_1-\mu\alpha_1)\boldsymbol{p}_1+(x_2-\mu\alpha_2)\boldsymbol{p}_2+\cdots+(x_m-\mu\alpha_m)\boldsymbol{p}_m=\boldsymbol{b}$$
$$(x_1+\mu\alpha_1)\boldsymbol{p}_1+(x_2+\mu\alpha_2)\boldsymbol{p}_2+\cdots+(x_m+\mu\alpha_m)\boldsymbol{p}_m=\boldsymbol{b}$$

现在取点$\boldsymbol{X}^{(1)}$、$\boldsymbol{X}^{(2)}$，这里

$$\boldsymbol{X}^{(1)}=((x_1-\mu\alpha_1),(x_2-\mu\alpha_2),\cdots,(x_m-\mu\alpha_m),0,\cdots,0)^{\mathrm{T}}$$
$$\boldsymbol{X}^{(2)}=((x_1+\mu\alpha_1),(x_2+\mu\alpha_2),\cdots,(x_m+\mu\alpha_m),0,\cdots,0)^{\mathrm{T}}$$

由$\boldsymbol{X}^{(1)}$、$\boldsymbol{X}^{(2)}$可以得到$\boldsymbol{X}=\frac{1}{2}\boldsymbol{X}^{(1)}+\frac{1}{2}\boldsymbol{X}^{(2)}$，即$\boldsymbol{X}$是$\boldsymbol{X}^{(1)}$、$\boldsymbol{X}^{(2)}$连线的中点。

当μ充分小时，可以保证$x_i\pm\mu\alpha_i\geqslant0$（$i=1$，2，…，$m$），也就是说，$\boldsymbol{X}^{(1)}$、$\boldsymbol{X}^{(2)}$是可行解。根据定义1-3，$\boldsymbol{X}$不是可行域$R$的顶点。

（2）若$\boldsymbol{X}$不是可行域R的顶点，则它一定不是基本可行解。
因为$\boldsymbol{X}$不是可行域R的顶点，根据凸集与顶点的定义，在其可行域内总可以找到不同的两点：

$$\boldsymbol{X}^{(1)}=(x_1^{(1)},x_2^{(1)},\cdots,x_n^{(1)})^{\mathrm{T}}$$
$$\boldsymbol{X}^{(2)}=(x_1^{(2)},x_2^{(2)},\cdots,x_n^{(2)})^{\mathrm{T}}$$

使得　$\boldsymbol{X}=\alpha\boldsymbol{X}^{(1)}+(1-\alpha)\boldsymbol{X}^{(2)}$，$0<\alpha<1$成立。

现在假设$\boldsymbol{X}$是基本可行解，其对应的基向量为$\boldsymbol{p}_1$，$\boldsymbol{p}_2$，…，$\boldsymbol{p}_m$，则它们线性无关。则$\boldsymbol{X}$的分量中，当$j>m$时，有$x_j=x_j^{(1)}=x_j^{(2)}=0$，又由于$\boldsymbol{X}^{(1)}$、$\boldsymbol{X}^{(2)}$是可行域内的两点，故应满足约束条件：

$$\sum_{j=1}^{m}\boldsymbol{p}_j x_j^{(1)}=\boldsymbol{b},\ \sum_{j=1}^{m}\boldsymbol{p}_j x_j^{(2)}=\boldsymbol{b}$$

将两式相减得到：

$$\sum\boldsymbol{p}_j(x_j^{(1)}-x_j^{(2)})=\boldsymbol{0}$$

因为$\boldsymbol{X}^{(1)}$、$\boldsymbol{X}^{(2)}$为不同的两点，即$\boldsymbol{X}^{(1)}\neq\boldsymbol{X}^{(2)}$，所以有（$x_j^{(1)}-x_j^{(2)}$）不全为零，由此推得$\boldsymbol{p}_1$，$\boldsymbol{p}_2$，…，$\boldsymbol{p}_m$线性相关，这与假设矛盾，故$\boldsymbol{X}$不是基本可行解。

由（1），（2）两部分证明：线性规划问题的基本可行解对应于其可行域的顶点。

【引理1-2】　若R为有界凸集，则任何一点$\boldsymbol{X}\in R$可以表示为R的顶点的凸组合。

证明略。参考示意图1-11，在图中三角形区域为有界凸集R，$\boldsymbol{X}^{(1)}$、$\boldsymbol{X}^{(2)}$、$\boldsymbol{X}^{(3)}$为其三个顶点，$\boldsymbol{X}$为凸集内任意一点，则$\boldsymbol{X}$可以表示为$\boldsymbol{X}^{(1)}$与$\boldsymbol{X}'$的凸组合，而$\boldsymbol{X}'$又可以表示为$\boldsymbol{X}^{(2)}$、$\boldsymbol{X}^{(3)}$的凸组合，所以$\boldsymbol{X}$可以表示为$\boldsymbol{X}^{(1)}$、$\boldsymbol{X}^{(2)}$、$\boldsymbol{X}^{(3)}$的凸组合。更为复杂的情况用归纳法可以类推。

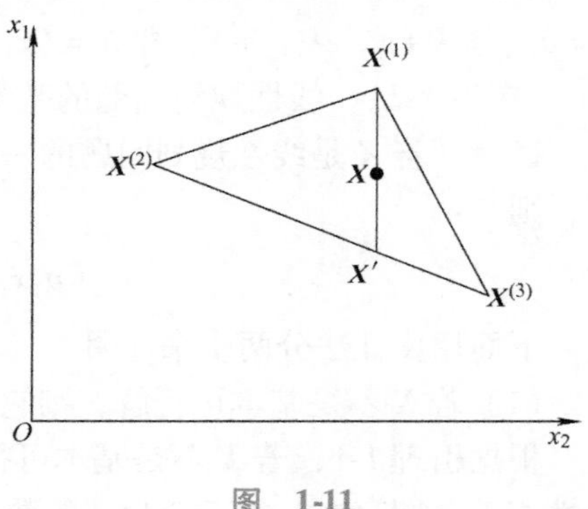

图　1-11

【定理1-3】　若线性规划问题可行域有界，则其目标函数一定可以在可行域的顶点上达到最优。

证明　设线性规划可行域的顶点为 $\boldsymbol{X}^{(1)}$，$\boldsymbol{X}^{(2)}$，…，$\boldsymbol{X}^{(k)}$，$\boldsymbol{X}^{(0)}$ 为可行域的一点且不是顶点，而且该规划问题的目标函数在 $\boldsymbol{X}^{(0)}$ 点达到最优，则对于规定的标准型，有

$$z^* = \max z = \boldsymbol{CX}^{(0)}$$

因为 $\boldsymbol{X}^{(0)}$ 不是可行域的顶点，根据引理1-2，它可以用可行域顶点的线性组合表示为

$$\boldsymbol{X}^{(0)} = \sum_{i=1}^{k} \alpha_i \boldsymbol{X}^{(i)}, \text{其中 } \alpha_i \geqslant 0 \text{ 且} \sum_{i=1}^{k} \alpha_i = 1$$

因此，有

$$\boldsymbol{CX}^{(0)} = \boldsymbol{C}\sum_{i=1}^{k} \alpha_i \boldsymbol{X}^{(i)} = \sum_{i=1}^{k} \alpha_i \boldsymbol{CX}^{(i)}$$

在所有的顶点 $\boldsymbol{X}^{(1)}$，$\boldsymbol{X}^{(2)}$，…，$\boldsymbol{X}^{(k)}$ 中，总可以找到某一个顶点 $\boldsymbol{X}^{(m)}$，使得对一切 $\boldsymbol{X}^{(i)}$（$i=1$，2，…，k），都有 $\boldsymbol{CX}^{(i)} \leqslant \boldsymbol{CX}^{(m)}$ 成立，则有

$$\sum_{i=1}^{k} \alpha_i \boldsymbol{CX}^{(i)} \leqslant \sum_{i=1}^{k} \alpha_i \boldsymbol{CX}^{(m)} = \boldsymbol{CX}^{(m)} \sum_{i=1}^{k} \alpha_i = \boldsymbol{CX}^{(m)}$$

所以，有

$$\boldsymbol{CX}^{(0)} \leqslant \boldsymbol{CX}^{(m)}$$

根据假设，$\boldsymbol{X}^{(0)}$ 是最优点，即 $\boldsymbol{CX}^{(0)}$ 是可行域内目标函数的最大值，所以只有

$$\boldsymbol{CX}^{(0)} = \boldsymbol{CX}^{(m)}$$

所以目标函数在顶点 $\boldsymbol{X}^{(m)}$ 也达到最大值，命题得证。

定理1-3说明，只要线性规划问题存在最优解，那么一定可以在其可行域的某个顶点上找到，不排斥在非顶点处取得最优解。事实上，当线性规划可行域中有两个顶点都是最优解时，此两点连线上的任何一点都是该模型的最优解，也就是说，该线性规划模型有无穷多个最优解。

习题

1. 将下列线性规划模型标准化。

（1）$\min z = -5x_1 - 6x_2 - 7x_3$

$$\text{s. t.} \begin{cases} -x_1 - 5x_2 - 3x_3 \geqslant 15 \\ -5x_1 - 6x_2 + 10x_3 \leqslant 20 \\ x_1 - x_2 - x_3 = -5 \\ x_1 \leqslant 0,\ x_2 \geqslant 0,\ x_3 \text{ 无约束} \end{cases}$$

（2）$\min z = 2x_1 + 5x_2 - 7x_3$

$$\text{s. t.} \begin{cases} x_1 - 2x_2 + 3x_3 \leqslant -5 \\ 2x_1 + 6x_2 - x_3 \geqslant 3 \\ 3x_1 - 8x_2 + 9x_3 = 6 \\ 6x_1 - 7x_2 - 4x_3 \leqslant 2 \\ x_1 \geqslant 0,\ x_2 \leqslant 0,\ x_3 \text{ 无约束} \end{cases}$$

2. 用图解法求解下列线性规划，并指出解的性质（唯一最优解、无穷多最优解、无界解以及无可行解）。

(1) $\max z = 2x_1 + 3x_2$

$$\text{s. t.} \begin{cases} x_1 + 2x_2 \leqslant 8 \\ x_1 + x_2 \geqslant 1 \\ x_2 \leqslant 4 \\ x_1,\ x_2 \geqslant 0 \end{cases}$$

(2) $\max z = x_1 + 2x_2$

$$\text{s. t.} \begin{cases} 2x_1 + 4x_2 \leqslant 8 \\ x_1 \leqslant 4 \\ x_2 \leqslant 3 \\ x_1,\ x_2 \geqslant 0 \end{cases}$$

(3) $\max z = 2x_1 + x_2$

$$\text{s. t.} \begin{cases} x_1 - x_2 \geqslant -1 \\ -x_1 + 2x_2 \leqslant 4 \\ x_1,\ x_2 \geqslant 0 \end{cases}$$

(4) $\max z = 3x_1 + 2x_2$

$$\text{s. t.} \begin{cases} x_1 - 2x_2 \geqslant 3 \\ -3x_1 + x_2 \geqslant 3 \\ x_1,\ x_2 \geqslant 0 \end{cases}$$

3. 一家工厂制造三种产品，需要三种资源：技术服务、劳动力、行政管理。表1-3列出了三种单位产品对每种资源的需要量。今有100h的技术服务，600h的劳动力和300h的行政管理时间可供使用。试确定能使总利润最大的产品生产量的线性规划模型。

表1-3　习题3数据表

产　品	资源/h			单位利润/元
	技术服务	劳动力	行政管理	
1	1	10	2	10
2	1	4	2	6
3	1	5	6	4

4. 某工厂正着手生产一种聚合叶片。叶片由树脂、纤维和玻璃布三种基本成分组成。按工艺要求，树脂含量最多只能占质量的40%，纤维的含量至少要占质量的40%，玻璃布的含量最少要占质量的20%。已知每千克树脂、纤维、玻璃布的成本分别为30元、80元和40元。试列出生产每千克叶片的最低成本构成的线性规划模型。

5. 某厂使用两种原料（Ⅰ和Ⅱ）生产A、B、C三种产品，单位需求量及原料供应量如表1-4所示：其中单位产品加工工时A是B的2倍，是C的3.5倍，工厂月生产能力相当于生产300件A产品，市场最小月需求量分别为200件、150件和250件，三种产品的产量比必须为3∶2∶5。确定各产品月产量使利润最大。（建立线性规划模型）

表1-4　习题5数据表

原　料	单位需求量/kg			最大供应量/kg
	A	B	C	
Ⅰ	4	6	9	4000
Ⅱ	7	5	13	6000
单位利润/元	30	20	50	

6. 某昼夜服务的公交线路每天各时间段内所需司乘人员数如表1-5所示。设司乘人员在各时间段一开始时上班，并连续工作8h，问该公交线路怎样安排司乘人员，既能满足工作需要，又配备最少的司乘人员？试列出该问题的线性规划模型。

7. 某糖果厂用原料A、B、C加工成三种不同牌号的糖果甲、乙、丙。各种牌号糖果中A、B、C含量、原料成本、各种原料的每月限制用量、三种牌号糖果的单位加工费及售价

如表1-6所示。问该厂每月应生产这三种牌号糖果各多少千克，以使该厂获利最大，列出该问题的线性规划模型。

表1-5　习题6数据表

班次	时　间	所需司乘人员	班次	时　间	所需司乘人员
1	6:00～10:00	60	4	18:00～22:00	50
2	10:00～14:00	70	5	22:00～2:00	20
3	14:00～18:00	60	6	2:00～6:00	30

表1-6　习题7数据表

原　料	甲	乙	丙	原料成本/(元/kg)	每月限制用量/kg
A	≥60%	≥15%		2.00	2000
B				1.50	2500
C	≤20%	≤60%	≤50%	1.00	1200
加工费/(元/kg)	0.50	0.40	0.30		
售价/(元/kg)	3.40	2.85	2.25		

8. 某工厂有三个车间生产同一种产品。每件产品由4个零件甲和3个零件乙组成。这两种零件需耗用两种原材料A、B。已知这两种原材料的供应量分别为300 kg和500 kg。由于三个车间拥有的设备及工艺条件不同，导致各车间每个班次原材料耗用量和零件产量也不同，具体数据见表1-7。问三个车间应各开多少班次才能使该产品的配套数达到最大，试列出其线性规划模型。

表1-7　习题8数据表

车间 \ 项目	每班用料数/kg		每班产量/件	
	A材料	B材料	零件甲	零件乙
一车间	8	6	7	5
二车间	5	9	6	9
三车间	3	8	8	4

9. 设有下面四个投资机会：

(1) 在3年内，投资人应在每年的年初投资、年末返还本利，每年每元投资可获利0.20元，每年获利后可重新将本利用于投资。

(2) 在3年内，投资人应在第一年年初投资，两年末取回本利并可用于重新投资。这两年每元投资可获利0.50元，两年后取回本利并可用于重新投资。这种投资最多不得超过20000元。

(3) 在3年内，投资人应在第二年年初投资，两年后每元可获利0.60元，这种投资最多不得超过15000元。

(4) 在3年内，投资人应在第三年年初投资，一年内每元投资可获利0.40元，这种投资不得超过10000元。

假定在3年为一期的投资中，开始有30000元可供投资，投资人应怎样确定投资计划，才能在第三年年底获得最高的收益。建立此问题的线性规划模型。

第二章 线性规划原理与解法

在第一章中我们讲了线性规划的基础知识，讨论了线性规划模型及其标准型，明确了其解的概念，在对线性规划模型进行图解的基础上进一步研究了其解存在性的基本理论。本章将基于这些概念和理论基础进一步讨论线性规划原理与单纯形求解方法。

第一节 线性规划求解原理

根据定理 1-3 以及图 1-1 的图解过程给我们的启示，线性规划模型如果存在最优解，则一定可以在其可行域的顶点上找到，根据定理 1-2 知道线性规划可行域的顶点对应于基本可行解，而我们也已经知道基本可行解（可行域的顶点）的个数是有限的，因此最容易想到的求最优解的方法就是枚举所有基本可行解，通过比较它们所对应的目标函数值找到最优解。但是，当变量比较多时基本可行解的个数还是很多的，困难也比较大，为此，可以采用一种递进枚举法，即首先找一个初始基本可行解，然后判断是否是最优解，若是，则停止；若不是，则以此解为基础，寻找比它更好的基本可行解。如此循环，直至找到最优解。其流程图描述如图 2-1 所示。

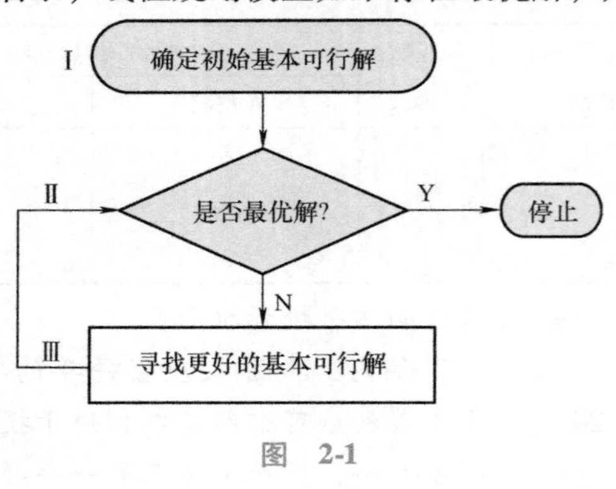

图 2-1

一、初始基本可行解的确定

为了求得线性规划模型的初始基本可行解，需要对模型进行求解前的初始化工作。初始化的目标是使得模型中的约束系数矩阵 $\boldsymbol{A}$ 中出现单位矩阵 $\boldsymbol{I}$，并选择此单位阵作为初始的基矩阵从而求得初始基本可行解。为此，要通过下述 5 个步骤来实现：

（1）若线性规划问题的约束方程均为“=”约束，即 $\sum_{j=1}^{n} \boldsymbol{p}_j x_j = b_i, i = 1,2,\cdots,m$，且从其系数列向量 $\boldsymbol{p}_j$（$j=1, 2, \cdots, n$）中能观察到存在 m 个线性独立的单位向量，则选择这些列向量构成的单位矩阵 $\boldsymbol{I}$ 作为初始基矩阵，不失一般性，假设其前 m 个列向量是线性独立的单位列向量——构成初始基矩阵（单位阵）：

$$\boldsymbol{B}^{(0)} = (\boldsymbol{p}_1, \boldsymbol{p}_2, \cdots, \boldsymbol{p}_m) = \begin{pmatrix} 1 & 0 & \cdots & 0 \\ 0 & 1 & \cdots & 0 \\ \vdots & \vdots & & \vdots \\ 0 & 0 & \cdots & 1 \end{pmatrix}$$

其对应的决策变量 $x_1, x_2, \cdots, x_m$ 为初始基变量，其余变量为非基变量，且令非基变量 $x_{m+1}, x_{m+2}, \cdots, x_n$ 等于零，则得到初始基本可行解：

$$\boldsymbol{X}^{(0)} = (x_1, x_2 \cdots x_m, x_{m+1}, \cdots, x_n)^{\mathrm{T}} = (b_1, b_2, \cdots, b_m, 0, \cdots, 0)^{\mathrm{T}},\ z^{(0)} = \sum_{i=1}^{m} c_i b_i$$

（2）若线性规划问题的约束条件均为“≤”约束，则给每一个约束条件的左端分别加上一个非负的松弛变量变成等式约束。这 m 个新加入的松弛变量所对应的系数列向量必构成单位阵 $\boldsymbol{I}$，以此单位阵作为初始基：

$$\boldsymbol{B}^{(0)} = (\boldsymbol{p}_{n+1}, \boldsymbol{p}_{n+2}, \cdots, \boldsymbol{p}_{n+m}) = \begin{pmatrix} 1 & 0 & \cdots & 0 \\ 0 & 1 & \cdots & 0 \\ \vdots & \vdots & & \vdots \\ 0 & 0 & \cdots & 1 \end{pmatrix}$$

即以 m 个松弛变量为初始基变量，其余变量为非基变量并令其等于零，则得原问题的初始基本可行解。

如例 1-1 的数学模型及加入松弛变量后的标准型如下：

$$\max z = 3x_1 + 4x_2 \qquad \text{s.t.} \begin{cases} x_1 + 2x_2 \leqslant 8 \\ 4x_1 \leqslant 16 \\ 4x_2 \leqslant 12 \\ x_1,\ x_2 \geqslant 0 \end{cases}$$

标准化 ⇒

$$\max z = 3x_1 + 4x_2 + 0x_3 + 0x_4 + 0x_5 \qquad \text{s.t.} \begin{cases} x_1 + 2x_2 + x_3 = 8 \\ 4x_1 + x_4 = 16 \\ 4x_2 + x_5 = 12 \\ x_j \geqslant 0,\ j = 1, 2, 3, 4, 5 \end{cases}$$

其系数矩阵为

$$\boldsymbol{A} = (\boldsymbol{p}_1, \boldsymbol{p}_2, \boldsymbol{p}_3, \boldsymbol{p}_4, \boldsymbol{p}_5) = \begin{pmatrix} 1 & 2 & 1 & 0 & 0 \\ 4 & 0 & 0 & 1 & 0 \\ 0 & 4 & 0 & 0 & 1 \end{pmatrix}$$

$\boldsymbol{A}$ 中虚线框内 $\boldsymbol{p}_3$、$\boldsymbol{p}_4$、$\boldsymbol{p}_5$ 构成 3×3 阶单位阵，我们确定其为初始基：$\boldsymbol{B}^{(0)} = (\boldsymbol{p}_3, \boldsymbol{p}_4, \boldsymbol{p}_5)$，对应于基向量 $\boldsymbol{p}_3$、$\boldsymbol{p}_4$、$\boldsymbol{p}_5$ 的变量 x_3、x_4、x_5 为基变量，将非基变量 x_1、x_2 移到等式的右侧得到：

$$\begin{cases} x_3 = 8 - x_1 - 2x_2 \\ x_4 = 16 - 4x_1 \\ x_5 = 12 - 4x_2 \end{cases}$$

将上式代入目标函数得到：

$$z = 0 + 3x_1 + 4x_2$$

对于以上两式，令非基变量 $x_1 = x_2 = 0$，得到初始基本可行解：

$$X^{(0)} = (x_1, x_2, x_3, x_4, x_5)^{\mathrm{T}} = (0, 0, 8, 16, 12)^{\mathrm{T}}$$

并得目标值 $z=0$。

(3) 若线性规划问题的约束条件均为“≥”约束，则按标准化的步骤给每个约束左端减去一个非负剩余变量，使其变为“=”约束；然后，再给每个约束的左端人为地分别加上一个非负的变量——称之为人工变量，这 m 个人工变量所对应的系数列向量必构成单位阵 $\boldsymbol{I}$，则以此单位阵 $\boldsymbol{I}$ 为初始基，求得问题的初始基本可行解。

(4) 若原问题均为“=”约束，且 $\boldsymbol{A}$ 中观察不到存在线性无关的 m 个单位列向量，则仿照 (3)，给每个约束左端人为加上一个非负的人工变量构成初始基，以此求得初始基本可行解。

(5) 若约束条件中混合出现“≤”“≥”“=”，则综合运用上述原则，总可以得到 m 个线性无关的单位列向量构成 m 阶单位阵，以此单位阵为初始基，求得初始基本可行解。

总之，确定初始基本可行解的关键是通过观察或用松弛变量、人工变量来拼凑系数矩阵 $\boldsymbol{A}$ 中的单位阵，并选择此单位阵作为初始的基矩阵 $\boldsymbol{B}^{(0)}$，对应的变量为基变量，令所有非基变量等于零，则基变量就等于约束等号右端的常数，从而得到初始基本可行解。

二、最优性检验与解的判定

根据图 2-1 所展现的求解线性规划的基本思路，在求得问题的初始基本可行解之后，就要检查一下，判断它是否是最优解，若是最优解，则算法停止；若不是最优解，则要寻找求解下一个比已经得到的当前基本可行解更好的解，并且每求得一个基本可行解都要检验它是否是最优解。那么，如何来检验呢?

为说明如何检验一个基本可行解是否是最优解，我们进行下面的讨论。一般而言，经过初始化或迭代运算可得线性规划问题的一个基，则对于所有的约束而言，基变量留在等式的左端，所有非基变量移到等式的右端。不失一般性，假定系数矩阵 $\boldsymbol{A}$ 中前 m 列 $\boldsymbol{p}_1$，$\boldsymbol{p}_2$，…，$\boldsymbol{p}_m$ 构成单位阵 $\boldsymbol{I}$，对应的 x_1，x_2，…，x_m 为基变量，由此得到：

$$x_i = b_i' - \sum_{j=m+1}^{n} a_{ij}' x_j,\ i = 1,2,\cdots,m \tag{2-1}$$

将式 (2-1) 代入目标方程 $z = \sum_{j=1}^{n} c_j x_j$，且 $n \geqslant m$，得：

$$\begin{aligned} z &= \sum_{i=1}^{m} c_i x_i + \sum_{j=m+1}^{n} c_j x_j \\ &= \sum_{i=1}^{m} c_i \Big(b_i' - \sum_{j=m+1}^{n} a_{ij}' x_j\Big) + \sum_{j=m+1}^{n} c_j x_j \\ &= \sum_{i=1}^{m} c_i b_i' + \sum_{j=m+1}^{n} \Big(c_j - \sum_{i=1}^{m} c_i a_{ij}'\Big) x_j \end{aligned} \tag{2-2}$$

令 $z_0 = \sum_{i=1}^{m} c_i b_i',\ z_j = \sum_{i=1}^{m} c_i a_{ij}',\ j = m+1, m+2, \cdots, n$，它们都是常量，则式 (2-2) 变为

$$z = z_0 + \sum_{j=m+1}^{n} (c_j - z_j) x_j$$

再令 $\sigma_j = c_j - z_j$（$j = m+1, m+2, \cdots, n$），则

$$z = z_0 + \sum_{j=m+1}^{n} \sigma_j x_j \tag{2-3}$$

从式（2-3）所表示的目标函数可以做出如下判断：若当前基所形成的 σ_j 对于所有的（$j = m+1, m+2, \cdots, n$）都有 $\sigma_j \leqslant 0$，根据变量的非负性（$x_j \geqslant 0$，$j = 1, 2, \cdots, n$），则必有 $\sum_{j=m+1}^{n} \sigma_j x_j \leqslant 0$，所以只有当所有非基变量 $x_j = 0$（$j = m+1, 2, \cdots, n$）时，目标函数 z 才能取得最大值 z_0，而任何一个非基变量取非零值都使得目标函数值小于 z_0，也只有这时我们令所有非基变量 $x_j = 0$（$j = m+1, 2, \cdots, n$）才是合乎目标取值最大的要求的；对应地，若存在正值的 σ_j，我们也可以判断令非基变量都等于零所得到的基本可行解不可能是使得目标函数取最大值的解。因此，称 σ_j 为检验数。检验数就是把基变量的表达式代入目标方程后在目标方程中非基变量的系数。

线性规划问题解的判定：

（1）最优解判定。若对应于基 $\boldsymbol{B}$ 的基本可行解为 $\boldsymbol{X}^{(l)} = (b_1', b_2', \cdots, b_m', 0, \cdots, 0)^{\mathrm{T}}$，且对于一切非基变量 x_j（$j = m+1, m+2, \cdots, n$），有检验数 $\sigma_j \leqslant 0$，则 $\boldsymbol{X}^{(l)}$ 为最优解。

（2）无穷多最优解判定。若对应于基 $\boldsymbol{B}$ 的基本可行解为 $\boldsymbol{X}^{(l)} = (b_1', b_2', \cdots, b_m', 0, \cdots, 0)^{\mathrm{T}}$，所有非基变量的检验数 $\sigma_j \leqslant 0$（$j = m+1, m+2, \cdots, n$），且至少存在一个非基变量的检验数 $\sigma_{m+k} = 0$，则判定该线性规划问题有无穷多个最优解。

这是因为可以让 x_{m+k} 进基替换出一个原有的基变量，得到一个与原最优基目标函数值等值的新的基本可行解，从而该两个基本可行解所对应可行域顶点连线上的所有点都与原最优基有等值的目标函数值。

（3）无界解判定。若对应于基 $\boldsymbol{B}$ 的基本可行解中，某一非基变量的检验数 $\sigma_{m+k} > 0$，而该非基变量所对应的变化后的系数列向量 $\boldsymbol{p}_{m+k} = (a'_{1,m+k}, a'_{2,m+k}, \cdots, a'_{m,m+k})^{\mathrm{T}}$ 中的所有分量均有 $a'_{i,m+k} \leqslant 0$，则该问题有可行解，但无最优解，称之为无界解。

这是因为在线性规划模型的约束式（2-1）中，非基变量 x_{m+k} 的系数列向量中均有 $a'_{i,m+k} \leqslant 0$，当 x_{m+k} 取任意正的值时，可以保证所有的基变量 $x_1, x_2, \cdots, x_m$ 均大于零，即满足所有约束条件，并且随着 x_{m+k} 取值的增大，基变量的取值也在增大，又由于对应的检验数 $\sigma_{m+k} > 0$，所以随着 x_{m+k} 取值的增大，目标函数值也在增大，由此判定目标函数无上界，不存在最优解。

（4）无可行解判定。当初始化线性规划模型构造单位阵的过程中加入了人工变量，而在求解过程中有人工变量不能够出基，即不能从基变量变成非基变量，则判定该模型无可行解。进一步的说明见第三节人工变量及其处理。

根据对第一章例 1-1 的处理，对于初始基 $\boldsymbol{B}^{(0)} = (\boldsymbol{p}_3, \boldsymbol{p}_4, \boldsymbol{p}_5)$ 所对应的基变量的取值 $\boldsymbol{X}_B = (x_3, x_4, x_5)^{\mathrm{T}} = (8, 16, 12)^{\mathrm{T}}$，代入目标函数得 $z = 0 + 3x_1 + 4x_2$。由此可见，对应于非基变量 x_1、x_2 的检验数 $\sigma_1 = 3$，$\sigma_2 = 4$ 均大于零，根据最优性判断准则，当前解 [$\boldsymbol{X}^{(0)} = (0, 0, 8, 16, 12)^{\mathrm{T}}$，$z = 0$] 为非最优解。事实上，由于非基变量 x_1、x_2 在目标函数中的系数均大于零，其中任何一个变成为基变量取非零值都会使目标函数值增大。

三、基变换

当根据检验数判定某一个基所对应的基本可行解不是最优解，而且问题又存在最优解时，就需要进行基变换。所谓基变换就是从现在的基变化到另外一个基，即在非基变量中选择一个变量变成基变量——称之为进基，同时在原有基变量中选择一个变量变成非基变量——称之为出基，一进一出构成了新的基，相应地得到新的基本可行解，这一过程称为基变换。基变换的目的在于从一个基本可行解变到另一个目标函数值更大的基本可行解，从而寻找到其最大值得到最优解。

（1）换入变量的确定。若当前基所对应的基本可行解为非最优解，则必然有某一个或几个非基变量的检验数 $\sigma_j>0$，根据检验数的概念它们中的任何一个变成为基变量，都可以使目标函数值增大。

1）若只有一个非基变量的检验数大于零，则别无选择，它所对应的非基变量就是进基变量。

2）若有两个或两个以上的非基变量的检验数大于零，可以任选其一作为进基变量，目标函数值都会增加。一般选择其中最大的 σ_j 所对应的非基变量为进基变量。这样主观上可以使目标函数值增长较快。

（2）换出变量的确定。线性规划模型基变量的个数是一个定值（等于系数矩阵 $\boldsymbol{A}$ 的秩），当从非基变量中选定了一个进基时，则原有的基变量中必然要有一个出基。以哪个基变量为出基呢？为此进行如下讨论：

若对应于当前基的基变量为 $\boldsymbol{X}_B=(x_1, x_2, \cdots, x_m)^{\mathrm{T}}$，基向量为 $(\boldsymbol{p}_1, \boldsymbol{p}_2, \cdots, \boldsymbol{p}_m)$，则其约束方程可表示为

$$\begin{cases} x_1 \quad = b_1' - a_{1,m+1}'x_{m+1} - \cdots - a_{1,m+t}'x_{m+t} - a_{1,n}'x_n \\ \quad x_2 \quad = b_2' - a_{2,m+1}'x_{m+1} - \cdots - a_{2,m+t}'x_{m+t} - a_{2,n}'x_n \\ \quad\quad \ddots \\ \quad\quad\quad x_l \quad = b_l' - a_{l,m+1}'x_{m+1} - \cdots - a_{l,m+t}'x_{m+t} - a_{l,n}'x_n \\ \quad\quad\quad\quad \ddots \\ \quad\quad\quad\quad\quad x_m = b_m' - a_{m,m+1}'x_{m+1} - \cdots - a_{m,m+t}'x_{m+t} - a_{m,n}'x_n \end{cases} \tag{2-4}$$

现在假定所确定的进基变量为 x_{m+t}，将式（2-4）中 x_{m+t}所在的列移到等号左端：

$$\begin{cases} x_1 \quad + a_{1,m+t}'x_{m+t} = b_1' - a_{1,m+1}'x_{m+1} - \cdots - a_{1,n}'x_n \\ \quad x_2 \quad + a_{2,m+t}'x_{m+t} = b_2' - a_{2,m+1}'x_{m+1} - \cdots - a_{2,n}'x_n \\ \quad\quad \ddots \\ \quad\quad\quad x_l \quad + a_{l,m+t}'x_{m+t} = b_l' - a_{l,m+1}'x_{m+1} - \cdots - a_{l,n}'x_n \\ \quad\quad\quad\quad \ddots \\ \quad\quad\quad\quad\quad x_m + a_{m,m+t}'x_{m+t} = b_m' - a_{m,m+1}'x_{m+1} - \cdots - a_{m,n}'x_n \end{cases} \tag{2-5}$$

根据上面的分析，在 x_{m+t}进基之后，必须从原来的 m 个基变量中选择一个出基，变成非基变量。为了使进出基变化后的新基所对应的基本解仍为可行解，就必须保证当等号左端处理成为 m 阶单位阵后，右端的常数项大于等于零。也就是要保证新的基变量的取值非负，从而得到新的基本且可行的解。

现在暂且假定 x_l 出基，将其移到等号的右端，对式（2-5）进行加减消元运算，以便将基矩阵变成单位阵，并令所有非基变量等于零，得到新基变量的取值为

$$\begin{cases} x_1 \qquad\qquad\qquad = b_1' - b_l' a_{1,m+t}' / a_{l,m+t}' \\ \quad x_2 \qquad\qquad = b_2' - b_l' a_{2,m+t}' / a_{l,m+t}' \\ \qquad \ddots \\ \qquad\quad x_{m+t} \quad = b_l' / a_{l,m+t}' \\ \qquad\qquad \ddots \\ \qquad\qquad\quad x_m = b_m' - b_l' a_{m,m+t}' / a_{l,m+t}' \end{cases} \tag{2-6}$$

根据变量的非负要求，式（2-6）右端项均应大于等于零，其中任意第 k 行应为

$$b_k' - b_l' a_{k,m+t}' / a_{l,m+t}' \geqslant 0$$

即

$$\frac{b_k'}{a_{k,m+t}'} \geqslant \frac{b_l'}{a_{l,m+t}'} \geqslant 0 \tag{2-7}$$

注意到式（2-7）中 b_k'，$b_l' \geqslant 0$（上一个基中基变量的取值），故仅限于在进基变量所在的第 $m+t$ 列中选择 $a_{k,m+t}' > 0$ 的约束行进行比较。

由式(2-7)以及 k 的任意性可知，$\dfrac{b_l'}{a_{l,m+t}'}$应是所有约束行中比值最小的正数。

令 $\theta_k = \dfrac{b_k'}{a_{k,m+t}'}$（$k=1$，2，…，$m$），即相应于进基变量 x_{m+t}，求出各个约束方程右端常数项与相应的该方程中 x_{m+t}的系数的比值 $\theta_k = \dfrac{b_k'}{a_{k,m+t}'}$（仅限 $a_{k,m+t}' > 0$），其比值最小者所对应的该行方程的原有基变量 x_l 为出基变量——称之为 θ 规则。

当选定了进基变量和出基变量，就可以进行基的变换迭代，从而实现了从一个基本可行解转移到另一个基本可行解的构想。

仍以例 1-1 为例，前面我们已经求得了问题的初始基本可行解，并且已经验证了当前解为非最优解，因此，应选定进出基变量继续迭代。

对应于初始基 $\boldsymbol{B}^{(0)}$ = ($\boldsymbol{p}_3$，$\boldsymbol{p}_4$，$\boldsymbol{p}_5$)，将基变量

$$\boldsymbol{X}_B = (x_3,\ x_4,\ x_5)^{\mathrm{T}}$$

$$\begin{cases} x_3 = 8 - x_1 - 2x_2 \\ x_4 = 16 - 4x_1 \\ x_5 = 12 - \qquad 4x_2 \end{cases}$$

代入目标函数得:

$$z = 0 + 3x_1 + 4x_2$$

非基变量 x_1、x_2 的检验数（即当前目标函数系数）$\sigma_1 = 3$，$\sigma_2 = 4$ 均大于零，所以 x_1、x_2 任意一个进基都可以使目标函数值增大。由于 $\sigma_2 > \sigma_1$，x_2 进基可能使目标函数值增大得更快，所以决定 x_2 为进基变量。

x_2 进基，必然要有一个基变量出基，如何确定出基变量呢？对应于当前基的右端常数列向量为 $\boldsymbol{b}'$ = (b_1'，b_2'，b_3')^{T} = (8，16，12)^{T}，进基变量 x_2 的当前系数列向量为 $\boldsymbol{p}_2'$ = (a_{12}'，a_{22}'，a_{32}')^{T} = (2，0，4)^{T}，根据 θ 规则，有:

$$\boldsymbol{\theta}=(\theta_1, \theta_2, \theta_3)^{\mathrm{T}}=\left(\frac{b_1'}{a_{12}'}, \frac{b_2'}{a_{22}'}, \frac{b_3'}{a_{32}'}\right)^{\mathrm{T}}=\left(\frac{8}{2}, \sim, \frac{12}{4}\right)^{\mathrm{T}}=(4, \sim, 3)^{\mathrm{T}}$$

因为 $\min \theta_i=\theta_3=3$ 对应于第三个约束，则第三个约束的当前基变量 x_5 为出基变量。根据所确定的进出基变量进行基变换：

$$\begin{cases} x_3 + 2x_2 = 8 - x_1 & ① \\ x_4 = 16 - 4x_1 & ② \\ 4x_2 = 12 - x_5 & ③ \end{cases}$$

注：
⑥ = ③ ÷ 4
④ = ① − 2 × ⑥

$$\begin{cases} x_3 = 2 - x_1 + \frac{1}{2}x_5 & ④ \\ x_4 = 16 - 4x_1 & ⑤ \\ x_2 = 3 - \frac{1}{4}x_5 & ⑥ \end{cases}$$

代入目标函数得：$z=12+3x_1-x_5$，令非基变量 $x_1=x_5=0$ 得新的基本可行解 $\boldsymbol{X}^{(1)}=(0, 3, 2, 16, 0)^{\mathrm{T}}$，目标值 $z=12$。但是，非基变量 x_1 的检验数（目标函数系数）$\sigma_1=3>0$，故当前基本可行解仍是非最优解。为求最优解继续迭代，x_1 为进基变量，由于 $\boldsymbol{b}'=(b_1', b_2', b_3')^{\mathrm{T}}=(2, 16, 3)^{\mathrm{T}}$，$\boldsymbol{p}_1'=(a_{11}', a_{21}', a_{31}')^{\mathrm{T}}=(1, 4, 0)^{\mathrm{T}}$，得：

$$\boldsymbol{\theta}=(\theta_1,\theta_2,\theta_3)^{\mathrm{T}}=\left(\frac{b_1'}{a_{11}'},\frac{b_2'}{a_{21}'},\frac{b_3'}{a_{31}'}\right)^{\mathrm{T}}=\left(\frac{2}{1},\frac{16}{4},\sim\right)^{\mathrm{T}}=(2,4,\sim)^{\mathrm{T}}$$

$$\min \theta_i=\theta_1=2$$

故选定 θ_1 所对应的第一个约束中的基变量 x_3 出基。迭代过程如下：

$$\begin{cases} x_1 = 2 - x_3 + \frac{1}{2}x_5 & ⑦ \\ 4x_1 + x_4 = 16 & ⑧ \\ x_2 = 3 - \frac{1}{4}x_5 & ⑨ \end{cases}$$

注：
⑩ = ⑧ − 4 × ⑦

$$\begin{cases} x_1 = 2 - x_3 + \frac{1}{2}x_5 \\ x_4 = 8 + 4x_3 - 2x_5 & ⑩ \\ x_2 = 3 - \frac{1}{4}x_5 \end{cases}$$

将基变量 $\boldsymbol{X}_B=(x_1, x_4, x_2)^{\mathrm{T}}$ 代入目标函数，得：

$$z=18-3x_3+\frac{1}{2}x_5$$

令非基变量 $x_3=x_5=0$，得到新的基本可行解 $\boldsymbol{X}^{(2)}=(2,3,0,8,0)^{\mathrm{T}}, z=18$。

但非基变量 x_5 的检验数 $\sigma_5=\frac{1}{2}>0$，所以，当前解不是最优解。继续迭代，x_5 进基，$\boldsymbol{b}'=(b_1', b_2', b_3')^{\mathrm{T}}=(2, 8, 3)^{\mathrm{T}}$，$\boldsymbol{p}_5'=(a_{15}', a_{25}', a_{35}')^{\mathrm{T}}=\left(-\frac{1}{2}, 2, \frac{1}{4}\right)^{\mathrm{T}}$，得：

$$\boldsymbol{\theta}=(\theta_1,\theta_2,\theta_3)^{\mathrm{T}}=\left(\frac{b_1'}{a_{15}'},\frac{b_2'}{a_{25}'},\frac{b_3'}{a_{35}'}\right)^{\mathrm{T}}=(\sim,4,12)^{\mathrm{T}}$$

$$\min\ \theta_i=\theta_2=4$$

所以，第二个约束中的基变量 x_4 为出基变量。继续迭代：

$$\begin{cases}x_1-\dfrac{1}{2}x_5=2-x_3\\2x_5=8+4x_3-x_4\\\dfrac{1}{4}x_5+x_2=3\end{cases}\xrightarrow{\text{加减消元}}\begin{cases}x_1=4-\dfrac{1}{4}x_4\\x_5=4+2x_3-\dfrac{1}{2}x_4\\x_2=2-\dfrac{1}{2}x_3+\dfrac{1}{8}x_4\end{cases}$$

将基变量 $\boldsymbol{X}_B=(x_1,x_2,x_5)^{\mathrm{T}}$ 代入目标函数得：$z=20-2x_3-\dfrac{1}{4}x_4$，令非基变量 $x_3=x_4=0$，得到基本可行解 $\boldsymbol{X}^{(3)}=(4,2,0,0,4)^{\mathrm{T}},z=20$。

对应于当前解的非基变量的检验数 $\sigma_3=-2$，$\sigma_4=-1/4$ 均小于零，根据最优性判断准则，当前的基本可行解就是问题的最优解，算法终止，即产品甲生产 4 个单位，产品乙生产 2 个单位，可以获得最大利润 20 个单位。事实上，当前非基变量在目标函数中的系数均为负值，其任何一个进基而取非零值都会使目标函数值减小。

第二节　单纯形方法

在第一节中根据相关理论提出了求解线性规划的基本思路和原理，应用线性代数的知识和求解多元一次方程组的方法论述了求解原理的实现，并结合例 1-1 实证了求解过程，得出了该实际问题的最优解。但是，这一过程无疑是复杂和烦琐的，为使这一求解原理实用化，很多人进行了探索，丹齐格（G. B. Dantzig）在 1947 年提出了单纯形方法，它是求解线性规划的一种通用方法，其实质就是将上节的求解原理与过程表格化了的求解方法，是一种迭代求解基本可行解的表上作业法。

一、单纯形表

假定在经过标准化和必要处理后的线性规划模型中，其约束方程中已经存在 m 个线性独立的单位列向量 $\boldsymbol{p}_1$，$\boldsymbol{p}_2$，…，$\boldsymbol{p}_m$，一般形式可以表示为

$$\begin{cases}x_1\qquad\qquad+a_{1,m+1}x_{m+1}+\cdots+a_{1,n}x_n=b_1\\\quad x_2\qquad\quad+a_{2,m+1}x_{m+1}+\cdots+a_{2,n}x_n=b_2\\\qquad\ddots\\\qquad\qquad x_m+a_{m,m+1}x_{m+1}+\cdots+a_{m,n}x_n=b_m\end{cases}$$

将其系数矩阵 $\boldsymbol{A}$ 和资源列向量 $\boldsymbol{b}$ 写在同一个矩阵中，称之为系数增广矩阵。

$$\begin{pmatrix}1&0&\cdots&0&a_{1,m+1}&\cdots&a_{1,n}&b_1\\0&1&\cdots&0&a_{2,m+1}&\cdots&a_{2,n}&b_2\\\vdots&\vdots&&\vdots&\vdots&&\vdots&\vdots\\0&0&\cdots&1&a_{m,m+1}&\cdots&a_{m,n}&b_m\end{pmatrix}$$

对于当前的基变量 $\boldsymbol{X}_B=(x_1, x_2, \cdots, x_m)^{\mathrm{T}}$，将 $x_i=b_i-\sum_{j=m+1}^{n} a_{ij}x_j(i=1,2,\cdots,m)$ 代入目标函数，得：

$$z=\sum_{i=1}^{m} c_i b_i+\sum_{j=m+1}^{n}\left(c_j-\sum_{i=1}^{m} c_i a_{ij}\right)x_j$$

将该方程中相应系数添加到系数增广矩阵的下方，并增加必要的说明信息以表格的形式表示，即得到表 2-1——称之为单纯形表。

表 2-1 单 纯 形 表

c_j		c_1	$\cdots$	c_m	c_{m+1}	$\cdots$	c_n		
$\boldsymbol{C}_B$	$\boldsymbol{X}_B$	x_1	$\cdots$	x_m	x_{m+1}	$\cdots$	x_n	b	θ
c_1	x_1	1	$\cdots$	0	$a_{1,m+1}$	$\cdots$	$a_{1,n}$	b_1	θ_1
c_2	x_2	0	$\cdots$	0	$a_{2,m+1}$	$\cdots$	$a_{2,n}$	b_2	θ_2
$\vdots$	$\vdots$	$\vdots$		$\vdots$	$\vdots$		$\vdots$	$\vdots$	$\vdots$
c_m	x_m	0	$\cdots$	1	$a_{m,m+1}$	$\cdots$	$a_{m,n}$	b_m	θ_m
σ_j		0	$\cdots$	0	$c_{m+1}-\sum_{i=1}^{m} c_i a_{i,m+1}$	$\cdots$	$c_n-\sum_{i=1}^{m} c_i a_{in}$	$\sum_{i=1}^{m} c_i b_i$	

在此单纯形表中，粗线框中的数据就是系数增广矩阵。在增广矩阵的上方是对应的决策变量及其目标系数，左侧是当前的基变量及其目标系数，这两部分都是说明信息；在增广矩阵的下方是对应当前基的目标方程信息，即检验数和目标函数的取值，右侧是 θ 规则数据，这两部分是计算得出的信息。单纯形方法就是此单纯形表的迭代过程。

二、单纯形法的计算步骤

（1）在系数矩阵 $\boldsymbol{A}$ 中找到或构造出单位阵 $\boldsymbol{I}$ 并确定为初始可行基，建立初始单纯形表，确定初始基本可行解。

（2）检查单纯形表中最后一行中对应于非基变量的检验数 σ_j，若所有的 $\sigma_j \leqslant 0$，$(j=m+1, 2, \cdots, n)$，则当前解为最优解，停止迭代；否则转入下一步。

（3）检查所有 $\sigma_j>0$ 的列，若其中有一个 σ_k 所对应变量 x_k 的系数列向量 $\boldsymbol{p}_k$ 中的各分量均小于等于零，即 $\boldsymbol{p}_k=(a'_{1k}, a'_{2k}, \cdots, a'_{mk})^{\mathrm{T}} \leqslant 0$，则此问题无最优解，停止迭代；否则转下一步。

（4）选择 $\sigma_j>0$ 中的任何一个，通常选择最大的一个 $\max \sigma_j=\sigma_k$，确定对应的非基变量 x_k 为进基变量；根据 θ 规则，$\theta_l=\min_i\left\{\frac{b_i}{a_{ik}} \middle| a_{ik}>0\right\}=\frac{b_l}{a_{lk}}$，确定 x_l 为出基变量。于是得到迭代主元素 a_{lk}，转入下一步。

（5）建立新的单纯形表，它是以 a_{lk} 为主元素对原单纯形表进行迭代运算（高斯消元法迭代）得出的，即把 a_{lk} 处理为 1，而把同列的其他元素处理为零，得到新的基本可行解所对应的新的单纯形表。转入（2）。

单纯形法计算步骤流程图如图 2-2 所示。

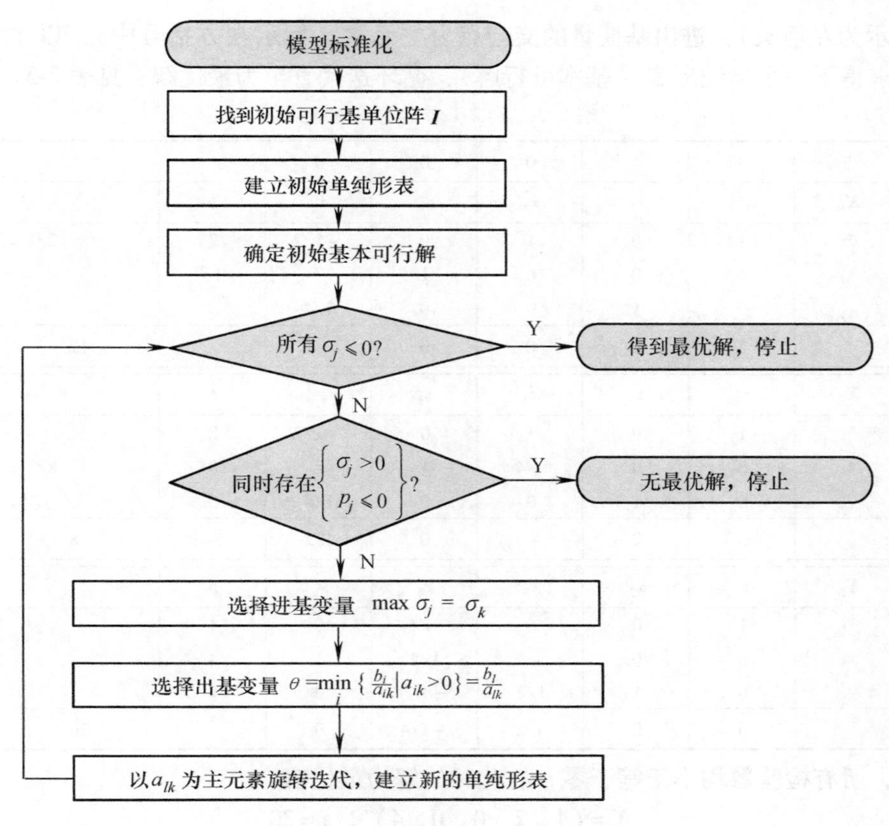

图　2-2

【例 2-1】　用单纯形法求解例 1-1，经标准化后例 1-1 的模型如下，在系数矩阵中已经存在单位阵 $\boldsymbol{I}$(式中虚线框标示)，则以该单位阵所对应的变量 x_3、x_4、x_5 为初始基变量列初始单纯形表，如表 2-2 所示。

$$\max z = 3x_1 + 4x_2 + 0x_3 + 0x_4 + 0x_5$$

$$\text{s. t.} \begin{cases} x_1 + 2x_2 + x_3 = 8 \\ 4x_1 + x_4 = 16 \\ 4x_2 + x_5 = 12 \\ x_j \geqslant 0,\ j = 1,\ 2,\ \cdots,\ 5 \end{cases}$$

表 2-2　例 2-1 初始单纯形表

c_j		3	4	0	0	0		
$\boldsymbol{C}_B$	$\boldsymbol{X}_B$	x_1	$x_2 \downarrow$	x_3	x_4	x_5	$\boldsymbol{b}$	θ
0	x_3	1	2	1	0	0	8	8/2 = 4
0	x_4	4	0	0	1	0	16	~
←0	x_5	0	[4]	0	0	1	12	12/4 = 3
σ_j		3	4	0	0	0	0	

在初始单纯形表 2-2 中，最后一行为检验数，其中右下角的数据是目标函数当前的取值，$\boldsymbol{b}$ 列为当前基变量的取值。根据检验数行判断当前解为非最优解，选择检验数最大的非基变量 x_2 为进基变量（标示为下箭头），为确定出基变量计算 θ 值，根据 θ 规则 x_5 为出基

变量（标示为左箭头），进出基变量的交会点为主元素（标示在方括号中），以主元素为核心迭代，求得下一个单纯形表（基本可行解），循环迭代直至为最优解，见表 2-3。

表 2-3　例 2-1 单纯形表续表

c_j		3	4	0	0	0		
C_B	X_B	x_1 ↓	x_2	x_3	x_4	x_5	b	θ
←0	x_3	[1]	0	1	0	−1/2	2	2/1 = 2
0	x_4	4	0	0	1	0	16	16/4 = 4
4	x_2	0	1	0	0	1/4	3	~
σ_j		3	0	0	0	−1	12	
C_B	X_B	x_1	x_2	x_3	x_4	x_5 ↓	b	θ
3	x_1	1	0	1	0	−1/2	2	~
←0	x_4	0	0	−4	1	[2]	8	8/2 = 4
4	x_2	0	1	0	0	1/4	3	3/(1/4) = 12
σ_j		0	0	−3	0	1/2	18	
C_B	X_B	x_1	x_2	x_3	x_4	x_5	b	θ
3	x_1	1	0	0	1/4	0	4	
0	x_5	0	0	−2	1/2	1	4	
4	x_2	0	1	1/2	−1/8	0	2	
σ_j		0	0	−2	−1/4	0	20	

此时，所有检验数均小于等于零，故此时的解为最优解：

$$X=(4,\ 2,\ 0,\ 0,\ 4)^{\mathrm{T}},\ z=20$$

第三节　人工变量及其处理

从上一节的例子中可以看出，当约束为“≤”约束时，给每一个约束加上一个松弛变量，则这些松弛变量就构成单纯形表的初始基变量，其最终取值代表未被利用的资源量，因而，它们在目标函数中的系数为零，即使最终的最优解中含有松弛变量也是允许的。

但是，在“≥”“=”约束中，为了构造单纯形表的初始基，即构造系数矩阵中的单位阵，一般需要加入人工变量，它们是在等式状态下人为加入到约束左端的变量。人工变量是实际问题模型中没有的人为的虚拟变量，所以这些变量在最终解中不能为基变量，而必须是非基变量（以确保其等于零），为确保这一点，就需要采取一定的措施，大 M 法和两阶段法就是常用的方法。

一、大 M 法

为确保人工变量从基中退出，在目标函数中给每一个人工变量设定一个趋向无穷小的负系数 $-M$（M 为任意大的正数），这样，只要人工变量没有退出基，目标函数就不可能取到最大值。此即所谓的大 M 法，也可称为惩罚系数法。

下面通过例题说明大 M 法的使用。

【例 2-2】　求解下面的线性规划问题：

$$\max z = 5x_1 + 3x_2 + 2x_3 + 4x_4$$

$$\text{s. t.} \begin{cases} 5x_1 + x_2 + x_3 + 8x_4 = 10 \\ 2x_1 + 4x_2 + 3x_3 + 2x_4 = 10 \\ x_j \geqslant 0,\ j = 1,\ 2,\ 3,\ 4 \end{cases}$$

解　为列出单纯形表，必须在系数矩阵 $\boldsymbol{A}$ 中构造单位阵以确定初始基，为此引入人工变量 x_5、x_6，分别加入到两个约束的左端，并设定这两个变量在目标方程中的系数为负的 M（M 为很大的正数），则规划模型变成为

$$\max z = 5x_1 + 3x_2 + 2x_3 + 4x_4 - Mx_5 - Mx_6$$

$$\text{s. t.} \begin{cases} 5x_1 + x_2 + x_3 + 8x_4 + x_5 = 10 \\ 2x_1 + 4x_2 + 3x_3 + 2x_4 + x_6 = 10 \\ x_j \geqslant 0,\ j = 1,\ 2,\ \cdots,\ 6 \end{cases}$$

以 x_5、x_6 为初始基变量，列单纯形表，如表 2-4 所示。

表 2-4　例 2-2 单纯形表

c_j		5	3	2	4	$-M$	$-M$		
C_B	X_B	x_1	x_2	x_3	x_4 ↓	x_5	x_6	b	θ
←$-M$	x_5	5	1	1	[8]	1	0	10	10/8
$-M$	x_6	2	4	3	2	0	1	10	10/2
σ_j		$5+7M$	$3+5M$	$2+4M$	$4+10M$	0	0	$-20M$	
C_B	X_B	x_1	x_2 ↓	x_3	x_4	x_5	x_6	b	θ
4	x_4	5/8	1/8	1/8	1	1/8	0	5/4	10
←$-M$	x_6	3/4	[15/4]	11/4	0	$-1/4$	1	15/2	2
σ_j		$3/4M+5/2$	$15/4M+5/2$	$11/4M+3/2$	0	$-5/4M-1/2$	0	$-15/2M+5$	
C_B	X_B	x_1 ↓	x_2	x_3	x_4	x_5	x_6	b	θ
←4	x_4	[3/5]	0	1/30	1	2/15	$-1/30$	1	5/3
3	x_2	1/5	1	11/15	0	$-1/15$	4/15	2	10
σ_j		2	0	$-1/3$	0	$-M+1/15$	$-M-2/3$	10	
C_B	X_B	x_1	x_2	x_3	x_4	x_5	x_6	b	θ
5	x_1	1	0	1/18	5/3	2/9	$-1/18$	5/3	
3	x_2	0	1	13/18	$-1/3$	$-1/9$	5/16	5/3	
σ_j		0	0	$-4/9$	$-10/3$	$-M-7/9$	$-M-5/9$	40/3	

在表 2-4 的最终表中，所有的检验数都小于等于零，且基变量中不包含人工变量，故得到问题的最优解：$\boldsymbol{X}^* = (5/3,\ 5/3,\ 0,\ 0,\ 0,\ 0)^{\mathrm{T}}$，$z = \dfrac{40}{3} = 13\dfrac{1}{3}$。

对于上述大 M 法的单纯形求解过程做两点说明：其一是检验数行中含有大 M 的列，其正负和大小取决于 M 的系数，其余部分可略；其二是人工变量一旦出基通常就不会再次进基，该列中数据就可以省略（在表 2-4 中并没有省略是为了看到该种状况）。

二、两阶段法

求解含有人工变量的线性规划还有一种方法——两阶段法。由于人工变量的人为性，在

规划问题的最终解中，人工变量必须是非基变量而且等于零，否则该问题就没有解。为此，可以将规划问题分成为两个阶段来解决。

第一阶段：判断原问题是否有解。为此，需要建立一个辅助线性规划，并求解。辅助问题是这样的：构造临时目标函数取成所有的人工变量之和，并求其极小化；约束条件为加入人工变量后的原约束条件。对该辅助线性规划问题的求解结果有以下两种情况：

（1）目标函数值等于零。它说明所有的人工变量都等于零，即所有的人工变量都变成了非基变量。同时也表明了原问题已得到了一个基本可行解，它所对应的基恰好已经变化为一个单位阵。由此就可以转入第二阶段继续迭代。

（2）目标函数值大于零。它说明至少有一个人工变量不能从基变量中替换出来。于是，原问题没有可行解，停止计算。

第二阶段：求原问题的最优解。对于上述第一种情况，在当前基中已经不含有人工变量，将目标函数换为原问题的目标函数，在单纯形表中将价值系数行换为原问题的价值系数。去掉人工变量所在的列即得到原问题的单纯形表。然后重新求检验数，继续迭代，直到求得原问题的最优解。

【例 2-3】 用两阶段法求解例 2-2。

解 原问题的规划模型为

$$\max z = 5x_1 + 3x_2 + 2x_3 + 4x_4$$

$$\text{s. t.} \begin{cases} 5x_1 + x_2 + x_3 + 8x_4 = 10 \\ 2x_1 + 4x_2 + 3x_3 + 2x_4 = 10 \\ x_j \geqslant 0,\ j = 1,\ 2,\ \cdots,\ 6 \end{cases}$$

为构造单位阵的初始基，加入人工变量 x_5、x_6，建立辅助线性规划模型如下：

$$\min w = x_5 + x_6$$

$$\text{s. t.} \begin{cases} 5x_1 + x_2 + x_3 + 8x_4 + x_5 = 10 \\ 2x_1 + 4x_2 + 3x_3 + 2x_4 + x_6 = 10 \\ x_j \geqslant 0,\ j = 1,\ 2,\ \cdots,\ 6 \end{cases}$$

将目标函数化为标准型：令 $w' = -w$，问题变为 $\max w' = -x_5 - x_6$，约束不变。

用单纯形表求解如表 2-5 所示。

表 2-5 例 2-3 两阶段法第一阶段单纯形表

c_j		0	0	0	0	−1	−1		
C_B	X_B	x_1	x_2	x_3	x_4 ↓	x_5	x_6	b	θ
← −1	x_5	5	1	1	[8]	1	0	10	10/8
−1	x_6	2	4	3	2	0	1	10	10/2
σ_j		7	5	4	10	0	0	−20	
C_B	X_B	x_1	x_2 ↓	x_3	x_4	x_5	x_6	b	θ
0	x_4	5/8	1/8	1/8	1	1/8	0	5/4	10
← −1	x_6	3/4	[15/4]	11/4	0	−1/4	1	15/2	2
σ_j		3/4	15/4	11/4	0	−1/4	0	−15/2	

（续）

C_B	X_B	x_1	x_2	x_3	x_4	x_5	x_6	b	θ
0	x_4	3/5	0	1/30	1	2/15	−1/30	1	
0	x_2	1/5	1	11/15	0	−1/15	4/15	2	
σ_j		0	0	0	0	−1	−1	0	

在表 2-5 的最终表中，基变量里不再含人工变量，目标函数值为零，说明原问题存在最优解，可以转入第二阶段。

在表 2-5 的最终表中，删除人工变量列，将目标系数行及基变量的系数换成原问题的目标系数，重新计算检验数行 σ_j，且以 x_2、x_4 为初始基变量继续迭代得到表 2-6。

表 2-6　例 2-3 两阶段法第二阶段单纯形表

		5	3	2	4				
C_B	X_B	x_1 ↓	x_2	x_3	x_4	x_5	x_6	b	θ
←4	x_4	[3/5]	0	1/30	1			1	5/3
3	x_2	1/5	1	11/15	0			2	10
σ_j		2	0	−1/3	0			10	
C_B	X_B	x_1	x_2	x_3	x_4	x_5	x_6	b	θ
5	x_1	1	0	1/18	5/3			5/3	
3	x_2	0	1	13/18	−1/3			5/3	
σ_j		0	0	−4/9	−10/3			40/3	

由表 2-6 得到原规划问题的最优解：$X^* = (5/3, 5/3, 0, 0)^T$，最优值 $z = 40/3$。可见它与大 M 法所得结果是相同的。

三、退化及循环问题的处理

在用单纯形法求解线性规划模型时，采用 θ 规则确定出基变量，有可能存在两个或两个以上相同的最小 θ 值，当选定其中一个所对应的基变量出基时，则在得到的新的基本可行解中除了非基变量等于零之外，还必有相同最小 θ 值所对应的一个或一个以上的基变量等于零，这就出现了所谓的退化解（有基变量取值为零）。在这种情况下，如果用单纯形表求解时处理不当，有可能出现循环的情况，即经过若干步单纯形表迭代后又回到了原来的某个单纯形表。为解决这一问题，人们已经提出了一些方法，如“摄动法”“辞典序法”等。还有一种简便的方法称为勃兰特法（最小下标法），其规则如下：

（1）选取 $\sigma_j = c_j - z_j > 0$ 中下标最小的非基变量进基。

（2）当按 θ 规则计算存在两个或两个以上最小值时，选取下标最小的基变量出基。

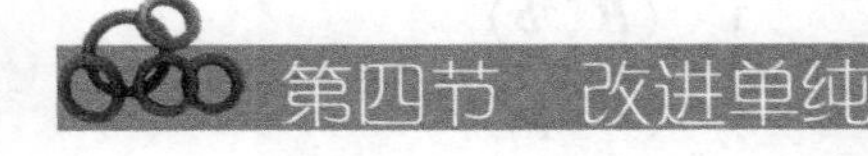

第四节　改进单纯形法简介

一、线性规划的矩阵表达

用矩阵形式来描述单纯形法有助于对这一方法的进一步理解，有助于分析单纯形方法的优势和不足，也有助于寻求对单纯形方法的改进。

设线性规划问题为

$$\max z = \boldsymbol{CX}$$
$$\text{s.t.}\begin{cases}\boldsymbol{AX} \leqslant \boldsymbol{b}\\ \boldsymbol{X} \geqslant \boldsymbol{0}\end{cases}$$

给约束方程增加松弛变量 $\boldsymbol{X}_S = (x_{n+1},\ x_{n+2},\ \cdots,\ x_{n+m})^{\mathrm{T}}$，得到标准型：

$$\max z = \boldsymbol{CX} + \boldsymbol{0X}_S$$
$$\text{s.t.}\begin{cases}\boldsymbol{AX} + \boldsymbol{IX}_S = \boldsymbol{b}\\ \boldsymbol{X} \geqslant \boldsymbol{0},\ \boldsymbol{X}_S \geqslant \boldsymbol{0}\end{cases}$$

为求解此标准型线性规划问题，将其系数矩阵（$\boldsymbol{A}$，$\boldsymbol{I}$）分成两部分分别对应于基矩阵和非基矩阵，分别记为 $\boldsymbol{B}$ 和 $\boldsymbol{N}$，对应的变量也分成基变量 $\boldsymbol{X}_B$ 和非基变量 $\boldsymbol{X}_N$，对应的价值系数向量也分为两部分$(\boldsymbol{C}_B, \boldsymbol{C}_N)$，即$(\boldsymbol{A}, \boldsymbol{I}) = (\boldsymbol{B}, \boldsymbol{N})$，$(\boldsymbol{X}, \boldsymbol{X}_S)^{\mathrm{T}} = (\boldsymbol{X}_B, \boldsymbol{X}_N)^{\mathrm{T}}$，$(\boldsymbol{C}, \boldsymbol{0}) = (\boldsymbol{C}_B, \boldsymbol{C}_N)$，则上述标准型变为

$$\max z = (\boldsymbol{C}_B, \boldsymbol{C}_N)(\boldsymbol{X}_B, \boldsymbol{X}_N)^{\mathrm{T}} = \boldsymbol{C}_B\boldsymbol{X}_B + \boldsymbol{C}_N\boldsymbol{X}_N$$
$$\text{s.t.}\begin{cases}(\boldsymbol{B}, \boldsymbol{N})(\boldsymbol{X}_B, \boldsymbol{X}_N)^{\mathrm{T}}, = \boldsymbol{BX}_B + \boldsymbol{NX}_N = \boldsymbol{b}\\ \boldsymbol{X}_B, \boldsymbol{X}_N \geqslant \boldsymbol{0}\end{cases} \tag{2-8}$$

对式（2-8）的约束式移项，得：

$$\boldsymbol{BX}_B = \boldsymbol{b} - \boldsymbol{NX}_N$$

左乘 $\boldsymbol{B}^{-1}$，得：

$$\boldsymbol{X}_B = \boldsymbol{B}^{-1}\boldsymbol{b} - \boldsymbol{B}^{-1}\boldsymbol{NX}_N \tag{2-9}$$

代入式（2-8）中的目标函数，得：

$$z = \boldsymbol{C}_B\boldsymbol{B}^{-1}\boldsymbol{b} - \boldsymbol{C}_B\boldsymbol{B}^{-1}\boldsymbol{NX}_N + \boldsymbol{C}_N\boldsymbol{X}_N = \boldsymbol{C}_B\boldsymbol{B}^{-1}\boldsymbol{b} + (\boldsymbol{C}_N - \boldsymbol{C}_B\boldsymbol{B}^{-1}\boldsymbol{N})\boldsymbol{X}_N \tag{2-10}$$

在式（2-9）、式（2-10）中若令非基变量 $\boldsymbol{X}_N = \boldsymbol{0}$，则得到问题的一个基本可行解：

$$\boldsymbol{X}_B = \boldsymbol{B}^{-1}\boldsymbol{b}, \boldsymbol{X}_N = \boldsymbol{0}$$

即$(\boldsymbol{X}, \boldsymbol{X}_S)^{\mathrm{T}} = (\boldsymbol{X}_B, \boldsymbol{X}_N)^{\mathrm{T}} = (\boldsymbol{B}^{-1}\boldsymbol{b}, \boldsymbol{0})^{\mathrm{T}}$；目标函数值为 $z = \boldsymbol{C}_B\boldsymbol{B}^{-1}\boldsymbol{b}$。

对此问题讨论如下：

（1）在目标函数式(2-10)中非基变量 $\boldsymbol{X}_N$ 的系数 $\boldsymbol{C}_N - \boldsymbol{C}_B\boldsymbol{B}^{-1}\boldsymbol{N}$，就是前面我们所定义的检验数 $\sigma_j = c_j - z_j = c_j - \sum_{i=1}^{m} c_i a_{ij}', j = 1,2,\cdots,n$。而且对于基变量而言，其检验数自然为零，实际上基变量的检验数可以表达为 $\boldsymbol{C}_B - \boldsymbol{C}_B\boldsymbol{B}^{-1}\boldsymbol{B} = \boldsymbol{C}_B - \boldsymbol{C}_B = \boldsymbol{0}$；而对应于松弛变量 $\boldsymbol{X}_s$ 而言，由于其价值系数均为零，所以其检验数为$\boldsymbol{0} - \boldsymbol{C}_B\boldsymbol{B}^{-1}\boldsymbol{I} = -\boldsymbol{C}_B\boldsymbol{B}^{-1}$。综合上述几项，所有变量的检验数可以统一表示为 $\boldsymbol{C} - \boldsymbol{C}_B\boldsymbol{B}^{-1}\boldsymbol{A}$，$-\boldsymbol{C}_B\boldsymbol{B}^{-1}$，它们分别对应模型原有决策变量和加入的松弛变量。

（2）θ 规则的矩阵表达式为 $\theta = \min\limits_i\left\{\dfrac{(\boldsymbol{B}^{-1}\boldsymbol{b})_i}{(\boldsymbol{B}^{-1}\boldsymbol{p}_j)_i}\,\middle|\,(\boldsymbol{B}^{-1}\boldsymbol{p}_j)_i > 0\right\} = \dfrac{(\boldsymbol{B}^{-1}\boldsymbol{b})_l}{(\boldsymbol{B}^{-1}\boldsymbol{p}_j)_l}$。

二、单纯形表的矩阵描述

注意到在上面线性规划的矩阵表达中加入的松弛变量个数与基矩阵的维数相同，并且在

单纯形表迭代过程中基变量中可能包含松弛变量，非基变量中也可能包含松弛变量。为了以矩阵的形式描述单纯形表，对式(2-8)中的矩阵和变量进一步分解：

$$\boldsymbol{B}=(\boldsymbol{B}_A,\boldsymbol{B}_S),\boldsymbol{N}=(\boldsymbol{N}_A,\boldsymbol{N}_S),\boldsymbol{A}=(\boldsymbol{B}_A,\boldsymbol{N}_A),\boldsymbol{S}=(\boldsymbol{B}_S,\boldsymbol{N}_S)=\boldsymbol{I},\boldsymbol{C}=(\boldsymbol{C}_{BA},\boldsymbol{C}_{NA}),$$

$$\boldsymbol{X}_B=\begin{pmatrix}\boldsymbol{X}_{BA}\\ \boldsymbol{X}_{BS}\end{pmatrix},\quad \boldsymbol{X}_N=\begin{pmatrix}\boldsymbol{X}_{NA}\\ \boldsymbol{X}_{NS}\end{pmatrix},\quad \boldsymbol{X}_S=\begin{pmatrix}\boldsymbol{X}_{BS}\\ \boldsymbol{X}_{NS}\end{pmatrix},$$

$$\boldsymbol{C}_B=(\boldsymbol{C}_{BA},\boldsymbol{C}_{BS}),\boldsymbol{C}_N=(\boldsymbol{C}_{NA},\boldsymbol{C}_{NS}),\boldsymbol{C}_S=(\boldsymbol{C}_{BS},\boldsymbol{C}_{NS})=\boldsymbol{0}$$

上述分解中各个字母的含义如下：$\boldsymbol{A}$ 为原有决策变量所对应的约束系数矩阵，$\boldsymbol{B}$ 为基矩阵，$\boldsymbol{N}$ 为非基矩阵，$\boldsymbol{S}$ 为加入的松弛变量和人工变量对应的系数矩阵，$\boldsymbol{C}$ 为目标系数。

由此，上述式（2-8）变为

$$\max z=\boldsymbol{C}_B\boldsymbol{X}_B+\boldsymbol{C}_{NA}\boldsymbol{X}_{NA}+\boldsymbol{C}_{NS}\boldsymbol{X}_{NS}$$

$$\text{s. t.}\begin{cases}\boldsymbol{B}\boldsymbol{X}_B+\boldsymbol{N}_A\boldsymbol{X}_{NA}+\boldsymbol{N}_S\boldsymbol{X}_{NS}=\boldsymbol{b}\\ \boldsymbol{X}_B,\boldsymbol{X}_{NA},\boldsymbol{X}_{NS}\geqslant\boldsymbol{0}\end{cases}\tag{2-11}$$

式（2-11）约束条件左乘 $\boldsymbol{B}^{-1}$，得：

$$\boldsymbol{X}_B+\boldsymbol{B}^{-1}\boldsymbol{N}_A\boldsymbol{X}_{NA}+\boldsymbol{B}^{-1}\boldsymbol{N}_S\boldsymbol{X}_{NS}=\boldsymbol{B}^{-1}\boldsymbol{b}\tag{2-12}$$

将式（2-12）中 $\boldsymbol{X}_B$ 代入到式（2-11）的目标方程，得：

$$z=\boldsymbol{C}_B\boldsymbol{B}^{-1}\boldsymbol{b}+(\boldsymbol{C}_{NA}-\boldsymbol{C}_B\boldsymbol{B}^{-1}\boldsymbol{N}_A)\boldsymbol{X}_{NA}+(\boldsymbol{C}_{NS}-\boldsymbol{C}_B\boldsymbol{B}^{-1}\boldsymbol{N}_S)\boldsymbol{X}_{NS}\tag{2-13}$$

在式（2-13）中不含有基变量，其目标系数等于零，即：$(\boldsymbol{C}_B-\boldsymbol{C}_B\boldsymbol{B}^{-1}\boldsymbol{B})\boldsymbol{X}_B=\boldsymbol{0}$，其中对应于 $\boldsymbol{X}_{BS}$ 的系数部分也必然等于零，即：$(\boldsymbol{C}_{BS}-\boldsymbol{C}_B\boldsymbol{B}^{-1}\boldsymbol{B}_S)\boldsymbol{X}_{BS}=\boldsymbol{0}$，将其加入到式(2-13)中，得：

$$z=\boldsymbol{C}_B\boldsymbol{B}^{-1}\boldsymbol{b}+(\boldsymbol{C}_{NA}-\boldsymbol{C}_B\boldsymbol{B}^{-1}\boldsymbol{N}_A)\boldsymbol{X}_{NA}+(\boldsymbol{C}_S-\boldsymbol{C}_B\boldsymbol{B}^{-1}\boldsymbol{S})\boldsymbol{X}_S\tag{2-14}$$

不失一般性，假设 $\boldsymbol{C}_S=\boldsymbol{0}$，$\boldsymbol{S}=\boldsymbol{I}$，则式（2-14）变为

$$z=\boldsymbol{C}_B\boldsymbol{B}^{-1}\boldsymbol{b}+(\boldsymbol{C}_{NA}-\boldsymbol{C}_B\boldsymbol{B}^{-1}\boldsymbol{N}_A)\boldsymbol{X}_{NA}-\boldsymbol{C}_B\boldsymbol{B}^{-1}\boldsymbol{X}_S\tag{2-15}$$

对式（2-11）中的约束处理：

$$(\boldsymbol{B}_A,\boldsymbol{B}_S)(\boldsymbol{X}_{BA},\boldsymbol{X}_{BS})^{\mathrm{T}}+\boldsymbol{N}_A\boldsymbol{X}_{NA}+\boldsymbol{N}_S\boldsymbol{X}_{NS}=\boldsymbol{b}$$

$$\boldsymbol{B}_A\boldsymbol{X}_{BA}+\boldsymbol{B}_S\boldsymbol{X}_{BS}+\boldsymbol{N}_A\boldsymbol{X}_{NA}+\boldsymbol{N}_S\boldsymbol{X}_{NS}=\boldsymbol{b}$$

$$\boldsymbol{B}_A\boldsymbol{X}_{BA}+\boldsymbol{N}_A\boldsymbol{X}_{NA}+\boldsymbol{S}\boldsymbol{X}_S=\boldsymbol{b}$$

左乘 $\boldsymbol{B}^{-1}$，得：

$$\boldsymbol{B}^{-1}\boldsymbol{B}_A\boldsymbol{X}_{BA}+\boldsymbol{B}^{-1}\boldsymbol{N}_A\boldsymbol{X}_{NA}+\boldsymbol{B}^{-1}\boldsymbol{X}_S=\boldsymbol{B}^{-1}\boldsymbol{b}\tag{2-16}$$

注意到在式（2-12）中，是将 $\boldsymbol{X}_{BS}$ 归于 $\boldsymbol{X}_B$ 得到结果，说明对应于当前基变量的约束系数矩阵是一个单位阵 $\boldsymbol{I}$，在式（2-16）中是将 $\boldsymbol{X}_{BS}$ 归于 $\boldsymbol{X}_S$ 得到的结果，说明对应于当前松弛变量的约束系数矩阵是 $\boldsymbol{B}^{-1}$，且在目标方程中对应的松弛变量的系数是 $-\boldsymbol{C}_B\boldsymbol{B}^{-1}$，这一点非常重要。

将式（2-12）、式（2-15）、式（2-16）的结论汇总到表格中得单纯形表的矩阵描述如表 2-7 所示（注意到 $\boldsymbol{X}_B$ 与 $\boldsymbol{X}_S$ 的交叉部分 $\boldsymbol{X}_{BS}$，它是 $\boldsymbol{X}_B$ 和 $\boldsymbol{X}_S$ 的共有部分）。

对于表 2-7 用矩阵形式表示的单纯形表做如下几点重要说明：

（1）用矩阵形式表示单纯形表是为了理解单纯形表的实质，掌握其各部分数据的来源（计算公式），以便更灵活地运用单纯形表。

表 2-7 单纯形表的矩阵表示

基变量		非基变量 X_N			
X_B			X_S		
X_{BA}	X_{BS}	X_{NA}	X_{NS}	X_{BS}	
I		$B^{-1}N_A$	B^{-1}		$B^{-1}b$
0		$C_{NA}-C_B B^{-1}N_A$	$-C_B B^{-1}$		$C_B B^{-1}b$

检验数行

对应于松弛变量的矩阵为基矩阵的逆矩阵

（2）在用矩阵表示的单纯形表中，除了基矩阵的逆阵之外，其余数据均是原始数据与该逆矩阵运算的结果。因此，单纯形表的核心是基矩阵的逆阵 B^{-1}。

（3）在每一个单纯形表中都存在基矩阵的逆阵，它就是初始单纯形表中单位阵所在列对应各个表的相应列数据所构成的矩阵（注意逆矩阵的相对性，即相对于前面某个单纯形表的逆矩阵）。

（4）单纯形表中并非每一部分数据都是必需的，其中 B^{-1} 和 $C_{NA}-C_B B^{-1}N_A$ 是每一个表所必需的，而 $C_B B^{-1}b$ 只有最终表才有用，$B^{-1}N_A$ 只有进基列才有用。

三、改进单纯形法原理

对于规模较小的线性规划模型，用单纯形法手工求解还是比较方便的。但我们发现，每次迭代运算都需要计算很多无关的数字，对于较大型的线性规划模型，不但手工解比较困难，即使借助计算机也会占用更多的空间和时间。为适应较大型规划模型的求解以及应用计算机求解的需要，提出单纯形法的一种改进的办法。

改进单纯形法的核心就是把一系列表格的迭代改为一系列矩阵的相乘，在必要时计算必要的数据，摒除无谓的数据计算。为此，首先由加入模型中的松弛变量和人工变量组成初始基变量，由此得到基矩阵 B_1，以此为基础按图 2-3 所示的流程图进行矩阵迭代运算。

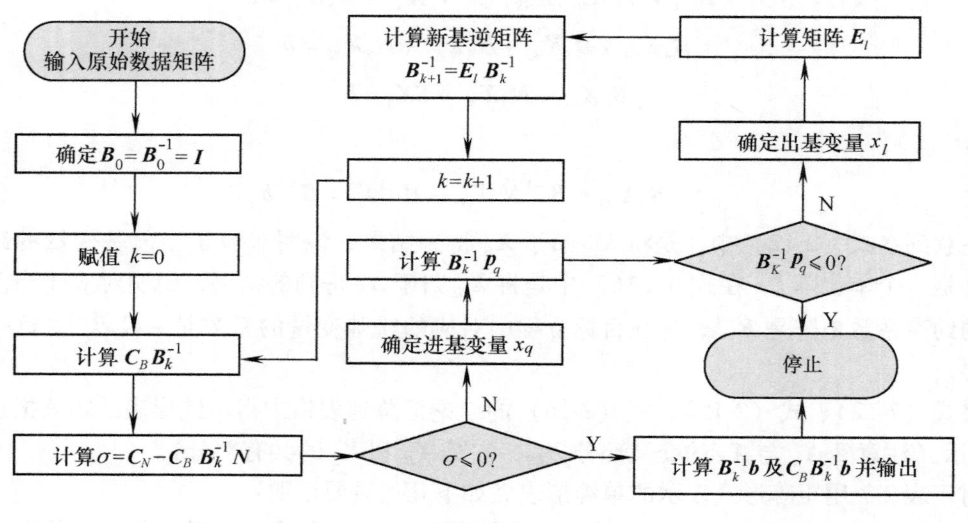

图 2-3

在改进单纯形法流程中，输入的原始数据有：

$$\boldsymbol{C}=(c_1,c_2,\cdots,c_n),\quad \boldsymbol{b}=(b_1,b_2,\cdots,b_m)^{\mathrm{T}}$$

$$\boldsymbol{A}=\begin{pmatrix} a_{11} & a_{12} & \cdots & a_{1n} \\ a_{21} & a_{22} & \cdots & a_{2n} \\ \vdots & \vdots & & \vdots \\ a_{m1} & a_{m2} & \cdots & a_{mn} \end{pmatrix}$$

在此运算过程中涉及的主要矩阵有：$\boldsymbol{B}_k^{-1}$、$\boldsymbol{E}_l$、$\boldsymbol{B}_{k+1}^{-1}$。其中：

$$\boldsymbol{B}_{k+1}^{-1}=\boldsymbol{E}_l\boldsymbol{B}_k^{-1}$$

$$\boldsymbol{B}_k^{-1}\boldsymbol{p}_q=(a'_{1q},a'_{2q},\cdots,a'_{mq})^{\mathrm{T}}$$

$$\boldsymbol{E}_l=\begin{pmatrix} 1 & \cdots & -\dfrac{a_{1q}}{a'_{lq}} & \cdots & 0 \\ \vdots & & \vdots & & \vdots \\ 0 & 0 & \dfrac{1}{a'_{lq}} & 0 & 0 \\ \vdots & & \vdots & & \vdots \\ 0 & \cdots & -\dfrac{a'_{mq}}{a'_{lq}} & \cdots & 1 \end{pmatrix}$$

↑

变基后的 x_l 列

变基前后进基变量 x_q 列和出基变量 x_l 列的数据如下。可见，在 $\boldsymbol{E}_l$ 矩阵中，是将原单位阵基变量 x_l 所在列的数据改为变基后的数据而构成的。

$$\begin{array}{ccc} & x_{q列} & x_{l列} \\ 变基前 & \begin{pmatrix} a'_{1q} \\ \vdots \\ a'_{lq} \\ \vdots \\ a'_{mq} \end{pmatrix} & \begin{pmatrix} 0 \\ \vdots \\ 1 \\ \vdots \\ 0 \end{pmatrix} \\ & \downarrow & \downarrow \\ 变基后 & \begin{pmatrix} 0 \\ \vdots \\ 1 \\ \vdots \\ 0 \end{pmatrix} & \begin{pmatrix} -\dfrac{a'_{1q}}{a'_{lq}} \\ \vdots \\ \dfrac{1}{a'_{lq}} \\ \vdots \\ -\dfrac{a'_{mq}}{a'_{lq}} \end{pmatrix} \end{array}$$

除此之外，在检验数的计算上也不同于原单纯形法。原单纯形法是先计算 $\boldsymbol{B}^{-1}\boldsymbol{p}_j$，而改进单纯形法则是先计算 $\boldsymbol{C}_B\boldsymbol{B}^{-1}$。

原单纯形法计算的检验数是：$\sigma_j = c_j - \boldsymbol{C}_B \boxed{\boldsymbol{B}^{-1}\boldsymbol{p}_j}$。

改进单纯形法计算的检验数是：$\sigma_j = c_j - \boxed{\boldsymbol{C}_B\boldsymbol{B}^{-1}}\ \boldsymbol{p}_j$。

第五节 用 Excel 求解线性规划

单纯形方法提供了一种求解线性规划问题的通用方法。对于不太复杂的问题用这种方法手工求解还是可行的，但对于较大型的规划问题手工求解就变得十分困难，从实际应用的角度出发，人们开发出了许多规划求解的软件，如早期 DOS 操作环境下的软件 QSB（Quantitative System for Business）、Storm 等软件，比较专业的 LINDO 系列软件，以及 QSB 的改进版 WINQSB，也有非常方便、实用的微软 Office 办公软件中内嵌的规划求解功能。从实用和方便的角度出发，本书介绍 Office 办公软件中 Excel 内嵌的规划求解功能。

在 Excel 电子表格的工具菜单中有一个“规划求解”选项，它可以通过简单的程序方法在一个电子表格中求解线性规划模型。首先，检查 Excel 工具菜单中是否有“规划求解”选项，如果没有该项，则通过“加载宏”命令选项从 Office 系统中添加“规划求解”菜单项；其次，将线性规划模型格式化到 Excel 电子表格中；然后，利用“规划求解”命令求解格式化到电子表格中的规划问题。要说明的是，这是 Office 2003 版本，对于 Office 2007 或 Office 2010 需要从文件菜单中加载“规划求解”选项。

一、在 Excel 电子表格中建立线性规划模型

把已经建立的线性规划模型转化为 Excel 电子表格文件形式具有一定的随意性，其表现形式可以多种多样，但应保持模型表现形式上的组织性、逻辑性、直观性、易操作性。为此，通常把模型放在电子表格中分成四个部分：基础数据、决策变量、目标方程、约束条件，如图 2-4 所示。

（1）基础数据。数据是模型处理的基础，原始数据通过计算而生成其他数据。为了便于数据的使用，应尽可能将数据集中安排在一个便于组织的表格中。

（2）决策变量。决策变量通过名称等对元素加以区分，并将最优计算结果填入其中。为此，每一个决策变量对应一个确定的单元格，并在决策变量单元格的上面或旁边设置说明文字来进行标记，以便于区别。

（3）目标方程。选定一个单元格放置目标方程，该目标方程是含有数据部分的数据和未知的决策变量值（相应的单元格为值）的方程式，并将运算结果填入其中。在该单元格的旁边可以添加必要的说明信息。

（4）约束条件。通常将每一个约束分成左手端（LHS）、右手端（RHS）和约束符号三部分分别放在三个相邻的单元格中。任何常量和决策变量元素的结合均可加入到约束中，通常右手端为常量，左手端为含有决策变量的多项式，但对于每一个约束而言，LHS 和 RHS 都必

须非空(至少有一个元素)，包括非负条件在内。一个较好的处理方法就是将 LHS 作为一列，中间为符号说明列，而将 RHS 作为相邻的另一列。

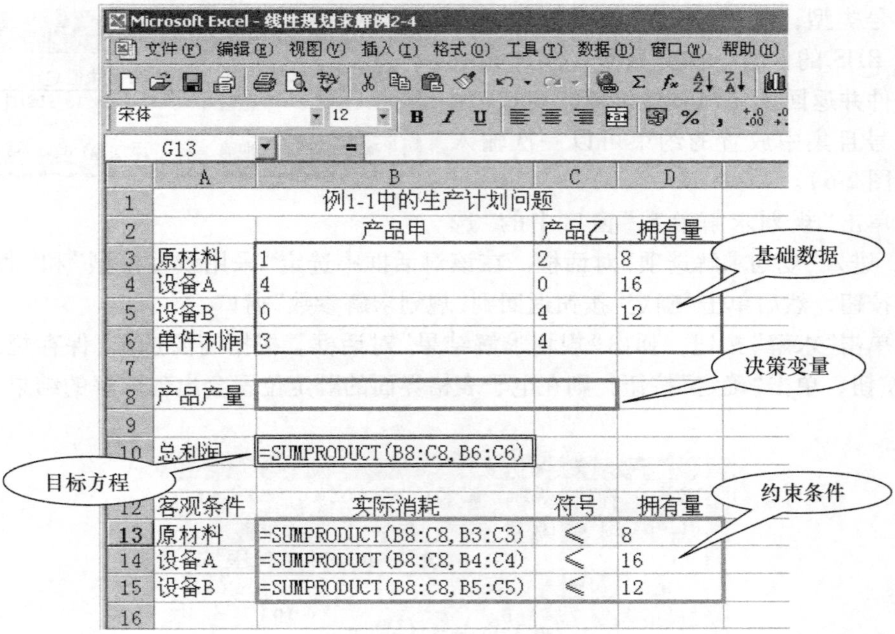

Microsoft Excel - 线性规划求解例2-4

	A	B	C	D
1		例1-1中的生产计划问题		
2		产品甲	产品乙	拥有量
3	原材料	1	2	8
4	设备A	4	0	16
5	设备B	0	4	12
6	单件利润	3	4	
7				
8	产品产量			
9				
10	总利润	=SUMPRODUCT(B8:C8,B6:C6)		
11				
12	客观条件	实际消耗	符号	拥有量
13	原材料	=SUMPRODUCT(B8:C8,B3:C3)	≤	8
14	设备A	=SUMPRODUCT(B8:C8,B4:C4)	≤	16
15	设备B	=SUMPRODUCT(B8:C8,B5:C5)	≤	12
16				

基础数据　决策变量　目标方程　约束条件

图　2-4

在图 2-4 中，基础数据、决策变量、约束条件和目标方程四部分分别用方框框起来以醒目显示，其中决策变量为占位格，优化的结果会显示其中；在目标方程和各个约束的左端项(LHS)位置输入相应的公式，图中为公式的表现形式之一，这里 SUMPRODUCT( )是 Excel 的内部函数，它用来求两个或多个同维数组对应元素乘积之和，优化的结果数据会替代相应的表达式；约束符号部分只是一个说明符号。

二、在电子表格中优化线性规划模型

在 Excel 电子表格中，求解线性规划模型通过以下几步完成：

(1) 首先，将基础数据、决策变量、目标方程、约束条件输入工作簿中(见图 2-4)。

(2) 在工具菜单中选择规划求解命令，将出现“规划求解参数”窗口。在该窗口的“设置目标单元格”的位置输入目标方程所在单元格的位置代号；根据模型要求选定“最大值”或“最小值”单选按钮；在可变单元格的位置输入决策变量所在单元格的代号(见图 2-5)。

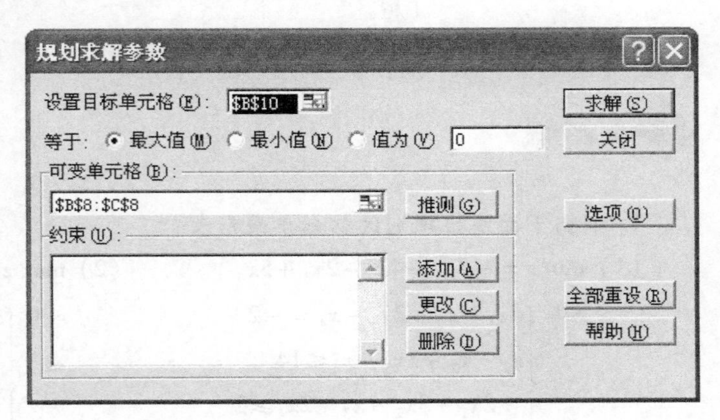

图　2-5

（3）单击“规划求解参数”窗口中的“添加”按钮，出现添加约束条件的“添加约束”对话框。在该对话框中的“单元格引用位置”框中输入约束的左端项 LHS 的位置，根据需要选择约束的符号类型，在“约束值”框中输入相应的右端项 RHS 的位置。如此重复，添加完所有约束条件并返回到“规划求解参数”窗口（相同约束符号且集中放置的约束可以一次输入多个，见图 2-6）。

图 2-6

（4）单击“规划求解参数”窗口中的“选项”按钮，进入“规划求解选项”对话框。在该对话框中选定“采用线性模型”和“假定非负”两个复选按钮，然后单击“确定”按钮返回到“规划求解参数”窗口。

（5）单击“求解”按钮，弹出“规划求解结果”对话框。根据需要选定“保存规划求解结果”单选按钮，单击“确定”按钮，则在电子表格界面的既定位置会出现求解的结果，如图 2-7 所示。

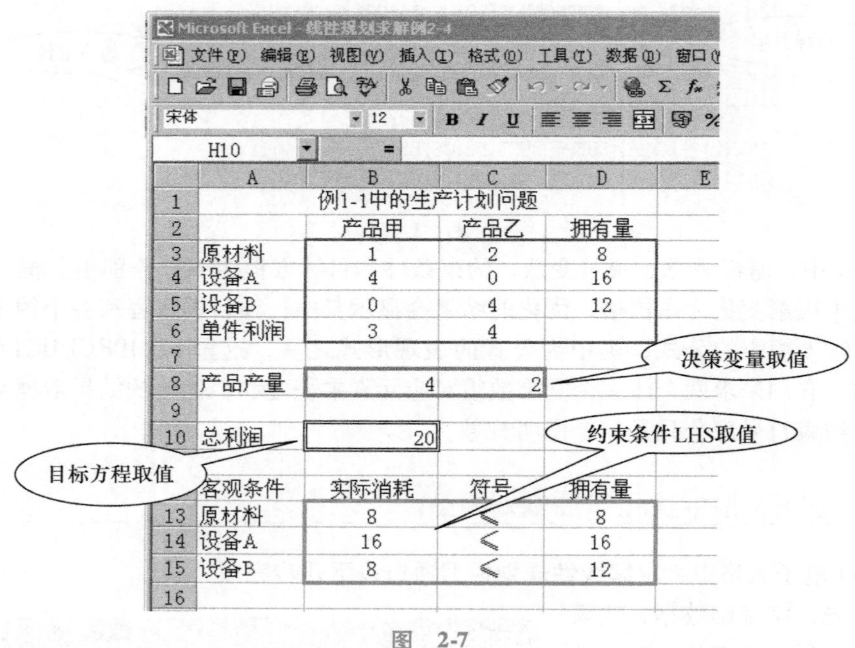

图 2-7

习题

1. 列出下面线性规划的初始单纯形表：

（1）$\min z = -3x_1 + 4x_2 - 2x_3 + 5x_4$

$$\text{s. t.} \begin{cases} 4x_1 - x_2 + 2x_3 - x_4 = -2 \\ x_1 + x_2 + 3x_3 - x_4 \leqslant 14 \\ -2x_1 + 3x_2 - x_3 + 2x_4 \geqslant 2 \\ x_1, x_2, x_3 \geqslant 0, x_4 \text{ 无约束} \end{cases}$$

（2）$\max z = 5x_1 + 3x_2 - x_3 + 2x_4$

$$\text{s. t.} \begin{cases} x_1 + x_4 = 6 \\ x_2 - x_4 \geqslant 3 \\ x_3 + x_4 \leqslant 5 \\ x_1, x_2 \geqslant 0, x_3 \leqslant 0, x_4 \text{ 无约束} \end{cases}$$

2. 在下面的线性规划模型中找出满足约束条件的所有基本解，并指出哪些是基本可行解，并通过比较目标函数值找出最优解。

(1) $\max z = 2x_1 + 3x_2 + x_3 + 4x_4$

$$\text{s. t.} \begin{cases} 2x_1 + 3x_2 - x_3 + 2x_4 = 8 \\ x_1 - 2x_2 + 3x_3 - 2x_4 = -2 \\ x_j \geqslant 0,\ j = 1,\ 2,\ 3,\ 4 \end{cases}$$

(2) $\min z = 5x_1 - 2x_2 + 3x_3 - 6x_4$

$$\text{s. t.} \begin{cases} x_1 + 2x_2 + 3x_3 + 4x_4 = 7 \\ 2x_1 + x_2 + x_3 + 2x_4 = 3 \\ x_1,\ x_2,\ x_3,\ x_4 \geqslant 0 \end{cases}$$

3. 用单纯形法求解下列线性规划，并指出问题的解属于哪一类？

(1) $\max z = 3x_1 + 5x_2$

$$\text{s. t.} \begin{cases} x_1 \leqslant 4 \\ 2x_2 \leqslant 12 \\ 3x_1 + 2x_2 \leqslant 18 \\ x_1,\ x_2 \geqslant 0 \end{cases}$$

(2) $\max z = 6x_1 + 2x_2 + 10x_3 + 8x_4$

$$\text{s. t.} \begin{cases} 5x_1 + 6x_2 - 4x_3 - 4x_4 \leqslant 20 \\ 3x_1 - 3x_2 + 2x_3 + 8x_4 \leqslant 25 \\ 4x_1 - 2x_2 + x_3 + 3x_4 \leqslant 10 \\ x_j \geqslant 0,\ j = 1,\ 2,\ 3,\ 4 \end{cases}$$

4. 表 2-8 是某求极大化线性规划问题计算得到的单纯形表，表中无人工变量，a_1、a_2、a_3、d、c_1、c_2 为待定常数。试说明这些常数分别取何值时，以下结论成立。

表 2-8　习题 4 单纯形表

$\boldsymbol{X}_B$	$\boldsymbol{b}$	x_1	x_2	x_3	x_4	x_5	x_6
x_3	d	4	a_1	1	0	a_2	0
x_4	2	−1	−3	0	1	−1	0
x_6	3	a_3	−5	0	0	−4	1
$c_j - z_j$		c_1	c_2	0	0	−3	0

(1) 表中解为唯一最优解；

(2) 表中解为最优解，但存在无穷多最优解；

(3) 该线性规划问题具有无界解；

(4) 表中解非最优，为对解改进，换入变量为 x_1，换出变量为 x_6。

5. 分别用大 M 法和两阶段法求解下列线性规划模型。

(1) $\max z = 2x_1 + 3x_2 - 5x_3$

$$\text{s. t.} \begin{cases} x_1 + x_2 + x_3 = 7 \\ 2x_1 - 5x_2 + x_3 \geqslant 10 \\ x_1,\ x_2,\ x_3 \geqslant 0 \end{cases}$$

(2) $\min z = 2x_1 + 3x_2 + x_3$

$$\text{s. t.} \begin{cases} x_1 + 4x_2 + 2x_3 \geqslant 8 \\ 3x_1 + 2x_2 \geqslant 6 \\ x_1,\ x_2,\ x_3 \geqslant 0 \end{cases}$$

6. 下列线性规划模型的单纯形表的最终表如表 2-9 所示：

$$\max z = x_1 + 5x_2 + ax_3$$

$$\text{s. t.} \begin{cases} 2x_1 - x_2 = b \\ x_1 + 2x_2 + x_3 = c \\ x_1,\ x_2,\ x_3 \geqslant 0 \end{cases}$$

试根据单纯形表各部分之间的关系完成下列问题：

(1) 此单纯形表最终表的 $\boldsymbol{B}^{-1} = ?$

(2) 求出 a、b、c、d、e、f 的值。

表 2-9 单纯形表的最终表

c_j		1	5	a	$-M$	b
C_B	X_B	x_1	x_2	x_3	x_4	
1	x_1	1	d	0	1/2	2
a	x_3	0	e	1	$-1/2$	1
c_j-z_j		0	f	0	$-M+1$	$z=5$

7. 已知某线性规划问题，用单纯形法计算时得到的中间某两步的计算表如表 2-10 所示，试将表中空白处的数字补充齐全。

表 2-10 习题 7 的单纯形表

c_j		3	2	0	0	
C_B	X_B	x_1	x_2	x_3	x_4	b
0	x_3	2	3			14
0	x_4	2	1			9
c_j-z_j						
⋮			⋮			
c_j		3	2	0	0	
C_B	X_B	x_1	x_2	x_3	x_4	b
	x_2			1/2	$-1/2$	
	x_1			$-1/4$	3/4	
c_j-z_j						

8. 已知某线性规划问题，用单纯形法计算时得到的中间某两步的计算如表 2-11 所示，试将表中空白处的数字补充齐全。

表 2-11 习题 8 的单纯形表

c_j			3	2	3	0	0	0
C_B	X_B	b	x_1	x_2	x_3	x_4	x_5	x_6
0	x_4	24	8	2	4			
0	x_5	40	10	5	5			
0	x_6	48	2	12	8			
c_j-z_j								
⋮				⋮				
c_j			3	2	3	0	0	0
C_B	X_B	b	x_1	x_2	x_3	x_4	x_5	x_6
	x_3					3/8	0	$-1/16$
	x_5					$-5/8$	1	$-5/16$
	x_2					$-1/4$	0	1/8
c_j-z_j								

9. 已知表 2-12 是某求极大化线性规划问题的初始单纯形表和迭代计算中某一步的单纯

形表，试求出表中未知数的值。

表 2-12　习题 9 的单纯形表

		x_1	x_2	x_3	x_4	x_5	x_6
x_5	20	5	−4	13	(b)	1	0
x_6	8	(j)	−1	(k)	(c)	0	1
σ_j		1	6	−7	(a)	0	0
⋮				⋮			
x_3	(d)	−1/7	0	1	−2/7	(f)	4/7
x_2	(e)	(l)	1	0	−3/7	−5/7	(g)
σ_j		72/7	0	0	11/7	(h)	(i)

10. 已知某线性规划问题的初始表和最终表如表 2-13 所示，试将表中空白处的数字补充齐全。

表 2-13　习题 10 的单纯形表

	c_j		10	5	0	0
$\boldsymbol{C}_B$	$\boldsymbol{X}_B$	$\boldsymbol{b}$	x_1	x_2	x_3	x_4
0	x_3	9	3	4	1	0
0	x_4	8	5	2	0	1
	c_j-z_j		10	5	0	0
	c_j		10	5	0	0
$\boldsymbol{C}_B$	$\boldsymbol{X}_B$	$\boldsymbol{b}$	x_1	x_2	x_3	x_4
	x_2				5/14	−3/14
	x_1				−1/7	2/7
	c_j-z_j					

第三章 线性规划对偶理论与方法

线性规划模型提供了实际问题的一种优化描述形式，单纯形方法提供了求解线性规划模型的一般的通用方法，那么，对实际决策问题的这种描述是否还存在着其他表现形式？单纯形方法是否还隐藏着其他信息？单纯形表是否还有其他使用方法？这些问题都是本章内容所要探讨的。本章将重点介绍对偶模型及其性质以及对偶单纯形方法。

第一节 对偶问题的提出

一、从经济意义上提出对偶问题

仍以第一章的例 1-1 为例，假若企业的决策者除了生产产品甲、乙之外，还有其他可选方案来利用其生产资源（设备和原材料）。例如，承接外加工、租赁设备和卖出原材料，作为决策者就要考虑设备台时定价以及原材料售出价格的问题，即在何种台时价格的前提下接受外加工或租赁设备和售出原材料以取代生产甲、乙两种产品。显然，从获利最大的角度考虑，只要售出这些生产资源的收入大于自己生产甲、乙两种产品的收入就要售出资源。

若以 y_1、y_2、y_3 分别表示原材料单位售价和设备 A、B 每台时的价格（加工费或租金），这时就要与自己生产产品甲、乙做一比较，因为每生产 1 件产品甲可得 3 元的利润，每生产 1 件产品乙可得利润 4 元，那么，如果用于生产 1 件产品甲的材料及设备台时售出所得的收益不低于 3 元，同样，用于生产 1 件产品乙的材料和设备台时售出所得的收益不低于 4 元，则将设备用于外加工（或租赁）、原材料卖出；否则，就用于生产甲、乙两种产品。根据以上分析和第一章例 1-1 的条件，得到关系式

$$y_1 + 4y_2 + 0y_3 \geqslant 3$$

$$2y_1 + 0y_2 + 4y_3 \geqslant 4$$

售出材料及设备用于外加工的总收入为

$$w = 8y_1 + 16y_2 + 12y_3$$

显而易见，原材料及设备台时价格越高，总收入就越大，我们当然希望总收入越大越好。但是，价格问题不是一个企业能完全确定的，它是一种市场价格。因此，人们转而希望知道售出资源最低的总收入是多少，或者说，最低的原材料及设备台时价格是多少时就和自己生产产品甲、乙所得的收入是一样的，即所谓的影子价格，这是售出资源的前提。因此，这个问题的数学模型为

$$\min w = 8y_1 + 16y_2 + 12y_3$$
$$\text{s. t.} \begin{cases} y_1 + 4y_2 + 0y_3 \geqslant 3 \\ 2y_1 + 0y_2 + 4y_3 \geqslant 4 \\ y_i \geqslant 0,\ i = 1,\ 2,\ 3 \end{cases}$$

此最小化模型和第一章例 1-1 的最大化问题是对同一个问题（即企业生产资源的利用问题）的两个不同角度的描述，因此，称之为对偶问题（或称对偶模型）。

很显然，当 $\min w = \max z$ 时，决策者认为售出这些生产资源（原材料与设备台时）和用这些资源生产产品甲、乙的效果是一样的。所以，生产资源的影子价格 y_1^*、y_2^*、y_3^* 为决策者提供了决策的基础，y_i^* 的大小代表了所对应的第 i 种资源的价格推断，它是该资源在特定的生产技术条件之下的特定价格，或称边际价格（边际收益）。影子价格的经济意义是在其他条件不变的情况下单位资源变化所引起的目标函数值的变化量。

二、从数学逻辑上提出对偶问题

矩阵形式的单纯形表如表 3-1 所示，若问题达到了最优解，则其检验数行均应小于等于零，即 $\boldsymbol{X}_B$ 的检验数等于零，$\boldsymbol{X}_N$ 的检验数 $\boldsymbol{C}_N - \boldsymbol{C}_B\boldsymbol{B}^{-1}\boldsymbol{N} \leqslant 0$，$\boldsymbol{X}_S$ 的检验数 $-\boldsymbol{C}_B\boldsymbol{B}^{-1} \leqslant 0$。对以矩阵描述的线性规划模型做如下讨论：

（1）令 $\boldsymbol{Y} = \boldsymbol{C}_B\boldsymbol{B}^{-1}$，称之为单纯形乘子，对于最优解而言，显然有 $\boldsymbol{Y} \geqslant \boldsymbol{0}$。

（2）对于包含基变量在内的所有检验数，在最优解的情况下可以统一表示为

$$\boldsymbol{C} - \boldsymbol{C}_B\boldsymbol{B}^{-1}\boldsymbol{A} = \boldsymbol{C} - \boldsymbol{Y}\boldsymbol{A} \leqslant \boldsymbol{0}$$

即

$$\boldsymbol{Y}\boldsymbol{A} \geqslant \boldsymbol{C}$$

表 3-1　矩阵形式的单纯形表

<table>
<tr><td></td><td colspan="2">基变量</td><td colspan="3">非基变量 X_N</td><td rowspan="3">对应于松弛变量的矩阵为基矩阵的逆矩阵</td></tr>
<tr><td></td><td colspan="2">X_B</td><td></td><td colspan="2">X_S</td></tr>
<tr><td></td><td>X_{BA}</td><td>X_{BS}</td><td>X_{NA}</td><td>X_{NS}</td><td>X_{BS}</td></tr>
<tr><td></td><td colspan="2">$\boldsymbol{I}$</td><td>$\boldsymbol{B}^{-1}\boldsymbol{N}_A$</td><td colspan="2">$\boldsymbol{B}^{-1}$</td><td>$\boldsymbol{B}^{-1}\boldsymbol{b}$</td></tr>
<tr><td>检验数行</td><td colspan="2">0</td><td>$\boldsymbol{C}_{NA} - \boldsymbol{C}_B\boldsymbol{B}^{-1}\boldsymbol{N}_A$</td><td colspan="2">$-\boldsymbol{C}_B\boldsymbol{B}^{-1}$</td><td>$\boldsymbol{C}_B\boldsymbol{B}^{-1}\boldsymbol{b}$</td></tr>
</table>

（3）因为 $\boldsymbol{Y} \geqslant \boldsymbol{0}$ 在约束 $\boldsymbol{Y}\boldsymbol{A} \geqslant \boldsymbol{C}$ 的条件下无上界，所以它只存在最小值（下临界值），自然它与常向量 $\boldsymbol{b}$ 的乘积 $\boldsymbol{Y}\boldsymbol{b}$ 也只存在最小值。记 $\min w = \boldsymbol{Y}\boldsymbol{b}$。

考虑到模型 $\max z = \boldsymbol{C}\boldsymbol{X}$ 在约束条件 $\boldsymbol{A}\boldsymbol{X} \leqslant \boldsymbol{b}$ 下的最优解 $\boldsymbol{X}_B = \boldsymbol{B}^{-1}\boldsymbol{b}$，$z^* = \boldsymbol{C}_B\boldsymbol{B}^{-1}\boldsymbol{b}$，所以有关系式：

$$\max z = \boldsymbol{C}\boldsymbol{X} = \boldsymbol{C}_B\boldsymbol{B}^{-1}\boldsymbol{b} = \boldsymbol{Y}\boldsymbol{b} = \min w$$

（4）定义新的线性规划模型：

$$\min w = \boldsymbol{Yb}$$
$$\text{s. t.}\begin{cases}\boldsymbol{YA} \geqslant \boldsymbol{C} \\ \boldsymbol{Y} \geqslant \boldsymbol{0}\end{cases}$$

为原问题规划模型：

$$\max z = \boldsymbol{CX}$$
$$\text{s. t.}\begin{cases}\boldsymbol{AX} \leqslant \boldsymbol{b} \\ \boldsymbol{X} \geqslant \boldsymbol{0}\end{cases}$$

的对偶规划问题。

从这两个规划问题的表达式可以看出，根据原问题的三个系数向量 $\boldsymbol{A}$、$\boldsymbol{C}$、$\boldsymbol{b}$ 就可以写出其对偶问题。

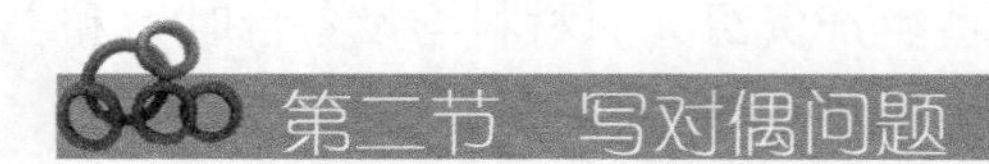

第二节　写对偶问题

一、标准型对偶关系

根据第一节的原问题与对偶问题的矩阵式，写成展开形式如下：

$$\max z = c_1x_1 + c_2x_2 + \cdots + c_nx_n$$

$$\text{s. t.}\begin{pmatrix} a_{11} & a_{12} & \cdots & a_{1n} \\ a_{21} & a_{22} & \cdots & a_{2n} \\ \vdots & \vdots & & \vdots \\ a_{m1} & a_{m2} & \cdots & a_{mn} \end{pmatrix}\begin{pmatrix} x_1 \\ x_2 \\ \vdots \\ x_n \end{pmatrix} \leqslant \begin{pmatrix} b_1 \\ b_2 \\ \vdots \\ b_m \end{pmatrix} \tag{3-1}$$

$$x_1, x_2, \cdots, x_n \geqslant 0$$

$$\min w = y_1b_1 + y_2b_2 + \cdots + y_mb_m$$

对偶式

$$\text{s. t.} \quad (y_1, y_2, \cdots, y_m)\begin{pmatrix} a_{11} & a_{12} & \cdots & a_{1n} \\ a_{21} & a_{22} & \cdots & a_{2n} \\ \vdots & \vdots & & \vdots \\ a_{m1} & a_{m2} & \cdots & a_{mn} \end{pmatrix} \geqslant (c_1, c_2, \cdots, c_n) \tag{3-2}$$

$$y_1,\ y_2,\ \cdots,\ y_m \geqslant 0$$

为便于叙述、讨论和记忆对偶问题，通常规定一个标准形式：①原规划为目标最大化，约束符号为"≤"；②对偶规划为目标最小化，约束符号为"≥"；③原规划与对偶规划的所有变量均≥0。可见式（3-1）、式（3-2）为标准形式。把它们之间的关系用表格形式表示出来，可以写成表 3-2 的形式。

特别注意：在互为对偶的模型中，由于 b 和 C 的位置互换，导致的是变量与约束的对应关系，无论在个数上还是符号的方向上都是变量与约束交叉的对应关系。

表 3-2　对偶问题的标准对应关系表

x_j \ y_i	c_1 x_1	c_2 x_2	…	c_n x_n	max $z = \boldsymbol{CX}$ 原关系
b_1　y_1	a_{11}	a_{12}	…	a_{1n}	$\leqslant b_1$
b_2　y_2	a_{21}	a_{22}	…	a_{2n}	$\leqslant b_2$
⋮　⋮	⋮	⋮		⋮	⋮
b_m　y_m	a_{m1}	a_{m2}	…	a_{mn}	$\leqslant b_m$
对偶关系 min $w = \boldsymbol{Yb}$	$\geqslant c_1$	$\geqslant c_2$	…	$\geqslant c_n$	max z = min w

【例 3-1】　根据表 3-3 给出的变量和数据（第一章例 1-1 中的资料数据），写出标准形式的原规划问题和对偶规划问题。

表 3-3　例 3-1 的资料数据

x_j \ y_i	3 x_1	4 x_2	b
8　y_1	1	2	$\leqslant 8$
16　y_2	4	0	$\leqslant 16$
12　y_3	0	4	$\leqslant 12$
c	$\geqslant 3$	$\geqslant 4$	

解　原规划问题：

$$\max z = 3x_1 + 4x_2$$

$$\text{s. t.}\begin{cases} x_1 + 2x_2 \leqslant 8 \\ 4x_1 + 0x_2 \leqslant 16 \\ 0x_1 + 4x_2 \leqslant 12 \\ x_1,\ x_2 \geqslant 0 \end{cases}$$

互为对偶

对偶规划问题

$$\min w = 8y_1 + 16y_2 + 12y_3$$

$$\text{s. t.}\begin{cases} y_1 + 4y_2 + 0y_3 \geqslant 3 \\ 2y_1 + 0y_2 + 4y_3 \geqslant 4 \\ y_1,\ y_2,\ y_3 \geqslant 0 \end{cases}$$

二、非标准型对偶关系

对于符合标准形式的规划模型可以根据上述规则写出其对偶规划模型。但是，在实际问题中非标准形式是常见的，如有等式约束，或某变量无非负约束，或约束符号与标准形式不一致，等等。对此做如下讨论。

如果某个约束为等式约束，则可以把它变为两个不等式约束，即约束的左端既小于等于右端常数，同时又大于等于右端常数，其实质还是等于约束。由此变形如下：

$$\max z = \sum_{j=1}^{n} c_j x_j$$

$$\text{s. t.}\begin{cases} \sum_{j=1}^{n} a_{ij}x_j = b_i, i = 1,2,\cdots,m \\ x_j \geqslant 0, j = 1,2,3\cdots,n \end{cases}$$

等价变换

$$\max z = \sum_{j=1}^{n} c_j x_j$$

$$\text{s. t.}\begin{cases} \sum_{j=1}^{n} a_{ij}x_j \leqslant b_i, i = 1,2,\cdots,m & ① \\ -\sum_{j=1}^{n} a_{ij}x_j \leqslant -b_i, i = 1,2,\cdots,m & ② \\ x_j \geqslant 0, j = 1,2,\cdots,n \end{cases}$$

由于上述变换是等价变换，所以它们的对偶规划是一致的，且注意到变化后的模型是上面规定的标准形式。利用已知的标准形式写变化后模型的对偶，由于在模型中有 $2m$ 个约束，所以其对偶模型中应该有 $2m$ 个变量，令对偶变量 y_i'、y_i''（$i=1, 2, \cdots, m$）分别对应于约束中式①和式②，则其对偶规划可以按标准形式写成如下形式：

$$\min w = \sum_{i=1}^{m} b_i y_i' + \sum_{i=1}^{m} (-b_i y_i'')$$

$$\text{s. t.} \begin{cases} \sum_{i=1}^{m} a_{ij} y_i' + \sum_{i=1}^{m} (-a_{ij} y_i'') \geqslant c_j, j = 1,2,\cdots,n \\ y_i', y_i'' \geqslant 0, i = 1,2,\cdots,m \end{cases}$$

整理得到：

$$\min w = \sum_{i=1}^{n} b_i (y_i' - y_i'')$$

$$\text{s. t.} \begin{cases} \sum_{i=1}^{m} a_{ij} (y_i' - y_i'') \geqslant c_j, j = 1,2,\cdots,n \\ y_i', y_i'' \geqslant 0, i = 1,2,\cdots,m \end{cases} \tag{3-3}$$

在式（3-3）中，令 $y_i = y_i' - y_i''$，虽然 y_i'、y_i''均大于等于零，但它们相减后的结果 y_i 的符号却是不确定的，即 y_i 没有符号的限制，由此得到原规划的对偶问题如下：

$$\min w = \sum_{i=1}^{m} b_i y_i$$

$$\text{s. t.} \begin{cases} \sum_{i=1}^{m} a_{ij} y_i \geqslant c_j, j = 1,2,\cdots,n \\ y_i \text{ 无符号限制} \end{cases} \tag{3-4}$$

式（3-4）就是等式约束转化为对偶问题后的结果，与标准形式比较，差别在于它会导致对应的对偶变量无符号约束。反之亦然，若某个变量无非负约束，则其对应的对偶约束为等式约束。同理，可以更简单地推导约束符号与标准相反及变量要求小于等于零的情况。

根据上述讨论，结合规定的对偶问题的标准形式以及表 3-2，把原问题与对偶问题的对应关系总结在表 3-4 中。

表 3-4　原问题与对偶问题的一般对应关系表

原问题（或对偶问题）		对偶问题（或原问题）	
目标函数 max z		目标函数 min w	
资源条件（约束右端常数项）		价值系数（目标函数系数）	
价值系数（目标函数系数）		资源条件（约束右端常数项）	
变量	n 个变量	约束条件	n 个约束
	$\geqslant 0$		$\geqslant$
	$\leqslant 0$		$\leqslant$
	无约束		=
约束条件	m 个约束	变量	m 个变量
	$\leqslant$		$\geqslant 0$
	$\geqslant$		$\leqslant 0$
	=		无约束

（助记法：记住标准型 max 问题应是“≤”，min 问题应是“≥”，所有变量≥0；变量与约束交叉对应，若其一符号与标准反，则其二亦反；等式与无约束相互对应。）

【例 3-2】　写出下面线性规划问题的对偶问题：

$$\min w = 3x_1 + 2x_2 - x_3 + 5x_4$$

$$\text{s. t.} \begin{cases} x_1 + 2x_2 - x_3 + 2x_4 = 3 \\ 3x_1 + 2x_3 - x_4 \leqslant 5 \\ x_2 + 3x_3 + x_4 \geqslant 4 \\ x_1, x_2 \geqslant 0, x_3 \leqslant 0, x_4 \text{ 无符号约束} \end{cases}$$

解　根据写对偶问题的规则，其对偶问题如下：

$$\max z = 3y_1 + 5y_2 + 4y_3$$

$$\text{s. t.} \begin{cases} y_1 + 3y_2 \leqslant 3 \\ 2y_1 + y_3 \leqslant 2 \\ -y_1 + 2y_2 + 3y_3 \geqslant -1 \\ 2y_1 - y_2 + y_3 = 5 \\ y_1 \text{ 无约束}, y_2 \leqslant 0, y_3 \geqslant 0 \end{cases}$$

第三节　对偶问题的性质

（1）对称性：对偶问题的对偶是原问题。

证明　设原问题是：　　　　　　　对偶问题是：

$$\max z = \boldsymbol{CX} \qquad\qquad \min w = \boldsymbol{Yb}$$

$$\begin{cases} \boldsymbol{AX} \leqslant \boldsymbol{b} \\ \boldsymbol{X} \geqslant \boldsymbol{0} \end{cases} \xrightarrow{\text{对偶}} \begin{cases} \boldsymbol{YA} \geqslant \boldsymbol{C} \\ \boldsymbol{Y} \geqslant \boldsymbol{0} \end{cases}$$

因为　$-\min w = \max(-w) = -\boldsymbol{Yb}$，且　$-\boldsymbol{YA} \leqslant -\boldsymbol{C}$

$\max(-w) = -\boldsymbol{Yb}$　　　　$\min(-w') = -\boldsymbol{CX}$

所以有

$$\begin{cases} -\boldsymbol{YA} \leqslant -\boldsymbol{C} \\ \boldsymbol{Y} \geqslant \boldsymbol{0} \end{cases} \xrightarrow{\text{再对偶}} \begin{cases} -\boldsymbol{AX} \geqslant -\boldsymbol{b} \\ \boldsymbol{X} \geqslant \boldsymbol{0} \end{cases}$$

又因为　$\min(-w') = -\max w'$，$-\min(-w') = \max w'$

$$\max w' = \max z = \boldsymbol{CX}$$

所以

$$\begin{cases} \boldsymbol{AX} \leqslant \boldsymbol{b} \\ \boldsymbol{X} \geqslant \boldsymbol{0} \end{cases}$$

此即原问题，命题得证。

（2）弱对偶性：若 $\overline{\boldsymbol{X}}$ 是原问题的任一可行解，$\overline{\boldsymbol{Y}}$ 是对偶问题的任一可行解，则存在

$$\boldsymbol{C}\overline{\boldsymbol{X}} \leqslant \overline{\boldsymbol{Y}}\boldsymbol{b}$$

证明　设原规划问题是 $\max z = \boldsymbol{CX}$，$\boldsymbol{AX} \leqslant \boldsymbol{b}$，$\boldsymbol{X} \geqslant \boldsymbol{0}$

因为 $\overline{\boldsymbol{X}}$ 是原问题的可行解，所以满足约束条件 $\boldsymbol{A}\overline{\boldsymbol{X}} \leqslant \boldsymbol{b}$　　①

又 $\overline{Y}\geqslant 0$是其对偶问题的可行解，所以 $\overline{Y}A\geqslant C$ ②

用 $\overline{Y}$ 左乘式①两侧，得：$\overline{Y}A\overline{X}\leqslant \overline{Y}b$

$\overline{X}$ 右乘式②两侧，得：$\overline{Y}A\overline{X}\geqslant C\overline{X}$

因此得到结论：$C\overline{X}\leqslant \overline{Y}A\overline{X}\leqslant \overline{Y}b$

命题得证。

弱对偶性给我们的启示：最大化问题的任一可行解的目标函数值都是其对偶最小化问题目标函数值的下界；而最小化问题的任一可行解的目标函数值都是其对偶最大化问题目标函数值的上界。同时说明：若互为对偶的规划模型之一为无界解，则其对偶问题规划模型必然没有可行解，反之则不成立。例如，下面两个互为对偶的规划都没有可行解。

原问题（对偶问题）

$$\max z = x_1 + x_2$$

$$\text{s. t.} \begin{cases} x_1 - x_2 \leqslant -1 \\ -x_1 + x_2 \leqslant -1 \\ x_1,\ x_2 \geqslant 0 \end{cases}$$

对偶问题（原问题）

$$\min w = -y_1 - y_2$$

$$\text{s. t.} \begin{cases} y_1 - y_2 \geqslant 1 \\ -y_1 + y_2 \geqslant 1 \\ y_1,\ y_2 \geqslant 0 \end{cases}$$

（3）等值最优性：设$\hat{X}$是原问题的可行解，$\hat{Y}$是对偶问题的可行解，当 $C\hat{X}=\hat{Y}b$ 时，则$\hat{X}$、$\hat{Y}$分别是原问题和对偶问题的最优解。

证明 据性质 2（弱对偶性），有 $C\overline{X}\leqslant \overline{Y}b$（对偶问题的任一可行解不小于原问题的任一可行解）。

又因为

$$C\hat{X}=\hat{Y}b$$

所以

$$\overline{Y}b\geqslant C\hat{X}=\hat{Y}b$$

由 $\overline{Y}$ 的任意性可知，$\hat{Y}$ 是对偶问题可行解中最小的一个，故是最优解。

同理，由于 $C\overline{X}\leqslant \overline{Y}b$ $\quad C\hat{X}=\hat{Y}b$

所以

$$C\overline{X}\leqslant \hat{Y}b=C\hat{X}$$

$$C\overline{X}\leqslant C\hat{X}$$

由 $\overline{X}$ 的任意性可知，$\hat{X}$ 是原问题可行解中最大的一个，故是最优解。

命题得证。

（4）对偶定理：若原问题有最优解，那么对偶问题也有最优解，且目标函数值相等。

证明 设 $\hat{X}$ 是原问题的最优解，它对应的基矩阵为 B，则必定所有的检验数：

$$C-C_BB^{-1}A\leqslant 0$$

令 $\hat{Y}=C_BB^{-1}$，则得 $\hat{Y}A\geqslant C$，即这时的 $\hat{Y}$ 是对偶问题的可行解，所以得到对偶问题的目标值：

$$w=\hat{Y}b=C_BB^{-1}b$$

因为 $\hat{X}$ 是原问题的最优解，它使目标函数取值为

$$z = C\hat{X} = C_B B^{-1} b$$

所以

$$\hat{Y}b = C_B B^{-1} b = C\hat{X}$$

由等值最优性可知，$\hat{Y}$ 是对偶问题的最优解。

命题得证。

（5）互补松弛定理（松紧定理）：若 $\hat{X}$、$\hat{Y}$ 分别是原问题和对偶问题的可行解，X_s、Y_s 分别是原问题和对偶问题的松弛变量，那么，当且仅当 $\hat{X}$ 与 $\hat{Y}$ 为最优解时，有 $\hat{Y}X_s = 0$ 和 $Y_s\hat{X} = 0$。

证明　设原问题和对偶问题的标准型分别如下：

原问题	对偶问题
$\max z = CX$	$\min w = Yb$
s. t. $\begin{cases} AX + X_s = b \\ X, X_s \geqslant 0 \end{cases}$	s. t. $\begin{cases} YA - Y_s = C \\ Y, Y_s \geqslant 0 \end{cases}$

将原问题中的目标函数中的系数向量 C 用对偶约束 $C = YA - Y_s$ 代替后得到：

$$z = (YA - Y_s)X = YAX - Y_s X \quad ①$$

将对偶问题的目标函数中的系数列向量 b 用原问题约束 $b = AX + X_s$ 代替后得到：

$$w = Y(AX + X_s) = YAX + YX_s \quad ②$$

若 $\hat{X}$、$\hat{Y}$ 分别为原问题和对偶问题的最优解，将 $\hat{X}$、$\hat{Y}$ 代入式①、式②，得：

$$z^* = \hat{Y}A\hat{X} - Y_s\hat{X}$$

$$w^* = \hat{Y}A\hat{X} + \hat{Y}X_s$$

根据等值最优性定理必然有：

$$z^* = w^*$$

即

$$\hat{Y}A\hat{X} - Y_s\hat{X} = \hat{Y}A\hat{X} + \hat{Y}X_s$$

$$-Y_s\hat{X} = \hat{Y}X_s$$

又因为 $\hat{X}$、X_s、$\hat{Y}$、Y_s 具有非负性，所以必有：

$$\hat{Y}X_s = Y_s\hat{X} = 0$$

同样，将可行解 $\hat{X}$、$\hat{Y}$ 代入式①、式②，若有 $\hat{Y}X_s = Y_s\hat{X} = 0$，则一定有 $z = \hat{Y}A\hat{X} = w$，根据等值最优性定理，$\hat{X}$ 和 $\hat{Y}$ 必为原问题和对偶问题的最优解。

证毕。

【例 3-3】　线性规划问题如下：

$$\min z = 2x_1 + 4x_2 + 5x_3 + 6x_4$$

$$\text{s. t.} \begin{cases} x_1 + 2x_2 + 3x_3 + x_4 \geqslant 2 \\ -2x_1 + x_2 - x_3 + 3x_4 \leqslant -3 \\ x_1, x_2, x_3, x_4 \geqslant 0 \end{cases}$$

已知其对偶问题的最优解为 $\boldsymbol{Y}=(8/5,\ -1/5)$，试利用对偶理论直接求解原问题的最优解。

解 首先，写出其对偶模型

$$\max w=2y_1-3y_2$$
$$\text{s. t.}\begin{cases}y_1-2y_2\leqslant 2\\2y_1+y_2\leqslant 4\\3y_1-y_2\leqslant 5\\y_1+3y_2\leqslant 6\\y_1\geqslant 0,y_2\leqslant 0\end{cases}$$

注意到根据互补松弛定理，原问题与对偶问题变量之间的对应关系为

$$\begin{matrix}x_1 & x_2 & x_3 & x_4 & x_5 & x_6\\ \downarrow & \downarrow & \downarrow & \downarrow & \downarrow & \downarrow\\ y_3 & y_4 & y_5 & y_6 & y_1 & y_2\end{matrix}$$

这里 x_5、x_6 和 y_3、y_4、y_5、y_6 分别是原问题和对偶问题加入的松弛变量。

根据互补松弛定理，因为 $\boldsymbol{Y}=(y_1,y_2)=(8/5,-1/5)$，故 $x_5=0$，$x_6=0$，所以，原问题的两个约束均应为等式成立。

将对偶问题的最优解代入到对偶约束可知，第二和第四个约束为严格不等式成立，即：$y_4\neq 0$，$y_6\neq 0$。所以，对应的原问题的变量 $x_2=0$，$x_4=0$。故原问题的约束变成：

$$\begin{cases}x_1+3x_3=2\\-2x_1-x_3=-3\end{cases}$$

解之得：$x_1=\dfrac{7}{5}$，$x_3=\dfrac{1}{5}$。

所以，原问题的最优解为：

$$\boldsymbol{X}^*=\left(\frac{7}{5},\ 0,\ \frac{1}{5},\ 0,\ 0,\ 0\right)^{\mathrm{T}},\ z=\frac{19}{5}$$

（6）原问题的检验数对应对偶问题的一个解。

证明 设原问题和对偶问题的模型分别为

$$\max z=\boldsymbol{CX}\qquad\qquad \min w=\boldsymbol{Yb}$$
$$\text{s. t.}\begin{cases}AX\leqslant b\\X\geqslant 0\end{cases}\qquad\qquad \text{s. t.}\begin{cases}YA\geqslant C\\Y\geqslant 0\end{cases}$$

对其分别加入松弛变量 X_S、$\boldsymbol{Y}_S$，得：

$$\max z=\boldsymbol{CX}\qquad\qquad \min w=\boldsymbol{Yb}$$
$$\text{s. t.}\begin{cases}AX+X_S=\boldsymbol{b}\\\boldsymbol{X},\ X_S\geqslant 0\end{cases}\qquad\qquad \text{s. t.}\begin{cases}\boldsymbol{YA}-\boldsymbol{Y}_S=\boldsymbol{C}\\\boldsymbol{Y},\ \boldsymbol{Y}_S\geqslant 0\end{cases}$$

设 $\boldsymbol{B}$ 是原问题的一个可行基，则有：

$$\boldsymbol{A}=(\boldsymbol{B},\boldsymbol{N}),\boldsymbol{X}=(\boldsymbol{X}_B,\boldsymbol{X}_N)^{\mathrm{T}},\boldsymbol{C}=(\boldsymbol{C}_B,\boldsymbol{C}_N)$$

所以原问题和对偶问题可以写成：

原问题

$$\max z = \boldsymbol{C}_B\boldsymbol{X}_B + \boldsymbol{C}_N\boldsymbol{X}_N$$

$$\text{s. t.} \begin{cases} \boldsymbol{B}\boldsymbol{X}_B + \boldsymbol{N}\boldsymbol{X}_N + \boldsymbol{X}_S = \boldsymbol{b} \\ \boldsymbol{X}_B, \boldsymbol{X}_N, \boldsymbol{X}_S \geqslant 0 \end{cases}$$

对偶问题

$$\min w = \boldsymbol{Y}\boldsymbol{b}$$

$$\text{s. t.} \begin{cases} \boldsymbol{Y}\boldsymbol{B} - \boldsymbol{Y}_{S1} = \boldsymbol{C}_B \\ \boldsymbol{Y}\boldsymbol{N} - \boldsymbol{Y}_{S2} = \boldsymbol{C}_N \\ \boldsymbol{Y}, \boldsymbol{Y}_{S1}, \boldsymbol{Y}_{S2} \geqslant 0 \end{cases}$$

注意：这里 $\boldsymbol{Y}_S = (\boldsymbol{Y}_{S1}, \boldsymbol{Y}_{S2})$，其中 $\boldsymbol{Y}_{S1}$ 是对应于原问题中基变量 $\boldsymbol{X}_B$ 的剩余变量，$\boldsymbol{Y}_{S2}$ 是对应于原问题中非基变量 $\boldsymbol{X}_N$ 的剩余变量。

当求得了原问题的一个基本可行解 $\boldsymbol{X}_B = \boldsymbol{B}^{-1}\boldsymbol{b}$，并得到相应的非基变量 $\boldsymbol{X}_N$、$\boldsymbol{X}_S$ 的检验数 $\boldsymbol{C}_N - \boldsymbol{C}_B\boldsymbol{B}^{-1}\boldsymbol{N}$ 与 $-\boldsymbol{C}_B\boldsymbol{B}^{-1}$。

令单纯形乘子 $\boldsymbol{Y} = \boldsymbol{C}_B\boldsymbol{B}^{-1}$，并代入到上述对偶问题的模型中得到：

$$\begin{cases} -\boldsymbol{Y}_{S1} = \boldsymbol{0} \\ -\boldsymbol{Y}_{S2} = \boldsymbol{C}_N - \boldsymbol{C}_B\boldsymbol{B}^{-1}\boldsymbol{N} \\ -\boldsymbol{Y} = -\boldsymbol{C}_B\boldsymbol{B}^{-1} \end{cases}$$

即对偶问题的解为 $\boldsymbol{Y}$、$\boldsymbol{Y}_{S1}$、$\boldsymbol{Y}_{S2}$，它们恰好是原问题基本可行解所对应的检验数的负值。

证毕。

由性质 6 可知，在用单纯形表求解原问题的迭代过程中，检验数行的各检验数对应于对偶问题的一个基本解，它们的对应关系如表 3-5 所示。

表 3-5 检验数与对偶问题解之间的对应关系表

检验数行	X_B	X_N	X_S
	0	$C_N - C_B B^{-1} N$	$-C_B B^{-1}$
对偶解的负值	$-Y_{S1}$	$-Y_{S2}$	$-Y$

注：单纯形表中的检验数与对偶问题解之间仅差一个负号。

由此可见，在求解原问题的单纯形表中，每迭代一次，得到原问题的一个基本可行解，所得的一组检验数，对应于对偶问题的一个解。需要说明的是，若原问题未达最优，则检验数所对应的对偶问题的这个解是基本非可行解，当原问题达到最优解时，则对偶问题的这个解是基本且可行解，而且也达到最优解；当原问题为无界解（无最优解）时，对偶问题无可行解。且应注意，在最终表中对偶问题最优解的实变量 $\boldsymbol{Y}$ 的取值对应于初始单纯形表中单位阵所在的各列所对应的值。

【例 3-4】 在例 3-1 中写出了例 1-1 的对偶规划模型，其原模型和对偶模型如下：

$$\max z = 3x_1 + 4x_2$$

$$\text{s. t.} \begin{cases} x_1 + 2x_2 \leqslant 8 \\ 4x_1 + 0x_2 \leqslant 16 \\ 0x_1 + 4x_2 \leqslant 12 \\ x_1,\ x_2 \geqslant 0 \end{cases}$$

$$\min w = 8y_1 + 16y_2 + 12y_3$$

$$\text{s. t.} \begin{cases} y_1 + 4y_2 + 0y_3 \geqslant 3 \\ 2y_1 + 0y_2 + 4y_3 \geqslant 4 \\ y_1,\ y_2,\ y_3 \geqslant 0 \end{cases}$$

在例 2-1 中用单纯形法求出了原问题的最优解，其初始单纯形表和最终单纯形表分别如表 3-6、表 3-7 所示。

表 3-6 初始单纯形表

c_j		3	4	0	0	0		
C_B	X_B	x_1	x_2	x_3	x_4	x_5	b	θ
0	x_3	1	2	1	0	0	8	8/2 = 4
0	x_4	4	0	0	1	0	16	~
0	x_5	0	[4]	0	0	1	12	12/4 = 3
σ_j		3	4	0	0	0	0	

表 3-7 最终单纯形表

C_B	X_B	x_1	x_2	x_3	x_4	x_5	b	θ
3	x_3	1	0	0	1/4	0	4	
0	x_5	0	0	−2	1/2	1	4	
4	x_2	0	1	1/2	−1/8	0	2	
σ_j		0	0	−2	−1/4	0	20	

由最终表中的检验数行可以得到其对偶规划模型的最优解：

$$y_1 = 2,\quad y_2 = \frac{1}{4},\quad y_3 = 0$$

$$\text{目标函数值}\quad w = 20$$

第四节 对偶单纯形法

对偶单纯形法并非将原问题写成对偶问题，再用单纯形表求解，而是利用对偶问题的性质求解线性规划模型，它提供了单纯形表的另一种用法。

在单纯形表中，$\boldsymbol{b}$ 列对应于原问题的一个基本可行解，而检验数行则对应其对偶问题的一个基本解。在前面我们进行单纯形表的迭代中，始终保持原问题为基本可行解（即 $\boldsymbol{b}$ 列大于等于零），而对偶问题为基本非可行解（即检验数行含有正值）。一旦检验数行所表达的对偶问题的解从基本非可行解变为基本可行解，则原问题和对偶问题同时达到最优解。

根据对偶问题的对称性，单纯形表的迭代过程也可以反过来进行，即保持对偶问题始终是基本可行解（即保持 $\boldsymbol{\sigma} = \boldsymbol{C} - \boldsymbol{C}_B\boldsymbol{B}^{-1}\boldsymbol{A} \leqslant 0$），而使原问题从基本非可行解逐步迭代到基本可行解，从而使原问题和对偶问题同时得到最优解。这种单纯形表的应用方法称为对偶单纯形法。

对偶单纯形法的解题步骤，可用图 3-1 所示流程图表述。

【例 3-5】 用对偶单纯形法求解下列线性规划模型。

$$\min\ w = 8x_1 + 16x_2 + 12x_3$$

$$\text{s. t.}\ \begin{cases} x_1 + 4x_2 \geqslant 3 \\ 2x_1 + 4x_3 \geqslant 4 \\ x_j \geqslant 0, j = 1,2,3 \end{cases}$$

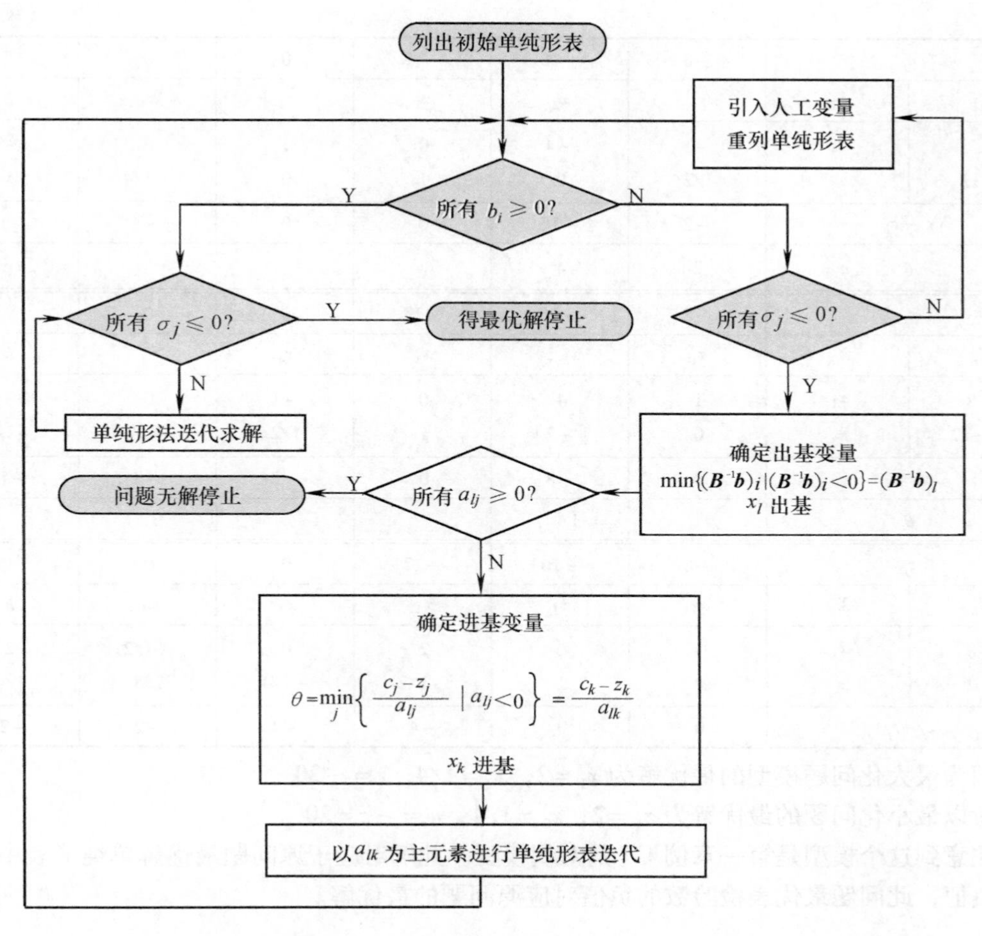

图　3-1

解　首先，将模型标准化。令 $z=-w$，约束乘以 -1 并加入松弛变量 x_4、x_5，得到标准模型：

$$\max z = -8x_1 - 16x_2 - 12x_3 + 0x_4 + 0x_5$$

$$\text{s. t.} \begin{cases} -x_1 - 4x_2 + x_4 = -3 \\ -2x_1 - 4x_3 + x_5 = -4 \\ x_j \geqslant 0, j = 1, 2, \cdots, 5 \end{cases}$$

以 x_4、x_5 为初始基变量列单纯形表，如表 3-8 所示。

表 3-8　例 3-5 单纯形表

c_j		-8	-16	-12	0	0	
C_B	X_B	x_1	x_2	$x_3\downarrow$	x_4	x_5	b
0	x_4	-1	-4	0	1	0	-3
← 0	x_5	-2	0	[-4]	0	1	-4
$c_j - z_j$		-8	-16	-12	0	0	0
θ		4		[3]			

（续）

c_j		-8	-16	-12	0	0	
C_B	X_B	x_1 ↓	x_2	x_3	x_4	x_5	b
← 0	x_4	[-1]	-4	0	1	0	-3
-12	x_3	1/2	0	1	0	-1/4	1
c_j-z_j		-2	-16	0	0	-3	-12
θ		[2]	4				
c_j		-8	-16	-12	0	0	
C_B	X_B	x_1	x_2 ↓	x_3	x_4	x_5	b
-8	x_1	1	4	0	-1	0	3
←-12	x_3	0	[-2]	1	1/2	-1/4	-1/2
c_j-z_j		0	-8	0	-2	-3	-18
θ			[4]			12	
c_j		-8	-16	-12	0	0	
C_B	X_B	x_1	x_2	x_3	x_4	x_5	b
-8	x_1	1	0	2	0	-1/2	2
-16	x_2	0	1	-1/2	-1/4	1/8	1/4
c_j-z_j		0	0	-4	-4	-2	-20

因为最大化问题模型的最优解为 $x_1=2$，$x_2=1/4$，$z=-20$

所以最小化问题的最优解为 $x_1=2$，$x_2=1/4$，$w=-z=20$

注意到这个模型是第一章例 1-1 的对偶模型。此解对应于原问题最优解单纯形表中检验数的负值，此问题最优表检验数的负值对应原问题的最优解。

习题

1. 写出下列线性规划问题的对偶规划：

（1）$\min z=2x_1+x_2-x_3$

$$\text{s.t.}\begin{cases}x_1+x_2-x_3=1\\x_1-x_2+x_3\geqslant 2\\x_2+x_3\leqslant 3\\x_1\geqslant 0,x_2\leqslant 0,x_3\text{ 为自由变量}\end{cases}$$

（2）$\max z=x_1+2x_2-3x_3$

$$\text{s.t.}\begin{cases}-x_1+x_2-x_3\geqslant 5\\6x_1+7x_2+3x_3\leqslant 8\\12x_1-9x_2-9x_3=20\\x_1\geqslant 0,x_2\geqslant 0,x_3\leqslant 0\end{cases}$$

（3）$\min z=2x_1+3x_2+5x_3+6x_4$

$$\text{s.t.}\begin{cases}x_1+2x_2+3x_3+x_4\geqslant 2\\-2x_1+x_2-x_3+3x_4\leqslant -3\\x_1,\ x_2,\ x_3,\ x_4\geqslant 0\end{cases}$$

（4）$\max w=2y_1+3y_2+5y_3$

$$\text{s.t.}\begin{cases}y_1+2y_2+y_3\leqslant 2\\3y_1+y_2+4y_3\leqslant 2\\4y_1+3y_2+3y_3=4\\y_1\geqslant 0,\ y_2\leqslant 0,\ y_3\text{ 无约束}\end{cases}$$

2. 已知线性规划问题

$$
\min z = 2x_1 - x_2 + 2x_3
$$
$$
\text{s. t.} \begin{cases} -x_1 + x_2 + x_3 = 4 \\ -x_1 + x_2 - kx_3 \leqslant 6 \\ x_1 \leqslant 0,\ x_2 \geqslant 0,\ x_3 \text{ 无约束} \end{cases}
$$

其最优解为 $x_1 = -5$，$x_2 = 0$，$x_3 = -1$。

（1）写出其对偶规划模型。

（2）求 k 的值。

3. 已知线性规划问题

$$
\max z = 2x_1 + 4x_2 + x_3 + x_4
$$
$$
\text{s. t.} \begin{cases} x_1 + 3x_2 \qquad + x_4 \leqslant 8 \\ 2x_1 + x_2 \qquad\quad \leqslant 6 \\ \qquad x_2 + x_3 + x_4 \leqslant 6 \\ x_1 + x_2 + x_3 \qquad \leqslant 9 \\ x_1,\ x_2,\ x_3,\ x_4 \geqslant 0 \end{cases}
$$

（1）写出其对偶问题。

（2）已知原问题最优解为 $\boldsymbol{X}^* = (2,\ 2,\ 4,\ 0)^{\mathrm{T}}$，试根据对偶理论，直接求出对偶问题的最优解。

4. 已知线性规划问题

$$
\max z = 5x_1 + 12x_2 + 4x_3
$$
$$
\text{s. t.} \begin{cases} x_1 + 2x_2 + x_3 \leqslant 5 \\ 2x_1 - x_2 + 3x_3 = 2 \\ x_1, x_2, x_3 \geqslant 0 \end{cases}
$$

用单纯形法求解，得其最终单纯形表如表 3-9 所示。

表 3-9 习题 4 的单纯形表

c_j			5	12	4	0	$-M$
$\boldsymbol{C}_B$	$\boldsymbol{X}_B$	$\boldsymbol{B}^{-1}\boldsymbol{b}$	x_1	x_2	x_3	x_4	x_5
12	x_2	8/5	0	1	−1/5	2/5	−1/5
5	x_1	9/5	1	0	7/5	1/5	2/5
σ_j			0	0	−3/5	−29/5	$-M+2/5$

其中 x_4 为松弛变量，x_5 为人工变量。完成下面的问题：

（1）写出上述问题的对偶问题。

（2）写出对偶问题的最优解。

（3）写出原问题最优基的逆矩阵。

（4）如果原问题增加一个变量，则对偶问题的可行域将变大还是变小？

5. 已知线性规划问题

$$\min z = 2x_1 + 4x_2 + x_3 + x_4$$

$$\text{s. t.} \begin{cases} x_1 + 3x_2 + x_4 \geqslant 8 \\ 2x_1 + x_2 \geqslant 6 \\ x_2 + x_3 + x_4 \geqslant 6 \\ x_1, x_2, x_3, x_4 \geqslant 0 \end{cases}$$

(1) 写出其对偶问题。

(2) 已知原问题最优解为 $\boldsymbol{X}^* = (3,0,1,5)^{\mathrm{T}}, z = 12$，试根据对偶理论，直接求出对偶问题的最优解。

6. 已知线性规划问题

$$\max z = x_1 + 2x_2 + 3x_3 + 4x_4$$

$$\text{s. t.} \begin{cases} x_1 + 2x_2 + 2x_3 + 3x_4 \leqslant 20 \\ 2x_1 + x_2 + 3x_3 + 2x_4 \leqslant 20 \\ x_1, x_2, x_3, x_4 \geqslant 0 \end{cases}$$

其对偶问题的最优解为 $y_1 = 1.2$，$y_2 = 0.2$，完成下列问题：

(1) 写出对偶问题。

(2) 根据对偶理论直接求出原问题的最优解。

7. 线性规划模型及其单纯形表的最终表（见表3-10）如下：

$$\max z = x_1 + 5x_2 + ax_3$$

$$\text{s. t.} \begin{cases} 2x_1 - x_2 = b \\ x_1 + 2x_2 + x_3 = c \\ x_1,\ x_2,\ x_3 \geqslant 0 \end{cases}$$

试根据单纯形表各部分之间的关系及其对偶理论完成下列问题：

(1) 此单纯形表最终表的 $\boldsymbol{B}^{-1} = ?$

(2) 求出此模型的对偶问题的解。

(3) 求出 a、b、c、d、e、f 的值。

表 3-10　习题 8 单纯形表的最终表

c_j		1	5	a	$-M$	$\boldsymbol{b}$
$\boldsymbol{C}_B$	$\boldsymbol{X}_B$	x_1	x_2	x_3	x_4	
1	x_1	1	d	0	1/2	2
a	x_3	0	e	1	$-1/2$	1
$c_j - z_j$		0	f	0	$-M+1$	$z=5$

第四章
线性规划灵敏度分析

在前两章我们对线性规划模型通过一定的求解方法得到了一个最优解，这个最优解代表了在目前的既定条件下的最优方案，这个既定的条件就是规划模型中的各常数项 a_{ij}、b_i、c_j。也就是说，这个最优解是受这些常数影响和制约的，一旦这些常数中的一个或几个变化时，有可能改变当前的最优解，当然也可能最优解不变。如果这些常数项可以在一个比较大的范围内变化而不影响最优方案（通常指最优基不变），则这样的最优方案是比较稳固的；反之，如果常数项稍有变化就会导致最优方案改变，则此最优方案是不稳固的，是易变的。本章探讨最优方案的易变性即灵敏度分析，或者说每一个常数项在多大的范围内变化时，不会影响当前的最优方案（或最优基）。

第一节　目标函数系数的变化

在其他参数不变的条件下，变量 x_j 在目标函数中的系数 c_j 变化了 Δc_j 时，最优方案是否会改变呢？或者说在不改变当前解的条件下，Δc_j 的变化范围是多大？下面就 x_j 是基变量和非基变量两种情况来分别讨论。

一、c_j 是非基变量 x_j 的系数

在单纯形表的计算中，c_j 的变化仅影响到其检验数，而且当 c_j 是非基变量 x_j 的系数时，仅影响该非基变量 x_j 的检验数。

非基变量的检验数为

$$\sigma_j = c_j - \boldsymbol{C}_B\boldsymbol{B}^{-1}\boldsymbol{p}_j$$

当 c_j 变化了 Δc_j 后，检验数为

$$\sigma_j' = c_j + \Delta c_j - \boldsymbol{C}_B\boldsymbol{B}^{-1}\boldsymbol{p}_j$$

若使当前解不变，则 $\sigma_j' \leqslant 0$，即

$$c_j+\Delta c_j-\boldsymbol{C}_B\boldsymbol{B}^{-1}\boldsymbol{p}_j\leqslant 0$$

所以

$$\Delta c_j\leqslant \boldsymbol{C}_B\boldsymbol{B}^{-1}\boldsymbol{p}_j-c_j$$

或

$$c_j+\Delta c_j\leqslant \boldsymbol{C}_B\boldsymbol{B}^{-1}\boldsymbol{p}_j=\boldsymbol{Y}\boldsymbol{p}_j$$

由此可见，c_j 向小的方向变，不会影响最优解；向大的方向变，其最大值为 $\boldsymbol{Y}\boldsymbol{p}_j$。

二、c_r 是基变量 x_r 在目标函数中的系数

单纯形表中的检验数为

$$\sigma_j=c_j-\boldsymbol{C}_B\boldsymbol{B}^{-1}\boldsymbol{p}_j$$

由于 c_r 是基变量的系数，所以它的变化不仅影响其对应变量的检验数，而且影响到 $\boldsymbol{C}_B$ 的变化，进而影响除基变量之外的所有变量的检验数。这时

$$\boldsymbol{C}_B'=\boldsymbol{C}_B+\Delta\boldsymbol{C}_B \qquad \Delta\boldsymbol{C}_B=\underbrace{(0,\ \cdots,\ \Delta c_r,\ \cdots,\ 0)}_{m个}$$

变化后的检验数为

$$\begin{aligned}\sigma_j' &= c_j-\boldsymbol{C}_B'\boldsymbol{B}^{-1}\boldsymbol{p}_j\\ &= c_j-(\boldsymbol{C}_B+\Delta\boldsymbol{C}_B)\boldsymbol{B}^{-1}\boldsymbol{p}_j\\ &= c_j-\boldsymbol{C}_B\boldsymbol{B}^{-1}\boldsymbol{p}_j-\Delta\boldsymbol{C}_B\boldsymbol{B}^{-1}\boldsymbol{p}_j\\ &= \sigma_j-(0,\cdots,\Delta c_r,\cdots,0)\boldsymbol{B}^{-1}\boldsymbol{p}_j\\ &= \sigma_j-(0,\cdots,\Delta c_r,\cdots,0)\boldsymbol{p}_j'\\ &= \sigma_j-\Delta c_r a_{rj}' \qquad (j=1,2,\cdots,n)\end{aligned}$$

若当前最优基不变，则应有 $\sigma_j'\leqslant 0$，由此得 $\sigma_j-\Delta c_r a_{rj}'\leqslant 0$，即

$$\Delta c_r a_{rj}'\geqslant \sigma_j$$

其中 a_{rj}' 为最终单纯形表中目标系数发生改变的基变量 x_r 所在的第 r 行第 j 列的数值($j=1,\cdots,n$)。

$$当\ a_{rj}'<0\ 时，\Delta c_r\leqslant \frac{\sigma_j}{a_{rj}'}$$

$$当\ a_{rj}'>0\ 时，\Delta c_r\geqslant \frac{\sigma_j}{a_{rj}'}$$

由此得到 Δc_r 的变化范围为

$$\max_j\{\sigma_j/a_{rj}'\mid a_{rj}'>0\}\leqslant \Delta c_r\leqslant \min_j\{\sigma_j/a_{rj}'\mid a_{rj}'<0\}$$

注：（1）$\sigma_j\leqslant 0$。

（2）Δc_r 大于等于负值中的最大，小于等于正值中的最小。

（3）计算过程可以在单纯形表中完成。

【例 4-1】 以第一章例 1-1 为例，其最终单纯形表如表 4-1 所示。

表 4-1　例 4-1 的单纯形表（一）

c_j		3	4	0	0	0		
C_B	X_B	x_1	x_2	x_3	x_4	x_5	b	θ
3	x_1	1	0	0	1/4	0	4	
0	x_5	0	0	−2	1/2	1	4	
4	x_2	0	1	1/2	−1/8	0	2	
σ_j		0	0	−2	−1/4	0	20	

现假定 x_2 的价值系数变化了 Δc_2，则要重新计算最终表的检验数，并使 $\sigma \leqslant 0$（见表 4-2）。

表 4-2　例 4-1 的单纯形表（二）

c_j		3	$4+\Delta c_2$	0	0	0		
C_B	X_B	x_1	x_2	x_3	x_4	x_5	b	θ
3	x_1	1	0	0	1/4	0	4	
0	x_5	0	0	−2	1/2	1	4	
$4+\Delta c_2$	x_2	0	1	1/2	−1/8	0	2	
σ_j		0	0	$-2-1/2\Delta c_2$	$-1/4+1/8\Delta c_2$	0	20	

由 $-2-\frac{1}{2}\Delta c_2 \leqslant 0$，得 $\Delta c_2 \geqslant -4$。

由 $-\frac{1}{4}+\frac{1}{8}\Delta c_2 \leqslant 0$，得 $\Delta c_2 \leqslant 2$。

所以基变量 x_2 在目标函数的系数 c_2 当前值的可变化范围是：$-4 \leqslant \Delta c_2 \leqslant 2$，基变量 x_2 的目标函数的系数 c_2 的取值范围为 [0，6]，在此范围内变化，可以不影响当前最优解。

第二节　约束右端常数项的变化

在最终单纯形表中，右端常数项表示最终基变量的取值，因而不能为负。这时我们说最优解不变，是指最优基不变（即基变量的构成不变）。

在单纯形表的最终表中，基变量的取值为

$$X_B = B^{-1}b = \bar{b}$$

若 b 中第 r 个分量 b_r 变化了 Δb_r，即 $b' = b + \Delta b$，其中 $\Delta b = (0,\cdots,\Delta b_r,\cdots,0)^{\mathrm{T}}$，则变化后的基变量取值为

$$X_B' = B^{-1}b' = B^{-1}(b+\Delta b) = B^{-1}b + B^{-1}\Delta b$$

若保持当前最优基不变，则应有 $X_B' \geqslant 0$，所以

$$\bar{b}_i + \Delta b_r \bar{a}_{ir} \geqslant 0 \qquad (i=1, 2, \cdots, m)$$

$$当\ \bar{a}_{ir} > 0\ 时，\Delta b_r \geqslant -\frac{\bar{b}_i}{\bar{a}_{ir}}$$

$$当\ \bar{a}_{ir} < 0\ 时，\Delta b_r \leqslant -\frac{\bar{b}_i}{\bar{a}_{ir}}$$

所以有：

$$\max_i\{-\bar{b}_i/\bar{a}_{ir} \mid \bar{a}_{ir}>0\} \leqslant \Delta b_r \leqslant \min_i\{-\bar{b}_i/\bar{a}_{ir} \mid \bar{a}_{ir}<0\}$$

特别注意：

（1）第 r 个约束右端项 b_r 的变化对应于 $\boldsymbol{B}^{-1}$ 中的第 r 列。

（2）相除之后加负号。

（3）Δb_r 大于等于负值中的最大，小于等于正值中的最小。

【例 4-2】 在例 4-1 中，求第二个约束条件 b_2 的变化范围。

解 设 b_2 变化了 Δb_2，则变化后的右端常数项为：

$$\boldsymbol{b}'=\begin{pmatrix} b_1 \\ b_2+\Delta b_2 \\ b_3 \end{pmatrix}$$

最终表中为：

$$\boldsymbol{B}^{-1}\boldsymbol{b}'=\boldsymbol{B}^{-1}(\boldsymbol{b}+\Delta\boldsymbol{b})=\boldsymbol{B}^{-1}\boldsymbol{b}+\boldsymbol{B}^{-1}\Delta\boldsymbol{b}=\bar{\boldsymbol{b}}+(\bar{a}_{21}\Delta b_2,\bar{a}_{22}\Delta b_2,\bar{a}_{23}\Delta b_2)^{\mathrm{T}}$$

$$=\begin{pmatrix} 4 \\ 4 \\ 2 \end{pmatrix}+\begin{pmatrix} 0.25\Delta b_2 \\ 0.5\Delta b_2 \\ -0.125\Delta b_2 \end{pmatrix}=\begin{pmatrix} 4+0.25\Delta b_2 \\ 4+0.5\Delta b_2 \\ 2-0.125\Delta b_2 \end{pmatrix}\geqslant 0$$

解得 $\Delta b_2\geqslant-\dfrac{4}{0.25}=-16$，$\Delta b_2\geqslant-\dfrac{4}{0.5}=-8$，$\Delta b_2\leqslant-\dfrac{2}{-0.125}=16$

所以 Δb_2 的取值范围为 $-8\leqslant\Delta b_2\leqslant16$，$b_2$ 的变化范围为［8，32］。（注 b_2 的当前值为 16）

第三节 系数矩阵 A 的变化

一、A 中某个元素的变化

若系数矩阵中 a_{ij} 变化了 Δa_{ij}，且它是非基变量 x_j 的系数列向量 p_j 的分量。假定规划中其他数字不变，在不影响当前最优解的前提下，讨论 Δa_{ij} 的大小。（注：是基变量还是非基变量是针对最终单纯形表而言的）

由于 a_{ij} 属于非基变量的系数列向量，所以它的变化仅仅影响到该非基变量的检验数，而不影响其他任何量。

在单纯形最终计算表中，非基变量 x_j 的检验数为

$$\sigma_j=c_j-\boldsymbol{C}_B\boldsymbol{B}^{-1}\boldsymbol{p}_j=c_j-\boldsymbol{Y}\boldsymbol{p}_j\leqslant0$$

当 a_{ij} 变化了 Δa_{ij} 后使 x_j 在最终单纯形表中的检验数发生变化，变化后的检验数为

$$\sigma_j'=c_j-\boldsymbol{C}_B\boldsymbol{B}^{-1}\boldsymbol{p}_j'=c_j-\boldsymbol{Y}\begin{pmatrix} a_{1j} \\ a_{2j} \\ \vdots \\ a_{ij}+\Delta a_{ij} \\ \vdots \\ a_{mj} \end{pmatrix}=c_j-\boldsymbol{Y}\boldsymbol{p}_j-\boldsymbol{Y}\begin{pmatrix} 0 \\ 0 \\ \vdots \\ \Delta a_{ij} \\ \vdots \\ 0 \end{pmatrix}=\sigma_j-y_i\Delta a_{ij}\leqslant0$$

因为 $\boldsymbol{Y} \geqslant 0$，所以当 $y_i > 0$ 时，有 $\Delta a_{ij} \geqslant \sigma_j / y_i$。

注意到 σ_j 的非正性，所以 Δa_{ij} 大于等于某个负值，即非基列的某个元素向大的方向变化不会影响当前最优解，而向小的方向变化则有一个下限 σ_j / y_i。

注：y_i 为对应于 $\boldsymbol{B}^{-1}$ 中第 i 列的相应检验数（一般是第 i 个约束松弛变量的检验数）的负值。

二、A 中某列向量的变化

根据原规划问题的数据所列出的单纯形表，以及经过若干步迭代后得到的最终计算表，只需要利用 $\boldsymbol{B}^{-1}\boldsymbol{b}$、$\boldsymbol{C}_B\boldsymbol{B}^{-1}$、$\boldsymbol{B}^{-1}\boldsymbol{p}_j$ 及 $\boldsymbol{C}_B\boldsymbol{B}^{-1}\boldsymbol{p}_j$ 就能计算出每步迭代时各表中的数字。当某些系数发生变化后，也用上述这些表达式计算出最终单纯形表中相应的修正数字。

（1）如果系数矩阵 $\boldsymbol{A}$ 中某一列向量 $\boldsymbol{p}_j$ 发生了变化，且其对应的变量 x_j 为非基变量，那么 $\boldsymbol{p}_j$ 的变化仅影响最终表中的检验数 σ_j。

若 $\boldsymbol{p}_j$ 变为 $\boldsymbol{p}_j'$，可首先求出检验数 σ_j'：

$$\sigma_j' = c_j - \boldsymbol{C}_B\boldsymbol{B}^{-1}\boldsymbol{p}_j'$$

如果 $\sigma_j' \leqslant 0$，则说明 $\boldsymbol{p}_j$ 变化后并不影响当前解；

如果 $\sigma_j' > 0$，则说明 $\boldsymbol{p}_j$ 变化后要影响到当前解，需要求出最终表中第 j 列的新数据 $\boldsymbol{B}^{-1}\boldsymbol{p}_j'$ 填入最终表第 j 列，然后以 x_j 为进基变量继续迭代，直到得到最优解。

（2）如果系数矩阵 $\boldsymbol{A}$ 中发生变化的列向量 $\boldsymbol{p}_j$ 为基变量，则 $\boldsymbol{p}_j$ 变化后不仅影响变量 x_j 的检验数，而且影响到最终表中的 $\bar{\boldsymbol{p}}_j$ 也不再是单位列向量，即 $\boldsymbol{B}$ 和 $\boldsymbol{B}^{-1}$ 都要变。这时要求出最终表中 x_j 列的数，并通过迭代使该列恢复单位向量，再根据恢复后的状态予以处理。

【例 4-3】　借助第一章例 1-1。若计划生产的产品甲的工艺结构有了改进，相应的生产单位产品所需的原材料及设备 A、B 的台时由过去的（1，4，0）变为（1，2，0）。试分析已求得的最优计划有何变化？

解　由于对应于产品甲的决策变量 x_1 在上面的最终单纯形表中是基变量，因而在最终表中，其对应的列向量转变为单位列向量，而且检验数为 0。由于产品甲的工艺结构变化，导致其工时发生变化，必然会反映到最终单纯形表中。

变化后的系数列向量记为 $\boldsymbol{p}_1'$，则其在最终表的列向量数字为

$$\boldsymbol{B}^{-1}\boldsymbol{p}_1' = \begin{pmatrix} 0 & 0.25 & 0 \\ -2 & 0.5 & 1 \\ 0.5 & -0.125 & 0 \end{pmatrix}\begin{pmatrix} 1 \\ 2 \\ 0 \end{pmatrix} = \begin{pmatrix} 1/2 \\ -1 \\ 1/4 \end{pmatrix}$$

相应地计算出 x_1 新的检验数为

$$\sigma_1' = c_1 - \boldsymbol{C}_B\boldsymbol{B}^{-1}\boldsymbol{p}_1' = c_1 - \boldsymbol{Y}\boldsymbol{p}_1' = 3 - (2,\ 0.25,\ 0)\begin{pmatrix} 1 \\ 2 \\ 0 \end{pmatrix} = \frac{1}{2}$$

将以上数据取代原单纯形表 x_1 列的各相应数据，得表 4-3。

表 4-3 例 4-3 的单纯形表（一）

	c_j	3	4	0	0	0		
C_B	X_B	x_1	x_2	x_3	x_4	x_5	b	θ
3	x_1	1/2	0	0	1/4	0	4	
0	x_5	−1	0	−2	1/2	1	4	
4	x_2	1/4	1	1/2	−1/8	0	2	
	σ_j	1/2	0	−2	−1/4	0	20	

因为 x_1 当前是基变量，所以应当将 x_1 的系数列向量重新恢复为单位列向量。恢复的结果如表 4-4 所示。

表 4-4 例 4-3 的单纯形表（二）

	c_j	3	4	0	0	0		
C_B	X_B	x_1	x_2	x_3	x_4	x_5	b	θ
3	x_1	1	0	0	1/2	0	8	
0	x_5	0	0	−2	1	1	12	
4	x_2	0	1	1/2	−1/4	0	0	
	σ_j	0	0	−2	−1/2	0	24	

我们从恢复后的结果看到，$\boldsymbol{b}$ 列没有负值，检验数行也没有正值，所以原问题和对偶问题都得到了最优解。

x_1 代表产品甲生产 8 个单位，x_2 代表产品乙生产 0 个单位，可得最大利润 24 千元。

特别注意：以上只是变换后的可能结果之一。变换后的结果还可能是：原问题为可行解，对偶问题为非可行解，用单纯形法继续迭代；原问题为非可行解，对偶问题为可行解，用对偶单纯形法求解；原问题和对偶问题均为非可行解，这时就要引进人工变量，重新列出单纯形表进行计算求解。

【例 4-4】 仍借助第一章例 1-1。与例 4-3 类似，若计划生产的产品甲的工艺结构改进之后，相应的生产单位产品所需的原材料及设备 A、B 的有效台时由过去的（1，4，0）变为（4，4，2）。试问该厂应如何安排最优生产计划？

解 与例 4-3 类似，因为产品甲的决策变量 x_1 在最终表中是基变量，它的生产技术参数的变化导致最终表中该列不再是单位向量。为此，首先求出该列的值。

$$\boldsymbol{B}^{-1}\boldsymbol{p}_1' = \begin{pmatrix} 0 & 1/4 & 0 \\ -2 & 1/2 & 1 \\ 1/2 & -1/8 & 0 \end{pmatrix}\begin{pmatrix} 4 \\ 4 \\ 2 \end{pmatrix} = \begin{pmatrix} 1 \\ -4 \\ 3/2 \end{pmatrix}$$

由于 x_1 是基变量，所以没有必要再求其检验数 σ_1'。

将所得数据加入到原单纯形表中，得到表 4-5。

表 4-5 例 4-4 的单纯形表（一）

	c_j	3	4	0	0	0		
C_B	X_B	x_1	x_2	x_3	x_4	x_5	b	θ
3	x_1	1	0	0	1/4	0	4	
0	x_5	−4	0	−2	1/2	1	4	
4	x_2	3/2	1	1/2	−1/8	0	2	
	σ_j		0	−2	−1/4	0	20	

恢复 x_1 的单位列向量，得到表4-6。

表 4-6　例 4-4 的单纯形表（二）

c_j		3	4	0	0	0		
$\boldsymbol{C}_B$	$\boldsymbol{X}_B$	x_1	x_2	x_3	x_4	x_5	$\boldsymbol{b}$	θ
3	x_1	1	0	0	1/4	0	4	
0	x_5	0	0	−2	3/2	1	20	
4	x_2	0	1	1/2	−1/2	0	−4	
σ_j		0	0	−2	5/4	0		

表 4-6 显示 $\boldsymbol{b}$ 列有负值所以原问题为基本非可行解，检验数行有正值所以对偶问题也是基本非可行解。这时需要在上述最终表基础上对第三个约束加入人工变量后重新求解。第三个约束乘以 −1 后加入人工变量 x_6 的方程为

$$-x_2-0.5x_3+0.5x_4+x_6=4$$

以 x_6 为基变量重写单纯形表中的第三个约束，并按单纯形方法迭代，如表 4-7 所示。

表 4-7　例 4-4 的单纯形表（三）

c_j		3	4	0	0	0	$-M$		
$\boldsymbol{C}_B$	$\boldsymbol{X}_B$	x_1	x_2	x_3	x_4 ↓	x_5	x_6	$\boldsymbol{b}$	θ
3	x_1	1	0	0	1/4	0	0	4	16
0	x_5	0	0	−2	3/2	1	0	20	40/3
← −M	x_6	0	−1	−1/2	[1/2]	0	1	4	8
σ_j		0	$-M+4$	$-1/2M$	$1/2M-3/4$	0	0		
c_j		3	4	0	0	0	$-M$		
$\boldsymbol{C}_B$	$\boldsymbol{X}_B$	x_1	x_2	x_3	x_4	x_5	x_6	$\boldsymbol{b}$	θ
3	x_1	1	1/2	1/4	0	0	−1/2	4	
0	x_5	0	3	−1/2	0	1	−3	8	
0	x_4	0	−2	−1	1	0	2	8	
σ_j		0		−3/4	0	0	$-M+3/2$	12	

至此得到问题的最优解，产品甲生产 4 个单位，产品乙不生产，可得最大利润 12 千元。

三、*A* 中增加一列或一行的分析

1. *A* 中增加一列

【例 4-5】　在例 1-1 中，若该企业除生产产品甲、乙之外，还有第三种产品丙可供选择。生产产品丙每件所需的原材料及设备 A、B 的有效台时分别为 2 个单位、4h、2h；每件利润 6 千元，问：在该企业的计划中要不要安排这种产品的生产？若要安排，应生产多少？

解　对应产品丙的决策变量记为 x_6。

（1）分析是否应安排生产产品丙。

将产品丙的工艺数据作为列向量，则 $\boldsymbol{p}_6=(2,4,2)^{\mathrm{T}}$。把它当作单纯形表的一列填入，则对应 x_6 的检验数为：

$$\sigma_6=c_6-\boldsymbol{C}_B\boldsymbol{B}^{-1}\boldsymbol{p}_6=6-(2,0.25,0)\begin{pmatrix}2\\4\\2\end{pmatrix}=1\geqslant 0$$

故安排生产产品丙能使目标值增大，应安排生产。

（2）分析应安排生产的方案。

求出 x_6 在最终单纯形表中的列向量：

$$\overline{\boldsymbol{p}}_6=\boldsymbol{B}^{-1}\boldsymbol{p}_6=\begin{pmatrix}0 & 1/4 & 0\\ -2 & 1/2 & 1\\ 1/2 & -1/8 & 0\end{pmatrix}\begin{pmatrix}2\\ 4\\ 2\end{pmatrix}=\begin{pmatrix}1\\ 0\\ 1/2\end{pmatrix}$$

将 $\overline{\boldsymbol{p}}_6$ 及其检验数 σ_6 作为新的一列加入到最终单纯形表中，以 x_6 作为进基变量继续迭代，如表 4-8 所示。

表 4-8 例 4-5 的单纯形表

c_j		3	4	0	0	0	6		
C_B	X_B	x_1	x_2	x_3	x_4	x_5	x_6 ↓	b	θ
←3	x_1	1	0	0	1/4	0	[1]	4	4
0	x_5	0	0	−2	1/2	1	0	4	
4	x_2	0	1	1/2	−1/8	0	1/2	2	4
σ_j		0	0	−2	−1/4	0	1	20	
c_j		3	4	0	0	0	6		
C_B	X_B	x_1	x_2	x_3	x_4	x_5	x_6	b	θ
6	x_6	1	0	0	1/4	0	1	4	
0	x_5	0	0	−2	1/2	1	0	4	
4	x_2	−1/2	1	1/2	−1/4	0	0	0	
σ_j		−1	0	−2	−1/2	0	0	24	

由此得到最优解：$x_6=4$，目标值 $z=24$，即产品丙生产 4 个单位。

2. A 中增加一行

【例 4-6】 仍以例 1-1 为前提，若企业为了提高产品质量，考虑给产品甲、乙增加一道精加工工序，并在设备 C 上进行加工。甲、乙两种产品在设备 C 上的单件加工台时分别为 2h、4h。已知设备 C 的可用工作时间为 12h，试问增加这道精加工工序以后，对原最优计划方案有何影响？

解 增加一道工序等于在原模型中增加了一个约束条件。其表达式为

$$2x_1+4x_2\leqslant 12$$

给这个约束条件加上松弛变量 x_6，变为等式约束：

$$2x_1+4x_2+x_6=12$$

以松弛变量 x_6 为基变量，将此约束条件反映到原模型规划问题的最终计算表中，得到表 4-9。

表 4-9 例 4-6 的单纯形表（一）

c_j		3	4	0	0	0	0		
C_B	X_B	x_1	x_2	x_3	x_4	x_5	x_6	b	θ
3	x_1	1	0	0	1/4	0	0	4	
0	x_5	0	0	−2	1/2	1	0	4	
4	x_2	0	1	1/2	−1/8	0	0	2	
0	x_6	2	4	0	0	0	1	12	
σ_j		0	0	−2	−1/4	0	0	20	

由此所产生的结果是，原基变量 x_1、x_2 的列向量不再是单位列向量。因此，需要首先将其恢复为单位列向量，结果如表4-10所示。

表4-10　例4-6的单纯形表（二）

c_j		3	4	0	0	0	0		
C_B	X_B	x_1	x_2	x_3 ↓	x_4	x_5	x_6	b	
3	x_1	1	0	0	1/4	0	0	4	
0	x_5	0	0	−2	1/2	1	0	4	
4	x_2	0	1	1/2	−1/8	0	0	2	
0←	x_6	0	0	[−2]	0	0	1	−4	
σ_j		0	0	−2	−1/4	0	0	20	
θ				1					

用对偶单纯形法继续迭代得表4-11。

表4-11　例4-6的单纯形表（三）

c_j		3	4	0	0	0	0		
C_B	X_B	x_1	x_2	x_3	x_4	x_5	x_6	b	θ
3	x_1	1	0	0	1/4	0	0	4	
0	x_5	0	0	0	1/2	1	−1	8	
4	x_2	0	1	0	−1/8	0	1/4	1	
0	x_3	0	0	1	0	0	−1/2	2	
σ_j		0	0	0	−1/4	0	−1	16	

由此得到最优解：$x_1=4$，$x_2=1$，$x_3=2$，$x_4=0$，$x_5=8$，即甲产品生产4个单位，乙产品生产1个单位，可得最大利润 $z=16$ 千元。

总结：从上面的分析可以体会到，只要知道初始的和最终的单纯形表，就可以利用 $\boldsymbol{B}^{-1}\boldsymbol{b}$、$\boldsymbol{C}_B\boldsymbol{B}^{-1}$、$\boldsymbol{B}^{-1}\boldsymbol{p}_j$ 及 $\boldsymbol{C}_B\boldsymbol{B}^{-1}\boldsymbol{p}_j$ 计算出每一步的数据以及最初数据变化后的数据。从分析过程还可以看出：

（1）若修正后的原问题与对偶问题的解都是可行解，则修正后的解仍是最优解。

（2）若出现原问题是可行解，对偶问题是非可行解，则按单纯形法继续迭代求出最优解。

（3）若对偶问题是可行解，原问题是非可行解，则按对偶单纯形法继续迭代求出最优解。

（4）若原问题与对偶问题的解均是非可行解，这时就要引入人工变量，建立新的单纯形表重新计算。

第四节　用Excel进行灵敏度分析

上面三节中就线性规划中的常数项 A、b、C 的变化对规划模型所产生的影响分别进行了讨论，这些讨论对于规划模型的应用和最优解的正确使用具有指导性作用。在线性规划的实际问题的应用中，不仅可以用软件对其进行求解，而且可以用软件对其进行灵敏度分析。

在 Excel 的规划求解命令中也同样具有这种功能。

在 Excel 界面中建立了线性规划模型并用规划求解命令求解模型后（参见图 2-4 ~ 图 2-7），就会出现一个“规划求解结果”对话框（见图 4-1）。在对话框中除了告知得到问题的一个最优解之外，还有一个“报告”列表框，其中有一项为“敏感性报告”，就是报告灵敏度分析的结果，选中此项并单击“确定”按钮就会出现敏感性报告。

仍然以例 1-1 为例，结合图 2-4 ~ 图 2-7，得到规划求解的敏感性报告，如图 4-2 所示。在这个敏感性报告中分为上、下两部分，上半部分中后面的三项分别是目标式系数 C、允许的增量和允许的减量，从而给出了目标系数允许的变化范围；在下半部分中的后三项分别是约束限制值 b、允许的增量和允许的减量，从而也给出了约束右端常数项 b 的允许变化范围。

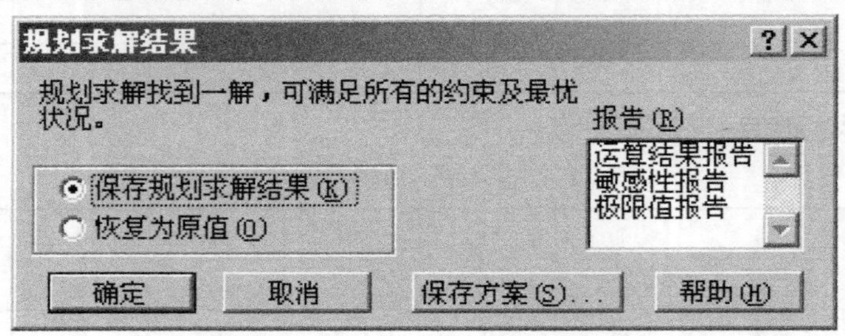

图 4-1

Microsoft Excel 9.0 敏感性报告
工作表 [线性规划求解例2-4.xls]模型及求解
报告的建立: 2005-10-18 14:56:48

可变单元格

单元格	名字	终值	递减成本	目标式系数	允许的增量	允许的减量
$B$8	产品产量 产品甲	4	0	3	1E+30	1
$C$8	产品产量 产品乙	2	0	4	2	4

约束

单元格	名字	终值	阴影价格	约束限制值	允许的增量	允许的减量
$B$13	原材料 实际消耗	8	2	8	2	4
$B$14	设备A 实际消耗	16	0.25	16	16	8
$B$15	设备B 实际消耗	8	0	12	1E+30	4

图 4-2

在这个敏感性报告中除了给出目标系数和约束条件右端项的允许变化范围之外，还有一个很重要的信息——阴影价格，通常称之为影子价格。**影子价格就是线性规划模型中某个约束的右端常数项增加（或减少）一个单位而导致的目标函数值的增量（或减量）**。应当注意的是，影子价格只有在约束右端项允许的变化范围内才有效；影子价格不为零的约束资源是瓶颈资源，此种资源已经耗尽，而影子价格为零的约束资源为富余资源。在图 4-2 中所显示的例 1-1 的敏感性报告中，第一个约束原材料资源的影子价格是 2，说明原材料增加一个单位目标函数值会增加 2 个单位。影子价格对于资源的购买决策具有重要的参考价值，当资源的实际市场价格低于影子价格时，可以适当购进该种资源以增加收益，当该资源的市场价格高于影子价格时可以适当售出资源。

习题

1. 某出版单位有4500个空闲的印刷机时和4000个空闲的装订工时，拟用于下列四种图书的印刷和装订。已知各种书每一册所需的印刷和装订工时如表4-12所示。

表4-12 习题1数据表

工序＼书种	1	2	3	4
印刷	0.1	0.3	0.8	0.4
装订	0.2	0.1	0.1	0.3
预期利润/(千元/千册)	1	1	4	3

设 x_j 为第 j 种书的出版数（单位：千册），据此建立如下线性规划模型：

$$\max z = x_1 + x_2 + 4x_3 + 3x_4$$

$$\text{s. t.} \begin{cases} x_1 + 3x_2 + 8x_3 + 4x_4 \leqslant 45 \\ 2x_1 + x_2 + x_3 + 3x_4 \leqslant 40 \\ x_j \geqslant 0,\ j = 1,\ 2,\ 3,\ 4 \end{cases}$$

用单纯形法求解得到最终单纯形表如表4-13所示。

表4-13 习题1的单纯形表

c_j		1	1	4	3	0	0	
C_B	X_B	x_1	x_2	x_3	x_4	x_5	x_6	b
1	x_1	1	-1	-4	0	-3/5	4/5	5
3	x_4	0	1	3	1	2/5	-1/5	10
$c_j - z_j$		0	-1	-1	0	-3/5	-1/5	

（1）如果经理对不出版第二种书提出意见，要求该书必须出2000册，求此条件下的最优解。

（2）据市场调查第4种书最多只能销5000册，当销量多于5000册时，超量部分每册降价2元，试据此找出新的最优解。

2. 某厂生产Ⅰ、Ⅱ、Ⅲ三种产品，分别经过A、B、C三种设备加工。生产单位各种产品所需的设备台时、设备的现有加工能力及每件产品的预期利润如表4-14所示。

表4-14 习题2数据表

设备＼产品	Ⅰ	Ⅱ	Ⅲ	设备能力/台时
A	1	1	1	100
B	10	4	5	600
C	2	2	6	300
单位产品利润/元	10	6	4	

（1）求获利最大的产品生产计划。

(2) 产品Ⅲ每件的利润增加到多大时才值得安排生产。

(3) 如有一种新产品，加工一件需设备A、B、C的台时各为1h、4h、3h，预期每件的利润为8元，是否值得安排生产。

3. 某厂用两种原材料生产两种产品，已知数据如表4-15所示，根据该表列出的数学模型如下，加松弛变量，并用单纯形法求解得最终单纯形表如表4-16所示。

$$\max z = 3x_1 + 2x_2$$

$$\text{s.t.} \begin{cases} 2x_1 + 3x_2 \leqslant 14 \\ 2x_1 + x_2 \leqslant 9 \\ x_1 \geqslant 0,\ x_2 \geqslant 0 \end{cases}$$

表4-15 习题3数据表

原材料＼产品	Ⅰ	Ⅱ	资源限制
A/(kg/件)	2	3	14
B/(kg/件)	2	1	9
收入/(元/件)	3	2	

表4-16 习题3单纯形表

c_j		3	2	0	0	
C_B	X_B	x_1	x_2	x_3	x_4	b
2	x_2	0	1	1/2	−1/2	5/2
3	x_1	1	0	−1/4	3/4	13/4
$c_j - z_j$		0	0	−1/4	−5/4	

(1) 求 c_1 的变化范围以使最优解保持不变。

(2) 现在市场上每单位原材料B的价格为1元，问是否需要买入原材料B?

(3) 如果需要买入原材料B，最多买入多少?

4. 产品Ⅰ、Ⅱ、Ⅲ的生产需要两种原材料A和B，有关数据如表4-17所示。经建立最大收入的线性规划模型，并求解得最终单纯形表如表4-18所示（表中 x_1、x_2、x_3 分别为产品Ⅰ、Ⅱ、Ⅲ的产量，x_4、x_5 为对应原材料A、B的松弛变量)，求：

表4-17 习题4数据表

原材料＼产品	Ⅰ	Ⅱ	Ⅲ	资源限制
A	1/2	2	1	24
B	1	2	4	60
单件收入/元	6	14	13	

表4-18 习题4单纯形表

X_B	x_1	x_2	x_3	x_4	x_5	b
x_1	1	6	0	4	−1	36
x_3	0	−1	1	−1	1/2	6
$c_j - z_j$	0	−9	0	−11	−1/2	

（1）从最终表中得到矩阵 $\boldsymbol{B}^{-1}=\begin{pmatrix}4 & -1\\ -1 & 1/2\end{pmatrix}$，直接写出基矩阵 $\boldsymbol{B}$。

（2）产品Ⅰ的收入在什么范围内变化，表中最优解不变。

（3）目前市场上原材料B的价格非常高无法购入，A可以购入，确定工厂可以接受的原材料A的最高购入价格。

5. 某厂用原料甲、乙生产四种产品A、B、C、D，各产品单位消耗及参数如表4-19所示。

（1）求总收入最大的生产方案。

（2）当最优生产方案不变时，分别求出产品A和C的单价的变化范围。

（3）当原材料甲的限额变为27 kg时，求调整后的生产方案。

（4）考虑新产品E，每万件消耗原材料甲2 kg、乙1 kg，问产品E的单价为多少投产才能获利？若E的单价每万件18万元，求E投产后的方案。

（5）若产品生产过程中加入新原材料丙，其各产品的单位消耗量及限量如表4-20所示，问应如何组织生产？

表4-19　习题5数据表（一）

原材料＼产品	A	B	C	D	限额/(kg/万件)
甲	3	2	10	4	18
乙	0	0	2	1/2	3
单价/(万元/万件)	9	8	50	19	

表4-20　习题5数据表（二）

产　品	A	B	C	D	限额/(kg/万件)
单位消耗/(kg/万件)	4	3	4	2	7

6. 线性规划问题模型为

$$\max z=5x_1+12x_2+4x_3$$
$$\text{s. t.}\begin{cases}x_1+2x_2+x_3\leqslant 5\\ 2x_1-x_2+3x_3=2\\ x_1,\ x_2,\ x_3\geqslant 0\end{cases}$$

用单纯形法求解得到其最终表如表4-21所示。其中 x_4 为松弛变量，x_5 为人工变量。要求：

表4-21　习题6数据表

c_j		5	12	4	0	$-M$	$\boldsymbol{B}^{-1}\boldsymbol{b}$
$\boldsymbol{C}_B$	$\boldsymbol{X}_B$	x_1	x_2	x_3	x_4	x_5	
12	x_2	0	1	$-1/5$	2/5	$-1/5$	8/5
5	x_1	1	0	7/5	1/5	2/5	9/5
$\sigma_j=c_j-z_j$		0	0	$-3/5$	$-29/5$	$-M+2/5$	

（1）写出对偶问题的最优解。

(2) 当两个约束右端常数项分别增加一个单位时，目标函数值分别增加多少？(分开讨论)

(3) 在当前最优基不变条件下，求出约束右端常数项的变化范围。

(4) 在当前最优基不变条件下，求目标系数 c_2 的变化范围。

7. 某厂准备生产 A、B、C 三种产品，它们都消耗劳动力和材料，有关数据如表 4-22 所示。

表 4-22 习题 7 数据表

资源＼产品	A	B	C	拥有量/单位
劳动力	6	3	5	45
材料	3	4	5	30
单位产品利润/元	3	1	4	

(1) 确定获利最大的产品生产计划。

(2) 产品 A 的利润在什么范围内变动时，上述最优计划不变。

(3) 如果设计一种新产品 D，单位劳动力消耗为 8 个单位，材料消耗为 2 个单位，每件可获利 3 元，问该种产品是否值得生产？

8. 现有线性规划问题

$$\max z = -5x_1 + 5x_2 + 13x_3$$

$$\text{s.t.}\begin{cases} -x_1 + x_2 + 3x_3 \leqslant 20 & ① \\ 12x_1 + 4x_2 + 10x_3 \leqslant 90 & ② \\ x_1,\ x_2,\ x_3 \geqslant 0 \end{cases}$$

先用单纯形法求出最优解，然后分析在下列各种条件下，最优解分别有什么变化？

(1) 约束条件①的右端常数由 20 变为 30。

(2) 约束条件②的右端常数由 90 变为 70。

(3) 目标函数中 x_3 的系数由 13 变为 8。

(4) x_1 的系数列向量由 $\begin{pmatrix} -1 \\ 12 \end{pmatrix}$ 变为 $\begin{pmatrix} 0 \\ 5 \end{pmatrix}$。

(5) 增加一个约束条件③ $2x_1 + 3x_2 + 5x_3 \leqslant 50$。

(6) 将原约束条件②改为 $10x_1 + 5x_2 + 10x_3 \leqslant 100$。

第五章

运 输 规 划

运输是社会经济生活中必不可少的一个环节。煤炭、粮食、木材等物资在全国各地的调运，企业生产所需原材料及产成品的运出，商业部门对销售网点的货物配送等均需要运输。世界经济的一体化加速了物资转运的速度，增加了人们对这类问题研究的兴趣，同时也增加了这类问题研究的难度。如何根据各地的生产量和需要量以及各地之间的运输费用制订一个运输方案，使总的运输费用最小，这样的问题就称为运输问题。

第一节 运输规划模型

一、运输问题的数学模型

对运输问题典型的描述是：有 m 个产地供应某种物资，用 A_i 表示，供应量（产量）分别为 a_i（$i=1, 2, \cdots, m$）；有 n 个销地销售该物资，用 B_j 表示，需要量（销量）分别为 b_j（$j=1, 2, \cdots, n$）；产地 A_i 到销地 B_j 的单位运价为 c_{ij}，运量为决策变量，用 x_{ij}表示。求解使总运费最省的运输方案。

运输问题可以用图 5-1 来表示，并列出如表 5-1 所示的运输表。

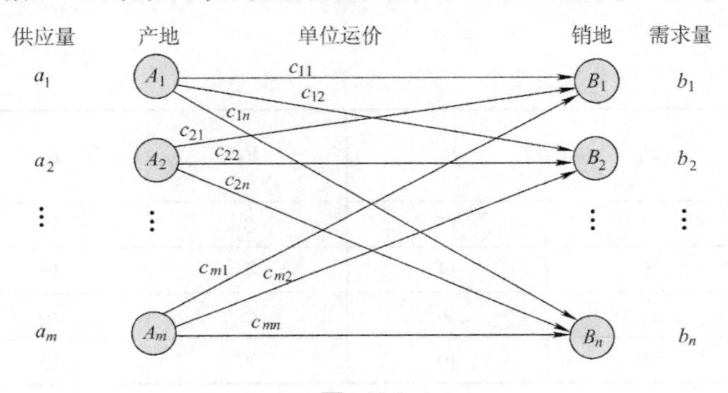

图 5-1

表 5-1 运输表

产地 \ 销地	B_1	B_2	…	B_n	产量
A_1	c_{11} x_{11}	c_{12} x_{12}	…	c_{1n} x_{1n}	a_1
A_2	c_{21} x_{21}	c_{22} x_{22}	…	c_{2n} x_{2n}	a_2
⋮	⋮	⋮		⋮	⋮
A_m	c_{m1} x_{m1}	c_{m2} x_{m2}	…	c_{mn} x_{mn}	a_m
销量	b_1	b_2	…	b_n	

当运输问题的总产量和总销量相等，即 $\sum_{i=1}^{m} a_i = \sum_{j=1}^{n} b_j$ 时，称为产销平衡问题。

在产销平衡条件下，设从第 i 个产地运往第 j 个销地的运量为 x_{ij}（$i=1, 2, \cdots, m$; $j=1, 2, \cdots, n$），则运输问题的数学模型为

$$\min z = \sum_{i=1}^{m}\sum_{j=1}^{n} c_{ij}\, x_{ij}$$

$$\text{s. t.} \quad \begin{cases} \sum_{j=1}^{n} x_{ij} = a_i, i = 1,2,\cdots,m \\ \sum_{i=1}^{m} x_{ij} = b_j, j = 1,2,\cdots,n \\ x_{ij} \geqslant 0, i = 1,2,\cdots,m; \quad j = 1,2,\cdots,n \end{cases} \tag{5-1}$$

在式（5-1）中，第一组 m 个约束条件表示某产地运到各个销地的数量之和等于其供应量；第二组 n 个约束条件表示某销地收到的各个产地对其运输量之和等于其需求量；第三组 $m\times n$ 个约束条件表示变量非负。

由运输问题的数学模型可知，运输问题也是线性规划问题。

【例 5-1】 某公司下属三个化肥厂 A_1、A_2、A_3，化肥产量分别为 60 t、25 t、50 t。有四个产粮区 B_1、B_2、B_3、B_4，对化肥的需要量分别为 60 t、40 t、20 t、15 t。从三个化肥厂运到各产粮区的每吨化肥的运价如表 5-2 所示。试根据已知资料制定一个使总的运费最少的化肥调拨方案。

表 5-2 例 5-1 产销地运价数据表　　（运价：元/t）

化肥厂 \ 产粮区	B_1	B_2	B_3	B_4	产量/t
A_1	7	15	8	16	60
A_2	5	14	7	13	25
A_3	11	9	15	10	50
销量/t	60	40	20	15	

解　设从第 i 个化肥厂运往第 j 个产粮区的化肥量为 x_{ij}，$i=1, 2, 3$; $j=1, 2, 3, 4$,

则该问题的数学模型如下。

（1）要求运费最省，所以目标函数为

$$\min z = 7x_{11} + 15x_{12} + 8x_{13} + 16x_{14} + 5x_{21} + 14x_{22} + 7x_{23} + 13x_{24} + 11x_{31} + 9x_{32} + 15x_{33} + 10x_{34}$$

（2）每个产地的供应量等于运到各个销地的数量之和：

$$x_{11} + x_{12} + x_{13} + x_{14} = 60$$
$$x_{21} + x_{22} + x_{23} + x_{24} = 25$$
$$x_{31} + x_{32} + x_{33} + x_{34} = 50$$

（3）每个销地的需求量等于各个产地运给其数量之和：

$$x_{11} + x_{21} + x_{31} = 60$$
$$x_{12} + x_{22} + x_{32} = 40$$
$$x_{13} + x_{23} + x_{33} = 20$$
$$x_{14} + x_{24} + x_{34} = 15$$

（4）化肥的运量应是非负的：

$$x_{ij} \geqslant 0，i = 1，2，3；j = 1，2，3，4$$

将（1）、（2）、（3）、（4）中的式子整理合并就是该运输问题的数学模型。

二、运输问题模型的特点

1. 有 m 个产地 n 个销地且产销平衡运输问题的基变量个数是 $m+n-1$ 个

在产销平衡条件下，运输问题有 $m \times n$ 个变量，$m+n$ 个约束条件，但是其系数矩阵 $\boldsymbol{A}$ 的秩最大为 $m+n-1$。原因可以通过分析运输问题约束条件及其系数矩阵得到。运输问题的系数矩阵如下：

$$\begin{array}{c} \quad x_{11}\ \ x_{12}\ \cdots\ x_{1n}\ \ x_{21}\ \ x_{22}\ \cdots\ x_{2n}\ \cdots\ x_{m1}\ \ x_{m2}\ \cdots\ x_{mn} \\ \boldsymbol{A} = \left(\begin{array}{cccccccccccc} 1 & 1 & \cdots & 1 & & & & & & & & \\ & & & & 1 & 1 & \cdots & 1 & & & & \\ & & & & & & & & \ddots & & & \\ & & & & & & & & 1 & 1 & \cdots & 1 \\ 1 & & & & 1 & & & & 1 & & & \\ & 1 & & & & 1 & & & & 1 & & \\ & & \ddots & & & & \ddots & & & & \cdots & \ddots \\ & & & 1 & & & & 1 & & & & 1 \end{array}\right) \begin{array}{l} \left.\begin{array}{l} \\ \\ \\ \\ \end{array}\right\} m\text{行} \\ \left.\begin{array}{l} \\ \\ \\ \\ \end{array}\right\} n\text{行} \end{array} \end{array}$$

其中，x_{ij}的系数列向量为 $\boldsymbol{p}_{ij}$，$\boldsymbol{p}_{ij} = e_i + e_{m+j}$。$e_i$ 表示第 i 个分量为 1 的单位列向量；$\boldsymbol{p}_{ij}$表示除第 i 个和第 $m+j$ 个分量为 1 外，其余的分量都为零的列向量。即 $\boldsymbol{A}$ 的每个列向量中只有两个 1 元素。

式（5-1）中前 m 个约束条件为 $\sum\limits_{j=1}^{n} x_{ij} = a_i(i = 1,2,\cdots,m)$，后 n 个约束条件为 $\sum\limits_{i=1}^{m} x_{ij} = b_j(j = 1,2,\cdots,n)$，在产销平衡条件下（即 $\sum\limits_{i=1}^{m} a_i = \sum\limits_{j=1}^{n} b_j$），存在前 m 个约束条件之和等于

后 n 个约束条件之和，即 $\sum_{i=1}^{m} a_i = \sum_{i=1}^{m}(\sum_{j=1}^{n} x_{ij}) = \sum_{j=1}^{n}(\sum_{i=1}^{m} x_{ij}) = \sum_{j=1}^{n} b_j$，也就是说，运输问题的$m+n$个约束条件是线性相关的。因此运输问题约束条件系数矩阵的秩最大不会超过 $m+n-1$ 个。

从运输问题约束条件系数矩阵中取出前 $m+n-1$ 行和 x_{1n}，x_{2n}，…，x_{mn}，x_{11}，x_{12}，…，$x_{1,n-1}$对应的共 $m+n-1$ 列组成 $m+n-1$ 阶行列式，如下所示：

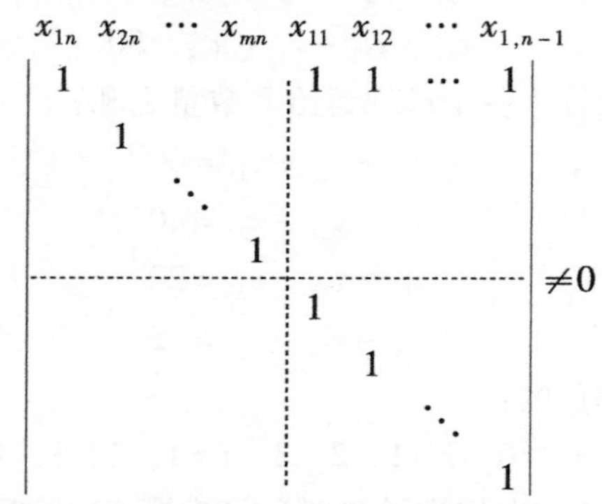

因上述行列式不等于0，所以运输问题约束系数矩阵的秩为 $m+n-1$。由秩、基、基变量之间的关系可以知道，运输问题基变量的个数为 $m+n-1$ 个。

2. 产销平衡的运输问题存在可行解

对式（5-1）给出的运输问题，令其变量

$$x_{ij}=\frac{a_i b_j}{Q},\ i=1,\ 2,\ \cdots,\ m;\ j=1,\ 2,\ \cdots,\ n \tag{5-2}$$

其中，$Q = \sum_{i=1}^{m} a_i = \sum_{j=1}^{n} b_j$，则式（5-2）就是运输问题的一个可行解；另一方面，运输问题为极小化问题，而 $x_{ij} \geqslant 0$，因此肯定能得到非负的目标函数值。

第二节　运输模型的求解

尽管运输问题是线性规划问题，可以用求解线性规划问题的单纯形法求解，但是运输问题本身变量个数非常多（$m \times n$ 个），每个约束条件均为等式，求解过程需要为每个等式加入一个人工变量（变量个数会增加 $m+n$ 个），如此大规模的变量会造成求解的困难。运输问题约束条件的系数矩阵本身具有的特殊性决定了运输问题可以用专门的方法求解。表上作业法是求解运输问题的一种简化的单纯形法，尽管求解的形式不同，但求解步骤与线性规划基本一致。

表上作业法可以归结为以下四步。

步骤1：确定初始基可行解。按照某种规则在运输表上给出 $m+n-1$ 个数字格，分别代表 $m+n-1$ 个基变量，其余未填入数字的格称为空格，代表非基变量。

步骤2：判断可行解是否为最优方案。计算空格所对应的非基变量的检验数，依据单纯形法判优的判定定理，判定是否已经得到最优解。若已经是最优解，停止计算，否则进入第三步。

步骤3：解的改进，即基变换。确定换入变量和换出变量，利用闭回路法进行调整。

步骤4：重复步骤2和步骤3，直到找到最优解。

一、确定初始基可行解

确定初始可行解的方法有很多，此处介绍两种方法：最小元素法和伏格尔法。

（一）最小元素法

最小元素法的基本思想是就近供应，即从运输表中的最小单位运价处开始确定产销关系，尽量满足其供需量，并划去某一行或某一列。然后从剩余的单位运价中选择最小的，依次类推，直到给出初始可行解为止。

1. 最小元素法的步骤

以例5-1为例，说明如何利用最小元素法求解运输问题的初始基可行解。

例5-1的运输表5-2中单位运价最小的是（2，1）格，其运价为5元/t。首先，给（2，1）格填入运量 $x_{21}=\min\{a_2,b_1\}=\min\{25,60\}=25$。因为 A_2 的产量已经全部供应给（2，1）格，不可能再给其他销地调运物资，因此在第二行的其他格中打上“×”号，表明划去第二行。如表5-3所示。

表5-3 最小元素法示意表（一） （运价：元/t）

化肥厂 \ 产粮区	B_1	B_2	B_3	B_4	产量/t
A_1	7	15	8	16	60
A_2	25 5	× 14	× 7	× 13	25
A_3	11	9	15	10	50
销量/t	60	40	20	15	

表5-3中未填入数字和未打上“×”号的格中单位运价最小的格是（1，1）格，其运价是7元/t，填入运量 $x_{11}=\min\{a_1,b_1-x_{21}\}=\min\{60,60-25\}=35$，此时 B_1 的销量需求已经全部满足，不需要其他产地为其提供物资，因此将第一列中其他未填入数字的格打上“×”号，表明划去第一列。如表5-4所示。

表5-4 最小元素法示意表（二） （运价：元/t）

化肥厂 \ 产粮区	B_1	B_2	B_3	B_4	产量/t
A_1	35 7	15	8	16	60
A_2	25 5	× 14	× 7	× 13	25

（续）

化肥厂＼产粮区	B_1	B_2	B_3	B_4	产量/t
A_3	11 ×	9	15	10	50
销量/t	60	40	20	15	

表5-4中未填入数字和未打上“×”号的格中运价最小的是（1，3）格，其运价是8元/t，填入运量 $x_{13}=\min\{a_1-x_{11},b_3\}=\min\{60-35,20\}=20$，此时 B_3 的销量需求已经全部满足，不需要其他产地为其提供物资，因此将第三列中其他未填入数字的格打上“×”号，表明划去第三列。如表5-5所示。

表5-5 最小元素法示意表（三） （运价：元/t）

化肥厂＼产粮区	B_1	B_2	B_3	B_4	产量/t
A_1	7 **35**	15	8 **20**	16	60
A_2	5 **25**	14 ×	7 ×	13 ×	25
A_3	11 ×	9	15 ×	10	50
销量/t	60	40	20	15	

依次进行，直到所有的格被填入数字或被打上“×”号。表5-6即为一个初始的调运方案。

表5-6 最小元素法示意表（四） （运价：元/t）

化肥厂＼产粮区	B_1	B_2	B_3	B_4	产量/t
A_1	7 **35**	15 ×	8 **20**	16 **5**	60
A_2	5 **25**	14 ×	7 ×	13 ×	25
A_3	11 ×	9 **40**	15 ×	10 **10**	50
销量/t	60	40	20	15	$z=1070$

可以用一个矩阵表示运输问题可行解，此外，运输问题的初始基可行解为

$$\boldsymbol{X}=\begin{pmatrix}35 & \times & 20 & 5\\ 25 & \times & \times & \times\\ \times & 40 & \times & 10\end{pmatrix}$$

$$总运费\ z=(35\times7+20\times8+5\times16+25\times5+40\times9+10\times10)元=1070\ 元$$

2. 最小元素法给出的是基可行解

（1）最小元素法给出的是可行解。最小元素法求解过程中填入的运量总是满足 $0\leqslant x_{ij}\leqslant$

$\min\{a_i, b_j\}$，符合非负约束；每填入一个数字都会使某一行或某一列的等式成立，所以满足等式约束。

（2）最小元素法求解得到的初始可行解中包括 $m+n-1$ 个数字格。利用最小元素法求解过程中，每填入一个数字划去一行或一列，填入最后一个数时因为同时满足了产地和销地，所以同时划去一行和一列。运输问题共 $m+n$ 行和列，于是就可得到 $m+n-1$ 个数字格。

（3）最小元素法给出的 $m+n-1$ 个数字格对应的系数列向量是线性无关的。以用最小元素法求解例 5-1 的第一步为例来说明这个问题，其约束条件系数矩阵如下所示。当数字格（2，1）填入运量 x_{21} 划去一列后，x_{22}、x_{23} 和 x_{24} 均划去，相当于在系数矩阵划去了 $\boldsymbol{p}_{22}=e_2+e_{3+2}$、$\boldsymbol{p}_{23}=e_2+e_{3+3}$ 和 $\boldsymbol{p}_{24}=e_2+e_{3+4}$，剩余的系数列向量中不再包含 e_2，不可能与 $\boldsymbol{p}_{21}$ 线性相关，因此从剩余的变量中任选一个变量都不会与已选变量线性相关。

$$
\begin{array}{cccccccccccc}
x_{11} & x_{12} & x_{13} & x_{14} & x_{21} & x_{22} & x_{23} & x_{24} & x_{31} & x_{32} & x_{33} & x_{34}
\end{array}
$$

$$
\begin{pmatrix}
1 & 1 & 1 & 1 & & & & & & & & \\
 & & & & 1 & 1 & 1 & 1 & & & & \\
 & & & & & & & & 1 & 1 & 1 & 1 \\
1 & & & & 1 & & & & 1 & & & \\
 & 1 & & & & 1 & & & & 1 & & \\
 & & 1 & & & & 1 & & & & 1 & \\
 & & & 1 & & & & 1 & & & & 1
\end{pmatrix}
$$

（二）伏格尔法

最小元素法只考虑了局部运输费用最小，并没有考虑整个运输问题，可能会因为一处的节省，造成其他处费用很大。伏格尔（Vogel）法的基本思想是最小运费与次小运费之间有差额，差额越大，说明该行或列不按最小运费调运时，运费增加越多，因而对差额最大处应采用最小运费调运方案。

例如，表 5-7 是某运输问题用最小元素法求解得到的初始基可行解，该方案总费用为 135。考虑到第一列两个运价之间的差额是 $7-2=5$，如果不先给（2，1）格填入运量，有可能因为（2，2）格填入运量后而使（2，1）格不能填入运量，进而导致需要在（1，1）格填入运量使总费用增加较大。因此，首先给（2，1）格填入运量 20，在此基础上得到的初始基可行解如表 5-8 所示。比较两个方案的总费用可知，利用伏格尔法的基本思想求解得到的方案要比用最小元素法得到的方案更接近最优解。

表 5-7 最小元素法初始基本可行解

（运价：元/t）

化肥厂 \ 产粮区	B_1	B_2	产量/t
A_1	运价 7，运量 15	运价 5，×	15
A_2	运价 2，运量 5	运价 1，运量 20	25
销量/t	20	20	$z=135$

表 5-8 伏格尔法初始基本可行解

（运价：元/t）

化肥厂 \ 产粮区	B_1	B_2	产量/t
A_1	运价 7，×	运价 5，运量 15	15
A_2	运价 2，运量 20	运价 1，运量 5	25
销量/t	20	20	$z=120$

伏格尔法的求解步骤如下。

步骤1：求出每行的行差额（每行单位运价中次小和最小之差）和每列的列差额（每列单位运价中次小和最小之差）。

步骤2：在行差额和列差额中找出差额最大的行或列，给差额最大的行或列中的最小运价所在单元格首先填入运量。

步骤3：划去已经满足产量的行或已经满足销量的列，在剩下的运价中重复步骤1和步骤2，直到求得初始的调运方案。

以例5-1为例说明伏格尔法的求解过程。

首先，计算行差额和列差额。在表5-9中，第一行的最小运价为7，次小运价为8，二者之差为1，所以第一行的行差额为1。各行差额的计算分别为（8－7，7－5，10－9）＝（1，2，1），列差额的计算分别为（7－5，14－9，8－7，13－10）＝（2，5，1，3），在所有这些差额中第二列的差额最大，其最小运价为9，给其填入运量$x_{23}=\min\{50，40\}=40$，在第二列其他单元格中打上“×”。结果如表5-9所示。

表5-9　伏格尔法演示表（一）　　（运价：元/t）

化肥厂＼产粮区	B_1	B_2	B_3	B_4	产量/t	行差额			
A_1	7	15　×	8	16	60	1			
A_2	5	14　×	7	13	25	2			
A_3	11	9　**40**	15	10	50	1			
销量/t	60	40	20	15					
列差额	2	[5]	1	3					

在表5-9的基础上继续计算行差额和列差额，并填入表5-10。行差额的计算分别为（8－7，7－5，11－10）＝（1，2，1），列差额的计算分别为（7－5，～，8－7，13－10）＝（2，～，1，3），第四列的差额最大，最小运价为10，填入运量$x_{34}=\min\{50-40，15\}=10$，在第三行其他单元格中打上“×”。结果如表5-10所示。

表5-10　伏格尔法演示表（二）　　（运价：元/t）

化肥厂＼产粮区	B_1	B_2	B_3	B_4	产量/t	行差额			
A_1	7	15　×	8	16	60	1	1		
A_2	5	14　×	7	13	25	2	2		

（续）

产粮区 化肥厂	B_1	B_2	B_3	B_4	产量/t	行差额			
A_3	× 11	**40** 9	× 15	**10** 10	50	1	1		
销量/t	60	40	20	15					
列差额	2	[5]	1	3					
	2	~	1	[3]					

在表5-10的基础上继续计算行差额和列差额，并填入表5-11。行差额的计算分别为（8－7，7－5，～）＝（1，2，～），列差额的计算分别为（7－5，～，8－7，16－13）＝（2，～，1，3），第四列的差额最大，最小运价为13，填入运量 $x_{24}=\min\{25, 15-10\}=5$，在第四列其他单元格中打上“×”。结果如表5-11所示。

表5-11 伏格尔法演示表（三） （运价：元/t）

产粮区 化肥厂	B_1	B_2	B_3	B_4	产量/t	行差额			
A_1	7	× 15	8	× 16	60	1	1	1	
A_2	5	× 14	7	**5** 13	25	2	2	2	
A_3	11	× **40** 9	× 15	**10** 10	50	1	1	~	
销量/t	60	40	20	15					
列差额	2	[5]	1	3					
	2	~	1	[3]					
	2	~	1	[3]					

在表5-11的基础上继续计算行差额和列差额，并填入表5-12。行差额的计算分别为（8－7，7－5，～）＝（1，2，～），列差额的计算分别为（7－5，～，8－7，～）＝（2，～，1，～），第一列和第二行的差额均为2，是最大的差额，可以任选一个，此处选择第二行，最小运价为5，填入运量 $x_{21}=\min\{25-5, 60\}=20$，在第二行其他单元格中打上“×”。结果如表5-12所示。

表5-12 伏格尔法演示表（四） （运价：元/t）

产粮区 化肥厂	B_1	B_2	B_3	B_4	产量/t	行差额			
A_1	7	× 15	8	× 16	60	1	1	1	1

（续）

产粮区 化肥厂	B_1	B_2	B_3	B_4	产量/t	行差额			
A_2	**20** 5	× 14	× 7	**5** 13	25	2	2	2	[2]
A_3	× 11	**40** 9	× 15	**10** 10	50	1	1	~	~
销量/t	60	40	20	15					
列差额	2	[5]	1	3					
	2	~	1	[3]					
	2	~	1	[3]					
	[2]	~	1	~					

在表 5-12 中只剩下两个格未填入数据，首先给（1，1）格填入 $x_{11}=\min\{60, 60-20\}=40$，第一列已经满足。然后再给（1，3）格填入 $x_{13}=\min\{60-40, 20\}=20$，此时第三列和第一行均已经满足。如表 5-13 所示。

表 5-13 伏格尔法演示表（五） （运价：元/t）

产粮区 化肥厂	B_1	B_2	B_3	B_4	产量/t	行差额			
A_1	**40** 7	× 15	**20** 8	× 16	60	1	1	1	1
A_2	**20** 5	× 14	7	× **5** 13	25	2	2	2	[2]
A_3	× 11	**40** 9	× 15	**10** 10	50	1	1	~	~
销量/t	60	40	20	15	$z=1065$				
列差额	2	[5]	1	3					
	2	~	1	[3]					
	2	~	1	[3]					
	[2]	~	1	~					

用伏格尔法求解得到的初始可行解为

$$\boldsymbol{X}=\begin{pmatrix} 40 & \times & 20 & \times \\ 20 & \times & \times & 5 \\ \times & 40 & \times & 10 \end{pmatrix}$$

总运费 $z=(40\times7+20\times8+20\times5+5\times13+40\times9+10\times10)$ 元 $=1065$ 元

本例中，伏格尔法得到的初始可行方案比最小元素法得到的初始可行方案更接近于最优方案。对于大部分运输问题，伏格尔法得到的初始可行方案要比最小元素法得到的初始可行方案更接近于最优方案。

二、解的最优性判定

利用最小元素法和伏格尔法得到运输问题的初始基可行解后，需要判断是否得到了最优方案。因运输问题是特殊的线性规划问题，所以仍然可以利用检验数来判断。运输问题求解的是极小化问题，当所有的检验数都大于等于零时得到最优方案。

运输问题判断解的最优性的方法有两种：闭回路法和位势法。

（一）闭回路法

1. 闭回路

$$\begin{pmatrix} 35 & \times & 20 & 5 \\ 25 & \times & \times & \times \\ \times & 40 & \times & 10 \end{pmatrix} \quad \begin{pmatrix} 35 & \times & 20 & 5 \\ 25 & \times & \times & \times \\ \times & 40 & \times & 10 \end{pmatrix} \quad \begin{pmatrix} 35 & \times & 20 & 5 \\ 25 & \times & \times & \times \\ \times & 40 & \times & 10 \end{pmatrix}$$

$$\begin{pmatrix} 35 & \times & 20 & 5 \\ 25 & \times & \times & \times \\ \times & 40 & \times & 10 \end{pmatrix} \quad \begin{pmatrix} 35 & \times & 20 & 5 \\ 25 & \times & \times & \times \\ \times & 40 & \times & 10 \end{pmatrix} \quad \begin{pmatrix} 35 & \times & 20 & 5 \\ 25 & \times & \times & \times \\ \times & 40 & \times & 10 \end{pmatrix}$$

图 5-2

从某一空格出发，沿水平或垂直方向前进，当遇到数字格时可以任意转 90°（也可以穿过数字格）继续前进，直到回到起始点，此时起始空格和拐角上的数字格共同构成闭回路。图 5-2 是用最小元素得到的例 5-1 的初始可行方案的所有空格的闭回路，分别为

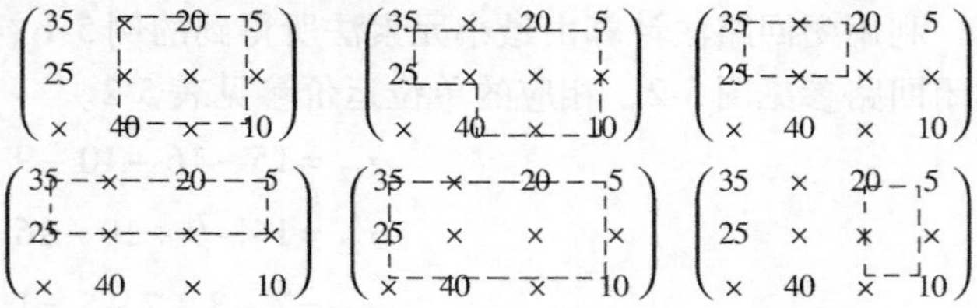

(1,2)—(1,4)—(3,4)—(3,2)—(1,2)

(2,2)—(3,2)—(3,4)—(1,4)—(1,1)—(2,1)—(2,2)

(2,3)—(1,3)—(1,1)—(2,1)—(2,3)

(2,4)—(1,4)—(1,1)—(2,1)—(2,4)

(3,1)—(3,4)—(1,4)—(1,1)—(3,1)

(3,3)—(3,4)—(1,4)—(1,3)—(3,3)

由以上可知，闭回路具有以下特点：

（1）闭回路中，除起始点为空格外，其余角点均为数字格。

（2）对每一个空格，闭回路存在且唯一。

（3）任意空格（非基变量）对应的系数列向量可用其闭回路上所有角点处数字格（基变量）的系数列向量线性表示。

$\boldsymbol{p}_{ij}$可以表示为

$$\begin{aligned} \boldsymbol{p}_{ij} &= e_i + e_{m+j} \\ &= e_i + e_{m+k} - e_{m+k} + e_l - e_l + e_{m+s} - e_{m+s} + e_u - e_u + e_{m+j} \\ &= (e_i + e_{m+k}) - (e_{m+k} + e_l) + (e_l + e_{m+s}) - (e_{m+s} + e_u) + (e_u + e_{m+j}) \\ &= \boldsymbol{p}_{ik} - \boldsymbol{p}_{lk} + \boldsymbol{p}_{ls} - \boldsymbol{p}_{us} + \boldsymbol{p}_{uj} \end{aligned}$$

其中，$\boldsymbol{p}_{ik}$、$\boldsymbol{p}_{lk}$、$\boldsymbol{p}_{ls}$、$\boldsymbol{p}_{us}$、$\boldsymbol{p}_{uj}$为$\boldsymbol{p}_{ij}$闭回路拐角上基变量对应的系数列向量，如图 5-3 所示。

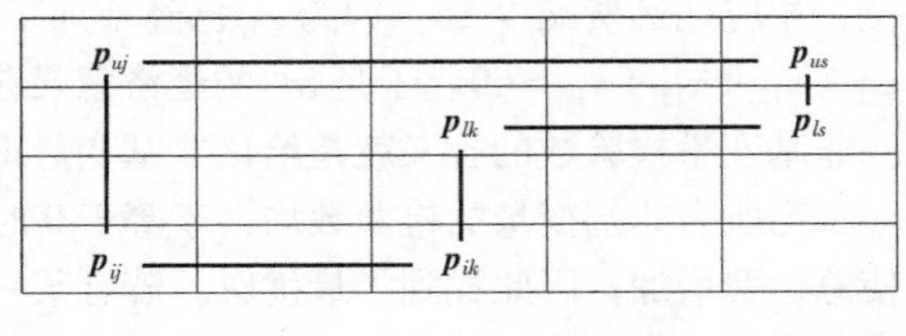

图 5-3

（4）利用表上作业法得到的 $m+n-1$ 个基变量之间不存在闭回路。

由闭回路的第三个性质可知，若闭回路拐角上的格均为数字格，则这些数字格所对应的系数列向量可以相互线性表示，与基的定义相矛盾，因此基变量之间不存在闭回路。

2. 闭回路法计算检验数

利用闭回路法计算检验数时，对于每一个非基变量 x_{lk}：

（1）以 x_{lk}为起点寻找该变量所在的闭回路。

（2）以 x_{lk}为起点，沿任意一个方向对该闭回路拐角上变量的单位运价（包括 x_{lk}）依次

标“+”和“-”。

(3) 对闭回路上标有正负号的单位运价直接求代数和即得到非基变量 x_{lk} 的检验数。

利用闭回路法计算由最小元素法所得到的例 5-1 初始基可行解的检验数，每个空格构成的闭回路参见图 5-2，相应的单位运价参见表 5-2。

$$\sigma_{12}=15-16+10-9=0$$

$$\sigma_{22}=14-9+10-16+7-5=1$$

$$\sigma_{23}=7-8+7-5=1$$

$$\sigma_{24}=13-16+7-5=-1$$

$$\sigma_{31}=11-10+16-7=10$$

$$\sigma_{33}=15-10+16-8=13$$

可将计算得到的检验数写到运输方案表的右边，形成表 5-14。

表 5-14　表上作业法的检验数表　　（运价：元/t）

运输方案表						检验数表			
产粮区 化肥厂	B_1	B_2	B_3	B_4	产量/t	B_1	B_2	B_3	B_4
A_1	35 7	× 15	20 8	15 16	60		0		
A_2	25 5	× 14	× 7	× 13	25		1	1	-1
A_3	× 11	40 9	× 15	10 10	50	10		13	
销量/t	60	40	20	15	$z=1070$				

以 σ_{12} 为例说明检验数的经济意义。x_{12} 是非基变量，运量为 0，假设给其增加 1 单位的运量使 $x_{12}=1$，运费增加 15；因为 x_{12} 增加了 1 单位，为了保证 $x_{12}+x_{22}+x_{32}=40$，必须将 x_{32} 的运量减少 1 单位，相应地运费减少 9；为了保证 $x_{31}+x_{32}+x_{33}+x_{34}=50$，必须将 x_{34} 的运量增加 1 单位，相应地运费增加 10。为了保证 $x_{14}+x_{24}+x_{34}=15$，必须将 x_{14} 的运量减少 1 单位，相应地运费减少 16；因为 x_{12} 已经增加了 1 单位，x_{14} 的运量减少 1 单位，所以能够保证 $x_{11}+x_{12}+x_{13}+x_{14}=60$。于是 σ_{12} 的经济意义是给 x_{12} 增加 1 单位的运量总运费的增加量。任一非基变量检验数的含义就是给该非基变量增加 1 单位运量，总运费的增加量。

当所有非基变量的检验数均大于等于 0 时，说明给任何一个非基变量增加运量时，都会使总运费增加，因此找到了最优解。若有某一个非基变量的检验数小于 0，则说明给该非基变量增加运量会使总运费减少，还没有找到最优解。

（二）位势法

用闭回路法求检验数，思路清晰且简单，但当产销点较多时是十分麻烦的，而位势法是比较简单易行的方法。位势法需要利用运输问题的对偶变量，设 u_i（$i=1, 2, \cdots, m$）和 v_j（$j=1, 2, \cdots, n$）是对应运输问题 $m+n$ 个约束条件的对偶变量，则运输问题的对偶问题为

$$\max w = \sum_{i=1}^{m} a_i u_i + \sum_{j=1}^{n} b_j v_j$$

$$\text{s.t.} \begin{cases} u_i + v_j \leqslant c_{ij} \\ u_i, v_j \text{无约束}, i = 1,2,\cdots,m; j = 1,2,\cdots,n \end{cases}$$

于是，运输问题任一变量的检验数可以表示为

$$\sigma_{ij} = c_{ij} - Y\boldsymbol{p}_{ij} = c_{ij} - (u_1, u_2, \cdots, u_m, v_1, v_2, \cdots, v_n)(e_i + e_j) = c_{ij} - (u_i + v_j)$$

若 x_{ij} 为基变量，因基变量的检验数等于0，必有 $\sigma_{ij} = c_{ij} - (u_i + v_j) = 0$。因为有 $m+n-1$ 个基变量，所以能得到 $m+n-1$ 个 $u_i + v_j = c_{ij}$，要求出 $m+n$ 个 $u_i + v_j = c_{ij}$，可令任一个 u_i 或 v_j 等于0，从而解出其他 $m+n-1$ 个 u_i 和 v_j。

位势法求解检验数的步骤如下。

步骤1：在运输表的右端增加一列，称为行位势，记为 u_i（$i=1, 2, \cdots, m$）。在运输表的下面增加一行，称为列位势，记为 v_j（$j=1, 2, \cdots, n$）。

步骤2：令某一个 u_i 或 v_j 等于0（或任意的有限值），利用基变量的检验数 $\sigma_{ij} = c_{ij} - (u_i + v_j) = 0$，由基变量的 c_{ij} 和与其对应的某个已知的行位势（u_i）或列位势（v_j），依次计算出其他的列位势（v_j）或行位势（u_i）。

步骤3：按 $\sigma_{ij} = c_{ij} - (u_i + v_j)$ 来计算各非基变量（空格）的检验数。由运输表中的每一非基变量的 c_{ij} 减去位势表中对应格的行位势和列位势，得到每个非基变量的检验数（基变量的检验数必为0，为了清晰不写出基变量的检验数），形成检验数表。

对于例5-1的最小元素法得到的初始基可行解，利用位势法计算其检验数。由于第一行基变量最多，有三个，于是令 $u_1 = 0$，由基变量的检验数等于0可知，$u_1 + v_1 = c_{11}$，$u_1 + v_3 = c_{13}$，$u_1 + v_4 = c_{14}$，于是可以算出 $v_1 = 7$，$v_3 = 8$，$v_4 = 16$；由 $v_1 = 7$ 和 $u_2 + v_1 = c_{21}$ 计算出 $u_2 = -2$；由 $v_4 = 16$ 和 $u_3 + v_4 = c_{34}$ 计算出 $u_3 = -6$；由 $u_3 = -6$ 和 $u_3 + v_2 = c_{32}$ 计算出 $v_2 = 15$。

利用位势法求解非基变量检验数的最终结果记入表5-15中。

表5-15　位势法求检验数　（运价：元/t）

运输方案及位势表							检验数表			
产粮区 化肥厂	B_1	B_2	B_3	B_4	产量/t	u_i	B_1	B_2	B_3	B_4
A_1	35 7	× 15	20 8	5 16	60	0		0		
A_2	25 5	× 14	× 7	× 13	25	−2		1	1	−1
A_3	× 11	40 9	× 15	10 10	50	−6	10		13	
销量/t	60	40	20	15	$z=1070$					
v_j	7	15	8	16						

三、解的改进——闭回路调整法

当运输问题基可行解的某个非基变量检验数小于0时，该方案不是最优解，需要改进，

改进的步骤如下。

步骤1：确定进基变量。一般情况下，当 $\sigma_{lk}=\min\ \{\sigma_{ij}\mid\sigma_{ij}<0\}$ 时，选择 x_{lk}作为进基变量。

步骤2：确定出基变量。

（1）以 x_{lk}为起点寻找由原基变量构成的闭合回路。

（2）以 x_{lk}为起点，沿任意一个方向对闭回路拐角上的变量（包括 x_{lk}）依次标“+”和“−”，标有“−”的基变量中运量最小的变量即为出基变量，出基变量的运量记为 θ。

步骤3：基变换。步骤2中找到的闭回路中标有“−”的格，减去 θ；标有“+”的格加上 θ，就得到了一个新的基可行解。

步骤4：判优。计算新解的非基变量检验数，若所有非基变量 $\sigma_{ij}\geqslant 0$，则得优，否则重复以上步骤。

利用最小元素法求解得到的例5-1的初始基可行解中，存在检验数为负的非基变量，不是最优解。因 $\sigma_{24}=-1$，所以确定以非基变量 x_{24}作为进基变量，找出其闭回路（2，4）—（1，4）—（1，1）—（2，1）—（2，4），并从（2，4）格出发，给闭回路的各个拐角上的变量格依次标上“+”和“−”，如表5-16所示。标有“−”的两个格中，$\theta=\min\{x_{21},x_{14}\}=\{25,5\}=5$，因此以 x_{14}作为出基变量。闭回路上标有“−”的格减 θ，标有“+”的格加 θ，得到一个新的基可行解（运输方案），并利用位势法计算检验数，如表5-17所示。此时，所有检验数均已非负，运输问题已经得到最优方案。

表5-16　表上作业法的闭回路调整　　（运价：元/t）

运输方案及位势表							检验数表			
产粮区 化肥厂	B_1	B_2	B_3	B_4	产量/t	u_i	B_1	B_2	B_3	B_4
A_1	+ 35 7	× 15	20 8	− 5 16	60	0		0		
A_2	25 5 −	× 14	× 7	× 13 +	25	−2		1	1	−1
A_3	× 11	40 9	× 15	10 10	50	−6	10		13	
销量/t	60	40	20	15	$z=1070$					
v_j	7	15	8	16						

表5-17　检验数计算表　　（运价：元/t）

运输方案及位势表							检验数表			
产粮区 化肥厂	B_1	B_2	B_3	B_4	产量/t	u_i	B_1	B_2	B_3	B_4
A_1	40 7	× 15	20 8	× 16	60	0		1		1
A_2	20 5	× 14	× 7	5 13	25	−2		2	1	

（续）

运输方案及位势表							检验数表			
化肥厂＼产粮区	B_1	B_2	B_3	B_4	产量/t	u_i	B_1	B_2	B_3	B_4
A_3	× 11	40 9	× 15	10 10	50	−5	9		12	
销量/t	60	40	20	15	$z^* = 1065$					
v_j	7	14	8	15						

四、运输问题的无穷多最优解和退化解

1. 无穷多最优解

当运输问题中的某个非基变量检验数等于0时，该问题有无穷多最优解。

【例5-2】 某公司经销某产品，下设三个生产厂。每日的产量分别为：A_1 为 110 t，A_2 为 70 t，A_3 为 80 t。该公司把这些产品分别运往四个销售点。各销售点每日的销量为：B_1 为 50 t，B_2 为 70 t，B_3 为 60 t，B_4 为 80 t。从各个工厂到各销售点的单位产品的运价如表5-18所示。问该公司如何调运产品，在满足各销售点的需要量的前提下，使总运费为最少？

表5-18 例5-2单位运价表 （运价：元/t）

生产厂＼销售点	B_1	B_2	B_3	B_4	产量/t
A_1	17	13	16	11	110
A_2	4	7	12	14	70
A_3	16	6	11	8	80
销量/t	50	70	60	80	

解 把用伏格尔法求解的运输方案及用位势法求解得到的非基变量的检验数均填入表5-19中。因为非基变量检验数均已非负，所以该运输方案为最优方案。

表5-19 例5-2求解表（一） （运价：元/t）

运输方案及位势表							检验数表			
生产厂＼销售点	B_1	B_2	B_3	B_4	产量/t	u_i	B_1	B_2	B_3	B_4
A_1	× 17	× 13	30 16	80 11	110	0	9	2		
A_2	50 4	20 7	× 12	× 14	70	−4			0	7
A_3	× 16	50 6	30 11	× 8	80					
销量/t	50	70	60	80						
v_j	8	11	16	11						

检验数表中非基变量 x_{23} 的检验数是0，由线性规划问题解的最优性判定定理可以知道该问题有无穷多最优解。画出 x_{23} 所在的闭回路，用闭回路法进行调整，得到一个新的基可行解，并用位势法求解检验数，如表5-20所示。

表5-20所有非基变量的检验数均为非负，调整后的方案仍为最优方案。

表 5-20　例 5-2 求解表（二）　（运价：元/t）

运输方案及位势表							检验数表			
生产厂＼销售点	B_1	B_2	B_3	B_4	产量/t	u_i	B_1	B_2	B_3	B_4
A_1	× 17	× 13	30 16	80 11	110	16	9	2		
A_2	50 4	× 7	20 12	× 14	70	12		0		7
A_3	× 16	70 6	10 11	× 8	80	11	13			2
销量/t	50	70	60	80	$z=2330$					
v_j	−8	−5	0	−5						

另外，沿表5-19中的闭回路在［0，20］之间调整任何一个运量得到的都是最优解，除了表5-19和表5-20已经给出的两个最优解为基可行解外，其他的最优解只是可行解而不是基可行解，因为此时的数字格个数为 $m+n$ 个，而运输问题的秩为 $m+n-1$ 个。下面就是调整量分别为2和5的两个最优解，它们的数字格个数都为 $m+n$ 个。

$$\boldsymbol{X}^{(1)}=\begin{pmatrix} \times & \times & 30 & 80 \\ 50 & 18 & 2 & \times \\ \times & 52 & 28 & \times \end{pmatrix} \qquad \boldsymbol{X}^{(2)}=\begin{pmatrix} \times & \times & 30 & 80 \\ 50 & 15 & 5 & \times \\ \times & 55 & 25 & \times \end{pmatrix}$$

2. 退化解

运输问题的 $m+n-1$ 个基变量中，当某个基变量的取值为0时，就出现了退化解。尽管非基变量的取值也是0，但运输问题的表上作业法要求基变量的个数必须是 $m+n-1$ 个，因此当运输问题出现退化解时，必须在出现退化解的数字格中填入0。在以下情况下会出现退化解。

（1）确定初始解时出现退化解。

【例5-3】 表5-21是某运输问题的运输表，利用最小元素法求解该问题初始基可行解。

表 5-21　例 5-3 运输表　（运价：元/t）

生产厂＼销售点	B_1	B_2	B_3	B_4	产量/t
A_1	7	15	8	16	35
A_2	5	14	7	13	25
A_3	11	9	15	10	75
销量/t	60	40	20	15	

解　如表5-22所示，(2，1)格的单位运价最小，给其填入 $x_{21}=\min\{a_2, b_1\}=\min\{25, 60\}$

=25，因第二行的产量已经用完，给第二行其他格打上×号。在剩余单位运价中，（1，1）格的单位运价最小，给其填入 $x_{11}=\min\{a_1, b_1-25\}=\min\{35, 60-25\}=35$。此时第一列和第一行同时满足，应将第一列和第一行同时划去。为了保证运输方案有 $m+n-1$ 个数字格，必须在第一行和第一列中任选一个空格填入0。此处选择（1，3）格填入0。

表5-22　例5-3初始运输方案表　（运价：元/t）

生产厂＼销售点	B_1	B_2	B_3	B_4	产量/t
A_1	35 7	× 15	0 8	× 16	35
A_2	25 5	× 14	× 7	× 13	25
A_3	× 11	9	15	10	75
销量/t	60	40	20	15	

继续用最小元素法求解得到的初始基可行解为

$$\boldsymbol{X}=\begin{pmatrix}35 & \times & 0 & \times\\ 25 & \times & \times & \times\\ \times & 40 & 20 & 15\end{pmatrix}$$

总成本 $z=(35\times7+0\times8+25\times5+40\times9+20\times15+15\times10)$元$=1180$元

补充0时也可以遵循下面两个原则：从划去的行和列中选择运价最小的空格；为了便于检验数的计算，补充后尽可能不要使某个基变量独占一行和一列。

（2）闭回路调整过程中出现退化解。图5-4a是运输问题的一个基可行解，已知 $\sigma_{22}<0$，必须用闭回路调整法进行调整。找出从（2，2）格出发的闭回路，并依次标上“+”和“-”后，标有“-”的两个数字格同时达到最小。进行调整时，(2，4)和(3，2)格同时为0，此时必须在其中一个数字格内打“×”号，另一个填入0，得到新的基可行解（见图5-4b）。同理，用闭回路法进行调整时，若闭回路上标有“-”的数字格中有多个同时达到最小，则只将其中一个打“×”号，其他的均填上0。

利用闭回路调整法进行改进时，当闭回路上标记为“-”号的数字格运量为0时，调整量 $\theta=0$，进行调整后尽管只是0的位置的转换，也必须调整，因为0的位置代表的是基变量，基变量的改变会影响非基变量的检验数。

图5-5a是某运输问题的初始基可行解，因非基变量检验数 $\sigma_{14}<0$，需调整该运输方案。空格（2，4）所在的闭回路如图5-5a所示。此时调整量 $\theta=0$，调整后的方案如图5-5b所示。

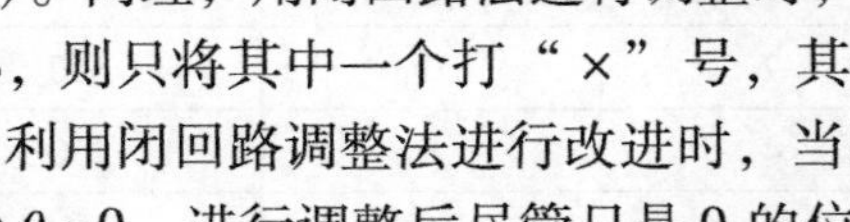

$$\begin{pmatrix}2 & \times & 5 & \times\\ 1 & \times & \times & 3\\ \times & 3 & \times & 6\end{pmatrix}\qquad \begin{pmatrix}2 & \times & 5 & \times\\ 1 & 3 & \times & \times\\ \times & 0 & \times & 9\end{pmatrix}$$

a)　　b)

图　5-4

$$\begin{pmatrix}2 & \times & 5 & \times\\ 1 & \times & \times & 0\\ \times & 3 & \times & 6\end{pmatrix}\qquad \begin{pmatrix}2 & \times & 5 & 0\\ 1 & \times & \times & \times\\ \times & 3 & \times & 6\end{pmatrix}$$

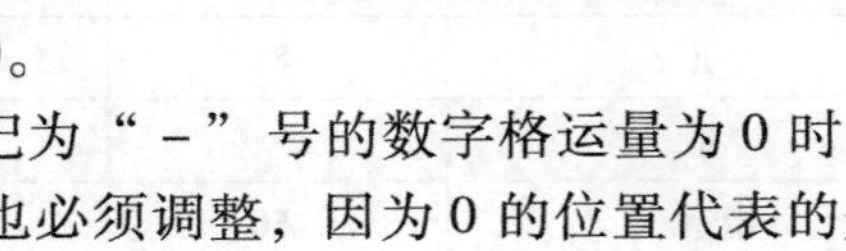

a)　　b)

图　5-5

第三节 运输模型的扩展

一、最大化运输模型

利用表上作业法求解运输模型时的前提条件是所求问题为极小化。对于极大化问题需要将表上作业法进行转化后才能够使用。

1. 将极大化问题转化为极小化问题

对于极大化运输问题，可以用一个较大的数 M 减去运输表中的各个单位运价，得到新的单位运价 $c'_{ij}=M-c_{ij}$，通常令 M 是单位运价表中最大的单位运价。变换后的目标函数为

$$\min z' = \sum_{i=1}^{n}\sum_{j=1}^{n} c'_{ij}\,x_{ij} = \sum_{i=1}^{n}\sum_{j=1}^{n}(M-c_{ij})x_{ij} = \sum_{i=1}^{n}\sum_{j=1}^{n} Mx_{ij} - \sum_{i=1}^{n}\sum_{j=1}^{n} c_{ij}\,x_{ij}$$

$$= M\sum_{i=1}^{m} a_i - \sum_{i=1}^{n}\sum_{j=1}^{n} c_{ij}\,x_{ij}$$

因为是产销平衡问题，所以当 $\sum_{i=1}^{n}\sum_{j=1}^{n} c'_{ij}x_{ij}$ 取最小值时，$\sum_{i=1}^{n}\sum_{j=1}^{n} c_{ij}\,x_{ij}$ 取最大值，利用新单位运价求解得到的最优解与原单位运价求得的最优解是一致的。

【例 5-4】 某公司去外地采购 A、B、C、D 四种规格的商品，数量分别为：A 为 250 t，B 为 300 t，C 为 400 t，D 为 450 t，有三个城市可供应上述规格商品，供应量分别为：Ⅰ为 350 t，Ⅱ为 350 t，Ⅲ为 700 t。由于这些城市的商品质量、运价不完全相同，预计售出后的利润（元/t）也不同，详见表 5-23。请帮助该公司确定一个预期盈利最大的采购方案。

表 5-23 例 5-4 运输问题基础数据 （利润：元/t）

供应地 \ 商品	A	B	C	D	产量/t
Ⅰ	10	5	6	7	350
Ⅱ	8	2	7	6	350
Ⅲ	9	3	4	8	700
销量/t	250	300	400	450	

解 用 10（它是表 5-23 中的最大单位运价）减去各单位运价，并用最小元素法求解得到的初始基可行解如表 5-24 所示。

表 5-24 例 5-4 最大化转化为最小化数据表 （利润：元/t）

供应地 \ 商品	A	B	C	D	产量/t
Ⅰ	250 0	50 5	50 4	× 3	350
Ⅱ	× 2	× 8	350 3	× 4	350

（续）

供应地＼商品	*A*	*B*	*C*	*D*	产量/t
Ⅲ	× 1	250 7	× 6	450 2	700
销量/t	250	300	400	450	

求出该运输方案的检验数表，因为 $\sigma_{31}<0$，利用闭回路法调整，得到新的基可行解，如表 5-25 所示。经检验该基可行解为最优解。

表 5-25　例 5-4 求得的最优解　　（利润：元/t）

供应地＼商品	*A*	*B*	*C*	*D*	产量/t
Ⅰ	0 0	300 5	50 4	× 3	350
Ⅱ	× 2	× 8	350 3	× 4	350
Ⅲ	250 1	× 7	× 6	450 2	700
销量/t	250	300	400	450	

在最优方案下，该公司的最大盈利为

$$z=(0\times10+5\times300+50\times6+350\times7+250\times9+450\times8)\text{元}=10100\text{ 元}$$

2. 将求解方法进行变型

（1）将最小元素法改为最大元素法。先给单位运价最大的格填入运量，尽量满足其供需量，并划去某一行或某一列。然后从剩余的单位运价中选择最大的，依次类推，直到给出初始可行解为止。

（2）将伏格尔法变型。计算每行或每列的最大单位运价与次大单位运价之差，在差额最大的行或列中找出最大的单位运价首先填入运量。划去某一行或某一列后，计算剩余运价的行差额和列差额，依次进行，直到找到初始基可行解。

以上两种方法仍可采用闭回路法和位势法计算各非基变量的检验数，当所有非基变量的检验数小于等于 0 时，极大化问题得到最优方案。

将伏格尔法变型后求解例 5-4 的初始基可行解，结果如表 5-26 所示。

由表 5-26 可知，将伏格尔法变型后得到的初始可行方案与用第一种方法得到的初始可行方案是完全一样的，经一步调整后就可得到最优解。

二、不平衡运输模型

前面三节所述运输问题的理论与表上作业法的计算，都是以产销平衡为前提的，即

$$\sum_{i=1}^{m} a_i = \sum_{j=1}^{n} b_j$$

但在实际的运输问题中产销往往是不平衡的，这就需要一定的技术措施，把产销不平衡

的运输问题化为产销平衡的运输问题来处理。

表 5-26 用伏格尔法求解例 5-4 的初始解 （利润：元/t）

商品 供应地	A	B	C	D	产量/t	行差额			
Ⅰ	250 10	50 5	50 6	× 7	350	[3]	1	1	1
Ⅱ	× 8	× 2	350 7	× 6	350	1	1	[5]	1
Ⅲ	× 9	250 3	× 4	450 8	700	1	[4]	1	~
销量/t	250	300	400	450					
列差额	1	2	1	1					
	~	2	1	1					
	~	2	1	~					
	~	2	[2]	~					

1. 产大于销，即 $\sum_{i=1}^{m} a_i > \sum_{j=1}^{n} b_j$

产大于销的运输问题的数学模型可以表示为

$$\min z = \sum_{i=1}^{m} \sum_{j=1}^{n} c_{ij} x_{ij}$$

$$\text{s. t.} \begin{cases} \sum_{j=1}^{n} x_{ij} \leqslant a_i, i = 1,2,\cdots,m \\ \sum_{i=1}^{m} x_{ij} = b_j, j = 1,2,\cdots,n \\ x_{ij} \geqslant 0 \end{cases}$$

此时考虑多余的物资在何处存储，假想一个存储地 B_{n+1}，该存储地的存储量为 $b_{n+1} = \sum_{i=1}^{m} a_i - \sum_{j=1}^{n} b_j$，因为各产地的物资实际上并没有运到这个假想的存储地，因此各产地运往存储地 B_{n+1}的单位运价为 0，此时运输问题的模型为

$$\min z = \sum_{i=1}^{m} \sum_{j=1}^{n} c_{ij} x_{ij}$$

$$\text{s. t.} \begin{cases} \sum_{j=1}^{n+1} x_{ij} = a_i, i = 1,2,\cdots,m \\ \sum_{i=1}^{m} x_{ij} = b_j, j = 1,2,\cdots,n+1 \\ x_{ij} \geqslant 0 \end{cases}$$

【例 5-5】 求解表 5-27 的极小化运输问题的最优解。

解 该问题的产量 23 大于销量 20，是一个典型的产销不平衡运输问题，需要增加一个

假想销地 B_5，其销量为 $23-20=3$，三个产地到该假想销地的单位运价均为 0，于是在表 5-27 中增加一列构成表 5-28。

表 5-27　例 5-5 数据表　（运价：元/t）

产地＼销地	B_1	B_2	B_3	B_4	产量/t
A_1	3	11	3	7	8
A_2	1	9	2	8	5
A_3	7	4	10	5	10
销量/t	3	6	5	6	23 ＼ 20

表 5-28　例 5-5 改造的产销平衡运输表　（运价：元/t）

产地＼销地	B_1	B_2	B_3	B_4	B_5	产量/t
A_1	3	11	3	7	0	8
A_2	1	9	2	8	0	5
A_3	7	4	10	5	0	10
销量/t	3	6	5	6	3	

对表 5-28 利用表上作业法求解得到的最优解为

$$X^* = \begin{pmatrix} \times & \times & 3 & 2 & 3 \\ 3 & \times & 2 & \times & \times \\ \times & 6 & \times & 4 & \times \end{pmatrix}$$

最优值 $z^*=74$

2. 销大于产，即 $\sum_{i=1}^{m} a_i < \sum_{j=1}^{n} b_j$

销大于产的运输问题的数学模型可以表示为

$$\min z = \sum_{i=1}^{m}\sum_{j=1}^{n} c_{ij}x_{ij}$$

$$\text{s. t.} \begin{cases} \sum_{j=1}^{n} x_{ij} = a_i, i = 1,2,\cdots,m \\ \sum_{i=1}^{m} x_{ij} \leqslant b_j, j = 1,2,\cdots,n \\ x_{ij} \geqslant 0 \end{cases}$$

此时考虑产地不能够供应的物资由某个假想的产地 A_{m+1} 供应，假想产地的生产量为 $a_{m+1} = \sum_{j=1}^{n} b_j - \sum_{i=1}^{m} a_i$，因为假想产地的物资实际上并没有生产，也不能够运到销地，因此假想产地运往各个销地的单位运价为 0。此时运输问题的模型为

$$\min z = \sum_{i=1}^{m} \sum_{j=1}^{n} c_{ij} x_{ij}$$

$$\text{s. t.} \begin{cases} \sum_{j=1}^{n} x_{ij} = a_i, i = 1,2,\cdots,m+1 \\ \sum_{i=1}^{m+1} x_{ij} = b_j, j = 1,2,\cdots,n \\ x_{ij} \geqslant 0 \end{cases}$$

【例 5-6】 表 5-29 是一个销大于产的运输问题的运输表，又知 B_2 是个重要的客户，其需求必须被满足。求解该极小化运输问题的最优解。

表 5-29 例 5-6 不平衡数据表 （运价：元/t）

产地＼销地	B_1	B_2	B_3	B_4	产量/t
A_1	3	5	3	7	8
A_2	1	9	2	8	6
A_3	—	4	6	5	10
销量/t	5	7	7	8	27＼24

解 该问题的销量 27 大于产量 24，是一个典型的销大于产的产销不平衡运输问题，需要增加一个假想产地 A_4，其产量为 $27-24=3$。B_2 是个重要的客户，其需求必须被满足，因此其需求量不能由假想产地供给，其单位运价用一个非常大的数 M 来表示，A_4 到其他销地的单位运价为 0。于是在表 5-29 中增加一行构成了表 5-30。A_3 不能供给 B_1 运量，其运价也用一个 M 表示。

表 5-30 例 5-6 构造的平衡数据表 （运价：元/t）

产地＼销地	B_1	B_2	B_3	B_4	产量/t
A_1	3	5	3	7	8
A_2	1	9	2	8	6
A_3	M	4	6	5	10
A_4	0	M	0	0	3
销量/t	5	7	7	8	

对表 5-30 利用表上作业法求解得到的最优解为

$$\boldsymbol{X}^* = \begin{pmatrix} \times & 2 & 6 & \times \\ 5 & \times & 1 & \times \\ \times & 5 & \times & 5 \\ \times & \times & \times & 3 \end{pmatrix}$$

最优值为 $z^* = 80$

三、需求不确定运输模型

【例 5-7】 已知 A_1、A_2、A_3 三个矿区每年可分别供应煤炭 200 万 t、300 万 t、400 万 t。下述地区每年需调入煤炭：B_1 为 100 万 ~200 万 t，B_2 为 200 万 ~300 万 t，B_3 为 200 万 t，最高不限，B_4 为 180 万 ~300 万 t。将单位运价和上述信息列在表 5-31 中。如要求把所有煤炭分配出去，试求出使总运费最小的调运方案。

表 5-31 例 5-7 数据表

产地 \ 销地	B_1	B_2	B_3	B_4	产量/万 t
A_1	4	3	6	5	200
A_2	7	10	5	6	300
A_3	8	9	12	—	400
最低需求量/万 t	100	200	200	180	
最高需求量/万 t	200	300	不限	300	

解 这是一个需求不确定问题。总产量为(200 + 300 + 400)万 t = 900 万 t,四个地区的最低需求为(100 + 200 + 200 + 180)万 t = 680 万 t，最高需求无限。因为要求把所有的煤炭分配出去，在分配给地区 B_3 最低限 200 万 t 的基础上还可以再分配给它 220 万 t（900 - 680 = 220）。于是四个销地的最高需求为[200 + 300 + (200 + 220) + 300]万 t = 1220 万 t，需求大于产量，需要增加一个假想产地，假想产地的产量为 320 万 t（1220 - 900 = 320）。因为各个地区的最低需求必须满足，而最低需求与最高需求之间的差额部分可以满足，也可以不满足，于是可将每个地区看作两个地区。例如，将地区 B_1 看作两个地区 B_1 和 B_1'，地区 B_1 的需求量为其最低需求 100 万 t，必须满足，不能由假想产地供给，假想产地供给其物资的单位运价用一个非常大的数 M 表示，地区 B_1'的需求为最高需求与最低需求之间的差额，即(200 - 100)万 t = 100 万 t，可以满足也可以不满足，可以由假想产地供给，单位运价为 0。其他地区类似，于是形成一个新的运输表，如表 5-32 所示。

表 5-32 例 5-7 改造后的数据表

产地 \ 销地	B_1	B_1'	B_2	B_2'	B_3	B_3'	B_4	B_4'	产量/万 t
A_1	4	4	3	3	6	6	5	5	200
A_2	7	7	10	10	5	5	6	6	300
A_3	8	8	9	9	12	12	17	17	400
A_4	M	0	M	0	M	0	M	0	320
销量/万 t	100	100	200	100	200	220	180	120	

利用表上作业法求解得到最终结果，如表 5-33 所示。

由表 5-33 可知，B_1 和 B_2 的最高需求得到了满足，B_3 只满足了最低需求，B_4 除了满足最低需求以外，还得到了 20 万 t 的需求。

表 5-33 例 5-7 的求解结果

产地＼销地	B_1	B_2	B_3	B_4	产量/万 t
A_1			200		200
A_2		300			300
A_3	200			200	400
虚拟产地			220	100	320
最低需求量/万 t	100	200	200	180	
最高需求量/万 t	200	300	不限	300	

四、运输模型的应用

在变量个数相等的情况下，表上作业法要比线性规划的单纯形法简单得多，因此在处理实际问题时，可以将一些线性规划问题转化成运输问题进行求解。

【例 5-8】 某厂生产一种产品，每个季度的需要量可由正常生产和加班生产来满足，但不能缺货。正常生产时单位产品的成本是 2 百元，加班生产的单位成本则要 3 百元。单位产品存储一个季度的费用为 10 元。该厂生产这种产品的每季正常生产和加班生产的能力以及需要量见表 5-34。要使总成本最小，应该如何安排这四个季度的生产：

（1）给出该问题的线性规划模型和表格形式的数学模型。

（2）求此问题的最优解。

解 这是一个生产计划问题，设变量 x_{ij}（$j=1$，2，3，4 表示第Ⅰ、Ⅱ、Ⅲ、Ⅳ季度）如下：

$i=1$，3，5，7 时表示第Ⅰ、Ⅱ、Ⅲ、Ⅳ季度正常生产的产品在第 j 季度的销售量；

$i=2$，4，6，8 时表示第Ⅰ、Ⅱ、Ⅲ、Ⅳ季度加班生产的产品在第 j 季度的销售量。

表 5-34 例 5-8 数据表

季度	正常生产能力/台	加班生产能力/台	需要量/台
Ⅰ	100	50	120
Ⅱ	150	80	200
Ⅲ	100	100	250
Ⅳ	200	50	200

由题意可知，第 1 季度正常生产和加班生产的产品在第Ⅰ季度销售出去，则其单位成本分别仅为 2 百元和 3 百元，若不能在第Ⅰ季度销售出去，则每多存储一个季度，单位成本增加 0.1 百元。于是得到第Ⅰ季度正常生产的产品在各个季度销售的单位成本分别为 2 百元、2.1 百元、2.2 百元、2.3 百元；第Ⅰ季度加班生产的产品在各个季度销售的单位成本分别为 3 百元、3.1 百元、3.2 百元、3.3 百元。

第Ⅱ季度生产的产品不可能在第Ⅰ季度销售，第Ⅱ季度正常生产的产品在第Ⅱ、Ⅲ、Ⅳ季度销售的单位成本分别为 2 百元、2.1 百元、2.2 百元，第Ⅱ季度加班生产的产品在第Ⅱ、Ⅲ、Ⅳ季度销售的单位成本分别为 3 百元、3.1 百元、3.2 百元。依次类推，得到不同季度生产的产品在各个季度销售的单位成本，见表 5-35。

表 5-35　例 5-8 单位成本数据表　　（单位：百元/台）

季度	Ⅰ	Ⅱ	Ⅲ	Ⅳ	季度	Ⅰ	Ⅱ	Ⅲ	Ⅳ
1	2	2.1	2.2	2.3	5			2	2.1
2	3	3.1	3.2	3.3	6			3	3.1
3		2	2.1	2.2	7				2
4		3	3.1	3.2	8				3

于是该生产计划问题的线性规划模型为

$$\min z = \sum_{i=1}^{8} \sum_{j=1}^{4} c_{ij} x_{ij}$$

$$\text{s.t.}\begin{cases} x_{11} + x_{21} = 120 \\ x_{12} + x_{22} + x_{32} + x_{42} = 200 \\ x_{13} + x_{23} + x_{33} + x_{43} + x_{53} + x_{63} = 250 \\ x_{14} + x_{24} + x_{34} + x_{44} + x_{54} + x_{64} + x_{74} = 200 \\ x_{11} + x_{12} + x_{13} + x_{14} \leqslant 100 \\ x_{21} + x_{22} + x_{23} + x_{24} \leqslant 50 \\ x_{32} + x_{33} + x_{34} \leqslant 150 \\ x_{42} + x_{43} + x_{44} \leqslant 80 \\ x_{53} + x_{54} \leqslant 100 \\ x_{63} + x_{64} \leqslant 100 \\ x_{74} \leqslant 200 \\ x_{84} \leqslant 50 \\ x_{ij} \geqslant 0,\ i = 1,2,\cdots,8;\ j = 1,2,3,4 \end{cases}$$

用 a_i 表示该厂正常生产或加班生产时的生产能力，b_j 表示四个季度的需求量，上述模型实际上就是一个典型的运输问题的模型，可以将该模型放入运输表，用表上作业法求解。

分析表 5-34 中的需要量和生产能力会发现，正常生产和加班生产的生产能力之和为(100 + 150 + 100 + 200 + 50 + 80 + 100 + 50)台 = 830 台，需要量之和为(120 + 200 + 250 + 200)元 = 770 元，生产量 > 需要量，是一个产销不平衡问题，需要加入一个假想季度作为销地Ⅴ，其需要量为(830 − 770)台 = 60 台，实际上这部分假想的销量工厂没有生产，也没有销售，其单位成本为 0。

第Ⅱ季度生产的产品不可能在第Ⅰ季度销售，其成本用一个非常大的数 M 表示，于是表 5-35 中空白部分的单位成本均用 M 表示。

根据上述分析得到运输表 5-36。

利用表上作业法求解最优解可得多个最优方案，表 5-37 是最优解之一。即第Ⅰ季度正常生产 100 台，80 台第Ⅰ季度交货，20 台第Ⅲ季度交货；第Ⅰ季度加班生产并交货 40 台。第Ⅱ季度正常生产 150 台，第Ⅱ、Ⅲ季度分别交货 120 台和 30 台；第Ⅱ季度加班生产并交货 80 台。第Ⅲ季度正常和加班均生产并交货 100 台。第Ⅳ季度正常生产并交货 200 台，不加班生产。

表 5-36 例 5-8 平衡后的运输表 （单位成本：百元/台）

季度	Ⅰ	Ⅱ	Ⅲ	Ⅳ	Ⅴ	生产能力/台
1	2	2.1	2.2	2.3	0	100
2	3	3.1	3.2	3.3	0	50
3	*M*	2	2.1	2.2	0	150
4	*M*	3	3.1	3.2	0	80
5	*M*	*M*	2	2.1	0	100
6	*M*	*M*	3	3.1	0	100
7	*M*	*M*	*M*	2	0	200
8	*M*	*M*	*M*	3	0	50
需要量/台	120	200	250	200	60	

表 5-37 例 5-8 求得的最优解 （单位：台）

季度	Ⅰ	Ⅱ	Ⅲ	Ⅳ	Ⅴ	生产能力
1	80		20			100
2	40				10	50
3		120	30			150
4		80				80
5			100			100
6			100			100
7				200	0	200
8					50	50
需要量	120	200	250	200	60	$z=1767$

第四节 用 Excel 求解运输模型

一、利用 Excel 表求解产销平衡运输问题

利用 Excel 表求解例 5-1。首先，将已知数据按照图 5-6 输入到 Excel 中，凡是含有等号的单元格都是该单元格应该输入的公式。然后用规划求解功能求出本问题的解，规划求解参数框见图 5-7。求解之后的结果见图 5-8。

二、利用 Excel 表求解产销不平衡运输问题

用 Excel 表求解产销不平衡问题时，不必增加虚拟的产地或虚拟的销地，只要能够按照产销不平衡的数学模型将销量与产量的不平衡关系体现出来即可。比如例 5-5 是一个产大于销的问题，因为产量不能够全部销售出去，体现在约束条件上就是各个产地运出去的运量之和小于等于其产量。在图 5-9 中第 I 列中约束条件为“≤”型的，图 5-10 规划求解参数设定时，也要将这一点体现出来。其他与产销平衡时完全一致。

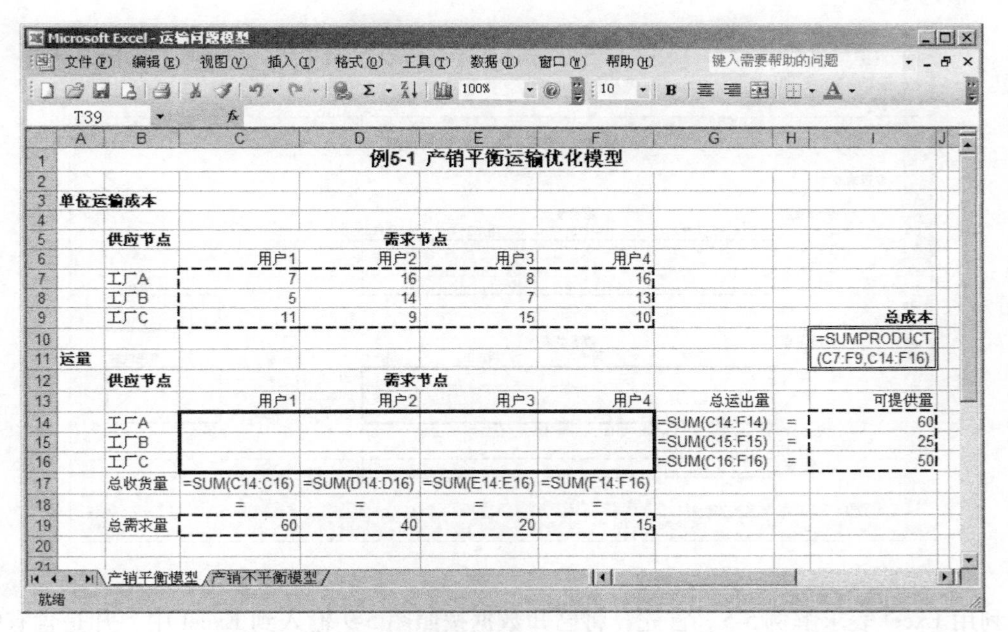

Microsoft Excel - 运输问题模型

	A	B	C	D	E	F	G	H	I
1				例5-1 产销平衡运输优化模型					
2									
3	单位运输成本								
4									
5		供应节点		需求节点					
6			用户1	用户2	用户3	用户4			
7		工厂A	7	16	8	16			
8		工厂B	5	14	7	13			
9		工厂C	11	9	15	10			总成本
10									=SUMPRODUCT(C7:F9,C14:F16)
11	运量								
12		供应节点		需求节点					
13			用户1	用户2	用户3	用户4	总运出量		可提供量
14		工厂A					=SUM(C14:F14)	=	60
15		工厂B					=SUM(C15:F15)	=	25
16		工厂C					=SUM(C16:F16)	=	50
17		总收货量	=SUM(C14:C16)	=SUM(D14:D16)	=SUM(E14:E16)	=SUM(F14:F16)			
18			=	=	=	=			
19		总需求量	60	40	20	15			
20									

图 5-6

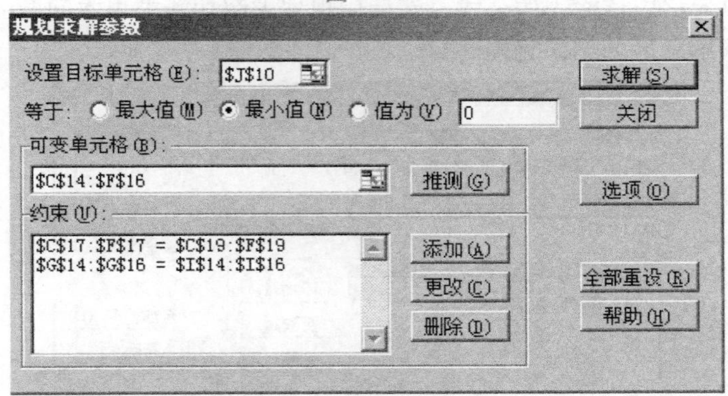

图 5-7

	A	B	C	D	E	F	G	H	I
1				例5-1 产销平衡运输优化模型					
2									
3	单位运输成本								
4									
5		供应节点		需求节点					
6			用户1	用户2	用户3	用户4			
7		工厂A	7	16	8	16			
8		工厂B	5	14	7	13			
9		工厂C	11	9	15	10			总成本
10									1065
11	运量								
12		供应节点		需求节点					
13			用户1	用户2	用户3	用户4	总运出量		可提供量
14		工厂A	40	0	20	0	60	=	60
15		工厂B	20	0	0	5	25	=	25
16		工厂C	0	40	0	10	50	=	50
17		总收货量	60	40	20	15			
18			=	=	=	=			
19		总需求量	60	40	20	15			
20									

图 5-8

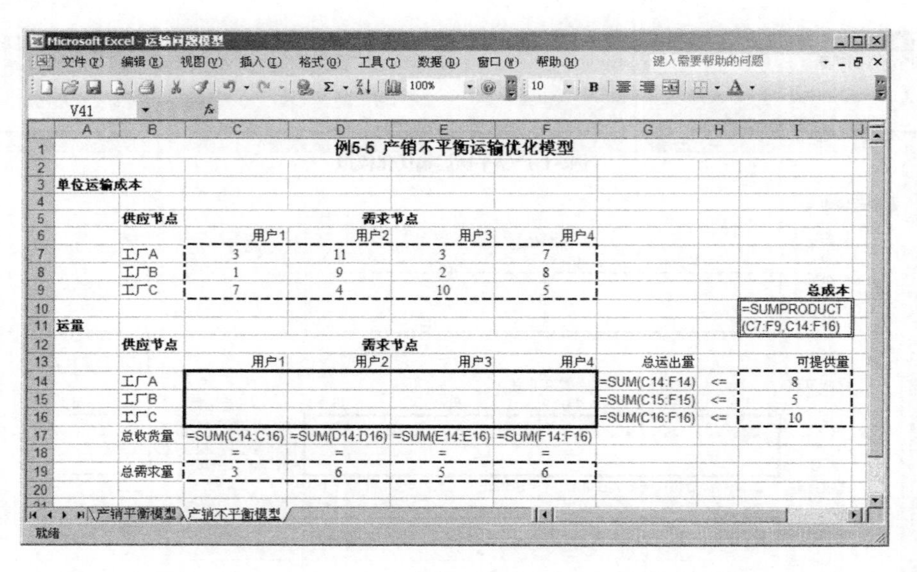

	A	B	C	D	E	F	G	H	I
1				例5-5 产销不平衡运输优化模型					
2									
3	单位运输成本								
4									
5		供应节点		需求节点					
6			用户1	用户2	用户3	用户4			
7		工厂A	3	11	3	7			
8		工厂B	1	9	2	8			
9		工厂C	7	4	10	5			总成本
10									=SUMPRODUCT(C7:F9,C14:F16)
11	运量								
12		供应节点		需求节点					
13			用户1	用户2	用户3	用户4	总运出量		可提供量
14		工厂A					=SUM(C14:F14)	<=	8
15		工厂B					=SUM(C15:F15)	<=	5
16		工厂C					=SUM(C16:F16)	<=	10
17		总收货量	=SUM(C14:C16)	=SUM(D14:D16)	=SUM(E14:E16)	=SUM(F14:F16)			
18			=	=	=	=			
19		总需求量	3	6	5	6			
20									

图 5-9

利用 Excel 表求解例 5-5。首先，将已知数据按照图 5-9 输入到 Excel 中，凡是含有等号的单元格都是该单元格应该输入的公式。然后用规划求解功能求出本问题的解，规划求解参数框见图 5-10。求解之后的结果见图 5-11。

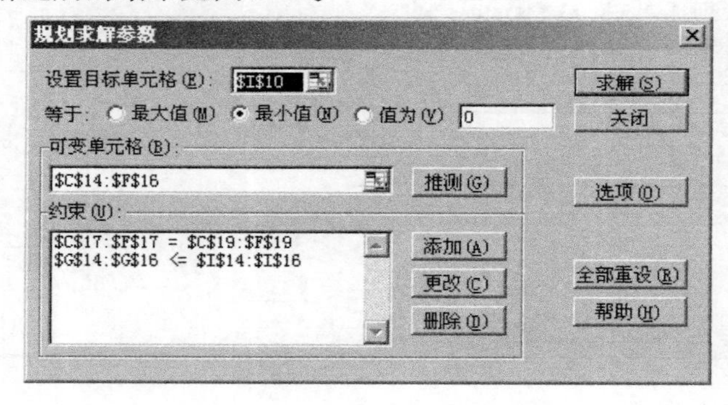

图 5-10

	A	B	C	D	E	F	G	H	I
1				例5-5 产销不平衡运输优化模型					
2									
3	单位运输成本								
4									
5		供应节点		需求节点					
6			用户1	用户2	用户3	用户4			
7		工厂A	3	11	3	7			
8		工厂B	1	9	2	8			
9		工厂C	7	4	10	5			总成本
10									74
11	运量								
12		供应节点		需求节点					
13			用户1	用户2	用户3	用户4	总运出量		可提供量
14		工厂A	0	0	3	2	5	<=	8
15		工厂B	3	0	2	0	5	<=	5
16		工厂C	0	6	0	4	10	<=	10
17		总收货量	3	6	5	6			
18			=	=	=	=			
19		总需求量	3	6	5	6			
20									

图 5-11

习题

1. 判断表5-38和表5-39给出的调运方案是否为表上作业法迭代时的基可行解？为什么？

(1) 表 5-38

产地＼销地	B_1	B_2	B_3	B_4	产量
A_1		5	0	10	15
A_2		10	15		25
A_3	5				5
销量	5	15	15	10	

(2) 表 5-39

产地＼销地	B_1	B_2	B_3	B_4	产量
A_1	25		20	5	50
A_2	35			5	40
A_3		40		20	60
销量	60	40	20	30	

2. 用表上作业法求解表5-40～表5-42中运输问题的最优解。

(1) 表 5-40

产地＼销地	B_1	B_2	B_3	B_4	产量
A_1	8	13	5	11	50
A_2	4	11	8	8	40
A_3	12	6	12	6	60
销量	60	40	20	30	

(2) 表 5-41

产地＼销地	B_1	B_2	B_3	B_4	产量
A_1	3	11	3	10	7
A_2	1	9	2	8	4
A_3	7	4	10	5	9
销量	3	6	5	6	

(3) 表 5-42

产地＼销地	B_1	B_2	B_3	B_4	产量
A_1	70	40	80	60	25
A_2	70	100	110	50	35
A_3	80	70	130	40	45
销量	20	15	23	32	

3. 某糖厂最多生产糖230 t，先运至A_1、A_2、A_3三个仓库，然后再分别供应B_1、B_2、B_3、B_4四个地区需要。已知各个仓库的容量分别为50 t、100 t、150 t，各地区的需要量分别为40 t、110 t、70 t、30 t。已知从糖厂经由各仓库然后供应各地区的运费和存储费如表5-

43 所示。要求：

(1) 试确定一个使总费用最低的调运方案。

表 5-43 习题 3 数据表 （运价：元/t）

产地 \ 销地	B_1	B_2	B_3	B_4	产量/t
A_1	10	15	20	20	50
A_2	20	40	15	30	100
A_3	30	35	40	55	150
销量/t	40	110	70	30	

(2) 确定该问题的解是否唯一，如果不唯一，找出另外两个。

(3) 因为修路的原因，仓库 A_2 的糖不能运到 B_1，要求在不重新求解条件下，应用表上作业法的有关思路原理，为该厂找出一个新的最优调运方案。

(4) 从 A_2 到 B_1 的单位运价在什么范围内变化时，使上面的最优调运方案保持不变？

4. 某设备加工厂要制订今后四个月的生产计划，已知今后四个月的生产能力、交货量、单位成本如表 5-44 所示。若生产出的设备当月不交货，则每台设备每个月需支付保管费 0.15 万元，问在保证完成合同交货任务的前提下，企业应如何安排各月生产计划才能使四个月的生产费用最低：

(1) 建立该问题的运输表。

(2) 用表上作业法求最优生产计划。

表 5-44 习题 4 数据表

月份	生产能力/台	交货量/台	单位成本/万元
1	40	35	9.4
2	35	20	9.6
3	50	40	9.5
4	30	15	9.8

5. 有甲、乙、丙三个工厂，每年分别需要煤炭 51 kt、40 kt、62 kt，由 A、B 两个煤站供应。已知煤站年产量 A 为 70 kt，B 为 75 kt，从两煤站至各城市煤炭运价见表 5-45。由于需求大于产量，经协商平衡，甲厂必要时可少供 0 ~ 5 kt，乙厂需求量必须全部满足，丙厂需求量不少于 52 kt。试求将甲、乙两矿煤炭全部分配出去，满足上述条件又使总费用为最低的调运方案。

表 5-45 习题 5 数据表 （运价：千元/kt）

产地 \ 销地	甲	乙	丙
A	15	18	22
B	21	25	16

6. 某公司有三个工厂 A、B、C 生产某种产品，产量分别为 200 台、300 台、400 台，供应四个地区的需要，需要量分别为 100 台、250 台、200 台、350 台。由于行情不同，各地区销售价分别为 20 百元、15 百元、18 百元、13 百元，从各厂运往各销售地区的运价见表

5-46，试确定使该公司获利最大的产品调运方案。

表 5-46 习题 6 数据表 （运价：百元/台）

产地 \ 销地	Ⅰ	Ⅱ	Ⅲ	Ⅳ	产量/台
A	5	3	4	2	200
B	3	6	8	1	300
C	7	4	5	6	400
销量/台	100	250	200	350	

7. 某公司要将*A*、*B*、*C*三种产品运往Ⅰ、Ⅱ、Ⅲ、Ⅳ这四个地区，三种产品的产量分别为300件、200件、500件，四个地区的需要量分别为150件、200件、300件、350件。由于各个地区的市场行情不同，各个产品在不同地区预计获得的利润各不相同，见表5-47（单位：百元/件）。试确定使该公司获利最大的产品调运方案。

表 5-47 习题 7 数据表 （利润：百元/件）

产地 \ 销地	Ⅰ	Ⅱ	Ⅲ	Ⅳ	产量/台
A	12	7	8	9	300
B	10	4	9	8	200
C	11	5	6	10	500
销量/台	150	200	300	350	

8. 某公司根据合同要在未来三个月内每月生产相同型号的产品4百件，已知该厂在未来三个月内的生产能力及每百件产品的成本如表5-48所示。

表 5-48 习题 8 数据表

月度	正常时间内可完成的产品/百件	加班时间内可完成的产品/百件	正常生产时产品的成本/(万元/百件)
1	3	5	40
2	4	2	50
3	2	4	45

已知加班生产时，每百件产品比正常生产时高出6万元。又知生产出来的产品若当月不交货，则每百件产品积压一个月就将损失3万元。在签订合同时，该厂已经存储了2百件产品，该厂希望在第三个月末完成合同后还能够存储2百件产品备用。问该厂如何安排每个月的生产量，使在满足上述各项要求的情况下，总的生产费用最低？

第六章 整数规划

在运用线性规划模型求解问题的过程中，虽然考虑了非负约束，但没有考虑所求最优解是否为整数的问题，而在实际问题中往往要求解是整数，如人数、机器数、集装箱数等。要求一部分或全部决策变量为整数的规划问题称为整数规划(Integer Programming，IP)问题。

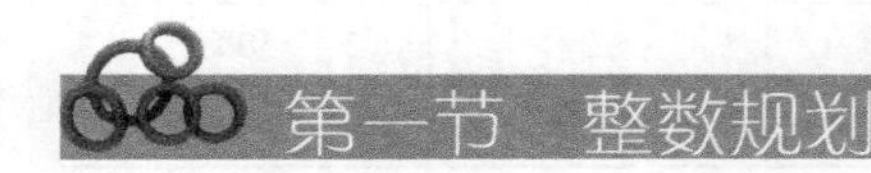

第一节 整数规划问题的提出

一、整数规划数学模型及其分类

【例 6-1】 考虑装载货船问题。假定装到船上的货物有三种，各种货物的单位重量、单位体积和它们的相应价值如表 6-1 所示。船的最大载重量和体积分别为 112 t 和 109 m^3，现在要确定怎样装载货物才能使装运的价值最大。建立此问题的数学模型。

表 6-1 例 6-1 数据表

货物	单位重量/t	单位体积/m^3	单位价值/千元
1	5	2	4
2	8	8	7
3	3	6	6

解 设三种货物的装运量分别为 x_1、x_2、x_3，则数学模型为

$$\max z = 4x_1 + 7x_2 + 6x_3$$

$$\text{s. t.} \begin{cases} 5x_1 + 8x_2 + 3x_3 \leqslant 112 \\ 2x_1 + 8x_2 + 6x_3 \leqslant 109 \\ x_1,\ x_2,\ x_3 \geqslant 0，且为整数 \end{cases}$$

在上面的模型中因为单件物品不能分割，必须整件运送，所以变量必须为整数。

根据对决策变量整数部分限制条件的不同可以将整数规划分为下面几种类型。

(1) 纯整数规划：所有变量限制为（非负）整数，即 $x_j \geqslant 0$，且全部为整数。

（2）混合整数规划：一部分变量限制为（非负）整数，即 $x_j \geqslant 0$，且 x_{j1} 为整数，$j_1 = 1, 2, \cdots, n_1$，且 $n_1 < n$。

（3）0-1 整数规划：所有变量只能取 0 和 1 两个整数，即 $x_j = 0$ 或 1。

在线性规划的基础上加入变量整数约束就构成了整数规划。该线性规划问题称为其对应的整数规划问题的松弛问题。整数规划数学模型的一般形式可以表示为

$$\max(\text{或}\ \min)\ z = \sum_{j=1}^{n} c_j x_j$$

$$\text{s. t.} \begin{cases} \sum_{j=1}^{n} a_{ij} x_j \leqslant (\geqslant \text{或} =) b_i, i = 1,2,\cdots,m \\ x_j \geqslant 0,\ j = 1,\ 2,\ \cdots,\ n,\ \text{且部分或全部为整数} \end{cases}$$

本章所提到的整数规划若不做特殊说明一般都指的是纯整数规划。

二、整数规划与其松弛问题的关系

整数规划的可行域仅是其松弛问题可行域中的整数点集，相邻整数之间的区域不是可行域。如果与整数规划相对应的线性规划的可行域是有界凸集，则整数规划的可行解的个数是有限的。如果与整数规划相对应的线性规划无可行域，则整数规划也无可行域。

若线性规划的可行域是一个凸集，则任意两个可行解的凸组合仍为可行解。整数规划的可行域仅是其松弛问题的一个子集，任意两个可行解的凸组合不一定满足整数约束条件，也不一定仍是可行解。由于整数规划问题的可行解一定是其松弛问题的可行解（反之则不一定），因此，整数规划的最优值不优于与之对应的松弛问题的最优值。

一般情况下，线性规划问题的最优解不一定是整数解。从数学模型看，整数规划似乎只是线性规划的特殊情况，求解时只需在线性规划求解的基础上通过凑整的方法得到，但实际上整数规划问题与线性规划问题有很大不同，往往不能通过将松弛问题最优解凑整的方法得到整数规划问题的最优解。

【例 6-2】 利用图解法考虑下列整数规划问题：

$$\max z = 3x_1 + 2x_2$$

$$\text{s. t.} \begin{cases} 2x_1 + 3x_2 \leqslant 14 \\ 2x_1 + x_2 \leqslant 9 \\ x_1,\ x_2 \geqslant 0,\ \text{且为整数} \end{cases}$$

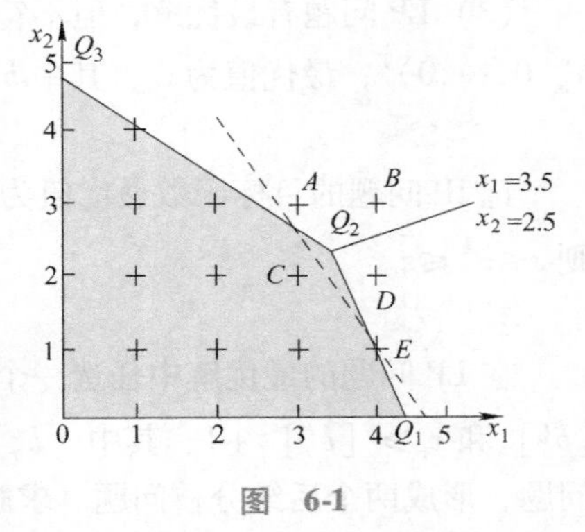

图　6-1

图 6-1 中松弛问题的可行域为 $0Q_1Q_2Q_3$，其最优解在 $Q_2(x_1 = 3.25,\ x_2 = 2.5)$ 取得。整数规划的可行域为其松弛问题可行域内的整数格点。在 Q_2 点附近简单取整可以得到 $A(3,\ 3)$、$B(4,\ 3)$、$C(3,\ 2)$、$D(4,\ 2)$ 四点，在这四点中，A、B、D 均不是可行解，C 点尽管是可行解，但不是最优解，最优解应该是图中目标函数直线上的 $E(4,\ 1)$ 点。由此可见凑整法尽管容易想到，也简单直观，但不一定能得到最优解，必须寻求更有效的方法解决整数规划问题。纯整数规划问题可以通过将所有整数解列出并比较其目标函数值的枚举法找到最优解。但是对于混合型整数规划一般有无限多个可行解，即使是纯整数规划，其可行解的数目也会随着问题规模的扩大而迅速增加，

因此枚举法往往也是不可行的。

第二节 分枝定界法

分枝定界法是一种隐枚举法（Implicit Enumeration）或部分枚举法。分枝定界法的基本思想是先求出整数规划问题相应松弛问题的最优解，若此最优解不符合整数条件，则将松弛问题的最优值作为整数规划问题的上界，任意找到一个整数规划问题的可行解作为整数规划问题的下界。将松弛问题分枝为两个子问题继续求解，求解过程中若某个子问题恰巧得到整数规划问题的一个可行解，则将这个可行解对应的目标函数作为新的下界值，作为衡量其他分枝的依据。当那些松弛问题最优解的目标函数值比上述下界值差时，就可以将该分枝删去。当分枝过程中出现了更优的整数规划问题的可行解时，以它作为新的下界值，取代原来的界限，以提高定界的效果。分枝过程中为了尽快得到可行解总是取目标函数值大的分枝首先进行分枝，随着分枝的不断进行，上界不断缩小，直到上界和下界相等时，分枝定界过程才会结束。

分枝定界法的关键是分枝和定界。分枝的原则是利用相邻整数点之间无可行域，按相邻整数为边缘进行分枝。定界的原则是整数规划的最优值不会优于对应的线性规划的最优值。

分枝定界法的优点是不需要考察所有的可行解，而仅仅考虑其中的一部分就够了；缺点是分枝越多，要求解的子问题就会越多，且子问题的约束条件也不断增多，计算量很大，对于多变量的整数规划问题，求解过程显得烦琐和费时。

分枝定界法的求解步骤如下：

1. 求解整数规划问题（记为 IP 问题）**的松弛问题**（记为 LP 问题）

（1）LP 问题无可行解，则 IP 问题无可行解。

（2）LP 问题有最优解，并符合整数条件，则 LP 问题的最优解即为 IP 的最优解。

（3）LP 问题有最优解，但不符合整数条件，设 LP 问题的最优解为 $\boldsymbol{X}^{(0)}=(b'_1,b'_2,\cdots,b'_m,0,\cdots,0)^{\mathrm{T}}$，最优值为 z_0，其中 b'_i 不全为整数。

2. 定界

记 IP 问题的目标函数最优值为 z^*，其上界为 $\bar{z}=z_0$，任选一个整数可行解为其下界 $\underline{z}$，则 $\underline{z}\leqslant z^*\leqslant\bar{z}$。

3. 分枝

在 LP 问题的最优解中任选一个不符合整数条件的变量 $x_r=b'_r$，构造两个约束条件 $x_r\leqslant[b'_r]$ 和 $x_r\geqslant[b'_r]+1$，其中 $[b'_r]$ 为小于 b'_r 的最大整数，将两个约束条件分别放入 LP 问题，形成两个后继分枝问题。求解两个分枝，转入步骤 4。

4. 修改上界和下界

考察所有未检查的分枝问题：①从已符合整数条件的分枝中，找出目标函数值最大者作为新的下界 $\underline{z}$；②在各分枝中找出目标函数值最大者作为新上界 $\bar{z}$，并对该分枝继续分解。

5. 比较与剪枝

各分枝中，若某分枝的目标函数值小于 $\underline{z}$，或者该分枝不可行，则剪掉此枝，否则可继

续分枝。改称继续分枝的问题为 LP 问题。

6. 重复步骤 3～5，直到上界值和下界值相等时，得到最优解

【例 6-3】　利用分枝定界法求解下面整数规划问题（IP 问题）：

$$\max z = 3x_1 + 2x_2$$

$$\text{s. t.} \begin{cases} 2x_1 + 3x_2 \leqslant 14.5 \\ 4x_1 + x_2 \leqslant 16.5 \\ x_1,\ x_2 \geqslant 0，且均为整数 \end{cases}$$

解　利用图解法求解整数规划问题（IP 问题）的松弛问题（LP 问题）。图 6-2 中阴影部分是 LP 问题的可行域，其最优解为 $x_1 = 3.5$，$x_2 = 2.5$，最优值为$z_0 = 15.5$。

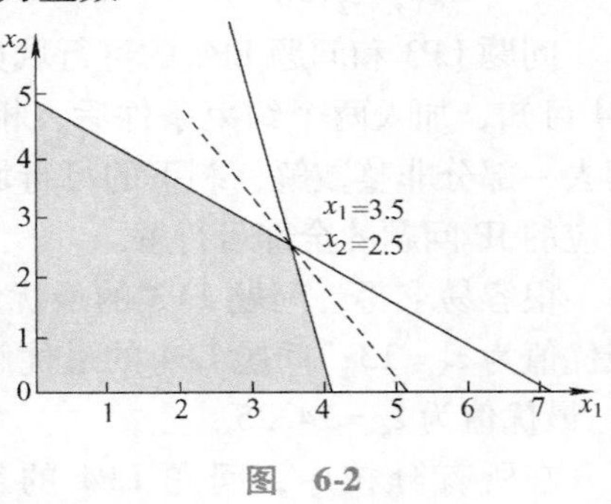

图　6-2

LP 问题的最优解不符合整数条件，因此设定 IP 问题的上界为 $\bar{z} = 15.5$。任选一个符合整数条件的可行解作为整数规划问题下界，为方便设定其下界为 $\underline{z} = 0$。

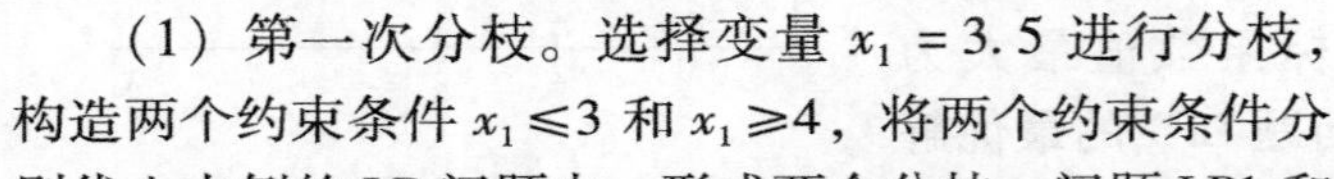

（1）第一次分枝。选择变量 $x_1 = 3.5$ 进行分枝，构造两个约束条件 $x_1 \leqslant 3$ 和 $x_1 \geqslant 4$，将两个约束条件分别代入本例的 LP 问题中，形成两个分枝：问题 LP1 和问题 LP2。

问题 LP1

$$\max z = 3x_1 + 2x_2$$

$$\text{s. t.} \begin{cases} 2x_1 + 3x_2 \leqslant 14.5 \\ 4x_1 + x_2 \leqslant 16.5 \\ x_1 \leqslant 3 \\ x_1,\ x_2 \geqslant 0 \end{cases}$$

问题 LP2

$$\max z = 3x_1 + 2x_2$$

$$\text{s. t.} \begin{cases} 2x_1 + 3x_2 \leqslant 14.5 \\ 4x_1 + x_2 \leqslant 16.5 \\ x_1 \geqslant 4 \\ x_1,\ x_2 \geqslant 0 \end{cases}$$

问题 LP1 和问题 LP2 的可行域如图 6-3 所示。由图 6-3 可知，加入两个约束条件后，相当于在原 LP 问题中切去一部分非整数解，剩下的可行域仍然包括原整数规划问题的全部可行解。

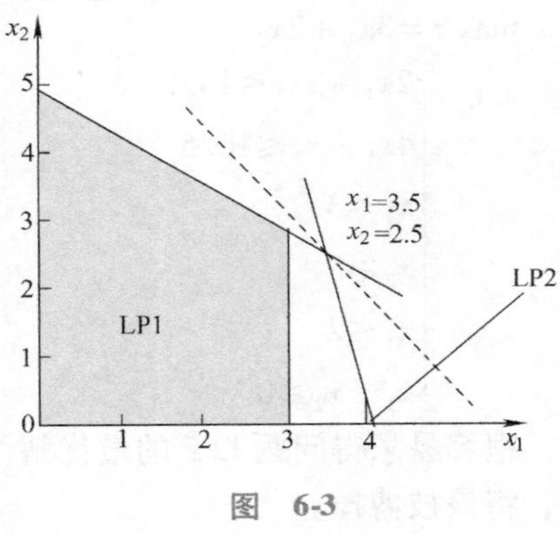

图　6-3

很容易求得，问题 LP1 的最优解为 $x_1 = 3$，$x_2 = 2.83$，最优值为 $z_1 = 14.26$；问题 LP2 的最优解为 $x_1 = 4$，$x_2 = 0.5$，最优值为 $z_2 = 13$。

问题 LP1 和 LP2 的最优解均不是 IP 问题的可行解，需继续分解。由于问题 LP1 的目标函数值大于问题 LP2 的目标函数值，因此选取 LP1 继续分枝。问题 IP 的上界变为 $\bar{z} = 14.26$，下界仍为$\underline{z} = 0$。

（2）第二次分枝。在问题 LP1 中选择变量 $x_2 = 2.83$ 进行分枝，构造两个约束条件 $x_2 \leqslant 2$ 和 $x_2 \geqslant 3$，分别代入问题 LP1 中，形成两个分枝：问题 LP3 和问题 LP4。

问题 LP3

$$\max z = 3x_1 + 2x_2$$

$$\text{s. t.}\begin{cases}2x_1 + 3x_2 \leqslant 14.5\\4x_1 + x_2 \leqslant 16.5\\x_1 \leqslant 3\\x_2 \leqslant 2\\x_1,\ x_2 \geqslant 0\end{cases}$$

问题 LP4

$$\max z = 3x_1 + 2x_2$$

$$\text{s. t.}\begin{cases}2x_1 + 3x_2 \leqslant 14.5\\4x_1 + x_2 \leqslant 16.5\\x_1 \leqslant 3\\x_2 \geqslant 3\\x_1,\ x_2 \geqslant 0\end{cases}$$

问题 LP3 和问题 LP4 的可行域如图 6-4 所示。由图 6-4 可知，加入两个约束条件后，相当于在问题 LP1 中切去一部分非整数解，剩下的可行域仍然包括问题 LP1 对应的 IP 问题的全部可行解。

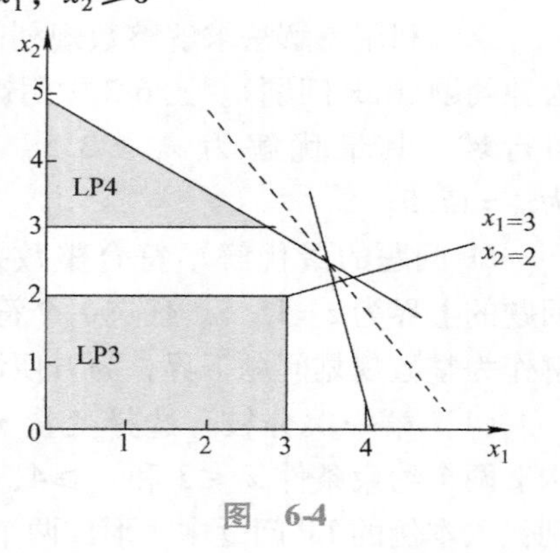

图 6-4

很容易求得，问题 LP3 的最优解为 $x_1 = 3$，$x_2 = 2$，最优值为 $z_3 = 13$；问题 LP4 的最优解为 $x_1 = 2.75$，$x_2 = 3$，最优值为 $z_4 = 14.25$。

在所有分枝中，问题 LP4 的目标函数值最大为 14.25，于是将上界改为 $\bar{z} = 14.25$。问题 LP3 的最优解已经是 IP 问题的可行解，因此，IP 问题的下界变为 $\underline{z} = 13$。

由于问题 LP2 的最优解仍然不是问题 IP 的可行解，但其目标函数值已经和下界值相等，即使继续分枝也无法得到比下界更优的整数解，因此将该枝剪掉。

（3）第三次分枝。对问题 LP4 继续分枝，选择变量 $x_1 = 2.75$ 进行分枝，构造两个约束条件 $x_1 \leqslant 2$ 和 $x_1 \geqslant 3$，分别代入问题 LP4 中，形成两个分枝：问题 LP5 和问题 LP6。

问题 LP5

$$\max z = 3x_1 + 2x_2$$

$$\text{s. t.}\begin{cases}2x_1 + 3x_2 \leqslant 14.5\\4x_1 + x_2 \leqslant 16.5\\x_1 \leqslant 3\\x_2 \geqslant 3\\x_1 \leqslant 2\\x_1,\ x_2 \geqslant 0\end{cases}$$

问题 LP6

$$\max z = 3x_1 + 2x_2$$

$$\text{s. t.}\begin{cases}2x_1 + 3x_2 \leqslant 14.5\\4x_1 + x_2 \leqslant 16.5\\x_1 \leqslant 3\\x_2 \geqslant 3\\x_1 \geqslant 3\\x_1,\ x_2 \geqslant 0\end{cases}$$

很容易求得问题 LP5 的最优解为 $x_1 = 2$，$x_2 = 3.5$，最优值为 $z_5 = 13$；问题 LP6 无可行解，将该枝剪掉。

至此，只有问题 LP5 为未检查的分枝，其目标函数值为 13，于是将 IP 问题的上界改为 $\bar{z} = 13$。此时，上、下界已经相等，IP 问题找到最优解。问题 LP5 的解不符合整数条件，剪掉。

该 IP 问题的最优解为取得下界值的目标函数值所对应的分枝的最优解，即问题 LP3 的最优解 $x_1 = 3$，$x_2 = 2$，最优值为 $z_3 = 13$。

本例中分枝定界法的全部求解过程如图 6-5 所示。

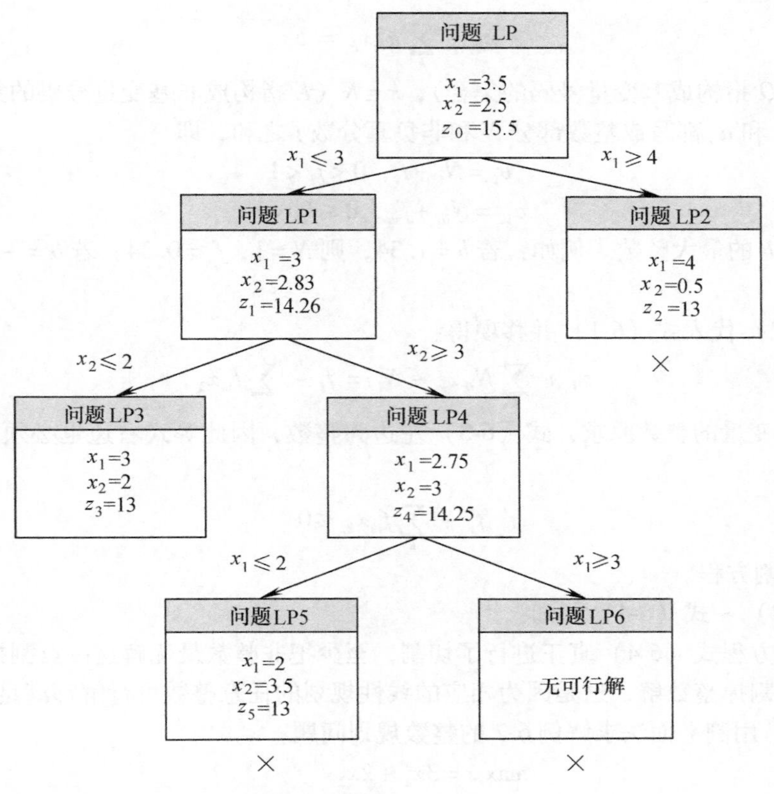

图　6-5

分枝定界的图解法，只适用于两个变量的整数规划问题，那么，当变量多于两个时，就要用单纯形法及其灵敏度分析方法来求解了。

第三节　割平面法

割平面法是最早提出的一种求解整数规划的方法，1958 年由 Gomory 提出。其基本思想是首先不考虑整数条件，求解整数规划问题（IP 问题）的松弛问题（LP 问题），若得整数解即为所求。若有非整数解，则增加线性约束条件（即割平面），从可行域中切割掉一部分，切掉的这部分只包含非整数解，而没有切割掉任何整数可行解。依次切割，直到使 IP 问题的目标函数值达到最优的整数点成为缩小后的可行域的一个顶点，这样就用线性规划方法找出了整数规划的最优解。

割平面法的基本步骤如下。

1. 求解整数问题所对应松弛问题的最优解

不考虑变量的整数约束，加入松弛变量，求解该整数规划问题所对应松弛问题的最优解，如果得到整数解，则到此结束，否则转入第 2 步。

2. 构造切割方程

（1）在松弛问题的最终表中找出非整数解变量中分数部分最大的一个基变量（设为 x_i），写出该基变量所在行的方程为

$$x_i + \sum_k a_{ik}x_k = b_i \tag{6-1}$$

其中，$i \in Q$（Q 指构成基变量号码的集合），$k \in K$（K 指构成非基变量号码的集合）。

（2）将 b_i 和 a_{ik}都写成整数部分 N 和非负真分数 f 之和，即

$$b_i = N_i + f_i，0 < f_i < 1$$
$$a_{ik} = N_{ik} + f_{ik}，0 \leqslant f_{ik} < 1 \tag{6-2}$$

N 表示不超过 b 的最大整数。例如：若 $b = 1.34$，则 $N = 1$，$f = 0.34$；若 $b = -1.34$，则 $N = -2$，$f = 0.66$。

将式（6-2）代入式（6-1）并移项得：

$$x_i + \sum_k N_{ik}x_k - N_i = f_i - \sum_k f_{ik}x_k \tag{6-3}$$

（3）根据变量的整数要求，式（6-3）左边为整数，因此等式右边也必须为整数，于是得到：

$$f_i - \sum_k f_{ik}x_k \leqslant 0 \tag{6-4}$$

这就是一个切割方程。

由式（6-2）~式（6-4）可知：

（1）切割方程式（6-4）真正进行了切割，至少把非整数最优解这一点割掉了。

（2）没有割掉整数解，这是因为相应的线性规划的任意整数可行解都满足式（6-4）。

【例 6-4】 用割平面法求解例 6-2 的整数规划问题：

$$\max z = 3x_1 + 2x_2$$
$$\text{s.t.} \begin{cases} 2x_1 + 3x_2 \leqslant 14 \\ 2x_1 + x_2 \leqslant 9 \\ x_1，x_2 \geqslant 0，且为整数 \end{cases}$$

不考虑变量的整数约束，加入松弛变量，求解该整数规划问题的相应线性规划问题（LP 问题）的最优解，最终表如表 6-2 所示。

$$\max z = 3x_1 + 2x_2 + 0x_3 + 0x_4$$
$$\text{s.t.} \begin{cases} 2x_1 + 3x_2 + x_3 \quad = 14 \\ 2x_1 + x_2 + \quad x_4 = 9 \\ x_1，x_2，x_3，x_4 \geqslant 0 \end{cases}$$

表 6-2 例 6-4 对应线性规划的最终单纯形表

c_j		3	2	0	0	$\boldsymbol{b}$
$\boldsymbol{C_B}$	$\boldsymbol{X_B}$	x_1	x_2	x_3	x_4	
2	x_2	0	1	1/2	−1/2	5/2
3	x_1	1	0	−1/4	3/4	13/4
$c_j - z_j$		0	0	−1/4	−5/4	

在最终表 6-2 中，找出非整数解变量中分数部分最大的一个基变量（此处为 x_2），写出这一行的约束。

$$x_2 + \frac{1}{2}x_3 - \frac{1}{2}x_4 = \frac{5}{2} \tag{6-5}$$

将式（6-5）中所有常数项和变量系数分解成整数和非负真分数之和的形式得：

$$x_2+\left(0+\frac{1}{2}\right)x_3+\left(-1+\frac{1}{2}\right)x_4=2+\frac{1}{2} \tag{6-6}$$

将式（6-6）中所有整数项移到等式左端，分数项移到等式右端得：

$$x_2-x_4-2=\frac{1}{2}-\frac{1}{2}x_3-\frac{1}{2}x_4 \tag{6-7}$$

因为 $x_3\geqslant 0$，$x_4\geqslant 0$，所以式（6-7）右端有 $\frac{1}{2}-\frac{1}{2}x_3-\frac{1}{2}x_4\leqslant\frac{1}{2}$。考虑变量的整数要求，左端为整数，因此右端也必须取整数。于是可得到切割方程：

$$\frac{1}{2}-\frac{1}{2}x_3-\frac{1}{2}x_4\leqslant 0 \tag{6-8}$$

式（6-8）加入松弛变量后得：

$$-\frac{1}{2}x_3-\frac{1}{2}x_4+x_5=-\frac{1}{2} \tag{6-9}$$

将式（6-9）代入原问题得到新的线性规划问题 LP1：

$$\max z=3x_1+2x_2+0x_3+0x_4+0x_5$$

$$\text{s.t.}\begin{cases}2x_1+3x_2+x_3=14\\2x_1+x_2+x_4=9\\-\frac{1}{2}x_3-\frac{1}{2}x_4+x_5=-\frac{1}{2}\\x_1,\ x_2,\ x_3,\ x_4,\ x_5\geqslant 0\end{cases}$$

反映到最终表中，并用对偶单纯形法求解，求解过程见表 6-3。

表 6-3　例 6-4 加入割平面后的单纯形迭代过程

c_j		3	2	0	0	0	b
C_B	X_B	x_1	x_2	x_3	x_4	x_5	
2	x_2	0	1	1/2	−1/2	0	5/2
3	x_1	1	0	−1/4	3/4	0	13/4
0	x_5	0	0	−1/2	−1/2	1	−1/2
c_j-z_j		0	0	−1/4	−5/4		
c_j		3	2	0	0	0	b
C_B	X_B	x_1	x_2	x_3	x_4	x_5	
2	x_2	0	1	0	−1	1	2
3	x_1	1	0	0	1	−1/2	7/2
0	x_3	0	0	1	1	−2	1
c_j-z_j		0	0	0	−1	−1/2	

表 6-3 中，x_1 仍为分数，写出该行约束条件：

$$x_1+x_4-\frac{1}{2}x_5=\frac{7}{2}$$

将上式中所有常数项和变量系数分解成整数和非负真分数之和的形式得：

$$x_1+x_4+\left(-1+\frac{1}{2}\right)x_5=3+\frac{1}{2}$$

将上式中所有整数项移到等式左端，分数项移到等式右端得：

$$x_1+x_4-x_5-3=\frac{1}{2}-\frac{1}{2}x_5$$

于是得到切割方程：

$$\frac{1}{2}-\frac{1}{2}x_5\leqslant 0 \tag{6-10}$$

加入松弛变量后得：

$$-\frac{1}{2}x_5+x_6=-\frac{1}{2} \tag{6-11}$$

将式（6-11）代入线性规划问题 LP1 中得新的线性规划问题 LP2：

$$\max z=3x_1+2x_2+0x_3+0x_4+0x_5+0x_6$$

$$\text{s. t.}\begin{cases}2x_1+3x_2+x_3=14\\2x_1+x_2+x_4=9\\-\frac{1}{2}x_3-\frac{1}{2}x_4+x_5=-\frac{1}{2}\\-\frac{1}{2}x_5+x_6=-\frac{1}{2}\\x_1,\ x_2,\ x_3,\ x_4,\ x_5,\ x_6\geqslant 0\end{cases}$$

反映到表 6-3 中，并用对偶单纯形法求解，求解过程见表 6-4。解得 $x_1=4$，$x_2=1$，满足整数要求，得到整数规划问题的最优解，最优值为 14。

表 6-4 例 6-4 再次加入割平面后单纯形表的迭代

c_j		3	2	0	0	0	0	$\boldsymbol{b}$
$\boldsymbol{C}_B$	$\boldsymbol{X}_B$	x_1	x_2	x_3	x_4	x_5	x_6	
2	x_2	0	1	0	−1	1	0	2
3	x_1	1	0	0	1	−1/2	0	7/2
0	x_3	0	0	1	1	−2	0	1
0	x_6	0	0	0	0	−1/2	1	−1/2
c_j-z_j		0	0	0	−1	−1/2		
c_j		3	2	0	0	0	0	$\boldsymbol{b}$
$\boldsymbol{C}_B$	$\boldsymbol{X}_B$	x_1	x_2	x_3	x_4	x_5	x_6	
2	x_2	0	1	0	−1	0	2	1
3	x_1	1	0	0	1	0	−1	4
0	x_3	0	0	1	1	0	−4	3
0	x_5	0	0	0	0	1	−2	1
c_j-z_j		0	0	0	−1	0	−1	14

在例 6-4 的求解过程中，构造了两个切割方程，$\frac{1}{2}-\frac{1}{2}x_3-\frac{1}{2}x_4\leqslant 0$ 和 $\frac{1}{2}-\frac{1}{2}x_5\leqslant 0$，下

面看一下这两个切割方程是如何起到切割作用的。

将问题 LP1 的约束条件整理成下面形式：

$$\begin{cases} x_3 = 14 - 2x_1 - 3x_2 \\ x_4 = 9 - 2x_1 - x_2 \end{cases} \tag{6-12}$$

将式（6-12）代入第一个切割方程 $\frac{1}{2} - \frac{1}{2}x_3 - \frac{1}{2}x_4 \leqslant 0$ 中得：

$$\frac{1}{2} - \frac{1}{2}(14 - 2x_1 - 3x_2) - \frac{1}{2}(9 - 2x_1 - x_2) \leqslant 0$$

整理得：

$$2x_1 + 2x_2 \leqslant 11 \tag{6-13}$$

将问题 LP1 的第三个约束条件 $-\frac{1}{2}x_3 - \frac{1}{2}x_4 + x_5 = -\frac{1}{2}$ 整理成 $x_5 = -\frac{1}{2} + \frac{1}{2}x_3 + \frac{1}{2}x_4$ 的形式，代入第二个切割方程 $\frac{1}{2} - \frac{1}{2}x_5 \leqslant 0$ 得：

$$\frac{1}{2} - \frac{1}{2}\left(-\frac{1}{2} + \frac{1}{2}x_3 + \frac{1}{2}x_4\right) \leqslant 0$$

整理得：

$$-x_3 - x_4 \leqslant -3$$

将式（6-12）代入上式得：

$$-(14 - 2x_1 - 3x_2) - (9 - 2x_1 - x_2) \leqslant -3$$

整理得：

$$x_1 + x_2 \leqslant 5 \tag{6-14}$$

将式（6-13）加在图 6-1 中形成图 6-6。由图 6-6 可见，式（6-13）相当于在 LP 问题的可行域中增加了一个约束条件而形成了问题 LP1 的可行域，问题 LP1 的可行域比 LP 问题少了一部分非整数解。将式（6-14）继续加入，相当于在问题 LP1 的可行域中又增加了一个约束条件，从 LP1 的可行域中切去了一部分非整数解，形成了问题 LP2 的可行域，如图 6-7 所示。在问题 LP2 的可行域的顶点找到整数规划问题的最优解 $x_1 = 4$，$x_2 = 1$。由此可见，每构造一个切割方程就相当于在原线性规划问题中切去一部分非整数解，不断切除直到在缩小后的可行域顶点上找到整数规划问题的最优解。

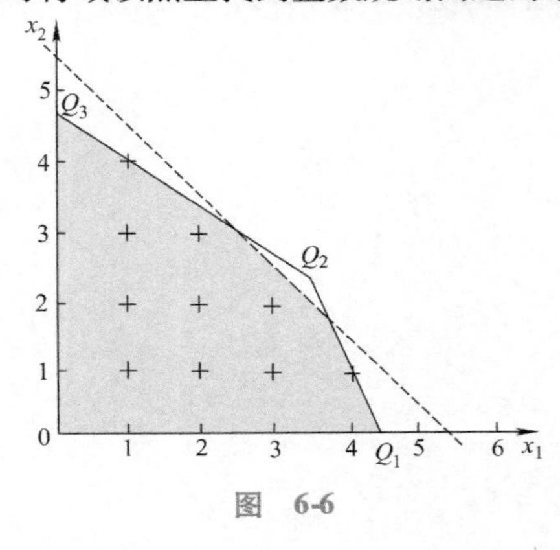

图　6-6

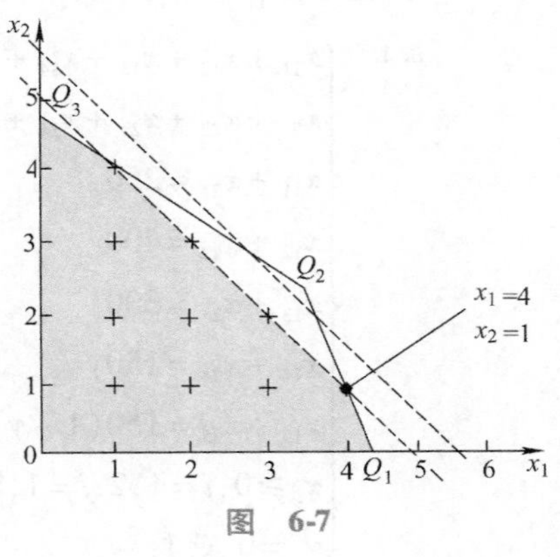

图　6-7

利用割平面法求解整数规划时往往会遇到收敛很慢的情形，在实际使用时，常和分枝定界法结合使用。

第四节　0-1 型整数规划

一、0-1 变量的引入

当 x_i 仅取 0 或 1 时，称 x_i 为 0-1 变量，用数学语言可表示为 $x_i \geqslant 0$，$x_i \leqslant 1$，且为整数。许多问题中的要素往往只有两种选择：是或不是，选择还是放弃等，这些问题可以采用 0-1 变量来表示。下面这些问题都可以用 0-1 变量来表示。

1. 含有相互排斥的约束条件

【例 6-5】　某公司的工厂 A_1 和工厂 A_2 同时生产某种产品，为了便于将产品配送到需求地，公司建立了三个仓库 B_1、B_2 和 B_3 存储自己的产品。随着产量的加大，三个仓库已经不能满足公司的需要，公司需要再建一个仓库，现在选好了两个地址 B_4 和 B_5，已知在两个地址建立仓库的费用完全一致。公司两个工厂将产品运往各仓库的单位成本以及两个工厂的产量、各仓库的需求量如表 6-5 所示。现要决定应该在 B_4 建立仓库还是在 B_5 建立仓库以使公司的总成本最低。

表 6-5　例 6-5 数据表　　　　（运费：百元/t）

	B_1	B_2	B_3	B_4	B_5	产量/t
A_1	8	7	3	5	4	600
A_2	4	5	2	3	7	500
需求量/t	250	400	300	150	150	

解　这实际上是运输问题的变型，是确定在两个仓库地址中到底应在哪个位置建立仓库。为此引入 0-1 变量：

$$y=\begin{cases}1 & \text{将仓库建在 } B_4\\ 0 & \text{将仓库建在 } B_5\end{cases}$$

设由工厂 A_i 运往仓库 B_j 的运量为 $x_{ij}(i=1,2;j=1,2,3,4,5)$，问题的数学模型为

$$\min z=8x_{11}+7x_{12}+3x_{13}+5x_{14}+4x_{15}+4x_{21}+5x_{22}+2x_{23}+3x_{24}+7x_{25}$$

$$\text{s. t.}\quad\begin{cases}x_{11}+x_{12}+x_{13}+x_{14}+x_{15}=600\\ x_{21}+x_{22}+x_{23}+x_{24}+x_{25}=500\\ x_{11}+x_{21}=250\\ x_{12}+x_{22}=400\\ x_{13}+x_{23}=300\\ x_{14}+x_{24}=150y\\ x_{15}+x_{25}=150(1-y)\\ x_{ij}\geqslant 0,i=1,2;j=1,2,3,4,5\\ y\ =0 \text{ 或 } 1\end{cases}$$

上述模型中前7个约束条件是供需平衡条件。其中第6和第7个约束条件中含有0-1变量：若$y=1$，说明在B_4建立仓库，相应地，第7个约束条件等式右边为0，$x_{15}=x_{25}=0$，不会在B_5建立仓库；若$y=0$，说明在B_5建立仓库，而不会在B_4建立仓库。

【例6-6】　现有m个约束条件$a_{i1}x_1+a_{i2}x_2+\cdots+a_{in}x_n\leqslant b_i$（$i=1, 2, \cdots, m$），要求从这$m$个约束条件中恰好选择$q$个约束条件。请写出相应的数学表达式。

解　可以引入m个0-1变量$y_i(i=1,2,\cdots,m)$和一个充分大的数M，写出下式：

$$\begin{cases}a_{i1}x_1+a_{i2}x_2+\cdots+a_{in}x_n\leqslant b_i+My_i\\ y_1+y_2+\cdots+y_n=m-q\\ y_i=0\text{ 或 }1\end{cases}$$

上式第二个约束条件保证了在m个0-1变量中有$m-q$个变量为1，q个变量为0。凡是取0值的y_i对应的约束条件是原约束条件；而取1值的y_i对应的约束条件将自然满足，因而是不起作用的。

【例6-7】　某钻井队要从以下12个可供选择的井位中确定6个钻井探油，使总的钻探费用为最小。若12个井位的代号为s_1，s_2，$\cdots$，s_{12}，相应的钻探费用为c_1，c_2，$\cdots$，c_{12}，并且在井位选择上要满足下列限制条件：①钻井资金最多不能超过B；②或选择s_1和s_7，或选择钻探s_8；③s_3和s_4同时选择，或都不选择；④在s_5、s_6、s_7、s_8中最多只能选两个。试建立这个问题的数学模型。

解　每个井位都有被选择和未被选择两种可能，令

$$x_i=\begin{cases}1 & \text{选择第 } i \text{ 个井位}\\ 0 & \text{不选择第 } i \text{ 个井位}\end{cases}$$

问题的数学模型为

$$\min z=\sum_{i=1}^{12}c_ix_i$$

$$\text{s. t.}\quad\begin{cases}\sum_{i=1}^{12}x_i=6\\ \sum_{i=1}^{12}c_ix_i\leqslant B\\ x_1+x_8=1\\ x_7+x_8=1\\ x_3-x_4=0\\ x_5+x_6+x_7+x_8\leqslant 2\\ x_i=0\text{ 或 }1,\ i=1,\ 2,\ \cdots,\ 10\end{cases}$$

2. 固定费用问题

【例6-8】　某工厂有三个车间在计划期内需制造2500件产品，每个车间的生产准备费、每件产品的生产成本和计划期内的最大生产能力如表6-6所示。要求制定生产计划使完成产量计划的总成本最小。

解　设第j个车间的生产量为x_j，生产费用为

表 6-6 例 6-8 数据表

车间	生产准备费/元	每件产品生产成本/元	生产能力/件
1	150	9	700
2	200	2	900
3	250	5	1300

$$c_j=\begin{cases}k_j+c_j x_j & (x_j>0)\\ 0 & (x_j=0)\end{cases}$$

其中，k_j 为生产准备费，c_j 为每件产品的生产成本，设 0-1 变量为 y_j，令

$$y_j=\begin{cases}1 & \text{采用第 } j \text{ 个车间生产，即 } x_j>0 \text{ 时}\\ 0 & \text{不采用第 } j \text{ 个车间生产，即 } x_j=0 \text{ 时}\end{cases}$$

则数学模型为

$$\min z=(150y_1+9x_1)+(200y_2+2x_2)+(250y_3+5x_3)$$

$$\text{s. t.}\begin{cases}x_1+x_2+x_3\geqslant 2500\\ x_1\leqslant 700\\ x_2\leqslant 900\\ x_3\leqslant 1300\\ x_j-My_j\leqslant 0\\ x_j\geqslant 0,\ y_j=0 \text{ 或 } 1,\ j=1,\ 2,\ 3\end{cases}$$

模型中，M 是一个充分大的数。$x_j-My_j\leqslant 0$ 体现了 x_j 与 y_j 之间的关系，当 $x_j>0$ 时，为保证 $x_j-My_j\leqslant 0$，必须有 $y_j=1$；当 $x_j=0$ 时，y_j 可以为 0 或 1，但为保证目标函数极小化，必须有 $y_j=0$。

二、0-1 整数规划的解法

0-1 整数规划是特殊的整数规划，其变量只有 0 和 1 两个值，可以根据这个特点考虑它的求解方法。若 0-1 整数规划中含有 n 个变量，则可以产生 2^n 个可能的变量组合。当 n 比较小时可以通过列举所有变量组合并将所有变量组合代入约束条件中进行检验的方法得到最优解，但是随着变量数目的增加，采用完全枚举法是不可能的。

隐枚举法是指仅通过检查变量组合的一部分找到最优解。首先，任意找到一个可行解，将其目标函数值作为右端常数构成一个特殊的约束条件——过滤条件。依次检查变量组合时，先将其代入过滤条件，如果不符合则不再检查其他约束条件（即不再检查该变量组合的可行性）；如果过滤条件左端计算值在求极大值情况下大于右端常数，则用新计算值替代原右端常数构成新的过滤条件。在检查约束条件的过程中，碰到任何一个约束条件不满足，都停止检查其他约束条件。

隐枚举法的求解步骤将在例 6-9 中体现。

【例 6-9】 用隐枚举法求解下面 0-1 整数规划问题：

$$
\max z = 4x_1 - x_2 + 2x_3
$$

$$
\text{s. t.} \begin{cases} x_1 - x_2 + 2x_3 \leqslant 3 & ① \\ -x_1 + 5x_2 - x_3 \leqslant 5 & ② \\ -x_1 + 2x_2 + x_3 \leqslant 2 & ③ \\ 4x_2 + x_3 \leqslant 6 & ④ \\ x_1,\ x_2,\ x_3 \text{ 取 0 或 1} \end{cases}
$$

步骤1：构造过滤条件。先试探一个可行解，求出 z 值，以目标函数方程及该可行解的 z 值作为增加的约束条件——过滤约束条件。

此处$(x_1, x_2, x_3) = (0, 0, 0)$符合所有约束条件，相应的函数值为 $z = 0$。

对极大化问题，当然希望 $z \geqslant 0$，构造过滤条件 $4x_1 - x_2 + 2x_3 \geqslant 0$。

步骤2：将过滤条件代入原问题形成新的0-1 整数规划问题：

$$
\max z = 4x_1 - x_2 + 2x_3
$$

$$
\text{s. t.} \begin{cases} 4x_1 - x_2 + 2x_3 \geqslant 0 & ◎ \\ x_1 - x_2 + 2x_3 \leqslant 3 & ① \\ -x_1 + 5x_2 - x_3 \leqslant 5 & ② \\ -x_1 + 2x_2 + x_3 \leqslant 2 & ③ \\ 4x_2 + x_3 \leqslant 6 & ④ \\ x_1,\ x_2,\ x_3 \text{ 取 0 或 1} \end{cases}
$$

步骤3：列表求解（见表6-7）。

表6-7 例6-9 隐枚举法计算过程表

(x_1, x_2, x_3)	◎	条件				更换过滤条件
		①	②	③	④	
(0,0,0)	0	✓	✓	✓	✓	
(0,0,1)	2	✓	✓	✓	✓	2
(0,1,0)	−1					
(0,1,1)	1					
(1,0,0)	4	✓	✓	✓	✓	4
(1,0,1)	6	✓	✓	✓	✓	6
(1,1,0)	3					
(1,1,1)	5					

在表6-7 的◎列中，写出过滤条件左端的取值，一旦其他约束条件可行，且其值优于当前的过滤条件则更换过滤条件，如（0，0，1）所在行的求解。若◎列中左端取值小于当前过滤条件，则不检查该解的可行性，如（0，1，0）所在行的求解。在检查解的可行性的过程中，一旦某个约束条件不满足可行性，则停止检查其他约束条件。

过滤条件的最后取值就是0-1 整数规划问题的最优解。本例的最优解是$(x_1,\ x_2,\ x_3) =$（1，0，1），最优值为6。

由表6-7 可知，本例中共有3 个变量，若采用完全枚举法3 个变量共有 $2^3 = 8$ 个解，4

个约束条件需要进行32次运算，增加过滤条件后，运算次数减少到了24次。可见采用隐枚举法可以大大简化计算过程，尤其是在变量和约束条件比较多的情况下。

为了尽快求得最优解，一般常重新排列决策变量的顺序。在目标函数为求极大值的情况时，使目标函数中的各决策变量的系数是递增（不减）的；在目标函数为求极小值的情况时，则相反。

【例6-10】 用隐枚举法（决策变量重排）求解例6-9的整数规划问题：

$$\max z=4x_1-x_2+2x_3$$

$$\text{s. t.}\begin{cases} x_1-x_2+2x_3\leqslant 3 & ① \\ -x_1+5x_2-x_3\leqslant 5 & ② \\ -x_1+2x_2+x_3\leqslant 2 & ③ \\ 4x_2+x_3\leqslant 6 & ④ \\ x_1,\ x_2,\ x_3 \text{ 取0或1} \end{cases}$$

解 步骤1：重排 x_i 的顺序

$$\max z=-x_2+2x_3+4x_1$$

$$\text{s. t.}\begin{cases} -x_2+2x_3+x_1\leqslant 3 & ① \\ 5x_2-x_3-x_1\leqslant 5 & ② \\ 2x_2+x_3-x_1\leqslant 2 & ③ \\ 4x_2+x_3\leqslant 6 & ④ \\ x_1,\ x_2,\ x_3 \text{ 取0或1} \end{cases}$$

步骤2：构造过滤条件。

$(x_2,x_3,x_1)=(0,0,0)$符合所有约束条件，相应的函数值为 $z=0$。构造过滤条件 $-x_2+2x_3+4x_1\geqslant 0$。

步骤3：将过滤条件代入原问题形成新的0-1整数规划问题

$$\max z=-x_2+2x_3+4x_1$$

$$\text{s. t.}\begin{cases} -x_2+2x_3+4x_1\geqslant 0 & ◎ \\ -x_2+2x_3+x_1\leqslant 3 & ① \\ 5x_2-x_3-x_1\leqslant 5 & ② \\ 2x_2+x_3-x_1\leqslant 2 & ③ \\ 4x_2+x_3\leqslant 6 & ④ \\ x_1,\ x_2,\ x_3 \text{ 取0或1} \end{cases}$$

步骤4：列表求解（见表6-8）。

表6-8 例6-10隐枚举法计算过程

(x_2,x_3,x_1)	◎	条件				更换过滤条件
		①	②	③	④	
(0,0,0)	0	✓	✓	✓	✓	
(0,0,1)	4	✓	✓	✓	✓	4

（续）

(x_2,x_3,x_1)	◎	条件				更换过滤条件
		①	②	③	④	
(0,1,0)	2					
(0,1,1)	6	✓	✓	✓	✓	6
(1,0,0)	-1					
(1,0,1)	3					
(1,1,0)	1					
(1,1,1)	5					

此时$(x_2,x_3,x_1)=(0,1,1)$，即$(x_1,x_2,x_3)=(1,0,1)$，最优值为6。将目标函数按照递增的顺序排序后，运算次数减少到了20次。

第五节 指派问题与匈牙利法

一、指派问题的提出

在现实生活中经常会碰到这样的问题，有n项任务，需要n个人去完成，不同人完成不同任务的时间或费用不同，决策者需要将n个人分配到n项任务上，以使总效率最高。这样的问题称为指派问题。此类问题还包括将n个零件指派到n个机床上加工；n条航线指派n艘船去航行；n个班级安排在n个教室上课等。

【例6-11】 某公司有5项任务需要5个人来完成，要求完成任务的时间越短越好。每个人完成每项任务的时间如表6-9所示。问应如何安排5个人的任务，使完成5项工作的总时间最短。

表6-9 例6-11数据表 （单位：h）

人员＼任务	A	B	C	D	E
甲	10	6	7	6	7
乙	7	8	5	5	5
丙	6	14	9	13	8
丁	13	12	4	4	8
戊	3	7	6	8	6

解 为了建立数学模型引入0-1变量：

$$x_{ij}=\begin{cases}1 & \text{当指派第}\ i\ \text{人去完成第}\ j\ \text{项任务时}\\ 0 & \text{当不指派第}\ i\ \text{人去完成第}\ j\ \text{项任务时}\end{cases}\quad (i,\ j=1,\ 2,\ \cdots,\ 5)$$

数学模型为

$$\min z=10x_{11}+6x_{12}+7x_{13}+6x_{14}+7x_{15}+7x_{21}+8x_{22}+5x_{23}+5x_{24}+5x_{25}+6x_{31}+14x_{32}+9x_{33}+13x_{34}+8x_{35}+13x_{41}+12x_{42}+4x_{43}+4x_{44}+8x_{45}+3x_{51}+7x_{52}+6x_{53}+8x_{54}+6x_{55}$$

$$\text{s.t.}\begin{cases}\left.\begin{aligned}x_{11}+x_{12}+x_{13}+x_{14}+x_{15}=1\\x_{21}+x_{22}+x_{23}+x_{24}+x_{25}=1\\x_{31}+x_{32}+x_{33}+x_{34}+x_{35}=1\\x_{41}+x_{42}+x_{43}+x_{44}+x_{45}=1\\x_{51}+x_{52}+x_{53}+x_{54}+x_{55}=1\end{aligned}\right\}\text{要求每人做一项工作}\\\left.\begin{aligned}x_{11}+x_{21}+x_{31}+x_{41}+x_{51}=1\\x_{12}+x_{22}+x_{32}+x_{42}+x_{52}=1\\x_{13}+x_{23}+x_{33}+x_{43}+x_{53}=1\\x_{14}+x_{24}+x_{34}+x_{44}+x_{54}=1\\x_{15}+x_{25}+x_{35}+x_{45}+x_{55}=1\end{aligned}\right\}\text{要求每项工作只能由一个人完成}\\x_{ij}=0\text{ 或 }1\ (i,\ j=1,\ 2,\ \cdots,\ 5)\end{cases}$$

根据例6-11，以人和任务为例给出指派问题的数学表示形式。有 n 项任务，需要 n 个人去完成，第 i 个人完成第 j 项任务的效率为 $c_{ij}>0(i,j=1,2,\cdots,n)$，要求确定一个指派方案，使完成这 n 项任务的总效率最高。

指派问题的效率矩阵（或称为系数矩阵）记为 $\boldsymbol{C}$：

$$\boldsymbol{C}=\begin{pmatrix}c_{11}&c_{12}&\cdots&c_{1n}\\c_{21}&c_{22}&\cdots&c_{2n}\\\vdots&\vdots&&\vdots\\c_{n1}&c_{n2}&\cdots&c_{nn}\end{pmatrix}$$

指派问题的决策变量为：

$$x_{ij}=\begin{cases}1 & \text{当指派第 } i \text{ 人去完成第 } j \text{ 项任务时}\\0 & \text{当不指派第 } i \text{ 人去完成第 } j \text{ 项任务时}\end{cases}\quad(i,\ j=1,\ 2,\ \cdots,\ n)$$

当问题要求极小化时，数学模型为

$$\min z=\sum_{i=1}^{n}\sum_{j=1}^{n}c_{ij}x_{ij}$$

$$\text{s.t.}\begin{cases}\sum_{i=1}^{n}x_{ij}=1 & j=1,2,\cdots,n\quad ①\\\sum_{j=1}^{n}x_{ij}=1 & i=1,2,\cdots,n\quad ②\\x_{ij}=1\text{ 或 }0\end{cases}$$

模型中第一个约束条件说明第 j 项任务只能由1个人来完成，第二个约束条件说明第 i 个人只能完成1项任务。

满足以上模型的解称为解矩阵，记为 $\boldsymbol{X}$：

$$\boldsymbol{X}=\begin{pmatrix}x_{11}&x_{12}&\cdots&x_{1n}\\x_{21}&x_{22}&\cdots&x_{2n}\\\vdots&\vdots&&\vdots\\x_{n1}&x_{n2}&\cdots&x_{nn}\end{pmatrix}$$

由模型可知，解矩阵中每列的元素中有且只能有一个1，以满足第一组约束条件；每行的元素中有且只能有一个1，以满足第二组约束条件。

由模型也可以知道由于变量只取0和1，指派问题是0-1整数规划的特例；指派问题还是运输问题的特例，即在运输问题中 $n=m$，$a_i=b_j=1$。为此，可以用求解0-1整数规划和运输问题的方法求解指派问题，但计算量较大。此处给出求解指派问题专门的方法——匈牙利法。

二、匈牙利解法

匈牙利法是由库恩（W. W. Kuhn）于1955年在匈牙利数学家克尼格（Konig）所证明的两个基本定理的基础上提出的求解指派问题的方法，由于这两个定理对指派问题解法的形成具有重要作用，因此这个方法被称为匈牙利法。

匈牙利法假设问题求最小值，n 个人恰好做 n 项工作，第 i 个人做第 j 项工作的效率为 c_{ij}，效率矩阵为 $\boldsymbol{C}$，其中 c_{ij} 非负，所依据的两个定理是定理6-1和定理6-2。

【定理6-1】 如果从指派问题效率矩阵 $\boldsymbol{C}$ 的每一行元素中分别减去（或加上）一个常数 u_i，从每一列分别减去（或加上）一个常数 v_j，得到一个新的效率矩阵 $\boldsymbol{B}$：

$$\boldsymbol{B}=\begin{pmatrix} b_{11} & b_{12} & \cdots & b_{1n} \\ b_{21} & b_{22} & \cdots & b_{2n} \\ \vdots & \vdots & & \vdots \\ b_{n1} & b_{n2} & \cdots & b_{nn} \end{pmatrix}$$

其中，$b_{ij}=c_{ij}-u_i-v_j$，则 $\boldsymbol{B}$ 的最优解等价于 $\boldsymbol{C}$ 的最优解。其中，c_{ij}、b_{ij} 均非负。

【定理6-2】 若矩阵 $\boldsymbol{A}$ 的元素可分成“0”与非“0”两部分，则覆盖“0”元素的最少直线数等于位于不同行不同列的0元素（称为独立0元素）的最大个数。这个定理称为0元素定理。

定理6-1告诉我们如何将效率表中的元素转换为有0元素，定理6-2告诉我们效率表中有多少个独立的0元素。

若矩阵 $\boldsymbol{B}$ 的最少直线数等于 n，则存在 n 个独立的0元素，令这些独立0元素对应的 x_{ij} 等于1，其余变量等于0，得到矩阵 $\boldsymbol{B}$ 的最优方案，其最优值为0。该方案也是效率矩阵 $\boldsymbol{C}$ 的最优方案。

下面通过例6-11的求解过程说明匈牙利法的求解步骤。

例6-11的效率矩阵为

$$\boldsymbol{C}=\begin{pmatrix} 10 & 6 & 7 & 6 & 7 \\ 7 & 8 & 5 & 5 & 5 \\ 6 & 14 & 9 & 13 & 8 \\ 13 & 12 & 4 & 4 & 8 \\ 3 & 7 & 6 & 8 & 6 \end{pmatrix}$$

步骤1：变换系数矩阵，使其出现0元素。

（1）各行元素分别减去本行中的最小元素。

（2）各列元素分别减去本列中的最小元素。

经过以上变换保证系数矩阵中每行和每列至少有一个0元素。

$$
\boldsymbol{C}=\begin{pmatrix}10 & 6 & 7 & 6 & 7\\ 7 & 8 & 5 & 5 & 5\\ 6 & 14 & 9 & 13 & 8\\ 13 & 12 & 4 & 4 & 8\\ 3 & 7 & 6 & 8 & 6\end{pmatrix}\begin{matrix}\min\\6\\5\\6\\4\\3\end{matrix}\Rightarrow\begin{pmatrix}4 & 0 & 1 & 0 & 1\\ 2 & 3 & 0 & 0 & 0\\ 0 & 8 & 3 & 7 & 2\\ 9 & 8 & 0 & 0 & 4\\ 0 & 4 & 3 & 5 & 3\end{pmatrix}=\boldsymbol{B}
$$

本例在每行减去一个最小元素后就已经在每行和每列中找到了0元素，有时候在检查完行后，列中可能仍然没有0元素，这时就需要在没有0元素的列中再减去该列的最小元素，以使每列也都有0元素。

步骤2：进行指派，以寻求最优解（寻找独立0元素的过程）。

（1）从只有一个0的行（或列）开始，给它加圈，记作“⓪”，划去对应列（或行）中的0元素，记作“Ø”。

（2）给只有一个0的列（或行）加圈，划去所在行（或列）的0元素，记作“Ø”。

（3）反复进行，直到所有的0元素被圈出或划出。

（4）若仍有没有被圈出或划掉的0元素，且同行或列中至少有两个0元素，试探着圈出其中一个（从剩有0元素最少的行或列开始），划掉同行或同列中的其他0元素，直到划完或圈完为止，这时会出现多重解。

（5）若“⓪”的数目等于矩阵的阶数 n，则指派问题达优，否则进入下一步。

在矩阵 $\boldsymbol{B}$ 中，依次检查各行，第一、二行均为多个0元素，第三行只有 b_{31} 是0元素，记作“⓪”，划去同列的 b_{51}，说明第一项任务只能由丙公司完成。第四行有两个0元素，第五行已经没有0元素。行已经检查完，然后依次检查各列。第二列只有 b_{12} 是0元素，记作“⓪”，划去同行的 b_{14}，说明甲公司只能完成第二项任务。第三列和第四列均有两个0元素，第五列 b_{25} 是0元素，记作“⓪”，划去第二行的 b_{23}、b_{24}。再依次检查各行，各列直到得到最终结果（见以下推导）。

$$
\begin{pmatrix}4 & 0 & 1 & 0 & 1\\ 2 & 3 & 0 & 0 & 0\\ \textcircled{0} & 8 & 3 & 7 & 2\\ 9 & 8 & 0 & 0 & 4\\ \not{0} & 4 & 3 & 5 & 3\end{pmatrix}\Rightarrow\begin{pmatrix}4 & \textcircled{0} & 1 & \not{0} & 1\\ 2 & 3 & 0 & 0 & 0\\ \textcircled{0} & 8 & 3 & 7 & 2\\ 9 & 8 & 0 & 0 & 4\\ \not{0} & 4 & 3 & 5 & 3\end{pmatrix}\Rightarrow
$$

$$
\begin{pmatrix}4 & \textcircled{0} & 1 & \not{0} & 1\\ 2 & 3 & \not{0} & \not{0} & \textcircled{0}\\ \textcircled{0} & 8 & 3 & 7 & 2\\ 9 & 8 & 0 & 0 & 4\\ \not{0} & 4 & 3 & 5 & 3\end{pmatrix}\Rightarrow\begin{pmatrix}4 & \textcircled{0} & 1 & \not{0} & 1\\ 2 & 3 & \not{0} & \not{0} & \textcircled{0}\\ \textcircled{0} & 8 & 3 & 7 & 2\\ 9 & 8 & \textcircled{0} & \not{0} & 4\\ \not{0} & 4 & 3 & 5 & 3\end{pmatrix}
$$

步骤3：作最少直线覆盖所有0元素。

（1）对没有“⓪”的行打“✓”。

（2）对已打“✓”的行中所有含有0元素的列打“✓”。

（3）对打“✓”的列中含有“⓪”的行打“✓”。

（4）重复（2）、（3），直到打不出新的“✓”为止。

（5）对没有打“✓”的行画线，对打“✓”的列画线，就能得到覆盖所有0元素的最少直线数 l。

若 $l<n$，进入第4步，变换当前系数，寻找最优解；若 $l=n$，而 $m<n$，应回到步骤2的（4）另行试探。

$$\begin{pmatrix}4 & \textcircled{0} & 1 & \not{0} & 1\\ 2 & 3 & \not{0} & \not{0} & \textcircled{0}\\ \textcircled{0} & 8 & 3 & 7 & 2\\ 9 & 8 & \textcircled{0} & \not{0} & 4\\ \not{0} & 4 & 3 & 5 & 3\end{pmatrix}\Rightarrow\begin{pmatrix}4 & \textcircled{0} & 1 & \not{0} & 1\\ 2 & 3 & \not{0} & \not{0} & \textcircled{0}\\ \textcircled{0} & 8 & 3 & 7 & 2\\ 9 & 8 & \textcircled{0} & \not{0} & 4\\ \not{0} & 4 & 3 & 5 & 3\end{pmatrix}\begin{matrix}\\ \\ \\ \\ \checkmark\end{matrix}\Rightarrow\begin{pmatrix}4 & \textcircled{0} & 1 & \not{0} & 1\\ 2 & 3 & \not{0} & \not{0} & \textcircled{0}\\ \textcircled{0} & 8 & 3 & 7 & 2\\ 9 & 8 & \textcircled{0} & \not{0} & 4\\ \not{0} & 4 & 3 & 5 & 3\end{pmatrix}\begin{matrix}\\ \\ \checkmark\\ \\ \checkmark\end{matrix}$$

（第二、三个矩阵的第一列下方均标有“✓”）

$$\begin{pmatrix}4 & \textcircled{0} & 1 & \not{0} & 1\\ 2 & 3 & \not{0} & \not{0} & \textcircled{0}\\ \textcircled{0} & 8 & 3 & 7 & 2\\ 9 & 8 & \textcircled{0} & \not{0} & 4\\ \not{0} & 4 & 3 & 5 & 3\end{pmatrix}\begin{matrix}\\ \\ \checkmark\\ \\ \checkmark\end{matrix}$$

（第一列下方标有“✓”；第一、二、四行及第一列画有虚线）

此处，$l=4<n$，则进入第四步。

步骤4：调整。在未被直线覆盖的元素中找出最小元素，设为 θ。对打“✓”的行减 θ，这样在未被直线覆盖部分必然会出现0元素，同时却又在已被直线覆盖的元素中出现了负元素。为了避免出现负元素，对打“✓”的列加 θ。

本例未被直线覆盖部分的最小元素为2，先让第三行和第五行减2，再让第一列加2，得到一个新的效率矩阵。

$$\begin{pmatrix}4 & 0 & 1 & 0 & 1\\ 2 & 3 & 0 & 0 & 0\\ 0 & 8 & 3 & 7 & 2\\ 9 & 8 & 0 & 0 & 4\\ 0 & 4 & 3 & 5 & 3\end{pmatrix}\Rightarrow\begin{pmatrix}4 & 0 & 1 & 0 & 1\\ 2 & 3 & 0 & 0 & 0\\ -2 & 6 & 1 & 5 & 0\\ 9 & 8 & 0 & 0 & 4\\ -2 & 2 & 1 & 3 & 1\end{pmatrix}\Rightarrow\begin{pmatrix}6 & 0 & 1 & 0 & 1\\ 4 & 3 & 0 & 0 & 0\\ 0 & 6 & 1 & 5 & 0\\ 11 & 8 & 0 & 0 & 4\\ 0 & 2 & 1 & 3 & 1\end{pmatrix}$$

步骤5：重复步骤2、3和4，直到找到最优解。

对本例调整后的效率矩阵进行如下指派：

$$\begin{pmatrix}6 & 0 & 1 & 0 & 1\\ 4 & 3 & 0 & 0 & 0\\ \not{0} & 6 & 1 & 5 & 0\\ 11 & 8 & 0 & 0 & 4\\ \textcircled{0} & 2 & 1 & 3 & 1\end{pmatrix}\Rightarrow\begin{pmatrix}6 & \textcircled{0} & 1 & \not{0} & 1\\ 4 & 3 & 0 & 0 & 0\\ \not{0} & 6 & 1 & 5 & 0\\ 11 & 8 & 0 & 0 & 4\\ \textcircled{0} & 2 & 1 & 3 & 1\end{pmatrix}\Rightarrow\begin{pmatrix}6 & \textcircled{0} & 1 & \not{0} & 1\\ 4 & 3 & 0 & 0 & \not{0}\\ \not{0} & 6 & 1 & 5 & \textcircled{0}\\ 11 & 8 & 0 & 0 & 4\\ \textcircled{0} & 2 & 1 & 3 & 1\end{pmatrix}$$

因为上面最后一个矩阵中第二行和第四行，第三列和第四列中均有两个0元素，按照步骤2中（4）的规则，在其中任选第三列的一个0得到下面矩阵：

$$\Rightarrow\begin{pmatrix} 6 & ⓪ & 1 & \not{0} & 1 \\ 4 & 3 & ⓪ & \not{0} & \not{0} \\ \not{0} & 6 & 1 & 5 & ⓪ \\ 11 & 8 & \not{0} & ⓪ & 4 \\ ⓪ & 2 & 1 & 3 & 1 \end{pmatrix}$$

在上面矩阵中找到了 n 个独立的 0 元素，得到最优解，相应的解矩阵为

$$\boldsymbol{X}=\begin{pmatrix} 0 & 1 & 0 & 0 & 0 \\ 0 & 0 & 1 & 0 & 0 \\ 0 & 0 & 0 & 0 & 1 \\ 0 & 0 & 0 & 1 & 0 \\ 1 & 0 & 0 & 0 & 0 \end{pmatrix}$$

因此最优指派方案为：甲—B，乙—C，丙—E，丁—D，戊—A，最优值 $z^*=26$。

本例还可以有另外一个解矩阵：

$$\boldsymbol{X}=\begin{pmatrix} 0 & 1 & 0 & 0 & 0 \\ 0 & 0 & 0 & 1 & 0 \\ 0 & 0 & 0 & 0 & 1 \\ 0 & 0 & 1 & 0 & 0 \\ 1 & 0 & 0 & 0 & 0 \end{pmatrix}$$

指派方案为：甲—B，乙—D，丙—E，丁—C，戊—A。

三、其他变异问题

在实际应用中，经常有非标准形式的指派问题，比如人多于任务，任务多于人，一人完成多样任务，某任务不能由某人完成或某人不能完成某项任务等。这种问题的处理方法是先将它们转化为标准形式，然后再用匈牙利法求解。

1. 极大化指派问题

匈牙利法求解指派问题的前提条件是问题极小化。对于极大化问题，可以用一个较大的数 M 去减效率矩阵的各个元素，得到新的效率矩阵 $\boldsymbol{B}$，$b_{ij}=M-c_{ij}$，求矩阵 $\boldsymbol{B}$ 的最小值，得到的最优解与原矩阵对应的最优解是一致的。通常令较大的 M 是效率矩阵 $\boldsymbol{C}$ 中的最大元素。

变换后目标函数 $\min z' = \sum_{i=1}^{n}\sum_{j=1}^{n} b_{ij}x_{ij}$，最小解就是原问题的最大解，因为

$$\begin{aligned}\sum_{i=1}^{n}\sum_{j=1}^{n} b_{ij}x_{ij} &= \sum_{i=1}^{n}\sum_{j=1}^{n}(M-c_{ij})x_{ij}\\ &= \sum_{i=1}^{n}\sum_{j=1}^{n} Mx_{ij} - \sum_{i=1}^{n}\sum_{j=1}^{n} c_{ij}x_{ij}\\ &= nM - \sum_{i=1}^{n}\sum_{j=1}^{n} c_{ij}x_{ij}\end{aligned}$$

且 nM 为常数，所以当 $\sum_{i=1}^{n}\sum_{j=1}^{n} b_{ij}x_{ij}$ 取最小值时，$\sum_{i=1}^{n}\sum_{j=1}^{n} c_{ij}x_{ij}$ 取最大值。

【例 6-12】 假设例 6-11 中表 6-9 给出的数据不是每个人完成各项工作的时间，而是每

个人完成各项工作能为公司创造的效益（单位：万元），问如何安排使 5 个人为公司创造的效益最大。

解　令 $M=\max\{c_{ij}\}=14$，$b_{ij}=14-c_{ij}\geqslant 0$，则

$$\boldsymbol{B}=\begin{pmatrix}4&8&7&8&7\\7&6&9&9&9\\8&0&5&1&6\\1&2&10&10&6\\11&7&8&6&8\end{pmatrix}$$

$$\begin{pmatrix}4&8&7&8&7\\7&6&9&9&9\\8&0&5&1&6\\1&2&10&10&6\\11&7&8&6&8\end{pmatrix}\begin{matrix}\min\\4\\6\\ \\1\\6\end{matrix}\Rightarrow\begin{pmatrix}0&4&3&4&3\\1&0&3&3&3\\8&0&5&1&6\\0&1&9&9&5\\5&1&2&0&2\end{pmatrix}\Rightarrow\begin{pmatrix}0&4&1&4&1\\1&0&1&3&1\\8&0&3&1&4\\0&1&7&9&3\\5&1&0&0&0\end{pmatrix}\Rightarrow$$

$$\begin{matrix}&&2&&2\min\end{matrix}$$

$$\begin{pmatrix}\textcircled{0}&4&1&4&1\\1&\textcircled{0}&1&3&1\\8&\not{0}&3&1&4\\\not{0}&1&7&9&3\\5&1&\textcircled{0}&\not{0}&\not{0}\end{pmatrix}\begin{matrix}\checkmark\\ \\ \\\checkmark\\ \\ \end{matrix}\overset{\theta=1}{\Rightarrow}\begin{pmatrix}\not{0}&3&\textcircled{0}&3&\not{0}\\2&\textcircled{0}&1&3&1\\9&\not{0}&3&1&4\\\textcircled{0}&\not{0}&6&8&2\\6&1&\not{0}&\textcircled{0}&\not{0}\end{pmatrix}\begin{matrix}\\\checkmark\\\checkmark\\ \\ \\ \end{matrix}\overset{\theta=1}{\Rightarrow}\begin{pmatrix}\not{0}&4&\textcircled{0}&3&\not{0}\\1&\textcircled{0}&\not{0}&2&\not{0}\\8&\not{0}&2&\textcircled{0}&3\\\textcircled{0}&1&6&8&2\\6&2&\not{0}&\not{0}&\textcircled{0}\end{pmatrix}$$

$$\begin{matrix}\checkmark&&&&&&&\checkmark\end{matrix}$$

本例有多重解，其中之一解矩阵为

$$(x_{ij})=\begin{pmatrix}0&0&1&0&0\\0&1&0&0&0\\0&0&0&1&0\\1&0&0&0&0\\0&0&0&0&1\end{pmatrix}$$

最优解为甲—C，乙—B，丙—D，丁—A，戊—E。又因为

$$(c_{ij})=\begin{pmatrix}10&6&7&6&7\\7&8&5&5&5\\6&14&9&13&8\\13&12&4&4&8\\3&7&6&8&6\end{pmatrix}$$

最优值为 $z=7+8+13+13+6=47$。

2. 不平衡指派问题

（1）当人数 m 大于任务数 n 时，增加 $m-n$ 项虚拟任务，每个人完成虚拟任务的效率为0。

【例 6-13】　现有 5 个人，需要完成 3 项任务，每项任务由一个人完成，完成每项任务的时间如以下效率矩阵所示，问如何安排 5 个人的任务，使完成三项任务的效率最高。

$$\begin{pmatrix} 5 & 9 & 10 \\ 11 & 6 & 3 \\ 8 & 14 & 17 \\ 6 & 4 & 5 \\ 3 & 2 & 1 \end{pmatrix}$$

解 构造两项虚拟任务，每个人完成各项虚拟任务的效率为0，则可构成如下新效率矩阵：

$$\begin{pmatrix} 5 & 9 & 10 & 0 & 0 \\ 11 & 6 & 3 & 0 & 0 \\ 8 & 14 & 17 & 0 & 0 \\ 6 & 4 & 5 & 0 & 0 \\ 3 & 2 & 1 & 0 & 0 \end{pmatrix}$$

读者可自行利用匈牙利法对新效率矩阵求解。

（2）当人数 m 小于任务数 n 时，增加 $n-m$ 个虚拟人，虚拟人完成各项任务的效率为0。

【例 6-14】 现有3个人，需要完成4项任务，完成每项任务的时间如下面效率矩阵所示。要求每个人必须完成一项任务，多余的任务可不完成。问如何安排3个人的任务，使完成任务的效率最高。

$$\begin{pmatrix} 15 & 20 & 10 & 9 \\ 6 & 5 & 4 & 7 \\ 10 & 13 & 16 & 17 \end{pmatrix}$$

解 构造一个虚拟的人，虚拟人完成各项任务的效率为0，则可构成如下新效率矩阵：

$$\Rightarrow \begin{pmatrix} 15 & 20 & 10 & 9 \\ 6 & 5 & 4 & 7 \\ 10 & 13 & 16 & 17 \\ 0 & 0 & 0 & 0 \end{pmatrix}$$

读者可自行利用匈牙利法对新效率矩阵求解。

（3）当人数 m 小于任务数 n，且 n 项任务又必须完成时，此时必须由某人完成一项以上的任务。

【例 6-15】 分配甲、乙、丙、丁4个人去完成5项任务，每人完成各项任务的时间如表6-10所示，由于任务数多于人数，故规定其中有一个人可兼顾完成两项任务，其余三人每人完成一项任务，试确定花费时间最少的指派方案。

表 6-10 例 6-15 数据表（一）

人 \ 任务	A	B	C	D	E
甲	27	31	33	44	39
乙	41	40	28	22	35
丙	36	29	30	42	34
丁	26	44	38	25	47

解　由于要求5项任务必须全部完成，因此4个人中必须有一个人完成两项任务，到底哪个人完成两项任务，不能事先指定。仍然可以采用增加虚拟人的方式，但虚拟人的工作时间不能是0，如果是0只能说明这项任务没有被做。可以采用下面的方式确定虚拟人完成各项任务的时间：在每项任务被各个人完成的时间中找出最短的时间作为虚拟人完成这项任务的时间，如表6-11所示。然后按照匈牙利法求解，若虚拟人完成的是C这项任务，因为虚拟人完成C的时间来自于乙的时间，因此相当于乙完成两项任务。

表6-11　例6-15数据表（二）

人 \ 任务	A	B	C	D	E
甲	27	31	33	44	39
乙	41	40	28	22	35
丙	36	29	30	42	34
丁	26	44	38	25	47
戊	26	29	28	22	34

利用匈牙利法求解，得到的解矩阵为

$$\boldsymbol{X}=\begin{pmatrix}0&1&0&0&0\\0&0&0&1&0\\0&0&0&0&1\\1&0&0&0&0\\0&0&1&0&0\end{pmatrix}$$

因此，甲完成B，乙完成C和D，丙完成E，丁完成A。

3. 当某项任务不能由某人完成时，令对应的效率为 M

【例6-16】　在例6-15中假设丙不能完成E项任务，则表6-11将变为表6-12。

表6-12　例6-16数据表

人 \ 任务	A	B	C	D	E
甲	27	31	33	44	39
乙	41	40	28	22	35
丙	36	29	30	42	M
丁	26	44	38	25	47
戊	26	29	28	22	35

此时，求解之后得到的新最优解为

$$\boldsymbol{X}=\begin{pmatrix}1&0&0&0&0\\0&0&1&0&0\\0&1&0&0&0\\0&0&0&0&1\\0&0&0&1&0\end{pmatrix}$$

【例6-17】　在例6-11中丁、戊两人因故不能参加这5项任务，为此公司规定现有3个人，每人最多可以完成两项任务，问如何安排才能使完成所有任务的时间最短。

解 反映当前状况的效率矩阵为

$$\begin{pmatrix} 10 & 6 & 7 & 6 & 7 \\ 7 & 8 & 5 & 5 & 5 \\ 6 & 14 & 9 & 13 & 8 \end{pmatrix}$$

由于每个人可以完成两项任务，因此可以把每个人化作相同的两个人，这样系数矩阵就变为

$$\begin{matrix} 甲 \\ 甲' \\ 乙 \\ 乙' \\ 丙 \\ 丙' \end{matrix}\begin{pmatrix} 10 & 6 & 7 & 6 & 7 \\ 10 & 6 & 7 & 6 & 7 \\ 7 & 8 & 5 & 5 & 5 \\ 7 & 8 & 5 & 5 & 5 \\ 6 & 14 & 9 & 13 & 8 \\ 6 & 14 & 9 & 13 & 8 \end{pmatrix}$$

为了使人和任务相等，引入一个虚拟的任务 F，使上述矩阵成为标准的指派问题效率矩阵：

$$\begin{matrix} \\ 甲 \\ 甲' \\ 乙 \\ 乙' \\ 丙 \\ 丙' \end{matrix}\begin{matrix} \begin{matrix} A & B & C & D & E & F \end{matrix} \\ \begin{pmatrix} 10 & 6 & 7 & 6 & 7 & 0 \\ 10 & 6 & 7 & 6 & 7 & 0 \\ 7 & 8 & 5 & 5 & 5 & 0 \\ 7 & 8 & 5 & 5 & 5 & 0 \\ 6 & 14 & 9 & 13 & 8 & 0 \\ 6 & 14 & 9 & 13 & 8 & 0 \end{pmatrix} \end{matrix}$$

用匈牙利法求解上述效率矩阵，得到最优指派方案：甲完成 B、D 两项任务，乙完成 C、E 两项任务，丙完成 A 一项任务。

第六节 用 Excel 求解整数规划

一、利用 Excel 求解整数规划问题

利用 Excel 表求解例 6-4。首先，将例 6-4 中的数据按照图 6-8 的格式输入到Excel中。表中凡是含有等号的单元格都是该单元格应该输入的公式。然后用规划求解功能求出本问题的解，规划求解参数框见图 6-9。求解之后的结果见图 6-10。

由以上过程可以发现整数规划的求解过程与线性规划几乎完全一致，唯一有所不同的是添加约束条件时，需要将变量设定为整数，如图 6-11 所示。

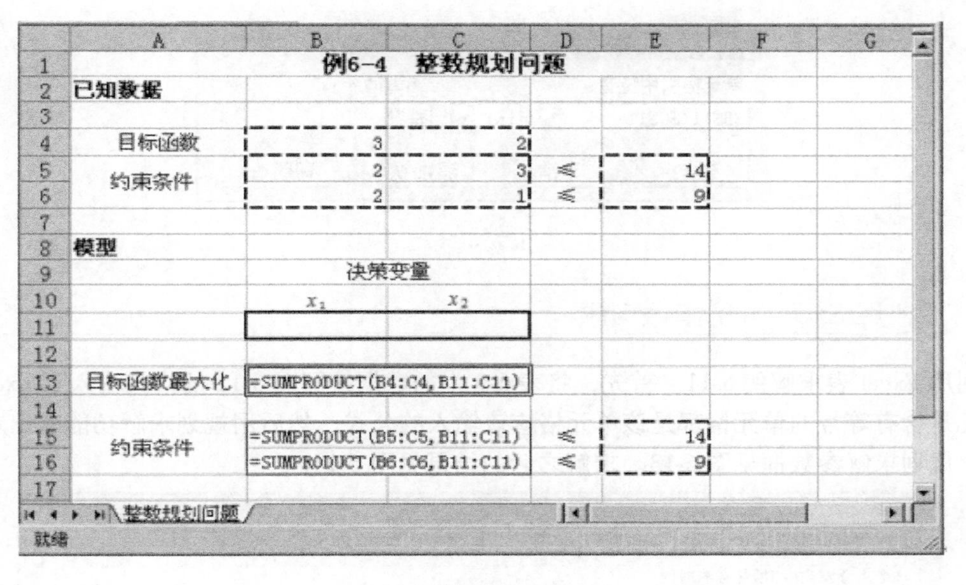

	A	B	C	D	E	F	G
1		例6-4　整数规划问题					
2	已知数据						
3							
4	目标函数	3	2				
5	约束条件	2	3	≤	14		
6		2	1	≤	9		
7							
8	模型						
9		决策变量					
10		x_1	x_2				
11							
12							
13	目标函数最大化	=SUMPRODUCT(B4:C4,B11:C11)					
14							
15	约束条件	=SUMPRODUCT(B5:C5,B11:C11)		≤	14		
16		=SUMPRODUCT(B6:C6,B11:C11)		≤	9		
17							

整数规划问题　就绪

图　6-8

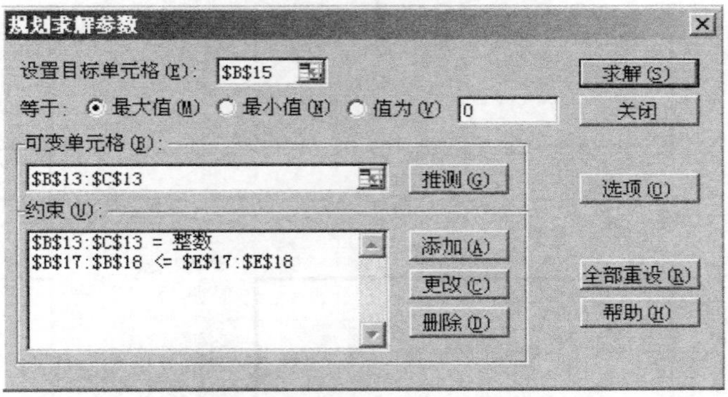

规划求解参数

设置目标单元格(E): $B$15　　求解(S)

等于: ⦿ 最大值(M)　○ 最小值(N)　○ 值为(V) 0　　关闭

可变单元格(B):

$B$13:$C$13　　推测(G)　　选项(O)

约束(U):

$B$13:$C$13 = 整数

$B$17:$B$18 <= $E$17:$E$18

添加(A)　更改(C)　删除(D)　　全部重设(R)　帮助(H)

图　6-9

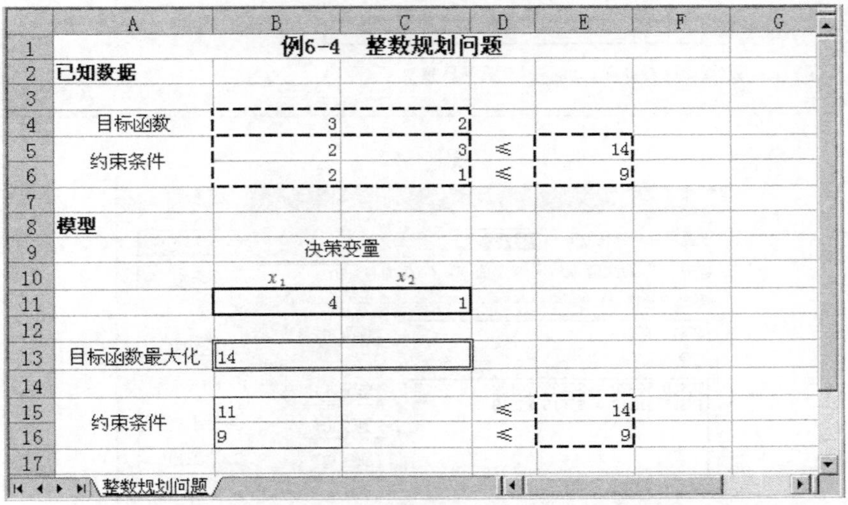

	A	B	C	D	E	F	G
1		例6-4　整数规划问题					
2	已知数据						
3							
4	目标函数	3	2				
5	约束条件	2	3	≤	14		
6		2	1	≤	9		
7							
8	模型						
9		决策变量					
10		x_1	x_2				
11		4	1				
12							
13	目标函数最大化	14					
14							
15	约束条件	11		≤	14		
16		9		≤	9		
17							

整数规划问题

图　6-10

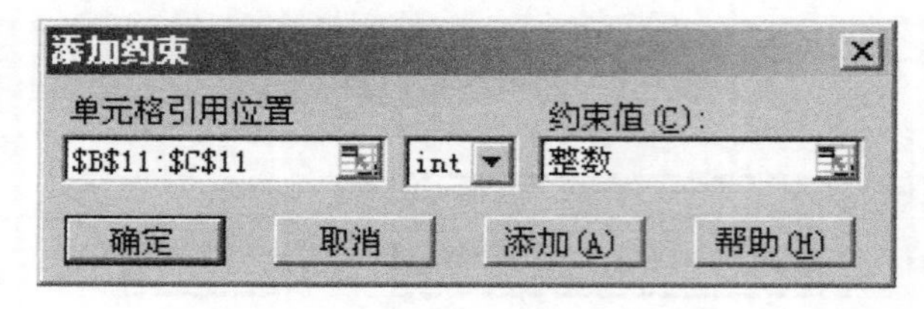

图 6-11

二、利用 Excel 求解指派问题

利用 Excel 表求解例 6-11。首先，将表 6-9 中的数据按照图 6-12 的格式输入到 Excel 中。表中凡是含有等号的单元格都是该单元格应该输入的公式。然后用规划求解功能求出本问题的解，规划求解参数框见图 6-13。求解之后的结果见图 6-14。

	A	B	C	D	E	F	G	H	I	J
1					例6-11 指派问题					
2										
3	5个人分别完成5项任务的时间									
4					任务					
5			1	2	3	4	5			
6		1	10	6	7	6	7			
7		2	7	8	5	5	5			
8	人员	3	6	14	9	13	8			
9		4	13	12	4	4	8			
10		5	3	7	6	8	6			总时间
11										=SUMPRODUCT(C6:G10,C15:G19)
12	任务分配									
13				任务						
14			1	2	3	4	5	分配的人员		现有人员
15		1						=SUM(C15:G15)	=	1
16		2						=SUM(C16:G16)	=	1
17	人员	3						=SUM(C17:G17)	=	1
18		4						=SUM(C18:G18)	=	1
19		5						=SUM(C19:G19)	=	1
20		完成的任务	=SUM(C15:C19)	=SUM(D15:D19)	=SUM(E15:E19)	=SUM(F15:F19)	=SUM(G15:G19)			
21			=	=	=	=	=			
22		任务要求	1	1	1	1	1			
23										

Sheet5 / Sheet4 / Sheet3 / Sheet2 / Sheet1 / 模型

就绪

图 6-12

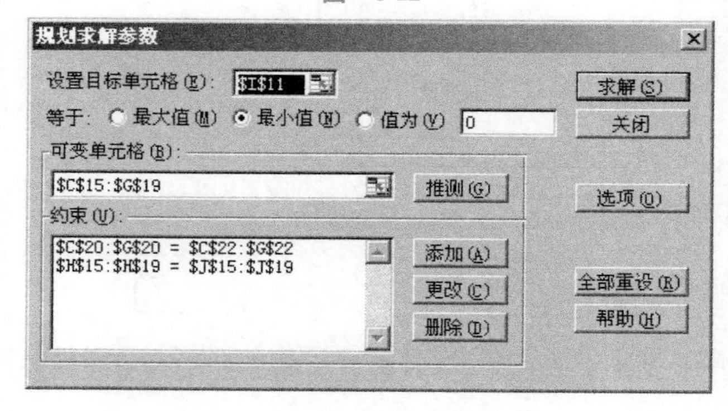

图 6-13

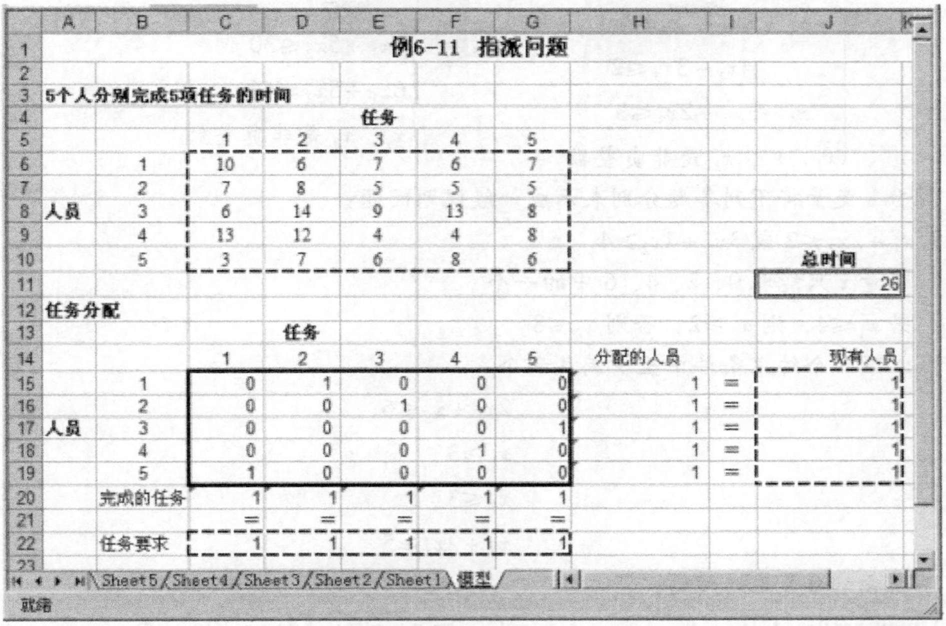

	A	B	C	D	E	F	G	H	I	J
1					例6-11 指派问题					
2										
3	5个人分别完成5项任务的时间									
4					任务					
5			1	2	3	4	5			
6		1	10	6	7	6	7			
7		2	7	8	5	5	5			
8	人员	3	6	14	9	13	8			
9		4	13	12	4	4	8			
10		5	3	7	6	8	6			总时间
11										26
12	任务分配									
13				任务						
14			1	2	3	4	5	分配的人员		现有人员
15		1	0	1	0	0	0	1	=	1
16		2	0	0	1	0	0	1	=	1
17	人员	3	0	0	0	0	1	1	=	1
18		4	0	0	0	1	0	1	=	1
19		5	1	0	0	0	0	1	=	1
20		完成的任务	1	1	1	1	1			
21			=	=	=	=	=			
22		任务要求	1	1	1	1	1			

Sheet5 / Sheet4 / Sheet3 / Sheet2 / Sheet1 / 模型

就绪

图 6-14

习题

1. 判断下列说法是否正确：

（1）整数规划的最优解是先求相应的线性规划的最优解然后取整得到。

（2）要求部分变量是整数的规划问题称为纯整数规划。

（3）对于极大化整数规划问题，其松弛问题的目标函数值是各分枝函数值的上界。

（4）对于极小化整数规划问题，其松弛问题的目标函数值是各分枝函数值的下界。

（5）所有变量都取 0 或 1 的规划是整数规划。

（6）整数规划的可行解集合是离散型集合。

（7）将指派（分配）问题的效率矩阵每行分别加一个数后最优解不变。

（8）匈牙利法可直接求解极大化的指派问题。

（9）指派问题也是一个特殊的运输问题。

（10）指派问题也可用运输问题的表上作业法求其最优解。

2. 用分枝定界法求解下面整数规划问题：

$$\max z = x_1 + x_2$$

$$\text{s. t.} \begin{cases} 14x_1 + 9x_2 \leqslant 51 \\ -6x_1 + 3x_2 \leqslant 1 \\ x_1,\ x_2 \geqslant 0，且为整数 \end{cases}$$

3. 用割平面法求解下面整数规划问题：

（1）$\max z = 3x_1 + x_2 + 3x_3$ （2）$\max z = x_1 + x_2$

$$\text{s.t.}\begin{cases}-x_1+2x_2+x_3\leqslant 4\\ 4x_2-3x_3\leqslant 2\\ x_1-3x_2+2x_3\leqslant 3\\ x_1,\ x_2,\ x_3\ \text{是非负整数}\end{cases}\qquad \text{s.t.}\begin{cases}2x_1+5x_2\leqslant 30\\ 6x_1+5x_2\leqslant 44\\ x_1,\ x_2\ \text{是非负整数}\end{cases}$$

4. 用0-1变量将下列各题分别表示成一般规划问题：

（1）$x_1+2x_2\leqslant 2$ 或 $3x_1+4x_2\geqslant 4$

（2）变量 x 只能取0、2、4、6中的一个

（3）若 $x_1\leqslant 4$，则 $x_2\geqslant 2$，否则 $x_2\leqslant 8$

（4）以下四个约束条件中至少满足两个

$$2x_1+x_2\leqslant 6$$
$$x_1\geqslant 3$$
$$x_3\leqslant 3$$
$$x_3+2x_4\geqslant 5$$

5. 解下面的0-1规划问题：

（1）$\max z=4x_1+2x_2-x_3$

$$\text{s.t.}\begin{cases}x_1+2x_2+x_3\leqslant 2\\ 3x_2+x_3\leqslant 4\\ x_1+2x_2-x_3\leqslant 2\\ 2x_1+4x_2-2x_3\leqslant 2\\ x_1,x_2,x_3=0\ \text{或}\ 1\end{cases}$$

（2）$\min z=6x_1+8x_2+10x_3+4x_4$

$$\text{s.t.}\begin{cases}x_1-3x_2+5x_3+x_4\geqslant 2\\ -3x_1+7x_2-4x_3-x_4\geqslant 0\\ -3x_1+3x_2-2x_3-2x_4\geqslant 1\\ x_1,x_2,x_3,x_4=0\ \text{或}\ 1\end{cases}$$

6. 已知下面效率矩阵，用匈牙利法分别求出它们的最优解：

（1）$\boldsymbol{C}=\begin{pmatrix}7&12&6&13&7\\12&11&6&13&11\\10&8&6&11&9\\12&8&6&7&9\\13&13&10&13&12\end{pmatrix}$　（2）$\boldsymbol{C}=\begin{pmatrix}4&10&3&4&8\\8&3&7&8&8\\10&5&8&11&4\\4&7&6&4&3\\10&7&3&5&7\end{pmatrix}$

7. 现要指派5个工人去完成4项任务，每人完成各项任务所需时间构成的效率矩阵如表6-13所示，问如何指派可使总的消耗时间最小。

表6-13　习题7数据表

工人 \ 工作	Ⅰ	Ⅱ	Ⅲ	Ⅳ
1	4	7	3	7
2	8	2	5	5
3	4	7	6	9
4	1	5	4	8
5	6	3	5	4

8. 某产品的一个完整单位包括四个A零件和三个B零件。这两种零件（A和B）由两

种不同的原料制成，这两种原料可利用的数额分别是100个单位和200个单位。有三个部门都可以生产这些零件，而每个部门制造零件的方法各不相同。表6-14给出了每个生产班的用料量和每一种零件的产量。目标是要确定每一部门的生产班数，使产品的配套数达到最大（A、B零件必须同时生产），建立此问题的整数规划模型。（要求零件数为整数）

表6-14 习题8数据表

部门	每班用料量/单位		每班产量/个	
	原料1	原料2	零件A	零件B
1	8	6	7	5
2	5	9	6	9
3	3	8	8	4

第七章 目标规划

在线性规划、整数规划、非线性规划等规划问题中，问题的目标只有一个，这在很大程度上制约了这些方法的应用范围，在很多情况下也是对实际问题的一种简化。在实际的规划环境下进行决策时，很多情况是多个目标并存且不宜简化为单个目标，这些目标之间很可能是不相容的，甚至是相互矛盾的，一般具有不同性质的度量单位，这种规划问题称之为多目标规划问题。比如某汽车公司提出设计一种轻型小轿车，要求价格在10000美元以下，速度不低于120km/h，油耗10km/L，这些指标之间显然是不相容的，度量的单位也各不相同。再如核电站的建设要考虑：发电能力、可靠性、环境保护、人身安全、社会经济效益、建造成本等。这些目标矛盾且度量单位不统一，有些还是模糊的。这些问题用单一目标的规划模型就很难恰当地描述，而表达成多目标规划模型则顺理成章。

第一节 多目标问题与目标规划模型

仍然借助于例1-1。在例1-1中，用同一种原材料并分别用设备A、B来生产甲、乙两种产品，生产工艺数据、各种生产资源的数量，以及甲、乙两种产品的单件利润见表7-1，试确定甲、乙两种产品在计划期内的生产计划以获得最大利润。

表7-1 例1-1数据表

产品 \ 资源	原材料/单位	设备 A/h	设备 B/h	单件利润/千元
甲	1	4	0	3
乙	2	0	4	4
资源数量	8	16	12	

此问题表述为线性规划模型为：

$$\max z=3x_1+4x_2$$

$$\text{s. t.}\begin{cases}x_1+2x_2\leqslant 8\\4x_1\leqslant 16\\4x_2\leqslant 12\\x_1,x_2\geqslant 0\end{cases}$$

在第二章中用单纯形法求得该问题的最优解为

$$x_1=4,x_2=2,z=20$$

但是，企业在对实际问题进行决策时，考虑的经营目标往往不仅仅是本计划期的利润，还要考虑到企业长远发展目标以及市场条件等多方面的要求。比如在本例中除了考虑利润目标之外，从长远目标考虑还需要使甲、乙两种产品的产量保持一定的比例关系。另外，原材料可以通过拆借方式获得部分补充，但为此要付出一定的代价，因此拆借的数量越少越好，还要考虑到设备的可用时间问题，其中设备 A 的技术特性严格要求不能超过现有的 16 个单位，而设备 B 在必要时可以加班以增加当前可用的时间，但加班的时间也不宜太多。对于这些问题的综合考虑就是一个多目标规划问题。

在多目标规划问题中，由于各个目标之间的矛盾以及度量上的不统一，一般不能用前面已经介绍的线性规划、整数规划等模型来表达。至今有不少人就多目标规划问题提出了解决的方法，如：权系数法、优先因子法、有效解法等，而目标规划正是解决这类多目标规划问题的一种有效方法。目标规划的概念和模型最早在 1961 年由美国学者 A. 查恩斯和 W. 库伯在他们合著的《管理模型和线性规划的工业应用》一书中提出，以后这种模型又先后经尤吉·艾吉里、杰斯基莱恩和桑·李不断完善改进。1976 年伊格尼齐奥出版了《目标规划及其扩展》一书，系统归纳总结了目标规划的理论和方法。

目标规划的基本思想是：对于多目标规划中的每一个目标引进一个期望值（理想值），但由于种种条件的限制，这些期望值往往并不能达到，从而对每一个目标函数再引进正、负偏差变量以描述偏离期望值的量，然后由各个目标的期望值和偏差变量将所有的追求目标转化为目标约束方程，并将其合并到客观的约束条件中。在这两类约束条件下，寻找那些能使我们不希望出现的偏差达到最小的方案。由于各个目标的重要程度不同，我们还可引入优先等级和权系数来区别各个目标的重要度，并限制和修饰各个目标的偏差变量，以期最大限度地实现各个目标的期望值。下面通过例 7-1 来说明这一过程。

【例 7-1】 以例 1-1 为基础，在该问题中不仅要考虑利润指标，还要依次考虑以下多方面的问题：

（1）力求使利润指标不低于 15 个单位。

（2）考虑到市场的需求和未来发展的需要，甲、乙两种产品的产量要保持 1∶1 的比例。

（3）原材料不足时可以通过拆借形式适量补充，但拆借的数量越少越好。

（4）设备 A 由于技术特征严格，要求不能超过现有时间 16。

（5）设备 B 则可以通过加班适当增加现有时间，但加班时间越少越好。

试列出该问题的目标规划模型。

用目标规划模型表达一个多目标问题的方法分成以下四个步骤：

1. 设立各个目标的期望值 $\boldsymbol{E}=(e_1,e_2,\cdots,e_m)^{\mathrm{T}}$

首先，需要对多目标问题中的每一个目标确定一个希望能达到的理想值 $e_i(i=1,2,\cdots,$

m)。这些期望值的确定并不要求十分精确和严格，它可以根据以往的历史资料确定，也可以根据决策者的直觉或上级部门的布置等来确定，只要能够反映决策者的意愿即可。显然，这样确定的目标期望值可能是互相矛盾的，而且一般也不可能全部达到预期的目标水平。我们要做的事情就是寻找某个可行解，以使这些目标函数的期望值最好地、最接近地得以实现。

如在例 7-1 中，利润不低于 15 个单位，15 个单位就是利润指标的期望值，甲、乙两种产品的产量比为 1 就是产量比的期望值。

2. 引入正、负偏差变量 d_i^+、d_i^- $(i=1,2,\cdots,m)$

如上所述，对各个追求的目标所设立的期望值 e_i 往往不可能全部都达到，为了从数量上描述诸目标的期望值没有达到(实现)的程度，对每个期望目标分别引入正、负偏差变量 d_i^+、d_i^-，$d_i^+\geqslant 0$、$d_i^-\geqslant 0$ $(i=1,2,\cdots,m)$，其中 d_i^+ 表示第 i 个目标超出期望值的数值，d_i^- 则表示第 i 个目标未达到期望值的数值(且恒有 $d_i^+d_i^-=0$)。

在例 7-1 中，第一个目标为利润不低于 15 个单位，对应的偏差变量为 d_1^-、d_1^+，其中 d_1^- 表示利润没有达到 15 的量，而 d_1^+ 表示利润超过 15 的量。

引入了目标的期望值及正、负偏差变量之后，原来追求的目标就变成为一种约束的形式。如把例 7-1 中的利润目标 $z=3x_1+4x_2$ 表达成约束的形式：

$$3x_1+4x_2+d_1^- -d_1^+=15$$

注意到此类约束表达的是某一个目标要求，称之为目标约束。另外还有一类约束，就是客观条件的限定，如例 7-1 中第四个要求——设备 A 严格不能超过现有时间 16 就是一个严格的客观条件，表现出来的形式称为绝对约束或系统约束，即

$$4x_1\leqslant 16$$

3. 建立目标函数

对多目标规划中的各个目标要求，可以通过引入期望值和正、负偏差变量来将其表达为目标约束条件，那么该如何找到规划的满意解（由于各个目标的矛盾和不公度一般不会同时全部得到满足，为此通常不称最优解，而用满意解的概念）呢？注意到现在问题就是使它的各个目标函数值最接近于各自的期望值。也就是说，要使所要求的诸偏差尽可能达到最小。为此我们可以构造一个新的目标函数，以使得有关偏差变量达到最小值。新的目标函数应该能够反映目标实现的程度，根据问题的要求通常有下面三种情况：

（1）若要求尽可能准确地实现某个目标（第 i 个目标）的期望值，则应该希望相应的正、负偏差变量 d_i^+、d_i^- 都尽可能地小，且因为 $d_i^+d_i^-=0$。所以可取目标函数形式为

$$\min\{d_i^+ + d_i^-\} \tag{7-1}$$

如例 7-1 中的第二个目标要求甲、乙两种产品的产量保持 1∶1 的比例，就是一个要求准确实现的目标期望值，即不希望出现负的偏差也不希望出现正的偏差。其目标函数可以表达为

$$\min\{d_2^+ + d_2^-\}$$

$$x_1-x_2+d_2^- -d_2^+=0$$

（2）若要求某个目标（第 i 个目标）尽可能不低于期望值，而允许超过期望值，即希望相应的负偏差变量 d_i^- 尽可能地小，而 d_i^+ 则不考虑（不限制）。所以可取形式为：

$$\min d_i^- \tag{7-2}$$

在例 7-1 中的第一个目标——力求使利润指标不低于 15 个单位给出的是下限的期望值，可以表达为

$$\min d_1^-$$

$$3x_1 + 4x_2 + d_1^- - d_1^+ = 15$$

（3）若某个目标（第 i 个目标）允许低于期望值，但不希望超过期望值，则应该使相应的正偏差变量 d_i^+ 尽可能地小，而 d_i^- 则不加限制。所以可取形式为：

$$\min d_i^+ \tag{7-3}$$

在例 7-1 中第三个目标要求——原材料不足时可以通过拆借形式适量补充，但拆借的数量越少越好，此目标要求可以表示为

$$\min d_3^+$$

$$x_1 + 2x_2 + d_3^- - d_3^+ = 8$$

在例 7-1 中第五个目标要求——设备 B 可以通过加班适当增加现有时间，但加班时间越少越好，此目标要求可以表达为

$$\min d_4^+$$

$$4x_2 + d_4^- - d_4^+ = 12$$

4. 目标的权系数和优先级别

对于多目标问题来说，根据目标的要求可以分别列出其目标表达形式，如式（7-1）~式（7-3），一般各个目标的重要程度是不一样的、是有主次之分的，通常可以按照其重要程度依次进行优化，此即所谓逐次优化法。目标规划方法则是将如式（7-1）~式（7-3）所表达的各个目标要求用同一个目标函数来表达，而各个目标的优先次序和重要程度则是通过给每个目标以不同的优先等级和权系数来实现的，从而构成了目标规划模型的目标函数。

（1）权系数。目标函数中各目标偏差变量的有限值系数称为权系数。例如：

$$\min \quad f = 3d_1^- + 2d_2^+ + d_3^-$$

它表示了一个目标相对于其他目标的重要程度。权系数对目标规划解的影响是很大的，不同的权系数会得出完全不同的满意解。因此，要想得到符合实际情况的最优方案，必须对各个目标确定适当的权系数。这里应注意两个问题：

1）由于不同的目标所描述的实际含义不同，有些实际参量变化一个单位对问题的影响微乎其微，而有些实际参量变化一个单位，则对问题会产生重大影响，而反映到模型中，各个实际参量则是一一对等的，因此权系数就是其对等程度的表达。

2）各个量的物理度量单位不同，会对模型影响很大，如重量单位，可以用 g、kg、t 等，长度单位可以用 mm，m，km 等，时间单位可以用 h、min、s 等。因此用权系数来权衡各个目标重要度时要特别注意所用的单位。

（2）优先等级。它是对目标函数中各目标优先次序的一种划分。

虽然偏差变量的权系数可以使各目标在目标函数中的作用程度反映得比较合适一些，但这不一定能最后解决问题。这是因为，这种办法意味着，在做最优选择时，不同的目标偏差仍然可以互相替代、抵消；而所求出的是所有偏差之和的最小值。这样做显然是不尽合理的。

有时在决策者的心目中认为，不同的目标之间是不能互相抵消的，各个目标都必须有一定程度的保证，并且某些目标的实现是另一些目标的前提，即决策者想在达到最重要目标的前提下，再来解决次要目标。为此，引进目标优先级的概念，且用优先级因子 $P_k(k=1,2,\cdots,k)$ 表示第 k 级目标的优先顺序。这里 P_i 具有双重意义：

其一，它仅仅是一种记号，如偏差变量 d_i^- 最为重要，则记为 $P_1d_i^-$；d_i^+ 为二级重要目标，则记为 $P_2d_i^+$。

其二，它是一种特殊的正常数，虽不可计算但有大小之别，即作为偏差变量的另一种具有特别意义的权系数，且具有关系 $P_1 \gg P_2 \gg \cdots \gg P_k$。

如在例 7-1 中，假定利润是第一重要目标，产品甲、乙的产量比为第二重要目标，原材料和设备 B 为第三重要目标，且原材料重要程度是设备 B 的 3 倍，目标规划的目标方程可以表达为

$$\min f = P_1 d_1^- + P_2(d_2^- + d_2^+) + P_3(3d_3^+ + d_4^+)$$

由上面四个步骤就可以得到多目标问题的目标规划模型。以例 7-1 为例得到其目标规划模型如下：

$$\min f = P_1 d_1^- + P_2(d_2^- + d_2^+) + P_3(3d_3^+ + d_4^+)$$

$$\text{s.t.} \begin{cases} 4x_1 \leqslant 16 \\ 3x_1 + 4x_2 + d_1^- - d_1^+ = 15 \\ x_1 - x_2 + d_2^- - d_2^+ = 0 \\ x_1 + 2x_2 + d_3^- - d_3^+ = 8 \\ 4x_2 + d_4^- - d_4^+ = 12 \\ x_1, x_2 \geqslant 0, d_i^+, d_i^- \geqslant 0, i = 1,2,3,4 \end{cases}$$

目标规划模型的一般式为

$$\min f = \sum_{k=1}^{k} P_k \sum_{i=1}^{m} (w_{ki}^- d_i^- + w_{ki}^+ d_i^+)$$

$$\text{s.t.} \begin{cases} \sum_{j=1}^{n} a_{qj} x_j \leqslant (\text{或} =, \text{或} \geqslant) b_q & q = 1,2,\cdots,l \\ \sum_{j=1}^{n} c_{ij} x_j + d_i^- - d_i^+ = e_i & i = 1,2,\cdots,m \\ x_j \geqslant 0 & j = 1,2,\cdots,n \\ d_i^-, d_i^+ \geqslant 0 & i = 1,2,\cdots,m \end{cases}$$

在此模型中有 n 个决策变量，m 个目标，$2m$ 个偏差变量，l 个约束条件。

第二节　目标规划模型的图解法

对于只含有两个决策变量（不计偏差变量的个数）的目标规划模型可以通过图解的方式来求得其满意解。如同线性规划模型一样，对于实际问题而言图解法并不实用，但图解法

却可以使我们进一步了解目标规划解的性质和特点。

目标规划的图解法通常可以分成三个步骤来完成：

（1）首先把绝对约束（系统约束）和非负约束描绘在直角坐标系中，如例7-1中设备A的约束条件。通常绝对约束会形成一块有效的可行区域（类同于线性规划的可行域），则目标规划的满意解应该在这个区域中寻找。

（2）把目标约束描绘在直角坐标系中，这时先不考虑偏差变量的取值，把决策变量表达的直线画出，然后在直线上标示出正负偏差变量取非零值时所引起的直线平移方向。

（3）考虑目标函数所描述的各层次目标的偏差变量，按照优先级的次序，逐级让偏差变量取到零值或尽可能取最小值，从而逐渐缩小搜寻满意解的范围，直到找到模型满意解或满意解的区域。

【例7-2】　用图解法求例7-1的满意解。

解　为叙述及画图方便，将例7-1的目标规划模型中的约束编号如下：

$$\min f = P_1 d_1^- + P_2(d_2^- + d_2^+) + P_3(3d_3^+ + d_4^+)$$

$$\text{s. t.}\begin{cases}4x_1 \leqslant 16 & (a)\\ 3x_1 + 4x_2 + d_1^- - d_1^+ = 15 & (b)\\ x_1 - x_2 + d_2^- - d_2^+ = 0 & (c)\\ x_1 + 2x_2 + d_3^- - d_3^+ = 8 & (d)\\ 4x_2 + d_4^- - d_4^+ = 12 & (e)\\ x_1, x_2 \geqslant 0, d_i^+, d_i^- \geqslant 0, i = 1,2,3,4\end{cases}$$

首先，画出直角坐标系并将绝对约束（a）及非负约束表示在坐标系中，由此形成一块可行区域（在本例中为一开域），模型的满意解就在此区域中，如图7-1阴影部分所示。

然后，将目标规划模型中的目标约束依次画在直角坐标系中，并将每一目标约束的正负偏差方向画出，如图7-1中所示的直线分别代表（b）、（c）、（d）、（e）目标约束。

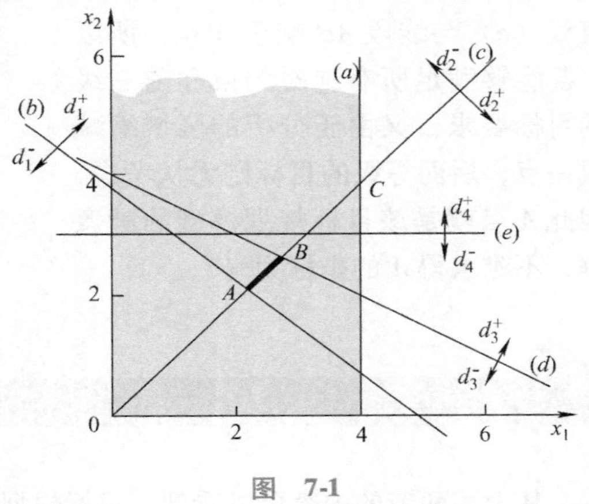

图　7-1

最后，在图中分析目标函数所表达的偏差变量，并依次使各偏差变量达到最小，从而得到问题的满意解。首先，考虑优先等级最高的目标，即 P_1 所代表的利润目标的负偏差 d_1^- 达到最小（等于零）。从图中可以看出在直线（b）的右上方的阴影区域的点都能满足 $d_1^- = 0$，所以问题的解应该在直线（b）右上方阴影区域。再分析第二优先级目标，即 P_2 所描述的产品甲、乙的产量比为1的偏差变量 $d_2^- + d_2^+$。要使得正负偏差都达到最小，最好情况就是在直线（c）上，由此正负偏差变量都等于零，因此（c）直线上 AC 线段的所有点都满足第一、第二级目标的要求。再分析第三优先级的目标，即 P_3 所描述的两类资源（原材料和设备B）的目标约束，这两个目标约束优化的都是正偏差。从图7-1中可以看到，在线段 AC 上满足 $d_3^+ = d_4^+ = 0$ 的是线段 AB，因此，线段 AB 上的任意一点都满足使目标函数中所优化的所有偏差变量都等于零，都是问题的满意解。

【例 7-3】 用图解法求解下面的目标规划模型。

$$\min z = P_1 d_1^- + P_2(d_2^+ + d_2^-) + P_3(d_3^+ + d_3^-) + P_4 d_4^+$$

$$\text{s.t.}\begin{cases} 4x_1 \leqslant 16 & (a)\\ 4x_2 \leqslant 12 & (b)\\ 2x_1 + 3x_2 + d_1^- - d_1^+ = 12 & (c)\\ x_1 - x_2 + d_2^- - d_2^+ = 0 & (d)\\ 2x_1 + 2x_2 + d_3^- - d_3^+ = 12 & (e)\\ x_1 + 2x_2 + d_4^- - d_4^+ = 8 & (f)\\ x_1, x_2, d_i^-, d_i^+ \geqslant 0 \quad (i = 1,2,3,4) \end{cases}$$

解 首先，在直角坐标系中画出绝对约束的直线（a）、（b），从而形成一块可行区域（见图 7-2 中的阴影部分）；再将各个目标约束的直线画在图 7-2 中，并标示出相应偏差变量所指示的方向。

根据图 7-2 分析模型的目标函数，依次考虑各级目标要求：第一级目标要求 d_1^- 最小，因此问题的解存在于阴影区域的右上角（深色阴影部分）；第二级目标要求 d_2^-、d_2^+ 都要最小，因此问题的解应该在直线（d）上，即在线段 AB 上；第三级目标要求 d_3^-、d_3^+ 都要最小，即在直线（e）上，而直线（e）与线段 AB 交于 A 点。所以 A 点能够满足所有绝对约束和前三级的目标要求，又由于分析的区域缩减成一点，后面等级的目标则无从考虑，因此 A 点就是该目标规划模型的满意解，不难求得 A 的坐标为（3，3）。

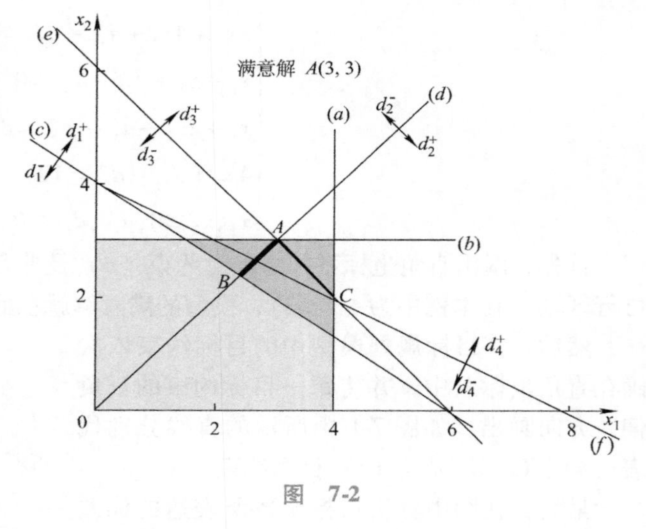

图 7-2

第三节 用单纯形法求解目标规划

从上述两节的内容可以看到，目标规划是描述多目标问题的方法之一，而其表现的形式却是线性规划模型，由此自然可以想到用单纯形法来求解目标规划模型。目标规划的单纯形法并没有什么新内容，关键是要注意以下两点：

（1）线性规划中我们规定的标准型是最大化问题，所以要求其检验数 $c_j - z_j \leqslant 0$；而目标规划均为最小化问题，因此最优性判断应为 $c_j - z_j \geqslant 0$。

（2）目标函数中变量的系数中含有非量化的优先因子 $P_k(k = 1,2,\cdots,k)$，因此，其检验

数行也必为 P_k 的一次多项式。即

$$c_j - z_j = \sum_{k=1}^{k} \alpha_{kj} P_k, (j = 1,2,\cdots,n)$$

根据约定 $P_1 \gg P_2 \gg \cdots \gg P_k$，所以最优性判定 $c_j - z_j$ 的符号首先取决于 P_1 的系数符号，其次取决于 P_2 的系数符号，依次类推。

因此，习惯上将检验数多项式 $\sum \alpha_{kj} P_k$ 分成 l 行表示。第 1 行填写 P_1 的系数 α_{1j}，第 2 行填写 P_2 的系数 α_{2j}，第 l 行填写 P_l 的系数 α_{lj}。这样最优性判定从检验数的第 1 行开始，依次进行，且依其优先级来判定整个检验数的正负。

注意：若遇第 k 行某一系数为负值，要注意当其前面 $k-1$ 行中当前列系数均为 0 时，该列的变量才能作为进基的备选变量。

【例 7-4】 某厂生产两种自行车——3 挡变速车（简称 3 速车）和 10 挡变速车（简称 10 速车)，其单车利润及工时消耗如表 7-2 所示。假定产品销路不成问题，根据公司的要求设定了两个规划目标：第一个目标为利润不低于 600 元，第二个目标为生产设施超时使用时间最少，试求满足这两个目标的最优生产计划。

表 7-2 例 7-4 数据表

	装配/h	检验包装/h	利润/元
3 速车	1	1	15
10 速车	3	1	25
工时限额/h	60	40	

解 设 3 速车的产量为 x_1，10 速车的产量为 x_2。

针对第一个和第二个目标设定优先因子 P_1、P_2，并引入相应的偏差变量，得到其目标规划模型如下：

$$\min z = P_1 d_1^- + P_2(d_2^+ + d_3^+)$$

$$\text{s.t.} \begin{cases} 15x_1 + 25x_2 + d_1^- - d_1^+ = 600 \\ x_1 + 3x_2 + d_2^- - d_2^+ = 60 \\ x_1 + x_2 + d_3^- - d_3^+ = 40 \\ x_j, d_i^-, d_i^+ \geqslant 0 \quad (i = 1,2,3; j = 1,2) \end{cases}$$

列出初始单纯形表并迭代如下，如表 7-3 ~ 表 7-6 所示。

表 7-3 例 7-4 的单纯形表(一)

c_j		0	0	P_1	0	0	P_2	0	P_2		
C_B	X_B	x_1	x_2 ↓	d_1^-	d_1^+	d_2^-	d_2^+	d_3^-	d_3^+	b	θ
P_1	d_1^-	15	25	1	−1	0	0	0	0	600	24
0 ←	d_2^-	1	[3]	0	0	1	−1	0	0	60	20
0	d_3^-	1	1	0	0	0	0	1	−1	40	40
σ_j	P_1	−15	−25	0	1	0	0	0	0		
	P_2	0	0	0	0	0	1	0	1		

表 7-4 例 7-4 的单纯形表(二)

c_j		0	0	P_1	0	0	P_2	0	P_2		
C_B	X_B	x_1	x_2	d_1^-	d_1^+	d_2^-	d_2^+ ↓	d_3^-	d_3^+	b	θ
P_1 ←	d_1^-	20/3	0	1	−1	−25/3	[25/3]	0	0	100	12
0	x_2	1/3	1	0	0	1/3	−1/3	0	0	20	—
0	d_3^-	2/3	0	0	0	−1/3	1/3	1	−1	20	60
σ_j	P_1	−20/3	0	0	1	25/3	−25/3	0	0		
	P_2	0	0	0	0	0	1	0	1		

表 7-5 例 7-4 的单纯形表(三)

c_j		0	0	P_1	0	0	P_2	0	P_2		
C_B	X_B	x_1 ↓	x_2	d_1^-	d_1^+	d_2^-	d_2^+	d_3^-	d_3^+	b	θ
P_2 ←	d_2^+	[4/5]	0	3/25	−3/25	−1	1	0	0	12	15
0	x_2	3/5	1	1/25	−1/25	0	0	0	0	24	40
0	d_3^-	2/5	0	−1/25	1/25	0	0	1	−1	16	40
σ_j	P_1	0	0	1	0	0	0	0	0		
	P_2	−4/5	0	−3/25	3/25	1	0	0	1		

表 7-6 例 7-5 的单纯形表(四)

c_j		0	0	P_1	0	0	P_2	0	P_2		
C_B	X_B	x_1	x_2	d_1^-	d_1^+	d_2^-	d_2^+	d_3^-	d_3^+	b	θ
0	x_1	1	0	3/20	−3/20	−5/4	5/4	0	0	15	
0	x_2	0	1	−1/20	1/20	3/4	−3/4	0	0	15	
0	d_3^-	0	0	−1/10	1/50	1/2	−1/2	1	−1	10	
σ_j	P_1	0	0	1	0	0	0	0	0	0	
	P_2	0	0	0	0	0	1	0	1		

由此得到满意解：$x_1=15$，$x_2=15$，$d_3^-=10$，即两种自行车各生产 15 个单位，检验包装工段空闲 10 h。

第四节 用 Excel 求解目标规划

在第二章中介绍了用 Excel 求解线性规划模型的基本方法，这一方法仍然可以用来求解目标规划模型。但是，由于目标规划模型中含有优先因子，这种优先因子计算机是不能处理的，因此需要采用一种多目标问题逐次优化法的思想来求解目标规划模型，也就是对于每一等级的目标用 Excel 的规划求解命令求解一次，由高到低逐级优化，并且在每次优化时要把高级目标的优化结果作为约束加入到模型中，直到最后一级目标得到优化结果时也就得到了整个目标规划模型的优化结果。

【例 7-5】 用 Excel 求解例 7-4 的满意解。

解 将例 7-4 中的基础数据、变量、目标方程和约束条件格式化到 Excel 界面中。注意到这里的变量包含决策变量和偏差变量两部分，格式化的形式如图 7-3 和图 7-4 所示，且图 7-4 为公式表现形式，其中 Excel 内部函数 SUMPRODUCT（ ）用来求两个或多个同维数组对应元素相乘之后再取和。在图 7-3 和图 7-4 中，灰色底色部分为基础数据，B8 ~ C8 区域为决策变量，E5 ~ F6 以及 E8 ~ F8 区域为偏差变量，双框单元格 F8 为第一级的目标函数。

	A	B	C	D	E	F	G	H	I
1									
2			例7-4 自行车生产计划目标规划模型						
3									
4		3速车	10速车	实际工时	正偏差	负偏差	约束左端	约束符号	目标工时
5	装配	1	3	0			0	=	60
6	检验包装	1	1	0			0	=	40
7	单件利润	15	25	实现利润	正偏差	负偏差	约束左端	约束符号	目标利润
8	决策变量			0			0	=	600

图 7-3

	A	B	C	D	E	F	G	H	I
1									
2			例7-4 自行车生产计划目标规划模型						
3									
4		3速车	10速车	实际工时	正偏差	负偏差	约束左端	符号	目标工时
5	装配	1	3	=SUMPRODUCT(B5:C5,B8:C8)			=D5-E5+F5	=	60
6	检验包装	1	1	=SUMPRODUCT(B6:C6,B8:C8)			=D6-E6+F6	=	40
7	单件利润	15	25	实现利润	正偏差	负偏差	约束左端	符号	目标利润
8	决策变量			=SUMPRODUCT(B7:C7,B8:C8)			=D8-E8+F8	=	600

图 7-4

针对图 7-3 所示的例 7-4 的 Excel 目标规划模型，最高一级优化的目标就是偏差变量 d_1^-，d_1^- 就是第一次优化的目标方程，它在 F8 的位置。根据图 7-3、图 7-4 得到“规划求解参数”窗口，如图 7-5 所示。第一级目标优化的结果如图 7-6 所示，图中显示可以实现第一目标利润的负偏差 $d_1^- = 0$。

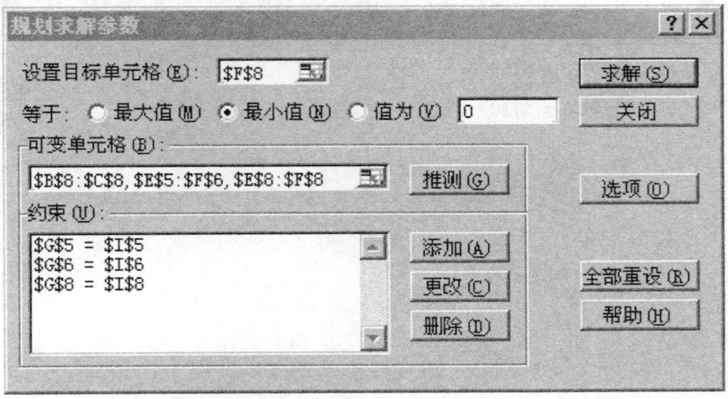

规划求解参数

设置目标单元格(E): $F$8

等于: 最大值(M) 最小值(N) 值为(V) 0

可变单元格(B): $B$8:$C$8,$E$5:$F$6,$E$8:$F$8

约束(U):

$G$5 = $I$5
$G$6 = $I$6
$G$8 = $I$8

求解(S) 关闭 推测(G) 选项(O) 添加(A) 更改(C) 删除(D) 全部重设(R) 帮助(H)

图 7-5

根据图 7-6 第一次优化的结果进行第二次优化（一般有几级目标就需要优化几次）。在第二次优化时将第一次优化的结果 $d_1^- = 0$ 作为约束条件加入到模型中，并设立新的目标函数为第二级目标的要求，即资源利用的正偏差之和达到最小，由此构成了图 7-7 和图 7-8。其中在图 7-7 中新的目标函数在 E9 的位置，其输入的公式为“E5 + E6”，用“规划求解参数窗口”（具体设置见图 7-8）求解得到目标规划，求解的结果如图 7-7 所示。优化的结果为：3 速车和 10 速车各生产 15 个单位，由此可以实现 $d_1^-=0$，$d_2^+=d_3^+=0$，$d_3^-=10$，即检验包装工段空闲 10 h。这个结果与前面手工单纯形法求解的结果是完全一样的。

	A	B	C	D	E	F	G	H	I
1									
2		例7-4 自行车生产计划目标规划模型							
3									
4		3速车	10速车	实际工时	正偏差	负偏差	约束左端	约束符号	目标工时
5	装配	1	3	72	12	0	60	=	60
6	检验包装	1	1	24	0	16	40	=	40
7	单件利润	15	25	实现利润	正偏差	负偏差	约束左端	约束符号	目标利润
8	决策变量	0	24	600	0	0	600	=	600

图 7-6

	A	B	C	D	E	F	G	H	I
1									
2		例7-4 自行车生产计划目标规划模型							
3									
4		3速车	10速车	实际工时	正偏差	负偏差	约束左端	约束符号	目标工时
5	装配	1	3	60	0	0	60	=	60
6	检验包装	1	1	30	0	10	40	=	40
7	单件利润	15	25	实现利润	正偏差	负偏差	约束左端	约束符号	目标利润
8	决策变量	15	15	600	0	0	600	=	600
9	第二次优化目标为实际工时正偏差之和：				0				

图 7-7

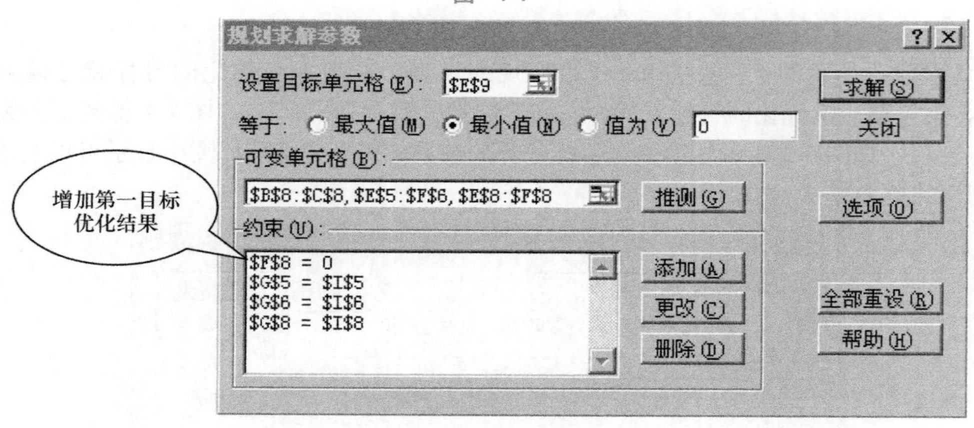

图 7-8

习题

1. 下面是目标规划中的目标函数的若干表达式，试说明其表达逻辑是否正确：

(1) $\max z=d^-+d^+$　　(2) $\min z=d^-+d^+$

(3) $\max z=d^--d^+$　　(4) $\min z=d^--d^+$

2. 用图解法找出下列目标规划问题的满意解：

(1) $\min z=P_1(d_1^-+d_1^+)+P_2(d_2^-+d_2^+)$

$$\text{s.t.}\begin{cases}x_1+x_2 \leqslant 4\\ x_1+2x_2 \leqslant 6\\ 2x_1+3x_2+d_1^- - d_1^+ = 18\\ 3x_1+2x_2+d_2^- - d_2^+ = 18\\ x_1,x_2 \geqslant 0;d_i^-,d_i^+ \geqslant 0,i=1,2\end{cases}$$

(2) $\min z = P_1 d_1^- + P_2 d_2^-$

$$\text{s.t.}\begin{cases}2x_1+x_2 \leqslant 6\\ x_1+2x_2 \leqslant 6\\ 2x_1+3x_2+d_1^- - d_1^+ = 12\\ 3x_1+2x_2+d_2^- - d_2^+ = 12\\ x_1,x_2 \geqslant 0;d_i^-,d_i^+ \geqslant 0,i=1,2\end{cases}$$

(3) $\min z = P_1 d_3^+ + P_2 d_2^- + P_3(d_1^- + d_1^+)$

$$\text{s.t.}\begin{cases}6x_1+2x_2+d_1^- - d_1^+ = 24\\ x_1+x_2+d_2^- - d_2^+ = 5\\ 5x_2+d_3^- - d_3^+ = 15\\ x_1,x_2 \geqslant 0;d_i^-,d_i^+ \geqslant 0,i=1,2,3\end{cases}$$

(4) $\min z = P_1 d_1^+ + P_2 d_2^+ + P_3 d_3^+$

$$\text{s.t.}\begin{cases}-x_1+2x_2+d_1^- - d_1^+ = 4\\ x_1-2x_2+d_2^- - d_2^+ = 4\\ x_1+2x_2+d_3^- - d_3^+ = 8\\ x_1,x_2 \geqslant 0;d_i^-,d_i^+ \geqslant 0,i=1,2,3\end{cases}$$

3. 用单纯形法求解下面目标规划问题的满意解：

(1) $\min z = P_1 d_1^- + P_2 d_2^+ + P_3(d_3^- + d_3^+)$

$$\text{s.t.}\begin{cases}3x_1+x_2+x_3+d_1^- - d_1^+ = 60\\ x_1-x_2+2x_3+d_2^- - d_2^+ = 10\\ x_1+x_2-x_3+d_3^- - d_3^+ = 20\\ x_i,d_i^-,d_i^+ \geqslant 0,i=1,2,3\end{cases}$$

(2) $\min z = P_1 d_1^- + P_2 d_4^+ + 5P_3 d_2^- + 3P_3 d_3^- + P_4 d_1^+$

$$\text{s.t.}\begin{cases}x_1+x_2+d_1^- - d_1^+ = 80\\ x_1+d_2^- - d_2^+ = 60\\ x_2+d_3^- - d_3^+ = 45\\ x_1+x_2+d_4^- - d_4^+ = 90\\ x_1,x_2 \geqslant 0,d_i^-,d_i^+ \geqslant 0,i=1,2,3,4\end{cases}$$

4. 某洗衣机厂装配全自动和半自动两种洗衣机，每装配一台洗衣机需占用装配线 1 h，装配线每周计划开动 48 h，预计市场上每周全自动洗衣机的销量是 27 台，每台可获利

100 元；半自动洗衣机的销量为 35 台，每台可获利 50 元。该厂确立的经营目标如下。

P_1：装配洗衣机的数量尽量满足市场需要。因全自动洗衣机比半自动洗衣机的利润高，所以取全自动洗衣机的权系数为 2，半自动洗衣机的权系数为 1。

P_2：充分利用装配线每周计划开动的 48 h。

P_3：允许装配线加班，但加班时间每周尽量不超过 10 h。

试建立这个问题的目标规划模型。

5. 一个小型无线电广播台考虑如何最好地来安排音乐、新闻和商业节目时间的问题。依据行政许可，允许该台每天广播 12 h，其中商业节目用于营利，每分钟可收入 250 美元，新闻节目每分钟需支出 40 美元，音乐节目每分钟费用为 17.5 美元。行政许可规定，正常情况下商业节目只能占广播时间的 20%，每小时至少安排 5 min 新闻节目，问每天的广播节目该如何安排？优先级如下。

P_1：满足行政许可规定的要求。

P_2：每天的纯收入最大。

试建立该问题的目标规划模型。

6. 某电子计算机工厂制造 A、B、C 三种产品，它们在同一生产线上装配。三种产品的工时消耗分别为 5 h、8 h、12 h。生产线每月正常运转的时间是 170 h。这三种产品的利润分别为每台 1×10^5 元、1.44×10^5 元、2.52×10^5 元。该厂规定的经营目标如下。

P_1：充分利用工时。

P_2：A、B、C 的产量分别不少于 5、5、8 套，并依单位工时的利润比例确定权数。

P_3：生产线的加班时间不超过 20 h/月。

P_4：A、B、C 的月销售指标分别定为 10、12、10 套(依单位工时的利润比例确定权数)。

P_5：加班时间尽可能减少。

试列出该规划问题的目标规划模型。

第八章
动态规划

动态规划是解决多阶段决策过程最优化问题的一种方法。该方法是由美国数学家贝尔曼（R. Bellman）等人在20世纪50年代初提出的。他们针对多阶段决策问题的特点，提出了解决这类问题的最优化原理，并成功地解决了生产管理、工程技术等方面的许多实际问题，从而建立了运筹学的一个新分支——动态规划。

动态规划是现代企业管理中的一种重要决策方法，可用于解决最优路径、资源分配、生产计划与库存、投资、装载、排序等问题以及生产过程的最优控制等。由于其具有独特的解题思路，因而在处理某些优化问题时，比线性规划或非线性规划方法更有效。

第一节　多阶段决策过程的最优化

多阶段决策过程，本意是指这样一类特殊的活动过程，它们可以按时间顺序分解成若干相互联系的阶段，称为“时段”，在每一个时段都要做出决策，全部过程的决策是一个决策序列，所以多阶段决策问题属序贯决策问题。

多阶段决策过程最优化的目标是要达到整个活动过程的总体效果最优。由于各阶段决策间有机地联系着，本阶段决策的执行将影响到下一阶段的决策，以至于影响总体效果，所以决策者在每阶段决策时不应仅考虑本阶段最优，还应考虑对最终目标的影响，从而做出对全局来讲是最优的决策。动态规划就是符合这种要求的一种决策方法。

由上述可知，动态规划方法与“时间”关系很密切，随着时间过程的发展而决定各时段的决策，产生一个决策序列，这就是“动态”的意思。然而它也可以处理与时间无关的静态问题，只要在问题中人为地引入“时段”因素，将问题看成多阶段的决策过程即可。

多阶段决策过程问题很多，现举出以下几个例子。

【例8-1】　生产与存储问题：

某工厂每月需供应市场一定数量的产品，并将剩余产品存入仓库。一般某月适当增加产量可降低生产成本，但超产部分存入仓库会增加库存费用。要求确定一个逐月的生产计划，在满足需求的条件下，使一年的生产与存储费用之和最小。

显然，可以把每个月作为一个阶段，全年分为12个阶段逐次决策。

【例8-2】 投资决策问题：

某公司现有资金Q万元，在今后5年内考虑给A、B、C、D四个项目投资，这些项目投资的回收期限、回报率均不相同，问该公司应如何确定这些项目每年的投资额，使到第5年末拥有资金的本利总额最大？

这是一个5阶段决策问题。

【例8-3】 设备更新问题：

企业在使用设备时都要考虑设备的更新问题，因为设备越陈旧所需的维修费用就越多，但购买新设备则要一次性支出较大的费用。现某企业要决定一台设备未来8年的更新计划，已预测了第j年购买设备的价格为K_j，设G_j为设备经过j年后的残值，C_j为设备连续使用$j-1$年后在第j年的维修费（$j=1, 2, \cdots, 8$），问应在哪年更新设备可使总费用最小？

这是一个8阶段决策问题，每年年初要做出决策，是继续使用旧设备，还是购买新设备。

更多的例子将在后面结合求解介绍。

第二节 动态规划的基本概念和基本原理

一、动态规划的基本概念

使用动态规划方法解决多阶段决策问题，首先要将实际问题写成动态规划模型，此时要用到以下概念：①阶段；②状态；③决策和策略；④状态转移；⑤指标函数。下面结合例题说明这些概念。

【例8-4】 最短路线问题：

如图8-1所示，给定一个线路网络图，要从A地向F地铺设一条输油管道，各点间连线上的数字表示距离，问应选择什么路线，使总距离最短？

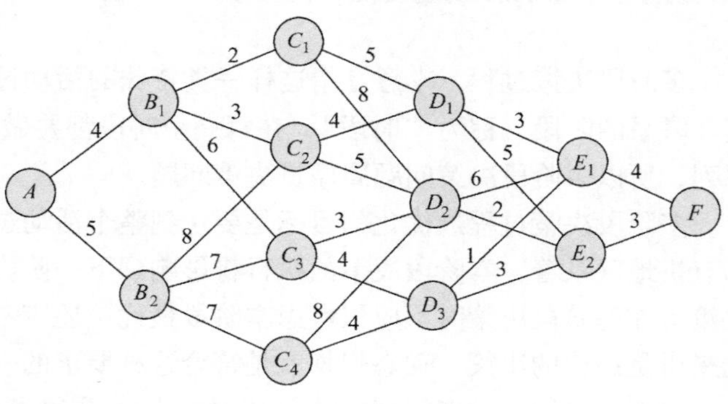

图 8-1

1. 阶段

将所给问题的过程，按时间或空间特征分解成若干互相联系的阶段，以便按次序去求解每阶段的解，每个阶段就是一个子问题，常用字母k表示阶段变量。例8-4中，从A到F可以分成A到B，B到C，C到D，D到E，E到F这5个阶段。即$k=1, 2, \cdots, 5$。

2. 状态

各阶段开始时的客观条件叫作状态。描述各阶段状态的变量称为状态变量，常用s_k表示第k阶段的状态变量，状态变量s_k的取值集合称为状态集合，用S_k表示。

动态规划中的状态应具有如下性质：当某阶段的状态给定以后，在此阶段以后过程的发展不受此阶段以前各阶段状态的影响。也就是说，当前的状态是过去历史的一个完整总结，过程的过去历史只能通过当前状态去影响它未来的发展，这称为无后效性。如果所选定的变量不具备无后效性，就不能作为状态变量来构造动态规划模型。

在例 8-4 中，$S_1 = \{A\}$，$S_3 = \{C_1, C_2, C_3, C_4\}$。

当某阶段的初始状态已选定某个点时，从这个点以后的铺管路线只与该点有关，不受以前的铺管路线影响，所以满足状态的无后效性。

3. 决策和策略

当各段的状态取定以后，就可以做出不同的决策（或选择），从而确定下一阶段的状态，这种决定称为决策。表示决策的变量，称为决策变量，常用 $u_k(s_k)$ 表示第 k 阶段当状态为 s_k 时的决策变量。在实际问题中，决策变量的取值往往限制在一定范围内，我们称此范围为允许决策集合，常用 $D_k(s_k)$ 表示第 k 阶段从状态 s_k 出发的允许决策集合，显然有 $u_k \in D_k(s_k)$。

在例 8-4 中，从第二阶段的状态 B_1 出发，可选择下一段的 C_1、C_2、C_3，即其允许决策集合为

$$D_2(B_1) = \{C_1, C_2, C_3\}$$

如决定选择 C_3，则可表示为

$$u_2(B_1) = C_3$$

各阶段决策确定后，整个问题的决策序列就构成一个策略，用 $p_{1,n}\{u_1(s_1), u_2(s_2), \cdots, u_n(s_n)\}$ 表示。对于每个实际问题，可供选择的策略有一定范围，称为允许策略集合，记作 $p_{1,n}$，使整个问题达到最优效果的策略就是最优策略。

4. 状态转移方程

在动态规划中，本阶段的状态往往是上一阶段状态和上一阶段决策的结果。如果给定了第 k 阶段的状态 s_k，本阶段决策为 $u_k(s_k)$，则第 $k+1$ 阶段的状态 s_{k+1} 也就完全确定。它们的关系可表示为

$$s_{k+1} = T_k(s_k, u_k) \tag{8-1}$$

由于它表示了由 k 阶段到 $k+1$ 阶段的状态转移规律，所以称为状态转移方程。

在例 8-4 中，状态转移方程为

$$s_{k+1} = u_k(s_k)$$

5. 指标函数

用于衡量所选定策略优劣的数量指标称为指标函数。一个 n 阶段决策过程，从 1 到 n 叫作问题的原过程，对于任意一个给定的 $k(1 \leqslant k \leqslant n)$，从第 k 阶段到第 n 阶段的过程称为原过程的一个后部子过程。$V_{1,n}(s_1, p_{1,n})$ 表示初始状态为 s_1 采用策略 $p_{1,n}$ 时原过程的指标函数值，而 $V_{k,n}(s_k, p_{k,n})$ 表示在第 k 阶段，状态为 s_k 采用策略 $p_{k,n}$ 时后部子过程的指标函数值。最优指标函数记为 $f_k(s_k)$，它表示从第 k 阶段状态 s_k 采用最优策略 $p^*_{k,n}$ 到过程终止时的最佳效益值。$f_k(s_k)$ 与 $V_{k,n}(s_k, p_{k,n})$ 间的关系为

$$f_k(s_k) = V_{k,n}(s_k, p^*_{k,n}) = \underset{p_{k,n} \in P_{k,n}}{\text{opt}} V_{k,n}(s_k, p_{k,n}) \tag{8-2}$$

式中，opt 全称 optimize，表示最优化，根据具体问题分别表示为 max 或 min。

当 $k=1$ 时，$f_1(s_1)$ 就是从初始状态 s_1 到全过程结束的整体最优函数。

在例 8-4 中，指标函数是距离。本问题的总目标是求 $f_1(A)$，即从 A 到终点 F 的最短距离。

二、动态规划的基本方程与最优化原理

动态规划方法的基本思路如下：

（1）将多阶段决策过程划分阶段，恰当地选择状态变量、决策变量以定义最优指标函数，从而把问题化成一族同类型的子问题，然后逐个求解。

（2）求解时从边界条件开始，沿逆序过程行进，逐段递推寻优。在求解每一个子问题时，都要使用它前面已求出的子问题的最优结果。最后一个子问题的最优解，就是整个问题的最优解。

（3）动态规划方法是一种既将当前阶段与未来各阶段分开，又把当前效益和未来效益结合起来考虑的最优化方法，因此每阶段的最优决策选取是从全局考虑的，与该阶段的最优选择一般是不同的。

动态规划的基本方程是递推逐段求解的，一般的动态基本方程可以表示为

$$\begin{cases} f_k(s_k) = \underset{u_k \in D_k(s_k)}{\text{opt}} \left[v_k(s_k, u_k) + f_{k+1}(s_{k+1}) \right], \quad k = n, n-1, \cdots, 1 \\ f_{n+1}(s_{n+1}) = 0 \end{cases} \tag{8-3}$$

式中，opt 可根据题意取 min 或 max；$v_k(s_k, u_k)$ 表示状态为 s_k、决策为 u_k 时对应的第 k 阶段的指标函数值，也称第 k 阶段的阶段指标。

动态规划方法基于贝尔曼等人提出的最优化原理，这个最优化原理指出："一个过程的最优策略具有这样的性质，即无论初始状态及初始决策如何，对于先前决策所形成的状态而言，其以后的所有决策应构成最优策略。"

利用这个原理，可以把多阶段决策问题求解过程表示成一个连续的递推过程，由后向前逐步计算。在求解时，前面的各状态与决策，对后面的子过程来说，只相当于初始条件，并不影响后面子过程的最优决策。

下面以最短路问题为例说明动态规划逆序递推过程。

【例 8-5】 图 8-2 为一个运输网络，两点之间连线上的数字表示两点间的距离，试求一条从 A 到 E 的运输线路，使总距离为最短。

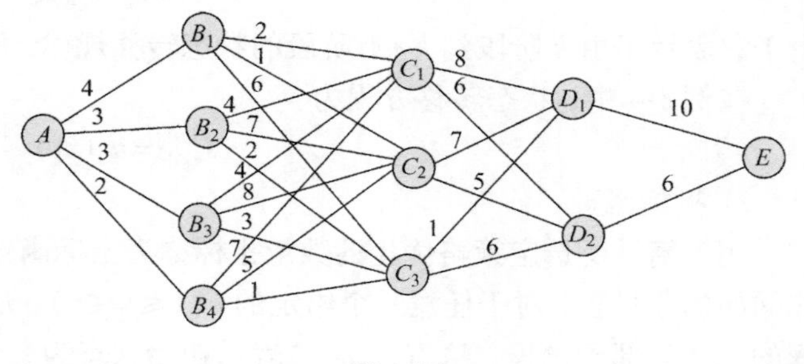

图 8-2

解 本问题可以看作是 4 阶段的动态规划问题，采用逆序递推方法求解。求解过程如表 8-1 ~ 表 8-4 所示。

从第 4 阶段开始，在第 4 阶段中有两个始点 D_1 和 D_2，终点只有一个点 E，这样不管始点是 D_1 还是 D_2，决策只能选择 E，第 4 阶段的结果如表 8-1 所示。

第 3 阶段：

第 3 阶段有三个状态 C_1、C_2 和 C_3，无论处在哪个状态，都有两个选择 D_1 和 D_2，决策

过程如表 8-2 所示。

表 8-1 阶段 4 的计算过程表

阶段 4				
状态	$f_4(s_4)$	$f_4^*(s_4)$	最优决策	最优策略
	E			
D_1	10	10	E	D_1-E
D_2	6	6	E	D_2-E

表 8-2 阶段 3 的计算过程表

阶段 3					
状态	$f_3(s_3)$		$f_3^*(s_3)$	最优决策	最优策略
	D_1	D_2			
C_1	$8+10=18$	$6+6=12$	12	D_2	C_1-D_2-E
C_2	$7+10=17$	$5+6=11$	11	D_2	C_2-D_2-E
C_3	$1+10=11$	$6+6=12$	11	D_1	C_3-D_1-E

同样，第 2 阶段的结果如表 8-3 所示。

表 8-3 阶段 2 的计算过程表

阶段 2						
状态	$f_2(s_2)$			$f_2^*(s_2)$	最优决策	最优策略
	C_1	C_2	C_3			
B_1	$2+12=14$	$1+11=12$	$6+11=17$	12	C_2	$B_1-C_2-D_2-E$
B_2	$4+12=16$	$7+11=18$	$2+11=13$	13	C_3	$B_2-C_3-D_1-E$
B_3	$4+12=16$	$8+11=19$	$3+11=14$	14	C_3	$B_3-C_3-D_1-E$
B_4	$7+12=19$	$5+11=16$	$1+11=12$	12	C_3	$B_4-C_3-D_1-E$

第 1 阶段只有一个状态 A，决策结果如表 8-4 所示。

表 8-4 阶段 1 的计算过程表

阶段 1							
状态	$f_2(s_2)$				$f_1^*(s_1)$	最优决策	最优策略
	B_1	B_2	B_3	B_4			
A	$4+12=16$	$3+13=16$	$3+14=17$	$2+12=14$	14	B_4	$A-B_4-C_3-D_1-E$

这样得到了此问题的最短线路：

$$A-B_4-C_3-D_1-E$$

第三节 动态规划的应用分析

一、资源分配问题

【例 8-6】 某公司拟将某种设备 5 台，分配给甲、乙、丙三个工厂，各工厂利润与设备数量之间的关系如表 8-5 所示，问这 5 台设备应如何分配才能使三个工厂的总利润为最大？

表 8-5　例 8-6 数据表　　(单位：万元)

设备台数 \ 工厂	甲厂	乙厂	丙厂	设备台数 \ 工厂	甲厂	乙厂	丙厂
0	0	0	0	3	9	11	11
1	3	5	4	4	12	11	12
2	7	10	6	5	13	11	12

解　将问题按工厂分为三个阶段，$k=1, 2, 3$。

s_k：给第 k 个工厂分配时拥有的设备数，$s_1=5$；

u_k：分配给第 k 个工厂的设备数，$s_2=s_1-u_1$，$s_3=s_2-u_2$。

先从第 3 阶段开始计算。

$k=3$ 时：

显然将 $s_3=0, 1, 2, 3, 4, 5$ 台设备分配给第三个工厂，即工厂丙，第 3 阶段的指标函数值就是第 3 阶段的阶段指标：

$$f_3^*(s_3)=\max\{v_3(s_3,u_3)+f_4(s_4)\}=\max\{v_3(s_3,u_3)\}$$

计算过程及结果如表 8-6 所示。

表 8-6　阶段 3 的计算过程表

s_3 \ u_3	$v_3(s_3,u_3)$						$f_3^*(s_3)$	u_3^*
	0	1	2	3	4	5		
0	0						0	0
1		4					4	1
2			6				6	2
3				11			11	3
4					12		12	4
5						12	12	5

$k=2$ 时：

将 $s_2=0, 1, 2, 3, 4, 5$ 台设备的部分分配给第二个工厂，即工厂乙，第 2 阶段的指标函数值就是第 2 阶段的阶段指标与第 3 阶段最优指标函数之和：

$$f_2^*(s_2)=\max\{v_2(s_2,u_2)+f_3^*(s_3)\}$$

计算过程及结果如表 8-7 所示。

表 8-7　阶段 2 的计算过程表

s_2 \ u_2	$v_2(s_2,u_2)+f_3^*(s_3)$						$f_2^*(s_2)$	u_2^*
	0	1	2	3	4	5		
0	0+0						0	0
1	0+4	5+0					5	1
2	0+6	5+4	10+0				10	2
3	0+11	5+6	10+4	11+0			14	2
4	0+12	5+11	10+6	11+4	11+0		16	1,2
5	0+12	5+12	10+11	11+6	11+4	11+0	21	2

$k=1$ 时：

将 $s_1=5$ 台设备的部分分配给第一个工厂，即工厂甲，第 1 阶段的指标函数值就是第 1 阶段的阶段指标与第 2 阶段最优指标函数之和：

$$f_1^*(s_1)=\max\{v_1(s_1,u_1)+f_2^*(s_2)\}$$

计算过程及结果如表 8-8 所示。

表 8-8 阶段 1 的计算过程表

u_1 / s_1	$v_1(s_1,u_1)+f_2^*(s_2)$						$f_1^*(s_1)$	u_1^*
	0	1	2	3	4	5		
5	0+21	3+16	7+14	9+10	12+5	13+0	21	0,2

由此可知最优分配方案有两个：（0，2，3）、（2，2，1）。

这两种分配方案都能得到最大总利润 21 万元。

二、机器负荷分配问题

【例 8-7】 一种机器能在高、低两种不同的负荷状态下工作。设机器在高负荷下工作时，产量函数为 $P_1=8u_1$，其中 u_1 为高负荷状态下工作的机器数量，年完好率为 $a=0.7$，即到年底有 70% 的机器保持完好。在低负荷下生产时，产量函数为 $P_2=5u_2$，其中 u_2 为低负荷状态下工作的机器数量，年完好率为 $b=0.9$，即到年底有 90% 的机器保持完好。设开始生产时共有 1000 台完好机器，问每年应该如何把完好的机器分配到高、低两种负荷下生产，才使得 5 年内生产的产品总产量最高？

解 建立动态规划模型如下。

阶段 k：每年为 1 个阶段，$k=1,2,3,4,5$；

状态 s_k：第 k 年（阶段）初拥有的完好设备数量，$s_1=1000$；

决策变量 u_k：第 k 年（阶段）分配给高负荷状态下生产的机器数量，则 (s_k-u_k) 为分配给低负荷生产的机器数量；

状态转移方程：

$$s_{k+1}=0.7u_k+0.9(s_k-u_k)$$

阶段指标 $v_k(s_k,u_k)$：表示第 k 年(阶段)的总产量

$$v_k(s_k,u_k)=8u_k+5(s_k-u_k)$$

最优指标函数 $f_k(s_k)$：表示第 k 年(阶段)到第 5 年的最高总产量

$$f_k(s_k)=\max\{v_k(s_k,u_k)+f_{k+1}(s_{k+1})\}$$

$$f_6(s_6)=0$$

$k=5$，第 5 年：

$$f_5(s_5)=\max_{0\leqslant u_5\leqslant s_5}\{8u_5+5(s_5-u_5)+f_6(s_6)\}=\max_{0\leqslant u_5\leqslant s_5}\{3u_5+5s_5\}$$

故有 $u_5^*=s_5$，$f_5(s_5)=8s_5$。

$k=4$，第 4 年：

$$\begin{aligned}f_4(s_4)&=\max_{0\leqslant u_4\leqslant s_4}\{8u_4+5(s_4-u_4)+f_5(s_5)\}\\&=\max_{0\leqslant u_4\leqslant s_4}\{8u_4+5(s_4-u_4)+8s_5\}\end{aligned}$$

$$= \max_{0 \leq u_4 \leq s_4} \{8u_4 + 5(s_4 - u_4) + 8[0.7u_4 + 0.9(s_4 - u_4)]\}$$
$$= \max_{0 \leq u_4 \leq s_4} \{13.6u_4 + 12.2(s_4 - u_4)\}$$

故有 $u_4^* = s_4, f_4(s_4) = 13.6s_4$。

依此类推，可得：

$$u_3^* = s_3, f_3(s_3) = 17.5s_3$$
$$u_2^* = 0, f_2(s_2) = 20.75s_2$$
$$u_1^* = 0, f_1(s_1) = 23.72s_1$$

因为初期共有完好机器1000台，即 $s_1 = 1000$，有 $f_1(s_1) = 23720$，即5年最大总产量为23720件。

最优机器负荷分配方案为前两年全部低负荷运转，后3年全部高负荷运转。

下面确定每年初的状态，按照从前向后的顺序依次计算出每年年初完好机器数量。已知 $s_1 = 1000$，根据状态转移方程，有：

$$s_2 = 0.7u_1 + 0.9(s_1 - u_1) = 0.9s_1 = 900$$
$$s_3 = 0.7u_2 + 0.9(s_2 - u_2) = 0.9s_2 = 810$$
$$s_4 = 0.7u_3 + 0.9(s_3 - u_3) = 0.7s_3 = 567$$
$$s_5 = 0.7u_4 + 0.9(s_4 - u_4) = 0.7s_4 = 397$$
$$s_6 = 0.7u_5 + 0.9(s_5 - u_5) = 0.7s_5 = 278$$

三、生产与存储问题

【例8-8】 某公司生产某产品，该产品1~4月份的需求如表8-9所示，生产成本随着产量而变化，如表8-10所示，每月最大生产能力为4件，每件产品每月的存储费为1000元，仓库的最大存储能力为3件，知道1月初该产品库存1件，要求在4月末库存为零。问该公司应如何制订生产计划，使得四个月的生产成本和存储总费用最少？

表8-9 1~4月份的需求量

月份 k	需求量 d_k/件
1	2
2	4
3	1
4	3

表8-10 生产成本

生产件数	总成本/千元
0	0
1	6
2	8
3	9
4	10

解 按月份来划分阶段，第 k 个月为第 k 阶段，$k = 1, 2, 3, 4$。

设 s_k 为第 k 阶段初库存量，$s_1 = 1$；

u_k 为第 k 阶段的生产量；

d_k 为第 k 阶段需求量。

状态转移方程为

$$s_{k+1} = s_k + u_k - d_k$$

因为 $s_5 = 0$，故有：

$$0 = s_4 + u_4 - d_4$$

由于必须满足需求，则有

$$s_k + u_k \geqslant d_k$$

即
$$u_k \geqslant d_k - s_k$$

另一方面，第 k 阶段的生产量 u_k 既不能大于同期的生产能力 4，也不小于第 k 阶段至第 4 阶段的需求之和与第 k 阶段初库存量之差，故有：

$$u_k \leqslant \min\left\{ \left(\sum_{i=k}^{4} d_i \right) - s_k, 4 \right\}$$

下面从 $k=4$ 开始计算。

$k=4$ 时：

$$f_4(s_4) = \min_{u_4}\{v_4(s_4, u_4)\} = \min\{c_4(u_4) + h_4(s_4, u_4)\}$$

其中，$c_k(u_k)$、$h_k(s_k, u_k)$ 分别为第 k 阶段的生产成本与存储费用。

由于第 4 阶段月末要求库存为 0，即有存储费为 0，这样可得：

$$f_4(s_4) = c_4(3 - s_4)$$

计算结果如表 8-11 所示。

表 8-11 阶段 4 的计算过程表

s_4 \ u_4	$v_4(s_4, u_4)$				$f_4(s_4)$	u_4^*
	0	1	2	3		
0				9	9	3
1			8		8	2
2		6			6	1
3	0				0	0

$k=3$ 时：

$$f_3(s_3) = \min\{v_3(s_3, u_3) + f_4(s_4)\}$$
$$= \min_{1 - s_3 \leqslant u_3 \leqslant \min\{4 - s_3, 4\}} [c_3(u_3) + 1 \times (s_3 + u_3 - 1) + f_4(s_4)]$$

计算过程与结果如表 8-12 所示。

表 8-12 阶段 3 的计算过程表

s_3 \ u_3	$v_3(s_3, u_3) + f_4(s_4)$					$f_3(s_3)$	u_3^*
	0	1	2	3	4		
0		6 +0 +9	8 +1 +8	9 +2 +6	10 +3 +0	13	4
1	0 +0 +9	6 +1 +8	8 +2 +6	9 +3 +0		9	0
2	0 +1 +8	6 +2 +6	8 +3 +0			9	0
3	0 +2 +6	6 +3 +0				8	0

$k=2$ 时：

$$f_2(s_2) = \min\{v_2(s_2, u_2) + f_3(s_3)\}$$
$$= \min_{4 - s_2 \leqslant u_2 \leqslant \min\{8 - s_2, 4\}} [c_2(u_2) + 1 \times (s_2 + u_2 - 4) + f_3(s_3)]$$

计算过程与结果如表 8-13 所示。

表 8-13 阶段 2 的计算过程表

s_2 \ u_2	$v_2(s_2,u_2)+f_3(s_3)$					$f_2(s_2)$	u_2^*
	0	1	2	3	4		
0					10+0+13	23	4
1				9+0+13	10+1+9	20	4
2			8+0+13	9+1+9	10+2+9	19	3
3		6+0+13	8+1+9	9+2+9	10+3+8	18	2

$k=1$ 时：

因为 $d=2$，$s_1=1$，故有：

$$f_1(s_1)=\min_{1\leqslant u_1\leqslant 4}\{v_1(s_1,u_1)+f_2(s_2)\}$$

计算过程与结果如表 8-14 所示。

表 8-14 阶段 1 的计算过程表

s_1 \ u_1	$v_1(s_1,u_1)+f_2(s_2)$					$f_1(s_1)$	u_1^*
	0	1	2	3	4		
1		6+0+23	8+1+20	9+2+19	10+3+18	29	1,2

按阶段顺序递推得到两组最优解：(1，4，4，0)、(2，4，0，3)，这时有最低总成本 29000 元。

四、系统可靠性问题

【例 8-9】 某科研项目由三个小组用不同的手段分别研究，它们失败的概率分别为 0.40、0.60、0.80。为了减少三个小组都失败的可能性，现决定给三个小组增拨 2 万元经费，各小组增拨经费后的失败概率如表 8-15 所示。问如何分配新增的科研经费才能使三个小组都失败的概率最小？(三个小组相互独立)

表 8-15 各小组增拨经费后的失败概率表

增拨经费/万元	小组		
	1	2	3
0	0.40	0.60	0.80
1	0.20	0.40	0.50
2	0.15	0.20	0.30

解 设：

阶段：每个小组为一个阶段，$k=1，2，3$；

状态 s_k：在给阶段 k 分配经费前拥有的经费数；

决策 u_k：给阶段 k 分配的经费数；

阶段指标 $v_k(s_k，u_k)$：阶段 k 分配经费 u_k 后失败的概率；

最优指标函数 $f_k(s_k)$：从阶段 k 至阶段 3 都失败的最小概率；

逆序递推方程：

$$f_k(s_k)=\min\{v_k(s_k,\ u_k)f_{k+1}(s_{k+1})\}$$

$$f_4(s_4)=1$$

当 $k=3$ 时，计算过程与结果如表 8-16 所示。

表 8-16　阶段 3 的计算过程表

s_3	$f_3(s_3)$	u_3^*
0	0.80	0
1	0.50	1
2	0.30	2

当 $k=2$ 时，计算过程与结果如表 8-17 所示。

表 8-17　阶段 2 的计算过程表

s_2 \ u_2	$v_2(s_2,u_2)f_3(s_3)$			$f_2(s_2)$	u_2^*
	0	1	2		
0	0.6×0.8			0.48	0
1	0.6×0.5	0.4×0.8		0.30	0
2	0.6×0.3	0.4×0.5	0.2×0.8	0.16	2

当 $k=1$ 时，计算过程与结果如表 8-18 所示。

表 8-18　阶段 1 的计算过程表

s_1 \ u_1	$v_1(s_1,u_1)f_2(s_2)$			$f_1(s_1)$	u_1^*
	0	1	2		
2	0.4×0.16	0.2×0.3	0.15×0.48	0.06	1

最优解为 $u^*=(1,0,1)$；科研项目最终失败的最小概率为 0.06。

五、设备更新问题

企业中经常会遇到因设备陈旧或损坏需要更新的问题。从经济上分析，一台设备应该使用多少年更新最合适，这就是设备更新问题。设备更新问题的一般提法：在已知一台设备的效益函数 $r(t)$、维修费用函数 $u(t)$ 及更新费用函数 $c(t)$ 的条件下，要求在 n 年内的每年年初做出决策，是继续使用旧设备还是更换一台新设备，使得 n 年总效益最大。

设 $r_k(t)$：在第 k 年役龄为 t 年的设备再使用 1 年时的效益；

$u_k(t)$：在第 k 年役龄为 t 年的设备再使用 1 年时的维修费用；

$c_k(t)$：在第 k 年役龄为 t 年的设备的更新费用；

α 为折扣因子($0\leqslant\alpha\leqslant1$)，表示一年以后的单位收入价值相当于现年的 α 单位。

【例 8-10】 设某台新设备的年效益及年均维修费、更新费如表 8-19 所示。试确定今后 5 年内的更新策略，使总收益最大。(设 $\alpha=1$)

表 8-19　年效益及年均维修费、更新费　（单位：万元）

项目 \ 役龄	0	1	2	3	4	5
效益 $r_k(t)$	5	4.5	4	3.75	3	2.5
维修费 $u_k(t)$	0.5	1	1.5	2	2.5	3
更新费 $c_k(t)$	0.5	1.5	2.2	2.5	3	3.5

解 建立动态规划模型。

阶段 $k(k=1, 2, 3, 4, 5)$：表示计划年限；

状态变量 s_k：在第 k 年设备的役龄；

决策变量 x_k：$x_k=0$ 表示在第 k 年初更新(R)设备；$x_k=1$ 表示在第 k 年继续使用(K)役龄为 t 年的设备。

状态转移方程：$s_{k+1}=x_k s_k+1$

阶段指标：$v_k(s_k, x_k)=r_k(s_k)-u_k(s_k)-(1-x_k)c_k(s_k)$

最优指标函数：$\begin{cases} f_k(s_k)=\max\{v_k(s_k, x_k)+\alpha f_{k+1}(s_{k+1})\} \\ f_{n+1}(s_{n+1})=0 \end{cases}$

求解此题。

$k=5$ 时：

$$f_5(s_5)=\max\begin{cases} r_5(s_5)-u_5(s_5) & x_5=1 \\ r_5(0)-u_5(0)-c_5(s_5) & x_5=0 \end{cases}$$

s_5 可取 1、2、3、4。

$$f_5(1)=\max\begin{Bmatrix} 4.5-1 \\ 5-0.5-1.5 \end{Bmatrix}=3.5 \qquad x_5(1)=1$$

$$f_5(2)=\max\begin{Bmatrix} 4-1.5 \\ 5-0.5-2.2 \end{Bmatrix}=2.5 \qquad x_5(2)=1$$

$$f_5(3)=\max\begin{Bmatrix} 3.75-2 \\ 5-0.5-2.5 \end{Bmatrix}=2 \qquad x_5(3)=0$$

$$f_5(4)=\max\begin{Bmatrix} 3-2.5 \\ 5-0.5-3 \end{Bmatrix}=1.5 \qquad x_5(4)=0$$

$k=4$ 时：

$$f_4(s_4)=\max\begin{cases} r_4(s_4)-u_4(s_4)+f_5(s_4+1) & x_4=1 \\ r_4(0)-u_4(0)-c(s_4)+f_5(1) & x_4=0 \end{cases}$$

s_4 可取 1、2、3。

$$f_4(1)=\max\begin{Bmatrix} 4.5-1+2.5 \\ 5-0.5-1.5+3.5 \end{Bmatrix}=6.5 \qquad x_4(1)=0$$

$$f_4(2)=\max\begin{Bmatrix} 4-1.5+2 \\ 5-0.5-2.2+3.5 \end{Bmatrix}=5.8 \qquad x_4(2)=0$$

$$f_4(3)=\max\begin{Bmatrix} 3.75-2+1.5 \\ 5-0.5-2.5+3.5 \end{Bmatrix}=5.5 \qquad x_4(3)=0$$

$k=3$ 时：

$$f_3(s_3)=\max\begin{cases} r_3(s_3)-u_3(s_3)+f_4(s_3+1) & x_3=1 \\ r_3(0)-u_3(0)-c_3(s_3)+f_4(1) & x_3=0 \end{cases}$$

s_3 可取 1、2。

$$f_3(1)=\max\begin{Bmatrix} 4.5-1+5.8 \\ 5-0.5-1.5+6.5 \end{Bmatrix}=9.5 \qquad x_3(1)=0$$

$$f_3(2)=\max\begin{Bmatrix}4-1.5+5.5\\5-0.5-2.2+6.5\end{Bmatrix}=8.8 \qquad x_3(2)=0$$

$k=2$ 时：

$$f_2(s_2)=\max\begin{cases}r_2(s_2)-u_2(s_2)+f_3(s_2+1) & x_2=1\\r_2(0)-u_2(0)-c_2(s_2)+f_3(1) & x_2=0\end{cases}$$

s_2 只取1。

$$f_2(1)=\max\begin{Bmatrix}4.5-1+8.8\\5-0.5-1.5+9.5\end{Bmatrix}=12.5 \qquad x_2(1)=0$$

$k=1$ 时：

$$f_1(s_1)=\max\begin{cases}r_1(s_1)-u_1(s_1)+f_2(s_1+1) & x_1=1\\r_1(0)-u_1(0)-c_1(s_1)+f_2(1) & x_1=0\end{cases}$$

s_1 只取0。

$$f_1(0)=\max\begin{Bmatrix}5-0.5+12.5\\5-0.5-0.5+12.5\end{Bmatrix}=17 \qquad x_1(0)=1$$

本例最优策略为（1，0，0，0，1），即第1年初购买的设备到第2、3、4年初各更新一次，用到第5年末，其总效益最大为17万元。

六、随机采购问题

【例8-11】 某公司打算在5周内采购一批原料，未来5周内的原料价格有三种，这些价格出现的概率可以估计，如表8-20所示。由于生产需要，必须在5周内采购这批原料。如果第一周价格高，可以等到第2周；同样，第2周如果价格仍不满意，可以等到第3周；类似地，未来几周都可能选择购买或等待，但必须保证第5周时采购了该原料。问应该选择哪种采购方案，才能使得采购费用最小？

表8-20 价格概率

价格	概率	价格	概率
500	0.3	700	0.4
600	0.3		

解 建立动态规划模型。

阶段 $k=1,2,3,4,5$（每周为一个阶段）；

状态变量 s_k：第 k 周的价格；

决策变量 x_k：表示第 k 周是否购买，$x_k=1$ 采购；$x_k=0$ 表示等待。

用 s_k^E 表示第 k 周等待，而在以后采购最优决策时采购价格的期望值。

根据定义，$s_k^E=Ef_{k+1}(s_{k+1})=0.3f_{k+1}(500)+0.3f_{k+1}(600)+0.4f_{k+1}(700)$。

动态规划基本方程如下：

$$f_k(s_k)=\min\{s_k,s_k^E\}$$

$k=5$ 时：

因为如果前4周都没有购买，那么第5周必须购买，因此有 $f_5(s_5)=s_5$，即$f_5(500)=500$，$f_5(600)=600$，$f_5(700)=700$。

$k=4$ 时：

如果第 4 周购买，则需花费 s_4；如果不买，则必须在第 5 周购买。在第 5 周采购的费用的期望值为

$$\begin{aligned} s_4^E &= 0.3f_5(500)+0.3f_5(600)+0.4f_5(700) \\ &= 0.3\times500+0.3\times600+0.4\times700=610 \end{aligned}$$

于是 $f_4(s_4)=\min\{s_4,s_4^E\}=\min\{s_4,610\}$，有：

$$f_4(s_4)=\begin{cases}500，当\ s_4=500\\600，当\ s_4=600\\610，当\ s_4=700\end{cases}$$

故第 4 周的最优决策为

$$x_4=\begin{cases}1，当\ s_4=500\ 或\ 600\\0，当\ s_4=700\end{cases}$$

$k=3$ 时：

如果第 3 周购买，则需花费 s_3；如果不买，则必须在第 4 周购买。在第 4 周采购费用的期望值为

$$\begin{aligned} s_3^E &= 0.3f_4(500)+0.3f_4(600)+0.4f_4(700) \\ &= 0.3\times500+0.3\times600+0.4\times610=574 \end{aligned}$$

于是 $f_3(s_3)=\min\{s_3,s_3^E\}=\min\{s_3,574\}$，有：

$$f_3(s_3)=\begin{cases}500，当\ s_3=500\\574，当\ s_3=600\ 或\ 700\end{cases}$$

故第 3 周的最优决策为

$$x_3=\begin{cases}1，当\ s_3=500\\0，当\ s_3=600\ 或\ 700\end{cases}$$

$k=2$ 时：

同理可得

$$f_2(s_2)=\begin{cases}500，当\ s_2=500\\551，当\ s_2=600\ 或\ 700\end{cases}$$

故第 2 周的最优决策为

$$x_2=\begin{cases}1，当\ s_2=500\\0，当\ s_2=600\ 或\ 700\end{cases}$$

$k=1$ 时：

同理可得

$$f_1(s_1)=\begin{cases}500，当\ s_1=500\\535.26，当\ s_1=600\ 或\ 700\end{cases}$$

故第 1 周的最优决策为

$$x_1=\begin{cases}1，当\ s_1=500\\0，当\ s_1=600\ 或\ 700\end{cases}$$

由上可知，最优的采购策略为：在第 2、3 周的价格为 500 时，应该立即购买，否则等

待；在第4周时，若市场价格为500或600时，应该采购，否则等待。若等到第5周，无论价格多少，只能采购。

习题

1. 某公司打算向三个营业区增设6个销售店，每个营业区至少增设一个，各区赚取的利润与增设的销售店个数有关，其数据如表8-21所示。试求各区应分配几个增设的销售店，才能使总利润最大？其值是多少？

表8-21 习题1数据表 （单位：万元）

销售店增加数	A区利润	B区利润	C区利润	销售店增加数	A区利润	B区利润	C区利润
0	100	200	150	3	330	225	180
1	200	210	160	4	340	230	200
2	280	220	170				

2. 设某种肥料共6个单位重量，准备供给4块粮田用。其每块田施肥数量与粮食增产的关系如表8-22所示。试求对每块田施多少单位重量的肥料，才能使总的增产粮食最多？

表8-22 习题2数据表

施肥 \ 粮田	1	2	3	4	施肥 \ 粮田	1	2	3	4
0	0	0	0	0	4	75	65	78	74
1	20	25	18	28	5	85	70	90	80
2	42	45	39	47	6	90	73	95	85
3	60	57	61	65					

3. 某工厂有100台机器，拟分4个周期使用，在每一个周期有两种生产任务，据经验，投入第一种生产任务的机器在一个周期中将有1/3的报废率，每台机器可收益10；剩下的机器全部投入第二种生产任务，报废率1/10，每台机器的收益为7。问如何分配机器，使总收益最大？

4. 如图8-3所示，给定一个线路网络图，要从A地向F地铺设一条输油管道，各点间连线上的数字表示距离，问应选择什么路线，可使总距离最短？

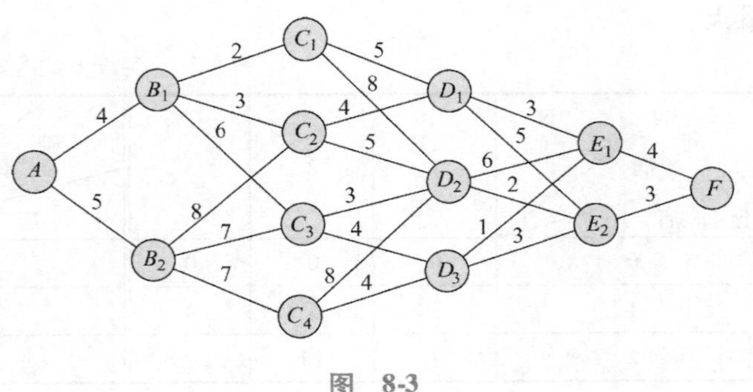

图 8-3

5. 设某企业在今后5年内需使用一台机器，该种机器的年收入、年运行费及每年年初一次性更新费用随机器的役龄变化如表8-23所示。该企业现有一台役龄为1年的旧机器，试制订最优更新计划，使在5年内的总收入达到最大。($\alpha=1$)

表 8-23 习题 5 数据表

役龄	0	1	2	3	4	5
年收入	20	19	18	16	14	10
运行费	4	4	6	6	9	10
更新费	25	27	30	32	35	36

6. 某公司有资金400 万元，向 *A*、*B*、*C* 三个项目追加投资，三个项目可以有不同的投资额度，相应的效益值如表 8-24 所示，问如何分配资金，才能使得总效益值最大？

7. 某公司与用户签订了 4 个月的交货合同如表 8-25 所示。

该公司的最大生产能力为每月 4 百台，该厂的存货能力为 3 百台。已知每百台的生产费用为 20000 元，在进行生产的月份，工厂要支出固定费用 8000 元，仓库的保管费用每百台每月 2000 元，假定开始时及 4 月交货后都无存货，问各月应生产多少台产品，才能满足在完成交货任务的前提下，使得总费用最少？

表 8-24 习题 6 效益值表

效益值/万元 \ 投资额/百万元 \ 项目	0	1	2	3	4
A	47	51	59	71	76
B	49	52	61	71	78
C	46	70	76	88	88

表 8-25 习题 7 交货合同数据表

月 份	合同数量/百台
1	1
2	2
3	5
4	3

8. 某港口有某种装卸设备 125 台，根据估计，这种设备 5 年后将被其他新设备所代替。如该设备在高负荷下工作，年损坏率为 50%，年利润为 10 万元；如在低负荷下工作，年损坏率为 20%，年利润为 6 万元。问应如何安排这些装卸设备的生产负荷，才能使得 5 年内获得的利润最大？

9. 某快餐店计划在某城市的 3 个区建立 5 个分店。由于各个区的地理位置、交通状况以及居民的构成等因素不同，因此各区的经营状况也有差异。经营者通过市场调查后，估计了在不同区建立分店的利润，如表 8-26 所示。试问在各区应建立多少分店，使得总利润最大？

表 8-26 习题 9 数据表

利润 \ 区 \ 分店	1	2	3	利润 \ 区 \ 分店	1	2	3
0	0	0	0	3	12	14	9
1	3	5	4	4	14	16	10
2	7	10	7	5	15	16	11

10. 某企业欲采购一种设备，以保证第 6 周的需要。根据过去的采购经验，预计该设备今后每周的价格如表 8-27 所示。问如何制订采购策略，才能使该设备的采购价格最低？

11. 某销售企业代销某种商品。该企业的仓库容量为 900 件。该企业每月初订货，月底到货。企业决定自己的代销数量。已知 1 ~4 月份单位货物的采购成本以及销售价格如表 8-

28 所示。1 月初库存为 200 件，试安排每个月的采购量和代销数量，使得 4 个月的总利润最大。

表 8-27 习题 10 数据表

价格/(元/台)	概　率
500	0.25
550	0.35
600	0.4

表 8-28 习题 11 成本及价格表

月份	采购成本/(元/件)	销售价格/(元/件)
1	40	45
2	38	42
3	40	40
4	42	41

第九章 图与网络优化

图与网络是日常生活和经济活动中经常遇到的一种现象，也是工程与技术领域经常采用的一种手段，对图与网络的优化就是要寻求图与网络中解决问题的最佳途径。在本章中主要介绍最小树问题、最短路问题、最大流问题。除此之外，还介绍用 Excel 进行网络优化的方法。

第一节 图与树

一、图的相关概念

在实际生产、生活和工程中，经常遇到用点和线在纸上展现一事物同其他事物之间关系或联系的问题。如铁路交通图、公路交通图、城市旅游图等，其中的点代表城市或停站点，而线则代表两城市或两站点之间的铁路线或公路线；再如有若干球队参加的球类比赛，有各种各样的比赛安排方式，淘汰赛、循环赛及其组合等，可以在纸上以点表示参赛队，以线表示各队之间的比赛关系，将所采用的赛制表现出来；再如电话线路图、电气配置图、煤气管道图、航空线路图等。

把这些点和线所反映的具体物理含义抽掉，就是由点集合和线集合所构成的一个图形，从理论上来探讨这些点和线之间的关系及其所具有的特性，就是图论所要研究的内容。这里仅就其几个简单的与管理优化有关的概念和形式进行讨论。

为了区别两类不同性质的图，把两点之间不带箭头的连线称为边，把两点之间带箭头的连线称为弧。

1. 图

所谓图，就是点和边的组合，记之为 $G=(V,\ E)$，其中 V 为点的集合，E 为边的集合，有时也称这样的图为无向图。

相应地，如果一个图 D 是由点和弧所构成的，则称之为有向图，记之为 $D=(V,A)$，其中 V 是点的集合，A 是弧的集合。如图 9-1 所示为一个无向图，其中

点集：$V=\{v_1,v_2,v_3,v_4\}$

边集：$E=\{e_1,e_2,e_3,e_4,e_5,e_6,e_7\}$

任一条边 $e_l=(v_i,v_j)\in E$，则称 v_i、v_j 是边 e_l 的端点，点 v_i 和点 v_j 为相邻的点，边 e_l 称为点 v_i 和点 v_j 的关联边。若某条边的两个端点相同，则称该边为环，图 9-1 中的 e_7 为一个环。若两个端点之间有多于一条的边，则称为多重边，如图 9-1 中的 e_4、e_5 的端点相同，故为多重边。

简单图：一个无环、无多重边的图称为简单图。

多重图：一个无环但有多重边的图称为多重图。

2. 次的概念

以点 v_i 为端点的边的个数称为点 v_i 的次，记为 $d(v_i)$。次为奇数的点，称之为奇点；次为偶数的点，称之为偶点；次为 1 的点，称之为悬挂点；次为 0 的点，称之为孤立点。

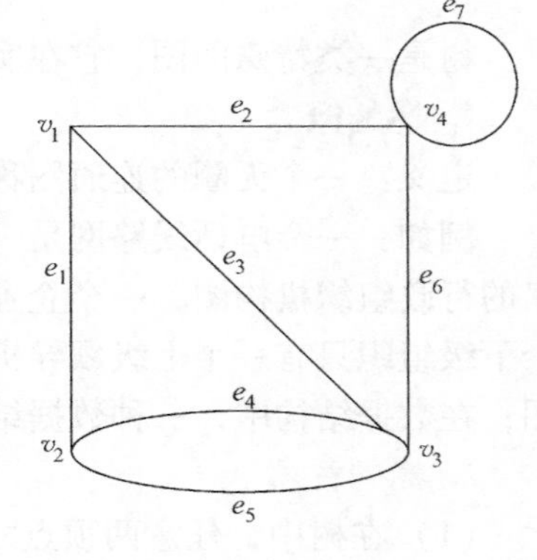

图 9-1

【定理 9-1】 图 G 中所有端点次的和等于边数的二倍。即

$$\sum_{v\in V} d(v) = 2q$$

这是显而易见的，一条边连接两个点，每增加一条边图的次数增加 2，所以图的次之和等于边数的两倍。式中 q 为图的边数。

【定理 9-2】 任一图中奇点的个数必为偶数。

证明 将图中点分为奇点和偶点两个点集分别记为 V_1 和 V_2，由定理 9-1 有：

$$\sum_{v\in V_1} d(v) + \sum_{v\in V_2} d(v) = \sum_{v\in V} d(v) = 2q$$

因 $\sum\limits_{v\in V} d(v)$ 是偶数，$\sum\limits_{v\in V_2} d(v)$ 也是偶数，故 $\sum\limits_{v\in V_1} d(v)$ 也必是偶数。

因此 V_1 的个数一定是偶数。

3. 连通图

对于一个给定的图 $G=(V, E)$，若其中一点 v_{i_1} 沿边、点的交错集合 $(v_{i_1}, e_{i_1}, v_{i_2}, e_{i_2}, \cdots, e_{i_{k-1}}, v_{i_k})$ 到达另一点 v_{i_k}，则称其中的边集 $(e_{i_1}, e_{i_2}, \cdots, e_{i_k})$ 为一条连接 v_{i_1} 和 v_{i_k} 的链，常记为 $(v_{i_1}, v_{i_2}, \cdots, v_{i_k})$。

若在一条链 $(v_{i_1}, v_{i_2}, \cdots, v_{i_k})$ 中 $v_{i_1}=v_{i_k}$，则称之为一个圈。若在该链中各 v_{i_j} 均不相同，则称之为初等链。若除了首点和末点外，其余各点均不相同，且不同于首点，则称之为初等圈。如无特殊说明，一般所说的链都指初等链。

在一个图 $G=(V, E)$ 中，若任何两点之间，至少有一条链，则称该图为连通图，否则称为不连通图。

对于一个不连通的图 G，其每一个连通的部分图称之为图 G 的连通分图，或简称分图。

给定一个图 G，若另一个图 $G'=(V', E')$ 满足 $V'=V$，$E'\subseteq E$，则称图 G' 是 G 图的子图。

对于有向图 $D=(V, A)$ 可以定义类似的概念：

若从有向图 $D=(V, A)$ 中去掉所有箭头方向，得到一个无向图，则称之为 D 的基础图，记之为 $G(D)$。

设$(v_{i_1}, a_{i_1}, v_{i_2}, a_{i_2}, \cdots, v_{i_{k-1}} a_{i_{k-1}}, v_{i_k})$是有向图$D$中一个点弧序列，若此点弧序列在所对应的基础图$G(D)$中为一条链，则称该点弧序列为有向图$D=(V, A)$的一条链。若此链中，均有$a_{i_t}=(v_{i_t}, v_{i_{t+1}})$，$t=1, 2, \cdots, k-1$，则称该链为有向图$D$中从$v_{i_1}$到$v_{i_k}$的一条路；若有$v_{i_1}=v_{i_k}$称之为回路；若除首尾点外，其余点均不相同，则称之为初等路、初等回路。

二、树的概念及最小部分树

树是一类特殊的图，它在实际生活中有着广泛的应用。

1. 树的概念

定义：一个无圈的连通图称之为树。

例如：一个电话线路网是一棵树，任意两部电话之间是连通的，且只有一条链；一个国家的行政组织机构图，一个企业的行政组织机构图，都是一棵树（在单一领导关系中，每个下级组织只有一个上级领导机构）；在软件结构化程序设计中，扇入为1的模块结构层次图；在数据结构中，一种数据结构形式为树及二叉树。

2. 树的性质

（1）在树中，任意两顶点之间必有一条且仅有一条链。

（2）在树中，去掉任一边，则成为不连通图。

（3）在树中，不相邻两个顶点间添上一条边，恰好得到一个圈。

3. 两个定理

【定理9-3】 设T为具有p个顶点的一棵树，则T的边数为$p-1$条。

（证明略，用数学归纳法容易证明）

【定理9-4】 若图G是连通图，则G必有部分树。

证明　因为G连通，则任意的两顶点之间必有一条或多条链。若任意两顶点之间存在两条链，则构成一个圈，任意删掉其中一条边，则该圈变成链。依此进行，直到图G中不再含有圈，则该图为树，称之为原图的部分树，又称支撑树。

4. 最小部分树问题

（1）赋权图。给图$G=(V,E)$中的每条边$[v_i, v_j]$一个权数w_{ij}，则该图G称为赋权图。称w_{ij}为边$[v_i, v_j]$的权。

（2）最小树定理。若T^*是赋权图G的一棵树，则它是最小树时当且仅当对T^*外的每条边$[v_i, v_j]$，有：

$$w_{ij} \geqslant \max\{w_{ii_1}, w_{i_1 i_2}, \cdots, w_{i_{k-1}j}\}$$

其中$(v_i, v_{i_1}, v_{i_2}, \cdots v_{i_{k-1}}, v_j)$是树$T^*$中连接点$v_i$和$v_j$的唯一的链。

证明　边$[v_i, v_j]$是图G中的边，其权为w_{ij}。在其部分树T^*中加上这条边，则构成一个圈。在此圈所包括的各边的权值中，w_{ij}是最大的。因此，要在此圈中去掉一边使其成为权值之和最小的树，只有删掉边$[v_i, v_j]$。

（3）最小树的求法：

算法1——避圈法：在连通赋权图G中，每一步从未选的边中，选一条最小权的边，使其与已经选定的边不构成圈，直至构成图G的一个连通的子图，即求得最小树。

算法2——破圈法：任取一圈，从圈中去掉一条最大权数的边，在余下的图中，重复这一步骤，直到无圈时为止，即求得最小树。

【例 9-1】 求图 9-2 所示连通图的最小树。

解 用破圈法或避圈法得到图 9-2 的最小树，如图 9-3 所示。

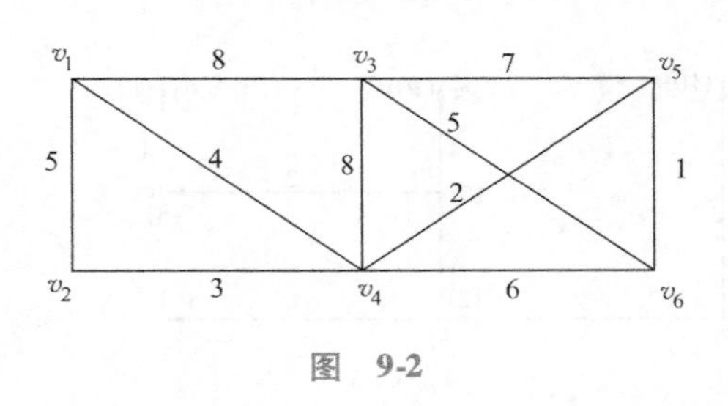

图 9-2

min $C(T)$=15

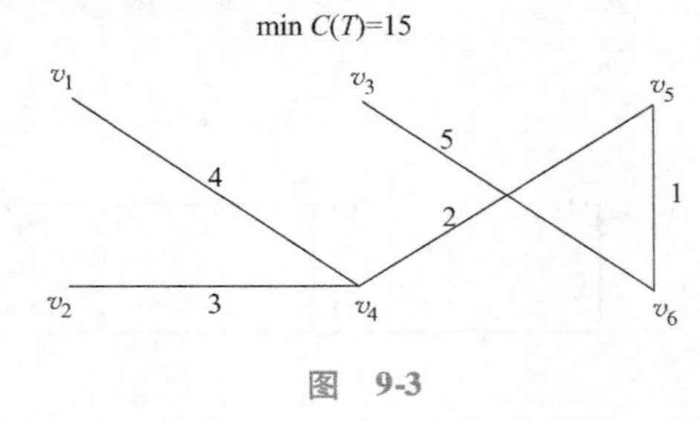

图 9-3

第二节 最短路问题

一、引例

【例 9-2】 从油田铺设管道，把原油从油田输送到炼油厂。要求管道必须沿图 9-4 中所给定的路线铺设。设图中的 v_1 点为油田所在地，v_9 点为炼油厂，每个箭线旁的数字表示这条道路的长度，求使管道总长度最短的铺设方案。

用图的术语叙述这个问题，就是在给定的有向图中，寻求一条从点 v_1 到点 v_9 的路，并使其是该两点之间距离最短的路。

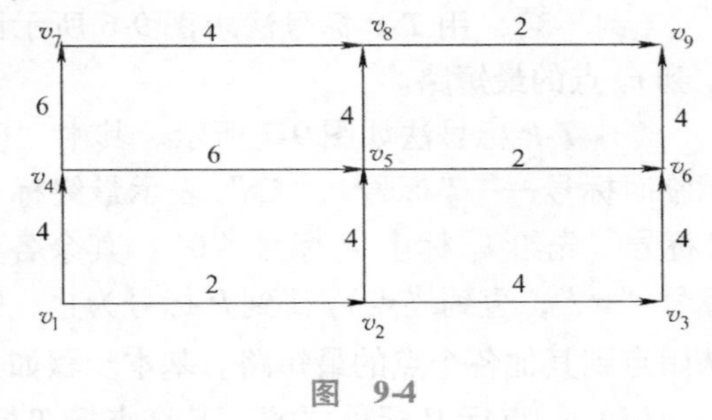

图 9-4

这种在一个有向图（或无向图）中规定了一个发点（始点）和一个收点（终点）的赋权图称之为网络。

一般而言，最短路问题，就是要求从始点 v_1 到终点 v_9 的一条路，使其在所有从 v_1 到 v_9 的路中，它是总权数最小的一条路。

最短路问题可以直接应用于解决生产实际中的很多问题，诸如各种管道铺设、线路安排、工厂布局、设备更新等。

在介绍最短路的一般算法之前，我们先看例 9-2 的解题思路，如图 9-5 所示。

二、最短路算法

1. 标号法（Dijkstra 算法或 *T-P* 标号法）

该算法是 1959 年由 Dijkstra 首先提出的。它适用于所有路权为正的情况。

（1）基本思想。首先从始点 v_1 开始，给每一个顶点记一个数（称为标号）。标号分 T 标号和 P 标号两种：T 标号表示从始点 v_1 到这一点的最短路权的上界，称为临时标号，P 标号表示从 v_1 到该点的最短路权，称为固定标号。已得到 P 标号的点不再改变，凡是没有标上 P 标号的点，标上 T 标号。算法的每一步把图中标号值最小的 T 标号改为 P 标号。最多

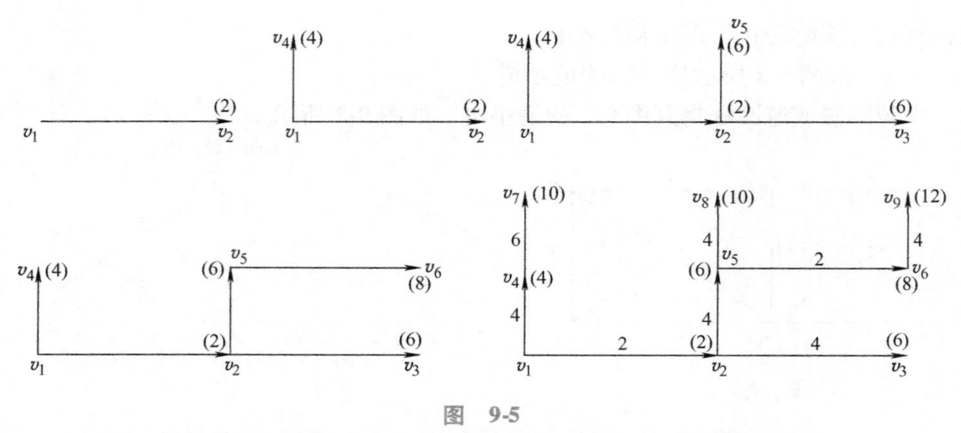

图 9-5

经过 $n-1$ 步（n 为图中点的个数），就可以得到从始点到每一点的最短路。

（2）计算步骤

1）开始，给 v_1 点标上 P 标号 $P(v_1)=0$，其余各点标上 T 标号 $T(v_j)=\infty$。

2）设 v_i 是刚刚得到 P 标号的点，考虑所有这样的点 v_j，使 $(v_i, v_j)\in A$，所得 v_j 的标号是 T 标号，且修改 v_j 的标号为 $\min\{T(v_j), P(v_i)+w_{ij}\}$。

3）若图中没有 T 标号点，则停止；否则

$$T(v_{j0}) = \min_{v_j\text{是}T\text{标号点}} T(v_j)$$

v_{j0} 是 T 标号点，则把点 v_{j0} 的 T 标号改为 P 标号。转入第 2 步。

【例 9-3】 用 T-P 标号法求图 9-6 所示网络从 v_1 到 v_7 点的最短路。

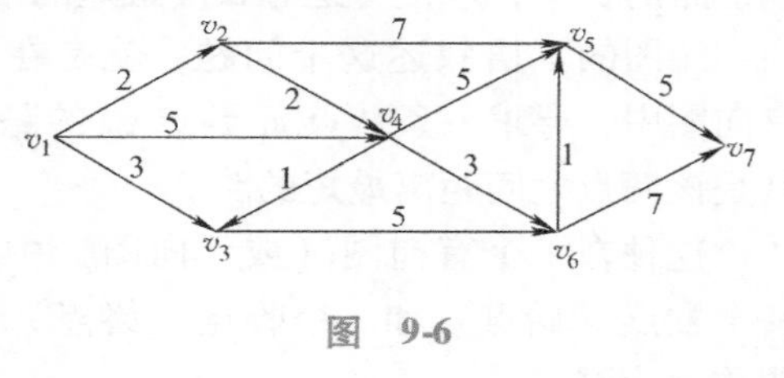

图 9-6

解 T-P 标号法如图 9-7 所示。其中“□”表示临时标号——T 标号，“○”表示最终标号——P 标号，先给 v_1 标上 P 标号“0”，其余各点标 T 标号“∞”，直到终点 v_7 得到 P 标号为止，则得到从始点到其他各个点的最短路。基本步骤如下：

（1）v_1 点标 P 标号“0”，其余点标 T 标号“∞”。见图 9-7a 所示。

（2）修改 v_2、v_3、v_4 点的 T 标号值，并修改当前最小 T 标号点 v_2 为 P 标号点。如图 9-7b 所示。

（3）修改 v_4、v_5 点的 T 标号值，并修改当前最小 T 标号点 v_3 为 P 标号点，如图 9-7c 所示。

（4）修改 v_6 点的 T 标号值，并修改当前最小 T 标号点 v_4 为 P 标号点，如图 9-7d 所示。

（5）修改 v_6 点的 T 标号值，并将当前最小 T 标号点 v_6 改为 P 标号点，如图 9-7e 所示。

（6）修改 v_5、v_7 点的 T 标号值，修改当前最小 T 标号点 v_5 为 P 标号点，如图 9-7f 所示。

（7）修改当前最后一个 T 标号点 v_7 的 T 标号值并改为 P 标号点。算法终止，得最终结果，如图 9-7g 所示。

T-P 标号法可以用点-边标号法代替。点边标号就是给网络图的点和边同时标号，从起点开始，边的标号是其始点标号加上本边的权数，点的标号是指向该点的所有边标号的最小

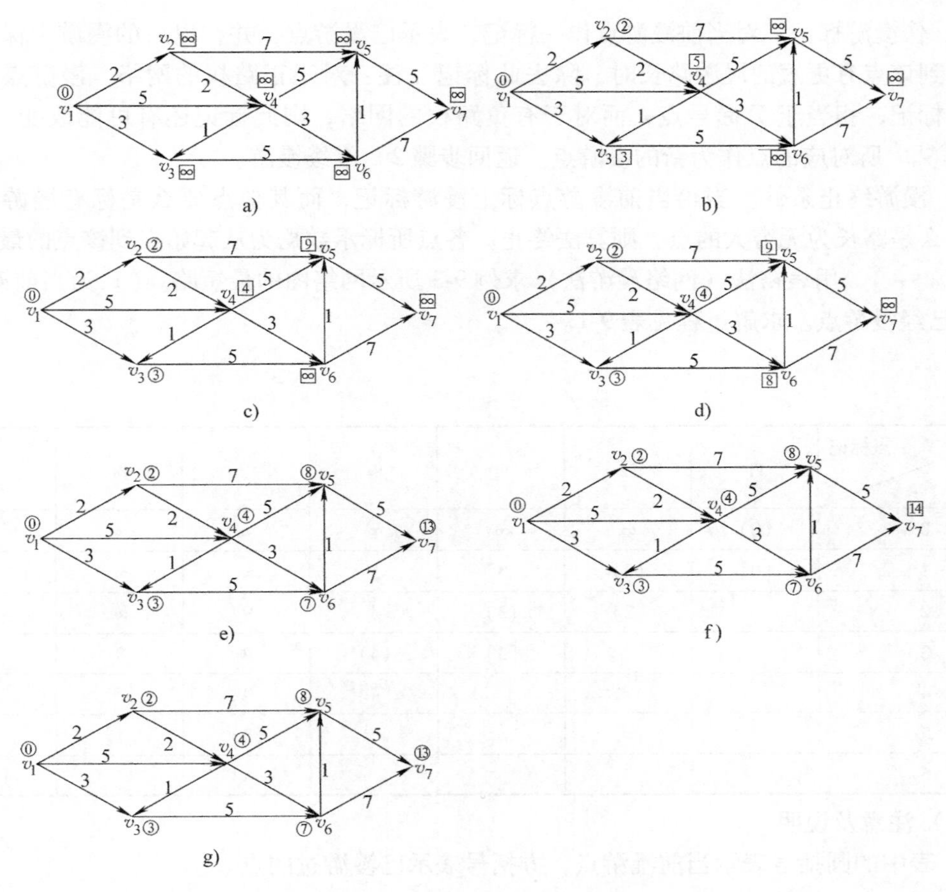

图　9-7

值，这样每个点和边只标一次号，直到终点得到标号为止。

本例的点-边标号结果如图 9-8 所示。图中○为点标号，□为边标号。

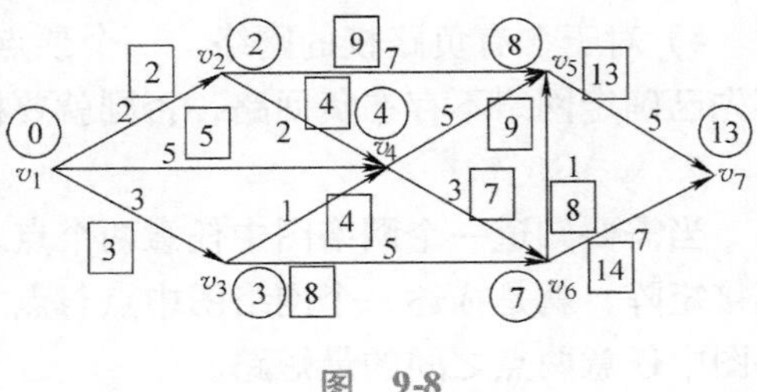

图　9-8

2. 表格法（适用于任意路权）

（1）算法思想。如果网络中的路全都是正值，则表格法是 Dijkstra 的 *T-P* 标号法的表格形式，如果网络中含有负路权，则该表格法又称网络漫游法。对于给定的任意路权网络 $D=(V, A, W)$ 中，确定以一个点 $v_s \in V$ 作为漫游网络的起始点，并记该点的漫游路长 $l_s^0=0$，其余各点的漫游路长 $l_j^0=\infty$，以此为初始状态。之后，每一步都以当前漫游点的路长来修正其余相关连点的路长，并选择一个新的漫游点，如此往复，直至不再有可以漫游的点为止。

（2）算法步骤

1）确定漫游起始状态。确定一点 v_s 为起始点（称当前漫游点），记 $l_s^0=0$，$l_j^0=\infty$。

2）从当前漫游点向外探索。计算从当前漫游点走到其他各点所产生的路长 $r_j^{k+1}=l_i^k+w_{ij}$，其中 i 为当前漫游点，$j=1, 2, \cdots, p$，$j\neq i$。

3）确定各点新的漫游路长。新的漫游路长 $l_j^{k+1}=\min\{l_j^k, r_j^{k+1}\}$。

4）作漫游标记。对当前漫游点作一标记，表示已漫游点，并在以后的漫游中保持此标记，直到该点有更短的漫游路长时，除去此标记（注：对于正路权的网络，漫游点的标记为最终标记，相当于 T 标号点，而对于有负路权的网络，则此标记还有可能改变），选取 $\min\{l_j^{k+1}\}$ 所对应的点作为新的漫游点。返回步骤2）继续漫游。

5）漫游终止条件。当给当前漫游点标上漫游标记，而其他点要么是标有漫游标记的点，要么是路长为无穷大的点，则算法终止。各点所标示数据为从起始点到该点的最短路。

【例 9-4】 用表格法（网络漫游法）求例 9-3 所示网络图的最短路。( ) 为当前漫游点，[ ] 为已经漫游点。求解过程见表 9-1。

解

表 9-1 表格法的求解过程

步长＼点标记	v_1	v_2	v_3	v_4	v_5	v_6	v_7
0	(0)	∞	∞	∞	∞	∞	∞
1	[0]	(2)	3	5	∞	∞	∞
2		[2]	(3)	4	9	∞	∞
3			[3]	(4)	9	8	∞
4				[4]	9	(7)	∞
5					(8)	[7]	14
6					[8]		[13]

（3）注意及说明

1）表中的圆括号表示当前漫游点，方括号表示已漫游过的点。

2）对于含负权数的网络，表中的每一步要分成计算行和比较行两行来表示，并且漫游过的点也有可能再次漫游，所以每一步都要写出。

3）对于含有 P 个顶点的非负路权网络，经过 $P-1$ 步可以求得结果。

4）对于含有负路权的网络，一个顶点可能多次漫游，当一个顶点再一次漫游时，除非事先已确定网络不存在负回路，否则就要检查是否存在负回路。

3. 邻接矩阵法

当需要知道一个网络图中任意两个点之间的最短路时，邻接矩阵法是一个好方法。所谓邻接矩阵，就是描述一个网络图中点与点之间邻接状态的矩阵，通过这一矩阵的运算得到网络图中任意两点之间的最短路。

邻接矩阵的算法步骤：

（1）令 $\boldsymbol{C}^1=\boldsymbol{C}$，表示一步步长各顶点之间的路长，其中 $\boldsymbol{C}=(d_{ij})_{n\times n}$ 为邻接矩阵。

（2）$\boldsymbol{C}^k=\boldsymbol{C}^{k-1}\times\boldsymbol{C}$ 表示 k 步步长内各顶点之间的路长。注意到这里的矩阵乘法是借用来的，它是指第一个矩阵的行与第二个矩阵列对应数值相加后取其最小值，即

$$d_{ij}^k=\min_l\{(d_{il}+d_{lj}^{k-1})\mid l=1,2,\cdots,n\}$$

（3）当 $\boldsymbol{C}^{k+1}=\boldsymbol{C}^k$ 时，$\boldsymbol{C}^k$ 就是任意两顶点之间的最短距离。

【例 9-5】 求例 9-3 中图 9-6 所示网络的任意两顶点之间的最短路。

解 首先写出图 9-6 所示网络的邻接矩阵如下：

$$
\boldsymbol{C}=\begin{array}{c}\\ v_1\\ v_2\\ v_3\\ v_4\\ v_5\\ v_6\\ v_7\end{array}\begin{pmatrix} v_1 & v_2 & v_3 & v_4 & v_5 & v_6 & v_7\\ 0 & 2 & 3 & 5 & \infty & \infty & \infty\\ \infty & 0 & \infty & 2 & 7 & \infty & \infty\\ \infty & \infty & 0 & \infty & \infty & 5 & \infty\\ \infty & \infty & 1 & 0 & 5 & 3 & \infty\\ \infty & \infty & \infty & \infty & 0 & \infty & 5\\ \infty & \infty & \infty & \infty & 1 & 0 & 7\\ \infty & \infty & \infty & \infty & \infty & \infty & 0 \end{pmatrix}
$$

$$\boldsymbol{C}^1=\boldsymbol{C}$$

$$
\boldsymbol{C}^2=\begin{pmatrix} 0 & 2 & 3 & 5 & \infty & \infty & \infty\\ \infty & 0 & \infty & 2 & 7 & \infty & \infty\\ \infty & \infty & 0 & \infty & \infty & 5 & \infty\\ \infty & \infty & 1 & 0 & 5 & 3 & \infty\\ \infty & \infty & \infty & \infty & 0 & \infty & 5\\ \infty & \infty & \infty & \infty & 1 & 0 & 7\\ \infty & \infty & \infty & \infty & \infty & \infty & 0 \end{pmatrix}\begin{pmatrix} 0 & 2 & 3 & 5 & \infty & \infty & \infty\\ \infty & 0 & \infty & 2 & 7 & \infty & \infty\\ \infty & \infty & 0 & \infty & \infty & 5 & \infty\\ \infty & \infty & 1 & 0 & 5 & 3 & \infty\\ \infty & \infty & \infty & \infty & 0 & \infty & 5\\ \infty & \infty & \infty & \infty & 1 & 0 & 7\\ \infty & \infty & \infty & \infty & \infty & \infty & 0 \end{pmatrix}=\begin{pmatrix} 0 & 2 & 3 & 4 & 9 & 8 & \infty\\ \infty & 0 & 3 & 2 & 7 & 5 & 12\\ \infty & \infty & 0 & \infty & 6 & 5 & 12\\ \infty & \infty & 1 & 0 & 4 & 3 & 10\\ \infty & \infty & \infty & \infty & 0 & \infty & 5\\ \infty & \infty & \infty & \infty & 1 & 0 & 6\\ \infty & \infty & \infty & \infty & \infty & \infty & 0 \end{pmatrix}
$$

$$
\boldsymbol{C}^3=\begin{pmatrix} 0 & 2 & 3 & 4 & 9 & 8 & \infty\\ \infty & 0 & 3 & 2 & 7 & 5 & 12\\ \infty & \infty & 0 & \infty & 6 & 5 & 12\\ \infty & \infty & 1 & 0 & 4 & 3 & 10\\ \infty & \infty & \infty & \infty & 0 & \infty & 5\\ \infty & \infty & \infty & \infty & 1 & 0 & 6\\ \infty & \infty & \infty & \infty & \infty & \infty & 0 \end{pmatrix}\begin{pmatrix} 0 & 2 & 3 & 5 & \infty & \infty & \infty\\ \infty & 0 & \infty & 2 & 7 & \infty & \infty\\ \infty & \infty & 0 & \infty & \infty & 5 & \infty\\ \infty & \infty & 1 & 0 & 5 & 3 & \infty\\ \infty & \infty & \infty & \infty & 0 & \infty & 5\\ \infty & \infty & \infty & \infty & 1 & 0 & 7\\ \infty & \infty & \infty & \infty & \infty & \infty & 0 \end{pmatrix}=\begin{pmatrix} 0 & 2 & 3 & 4 & 9 & 7 & 14\\ \infty & 0 & 3 & 2 & 6 & 5 & 12\\ \infty & \infty & 0 & \infty & 6 & 5 & 11\\ \infty & \infty & 1 & 0 & 4 & 3 & 9\\ \infty & \infty & \infty & \infty & 0 & \infty & 5\\ \infty & \infty & \infty & \infty & 1 & 0 & 6\\ \infty & \infty & \infty & \infty & \infty & \infty & 0 \end{pmatrix}
$$

$$
\boldsymbol{C}^4=\begin{pmatrix} 0 & 2 & 3 & 4 & 9 & 7 & 14\\ \infty & 0 & 3 & 2 & 6 & 5 & 12\\ \infty & \infty & 0 & \infty & 6 & 5 & 11\\ \infty & \infty & 1 & 0 & 4 & 3 & 9\\ \infty & \infty & \infty & \infty & 0 & \infty & 5\\ \infty & \infty & \infty & \infty & 1 & 0 & 6\\ \infty & \infty & \infty & \infty & \infty & \infty & 0 \end{pmatrix}\begin{pmatrix} 0 & 2 & 3 & 5 & \infty & \infty & \infty\\ \infty & 0 & \infty & 2 & 7 & \infty & \infty\\ \infty & \infty & 0 & \infty & \infty & 5 & \infty\\ \infty & \infty & 1 & 0 & 5 & 3 & \infty\\ \infty & \infty & \infty & \infty & 0 & \infty & 5\\ \infty & \infty & \infty & \infty & 1 & 0 & 7\\ \infty & \infty & \infty & \infty & \infty & \infty & 0 \end{pmatrix}=\begin{pmatrix} 0 & 2 & 3 & 4 & 8 & 7 & 14\\ \infty & 0 & 3 & 2 & 6 & 5 & 11\\ \infty & \infty & 0 & \infty & 6 & 5 & 11\\ \infty & \infty & 1 & 0 & 4 & 3 & 9\\ \infty & \infty & \infty & \infty & 0 & \infty & 5\\ \infty & \infty & \infty & \infty & 1 & 0 & 6\\ \infty & \infty & \infty & \infty & \infty & \infty & 0 \end{pmatrix}
$$

$$
\boldsymbol{C}^5=\begin{pmatrix} 0 & 2 & 3 & 4 & 8 & 7 & 14\\ \infty & 0 & 3 & 2 & 6 & 5 & 11\\ \infty & \infty & 0 & \infty & 6 & 5 & 11\\ \infty & \infty & 1 & 0 & 4 & 3 & 9\\ \infty & \infty & \infty & \infty & 0 & \infty & 5\\ \infty & \infty & \infty & \infty & 1 & 0 & 6\\ \infty & \infty & \infty & \infty & \infty & \infty & 0 \end{pmatrix}\begin{pmatrix} 0 & 2 & 3 & 5 & \infty & \infty & \infty\\ \infty & 0 & \infty & 2 & 7 & \infty & \infty\\ \infty & \infty & 0 & \infty & \infty & 5 & \infty\\ \infty & \infty & 1 & 0 & 5 & 3 & \infty\\ \infty & \infty & \infty & \infty & 0 & \infty & 5\\ \infty & \infty & \infty & \infty & 1 & 0 & 7\\ \infty & \infty & \infty & \infty & \infty & \infty & 0 \end{pmatrix}=\begin{pmatrix} 0 & 2 & 3 & 4 & 8 & 7 & 13\\ \infty & 0 & 3 & 2 & 6 & 5 & 11\\ \infty & \infty & 0 & \infty & 6 & 5 & 11\\ \infty & \infty & 1 & 0 & 4 & 3 & 9\\ \infty & \infty & \infty & \infty & 0 & \infty & 5\\ \infty & \infty & \infty & \infty & 1 & 0 & 6\\ \infty & \infty & \infty & \infty & \infty & \infty & 0 \end{pmatrix}
$$

$$\boldsymbol{C}^6=\boldsymbol{C}\times\boldsymbol{C}^5=\boldsymbol{C}^5$$

所以，C^5 就是图 9-6 中任意两点之间的最短路。

4. 迭代法

迭代法适用于任意路权，即 w_{ij} 可以是负数。

（1）算法思想。首先假设从任一点 v_i 到任一点 v_j 都有一条弧，若原图中没有连接 v_i、v_j 的弧，则定义弧（v_i，v_j）的权 $w_{ij}=+\infty$。假定我们求的是从 v_1 到任一点 v_j（$j=2，3，\cdots，p$）的最短路，记为 l_{1j}，简记为 l_j。显然，从 v_1 到 v_j 的最短路，首先应是从 v_1 沿一条路到达某一点 v_i，再沿弧（v_i，v_j）到 v_j，那么，从 v_1 到 v_i 的这条路也必然是从 v_1 到 v_i 的所有路中最短的路，其路权记为 l_i，所以，l_i 必须满足下述方程：

$$l_j=\min\ \{l_i+w_{ij}\}$$

这是个单函数方程，为了求得这个方程的解 $l_1，l_2，\cdots，l_p$，可用以下算法步骤及递推关系式求解。

（2）算法步骤

1）给出初始最小路权 $l_j^{(1)}$（它等于从点 v_1 到各个点的直接路权）：

$$l_j^{(1)}=w_{1j}，(j=1，2，\cdots，p) \tag{9-1}$$

2）利用下述迭代式进行迭代运算：

$$l_j^{(1)}=\min_i\ \{l_i^{(l-1)}+w_{ij}\} \tag{9-2}$$

$$j=1，2，\cdots，p；\ i=1，2，\cdots，p；\ t=2，3，\cdots\ (t\ 为迭代次数)$$

根据式（9-2）依次求出 $l_j^{(2)}，l_j^{(3)}，\cdots，l_j^{(t)}$。

（3）当进行到某一步，如第 k 步时，如果有关系：

$$l_j^{(k)}=l_j^{(k-1)} \tag{9-3}$$

对于所有的 $j=1，2，\cdots，p$ 都成立，则 $l_1^{(k)}，l_2^{(k)}，\cdots，l_p^{(k)}$ 即为从起始点 v_1 到各点的最短路的路长。

【例 9-6】 求图 9-9 所示赋权有向图中从 v_1 点到各点的最短路。

解 利用递推式(9-1)、式(9-2)，求解结果如表 9-2 所示（表中空格内是“∞”）。可以看到，当 $t=4$ 时，对所有 $j=1，2，\cdots，8$，有 $d^{(t-1)}(v_1，v_j)=d^{(t)}(v_1，v_j)$，于是表中最后一列 0，$-5$，$-2$，$-7$，$-3$，$-1$，$-5$，6 就分别是从 v_1 到 $v_1，v_2，\cdots，v_8$ 的最短路的路长。

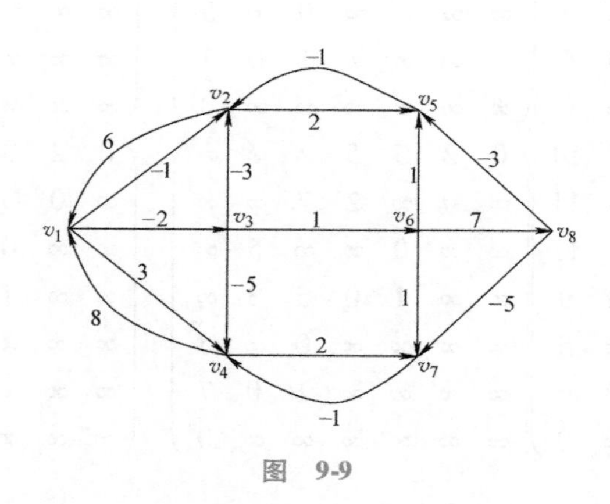

图 9-9

表 9-2　例 9-6 的迭代算法过程表

从＼到	w_{ij}								$d^{(t)}(v_1, v_j)$			
	v_1	v_2	v_3	v_4	v_5	v_6	v_7	v_8	$t=1$	$t=2$	$t=3$	$t=4$
v_1	0	−1	−2	3					0	0	0	0
v_2	6	0			2				−1	−5	−5	−5
v_3		−3	0	−5		1			−2	−2	−2	−2
v_4	8			0			2		3	−7	−7	−7
v_5		−1			0					1	−3	−3
v_6					1	0	1	7		−1	−1	−1
v_7				−1			0			5	−5	−5
v_8					−3		−5	0			6	6

注：表中 $t=k$ 的列与 w_{ij} 的第 j 列对应元素相加，取其中最小值，填入第 $k+1$ 列的第 j 个空格。

第三节　最大流问题

一、基本概念与基本定理

1. 网络与流

给定一有向图 $D=(V, A)$，在 V 中指定一点称为发点，记为 v_s，指定另一点称为收点，记为 v_t，其余的点叫中间点。对于每一个弧 $(v_i, v_j) \in A$，对应一个 $c(v_i, v_j) \geqslant 0$（或简写为 c_{ij}）称为弧的容量，表示该弧的最大可通过量。通常我们把这样的图叫作一个网络，记为 $D=(V, A, C)$。

所谓网络上的流，是指定义在弧集合 A 上的一个函数 $f=\{f(v_i, v_j)\}$，并称 $f(v_i, v_j)$ 为弧 (v_i, v_j) 上的流量（可简记为 f_{ij}）。很多的工程实际问题都需要研究网络及其流量的问题。如：交通网络及其流量（车辆流、人流、物流）、金融系统网络及其现金流，等等。如图 9-10 所示为从发点 v_1 到收点 v_6 的网络，图 9-11 所示为网络（图 9-10）的一个流量为 8 的一个可行流。

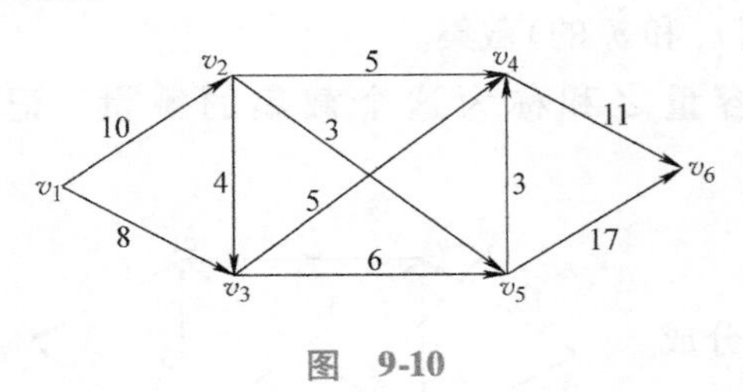

图　9-10

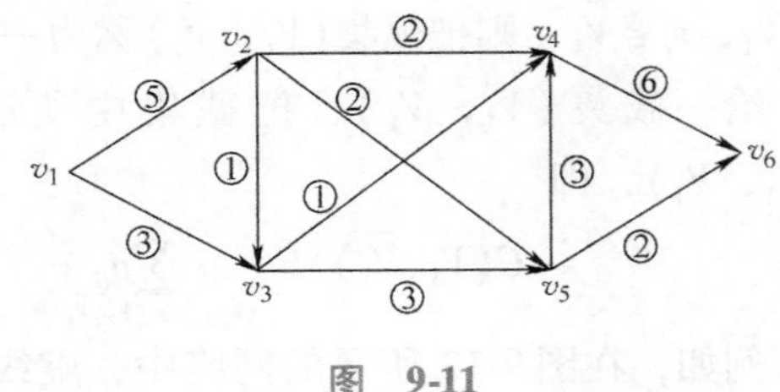

图　9-11

2. 可行流与最大流

在一个网络中满足下述条件的流称为可行流。

（1）容量限制条件：对每一弧 $(v_i, v_j) \in A$，$0 \leqslant f_{ij} \leqslant c_{ij}$。

（2）平衡条件

1）对于中间点：流出量 = 流入量，即对每个 $i(i\neq s,t)$ 有：

$$\sum_{(v_i,v_j)\in A} f_{ij} - \sum_{(v_j,v_i)\in A} f_{ji} = 0$$

2）对于发点 v_s：记 $\sum_{(v_s,v_j)\in A} f_{sj} - \sum_{(v_j,v_s)\in A} f_{js} = v(f)$

3）对于收点 v_t：记 $\sum_{(v_t,v_j)\in A} f_{tj} - \sum_{(v_j,v_t)\in A} f_{jt} = -v(f)$

式中，$v(f)$ 称为这个可行流的流量。图 9-11 所示为一个可行流，其流量为 8。

最大流问题就是求一个可行流 $\{f_{ij}\}$ 使其流量 $v(f)$ 达到最大，并且满足容量限制条件与平衡条件，即：

$$0\leqslant f_{ij}\leqslant c_{ij}\quad (v_i,v_j)\in A$$

$$\sum f_{ij}-\sum f_{ji}=\begin{cases}v(f)\text{，当 } i=s \text{ 时}\\ 0\text{，当 } i\neq s,t \text{ 时}\\ -v(f)\text{，当 } i=t \text{ 时}\end{cases}$$

3. 增广链

设 f 是一个可行流，u 是从 v_s 到 v_t 的一条链，若 u 满足下列条件，称之为（关于可行流 f 的）一条增广链。

（1）在弧 $(v_i,\ v_j)\in u^+$ 上有 $0\leqslant f_{ij}<c_{ij}$，即 u^+ 中每一弧是非饱和弧，其中 u^+ 是 u 中的前向弧。

（2）在弧 $(v_i,\ v_j)\in u^-$ 上有 $0<f_{ij}\leqslant c_{ij}$，即 u^- 中每一弧是非零流弧，其中 u^- 是 u 中的后向弧。

（注：简记为在链 u 上，前向弧为非饱和弧，后向弧为非零流弧，则 u 为增广链。所谓前向弧是指弧的方向与链的方向一致，后向弧指弧的方向与链的方向相反，链的方向是以起点 v_s 指向终点 v_t 的）

在图 9-11 所示的可行流中，链 $v_1\to v_3\to v_2\to v_4\to v_6$，其中前向弧有 $u^+=\{(v_1,\ v_3),\ (v_2,\ v_4),\ (v_4,\ v_6)\}$，三个弧的流量都小于其容量，即非饱和弧；后向弧 $u^-=\{(v_3,\ v_2)\}$ 的流量为 1，即后向弧非零流，所以链 $v_1\to v_3\to v_2\to v_4\to v_6$ 为一条增广链。

4. 截集与截量

对于网络 $D=(V,\ A,\ C)$，若其点集被剖分为两个非空集合 V_1 和 $\overline{V}_1$，且使 $v_s\in V_1$，$v_t\in\overline{V}_1$，则把弧集 $(V_1,\ \overline{V}_1)$ 称为一个（分离 v_s 和 v_t 的）截集。

给一截集 $(V_1,\ \overline{V}_1)$，把截集中所有弧的容量之和称为这个截集的截量，记为 $C(V_1,\ \overline{V}_1)$，即

$$C(V_1,\overline{V}_1) = \sum_{(v_i,v_j)\in(V_1,\overline{V}_1)} c_{ij}$$

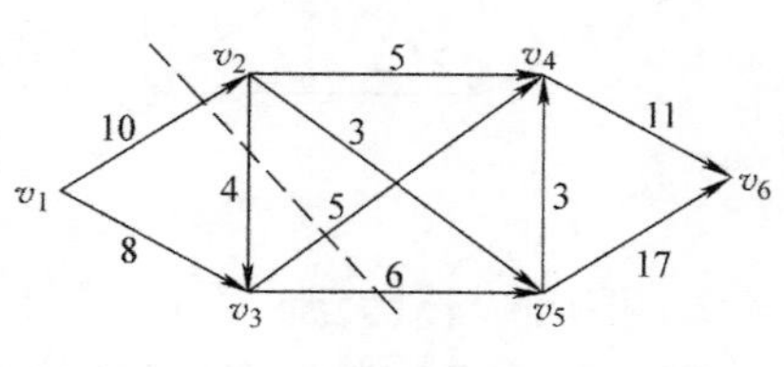

图 9-12

例如，在图 9-12 所示的网络中，虚线将网络分成两部分，其中 $V_1=\{v_1,\ v_3\}$，$\overline{V}_1=\{v_2,\ v_4,\ v_5,\ v_6\}$，而且网络的起点 $v_1\in V_1$，终点 $v_6\in\overline{V}_1$，所以 $(V_1,\ \overline{V}_1)=\{(v_1,\ v_2),\ (v_3,\ v_4),\ (v_3,\ v_5)\}$ 是该网络的一个截集，该截集的截量就是该三个弧的容量之和，即 $C(V_1,\ \overline{V}_1)=10+5+6=21$。

在分离起点和终点的所有截集中必然有一个截量最小的截集，称之为最小截集。

5. 两个定理

【定理 9-5】　可行流 f^* 是最大流，当且仅当不存在关于 f^* 的增广链。

证明　(1) 必要性 (反证法)。若 f^* 是最大流，设 D 中又存在关于 f^* 的增广链 μ，令

$$\theta=\min\{\min_{\mu^+}(c_{ij}-f_{ij}^*),\ \min_{\mu^-}f_{ij}^*\}$$

由增广链的定义，可知 $\theta>0$，令

$$f_{ij}^{**}=\begin{cases}f_{ij}^*+\theta, & (v_i,\ v_j)\in\mu^+\\ f_{ij}^*-\theta, & (v_i,\ v_j)\in\mu^-\\ f_{ij}^*, & (v_i,\ v_j)\notin\mu\end{cases}$$

不难验证，$\{f_{ij}^{**}\}$ 是一个可行流，且 $v(f^{**})=v(f^*)+\theta>v(f^*)$。这与 f^* 是最大流的假设矛盾。

(2) 充分性。现在设 D 中不存在关于 f^* 的增广链，证明 f^* 是最大流。为此，定义 v_1^* 如下：

令 $v_s\in V_1^*$，

若 $v_i\in V_1^*$，且 $f_{ij}^*<c_{ij}$，则令 $v_j\in V_1^*$；

若 $v_i\in V_1^*$，且 $f_{ji}>0$，则令 $v_j\in V_1^*$。

因为不存在关于 f^* 的增广链，故 $v_t\notin V_1^*$。记 $\overline{V}_1^*=V/V_1^*$，于是得到一个割集 $(V_1^*,\ \overline{V}_1^*)$。显然必有：

$$f_{ij}^*=\begin{cases}c_{ij} & (v_i,\ v_j)\in(V_1^*,\ \overline{V}_1^*)\\ 0 & (v_i,\ v_j)\in(\overline{V}_1^*,\ V_1^*)\end{cases}$$

所以 $v(f^*)=c(V_1^*,\ \overline{V}_1^*)$。于是 f^* 必是最大流。

定理证毕。

从此定理的证明中，我们看到，若 f^* 是最大流，则网络中必存在一个割集 $(V_1^*,\ \overline{V}_1^*)$，它使得：

$$v(f^*)=c(V_1^*,\ \overline{V}_1^*)$$

于是有如下定理：

【定理 9-6】　最大流量最小截集定理：任一个网络 D 中，从 v_s 到 v_t 的最大流的流量等于分离 v_s 和 v_t 的最小截集的容量。

二、寻求最大流的标号法

寻求最大流的标号法是从一个可行流出发(若网络中没有给定可行流 f，则可以设 f 是零流)，经过标号过程与调整过程的反复循环，逐渐增大可行流的流量，直到网络不再有增广链为止。

1. 标号过程

标号过程开始，首先给 v_s 标上 $(0,\ +\infty)$。这时 v_s 是标号而未检查的点，其余都是未标号点。一般地，取一个标号而未检查的点 v_i，对一切未标号点 v_j：

(1) 若在弧 $(v_i,\ v_j)$ 上，有 $f_{ij}<c_{ij}$，则给 v_j 标号 $(v_i,\ l(v_j))$。这里，$l(v_j)=\min\{l(v_i),\ c_{ij}-f_{ij}\}$。这时点 v_j 成为标号而未检查的点。

(2) 若在弧(v_j, v_i)上，$f_{ji}>0$，则给v_j标号$(-v_i, l(v_j))$。这里，$l(v_j)=\min\{l(v_i), f_{ji}\}$。这时点$v_j$成为标号而未检查的点。

完成(1)、(2)步之后，v_i就成为标号而已检查过的点。重复上述步骤，一旦v_t被标上号，则得到一条从v_s到v_t的增广链μ，从而转入调整过程；若所有标号点都已检查过，而标号进行不下去时，则网络中不再存在从v_s到v_t的增广链，算法终止，这时的可行流的流量就是该网络的最大流。

2. 调整过程

首先，按各个标号点的第一个标号从v_t开始，"反向追踪"找出增广链μ，以v_t的第二个标号值作为这个增广链的调整量θ，即以$\theta=l(v_t)$进行调整。增广链μ上的前向弧加上θ，后向弧减去θ，非增广链μ上的弧的流量不变，得到新的可行流$\{f'_{ij}\}=f'$，即：

$$f'_{ij}=\begin{cases}f_{ij}+\theta, & (v_i, v_j)\in u^+\\ f_{ij}-\theta, & (v_i, v_j)\in u^-\\ f_{ij}, & (v_i, v_j)\notin u\end{cases}$$

然后，去掉所有标号，对新的可行流$f'=\{f'_{ij}\}$重新进入标号过程。

【例 9-7】 用标号法求解如图 9-13 所示网络的最大流。弧旁数据是(c_{ij}, f_{ij})，其中c_{ij}为容量，f_{ij}为当前该弧的流量。

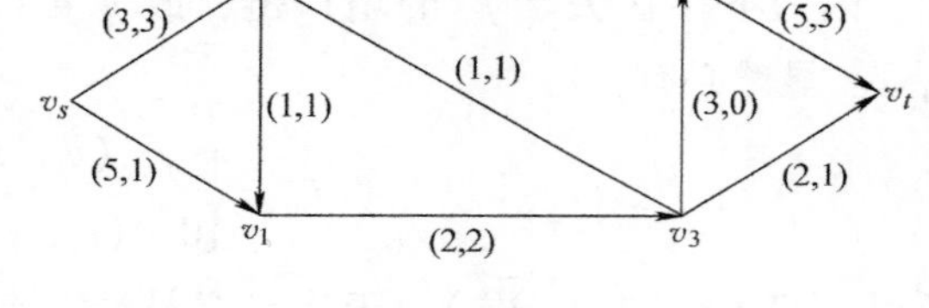

图 9-13

解 图 9-13 中已经给出了一个流量为 4 的初始可行流。首先根据这一可行流进行标号，以寻找增广链。

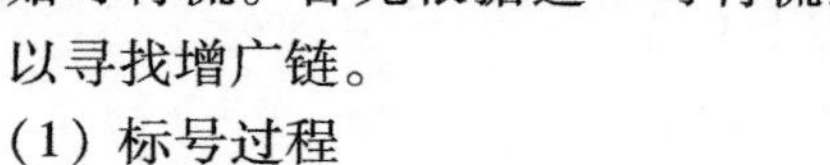

(1) 标号过程

1) 首先给v_s点标上$(0, +\infty)$。

2) 检查v_s点，在弧(v_s, v_2)上，$f_{s2}=c_{s2}=3$，前向弧饱和，不满足标号条件；在弧(v_s, v_1)上，$f_{s1}=1$，$c_{s1}=5$，$f_{s1}<c_{s1}$，前向弧非饱和，则$l(v_1)=\min\{l(v_s), (c_{s1}-f_{s1})\}=\min\{+\infty, 5-1\}=4$，给$v_1$标号为$(v_s, l(v_1))=(v_s, 4)$。

3) 检查v_1点，在弧(v_1, v_3)上，$f_{13}=2$，$c_{13}=2$，不满足标号条件；在弧(v_2, v_1)上，$f_{21}=1>0$，即后向弧非零流，则$l(v_2)=\min\{l(v_1), f_{21}\}=\min\{4, 1\}=1$，给$v_2$点标号$(-v_1, l(v_2))=(-v_1, 1)$。

4) 检查v_2点，在弧(v_2, v_4)上，$c_{24}=4$，$f_{24}=3$，$f_{24}<c_{24}$，前向弧非饱和，则$l(v_4)=\min\{l(v_2), (c_{24}-f_{24})\}=\min\{1, 1\}=1$，给$v_4$点标号$(v_2, l(v_4))=(v_2, 1)$；在弧$(v_3, v_2)$上，$f_{32}=1>0$，则$l(v_3)=\min\{l(v_2), f_{32}\}=\min[1, 1]=1$，给$v_3$点标号：$(-v_2, l(v_3))=(-v_2, 1)$。

5) 在v_3、v_4两点中任选一点进行检查，如选v_4点。在弧(v_4, v_t)上，由于$c_{4t}=5$，$f_{4t}=3<c_{4t}$，故记$l(v_t)=\min\{l(v_4), (c_{4t}-f_{4t})\}=\min\{1, 5-3\}=1$，给终点$v_t$标号$(v_4, l(v_t))=(v_4, 1)$。因$v_t$得到标号，说明找到了一条增广链，故转入调整过程。

(2) 调整过程。按v_t的第一个标号以此反向寻找，得到一条增广链μ，如图 9-14 所示，用双箭线表示出来。

在找到的增广链μ上，前向弧有$\mu^+=\{(v_s, v_1), (v_2, v_4), (v_4, v_t)\}$，后向弧有$\mu^-=$

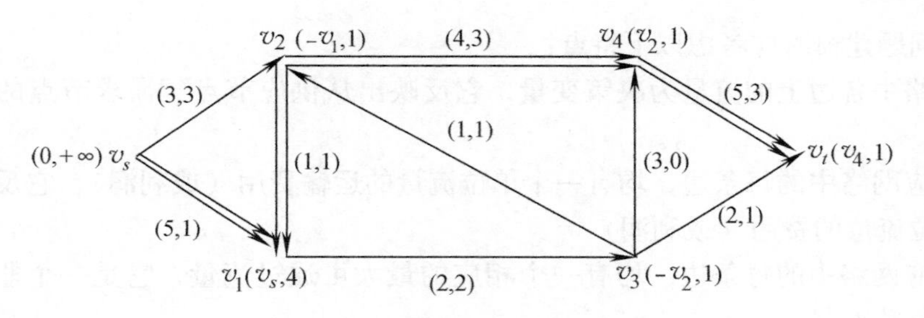

图　9-14

$\{(v_2,\ v_1)\}$，按 $\theta=l(v_t)=1$，在 μ 上调整当前流 f 为

在 μ^+ 上：$f_{s1}+\theta=1+1=2$；$f_{24}+\theta=3+1=4$；$f_{4t}+\theta=3+1=4$。

在 μ^- 上：$f_{21}-\theta=1-1=0$。

调整后网络中各弧的流量如图 9-15 所示。根据得到的新的可行流，转入标号过程，继续寻找新的增广链。

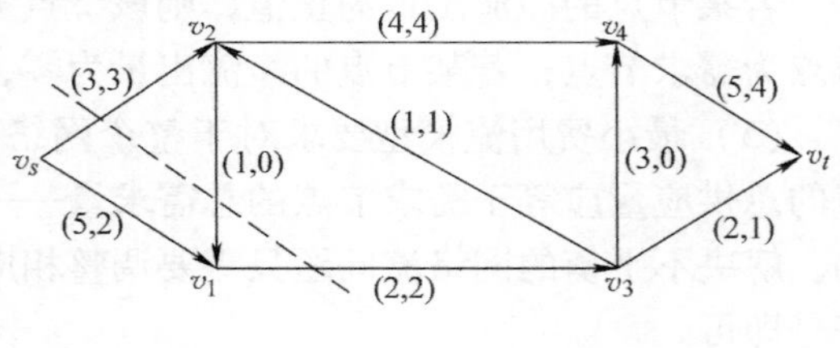

图　9-15

开始给 v_s 标上 $(0,\ +\infty)$，检查 v_s 点，得到弧 $(v_s,\ v_1)$ 满足要求，给 v_1 点标上 $(v_s,\ 3)$，检查 v_1 点，前向弧 $(v_1,\ v_3)$ 为饱和弧，后向弧 $(v_2,\ v_1)$ 为零流弧，点 v_s、v_1 为标号且已检查点，其余点为未标号点，标号过程进行不下去，故图中不存在增广链，当前流为该网络的最大流。

最大流的流量等于当前发点 v_s 的发量，也等于当前收点 v_t 的收量，还等于分离 v_s 和 v_t 的最小截集的截量：

$$v(f)=f_{s1}+f_{s2}=f_{3t}+f_{4t}=5$$

在最后一次标号过程中，随着标号的终止，同时得到了网络的最小截集，即标号且已检查的点属于 $V_1^*=\{v_s,\ v_1\}$，未标号的点属于 $\overline{V_1^*}=\{v_2,\ v_3,\ v_4,\ v_t\}$，最小截集为 $(V_1^*,\ \overline{V_1^*})=\{(v_s,\ v_1),\ (v_s,\ v_2)\}$，如图 9-15 中虚线所示，此最小截集的截量为 $f_{13}+f_{s2}=2+3=5$。

由此可见，在用标号法寻找网络最大流的过程中，还可以同时得到该网络的最小截集。此最小截集的截量大小直接制约着该网络的最大流量，也就是说，最小截集是网络的瓶颈环节，要想提高网络的通过量，必须首先改善最小截集中各弧的容量，以提高整个网络的通过能力。

第四节　用 Excel 进行网络优化

不仅线性规划、整数规划等可以用 Excel 求解，网络环境下的最短路问题、最大流问题以及最小费用问题也完全可以用 Excel 来求解。它们本质上就是一个线性规划模型。

1. 最小费用流问题

运输模型、指派模型、最大流模型、最短路模型以及关键线路模型，都有一个共同的特征，那就是它们通过网络的边将“货物”（或任务）从起点运至终点，并在满足网络边的容量约束下，寻求使得运输成本最小的方案。这类模型统称为“最小费用流模型”。

网络流问题建模时应考虑以下特点：

（1）网络中各边上的流量为决策变量，它反映出从供应节点至需求节点的运输流量的分配状况。

（2）对应网络中的每条边，均有一个单位流量的运输费用（或利润），它反映出沿该边运输一个单位流量的费用（或利润）。

（3）对应网络中的每条边，均有一个相应的最大可通过流量，它是一个非负的量。它反映出边的容量约束。

（4）供应节点（源点）、中转节点（中间节点）和需求节点（汇点）的净流出量约束：

节点的净流出量 = 节点的总流出量 - 节点的总流入量

若某节点的净流出量为正值，则该节点为供应节点；若某节点的净流出量为负值，则该节点为需求节点；若某节点的净流出量为零，则该节点为中转节点。

（5）最小费用流模型要求对于整个网络而言，其净流出量等于零，即网络中的供应节点的总供应量应等于需求节点的总需求量——供需平衡。在实际问题中，供需不平衡是普遍的。解决不平衡的网络流问题只需要调整相应节点的净流出量与要求的净流出量之间的约束符号即可。

【例 9-8】 快捷配送公司有两个下属生产工厂（分别用 F1、F2 表示）生产某种产品，这些产品需要运送到两个城市（分别用 C1、C2 表示）销售，产品可以直接由工厂运往销售地，也可以通过一个配送中心（用 DC 表示）运送到销售地。各工厂的生产量、销售地的销售量、各地之间的运输成本以及运输限量如图 9-16 所示。试确定调运配送费用最低的运输方案。

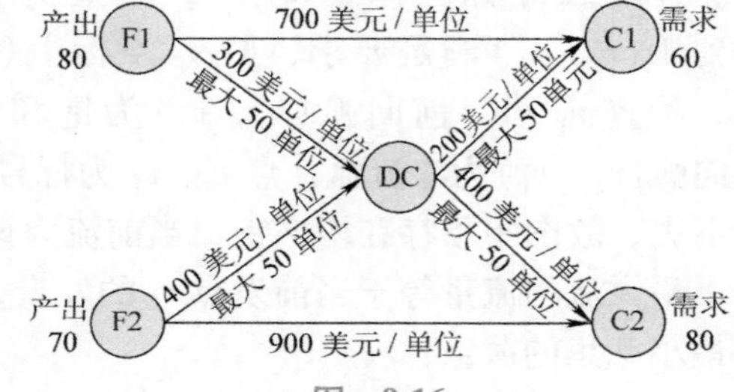

图 9-16

解 把该问题分别按边和节点列出其容量和给定净流出量（图 9-17 中虚线框所示），问题所求为各边的流量（图 9-17 中实线框所示），并给必要的区域命名，如本例中的从、至、流量为该列的指定区域的命名（后面题目中也是如此）。在净流量一列使用了 Excel 的内部函数 SUMIF（A，B，C），即对于 A 列中满足条件 B 的对应的 C 列中的数字求和，如 J4 单元格中的公式为：SUMIF（从，I4，流量） - SUMIF（至，I4，流量），即 F1 节点的净流出量等于其流出量与流入量之差。其他节点类同。双线框中为目标函数总费用，它是流量列与单位费用列对应乘积的和，使用了内部函数 SUMPRODUCT（）。图 9-18 所示为该题的规划求解参数窗口和公式引用说明。

	A	B	C	D	E	F	G	H	I	J	K	L
1	例9-8 快捷配送公司的最小运输费用问题											
2												
3		从	至	流量		容量	单位费用		节点	净流量		给定净流量
4		F1	C1	20			$700		F1	70	≤	80
5		F1	DC	50	≤	50	$300		F2	70	≤	70
6		DC	C1	40	≤	50	$200		DC	0	=	0
7		DC	C2	50	≤	50	$400		C1	-60	=	-60
8		F2	DC	40	≤	50	$400		C2	-80	=	-80
9		F2	C2	30			$900			总费用	=	100000

图 9-17

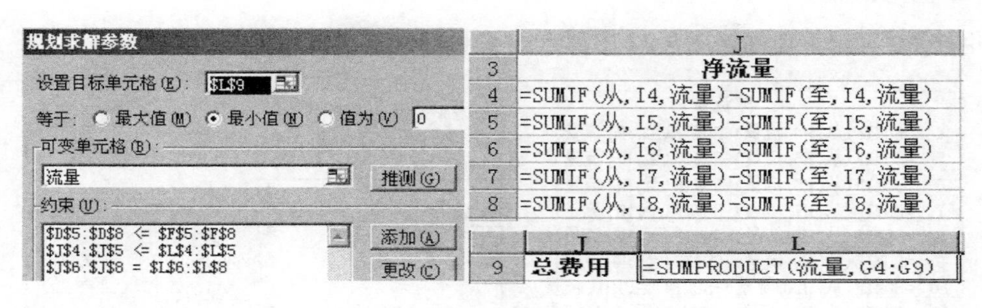

	J
3	净流量
4	=SUMIF(从, I4, 流量)-SUMIF(至, I4, 流量)
5	=SUMIF(从, I5, 流量)-SUMIF(至, I5, 流量)
6	=SUMIF(从, I6, 流量)-SUMIF(至, I6, 流量)
7	=SUMIF(从, I7, 流量)-SUMIF(至, I7, 流量)
8	=SUMIF(从, I8, 流量)-SUMIF(至, I8, 流量)

	J	L
9	总费用	=SUMPRODUCT(流量, G4:G9)

图　9-18

2. 最大流问题

与最小费用流问题一样，最大流问题也是与网络中的流有关的，但其目标是寻找一个流的方案，使得通过网络的流量最大。除了目标不一样之外，最大流问题的特征与最小费用流问题的特征是非常相似的。但是，它们之间也有一些细微的差别。

最大流问题的假设如下：

(1) 网络中所有流起源于一个节点，这个节点叫作源（Source），所有的流终止于另一个节点，称之为收点（Sink），其余所有的节点叫作转运点。但对于有多个源点和多个收点的变形问题也能求解。

(2) 通过每一个弧的流只允许沿着弧的箭头所指方向流动。由源发出的所有的弧背向源，而所有终结于收点的弧都指向收点。

(3) 最大流问题的目标是使得从源到收点的总流量最大。这个流量的大小可以用从源点发出的流量或从进入收点的流量来衡量。

【例 9-9】 求图 9-19 所示多源点多收点网络的最大流。

解　在图 9-19 中源点为 v_{s1}、v_{s2}，收点为 v_{t1}、v_{t2}。该问题的 Excel 模型如图 9-20 所示，图中实线框为决策变量，虚线框为基础数据，双线框为目标函数。图 9-21 为求解说明。

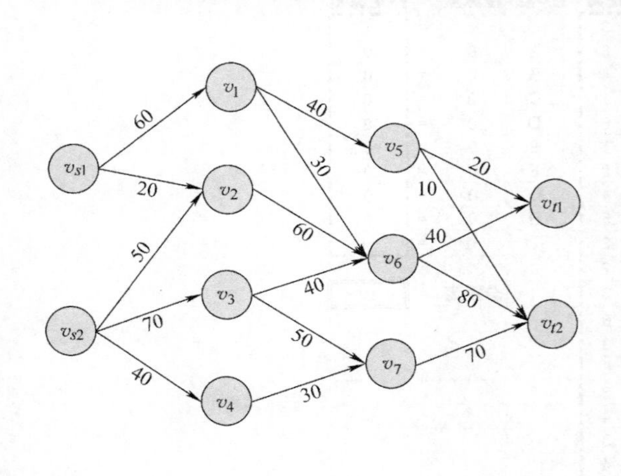

图　9-19

	A	B	C	D	E	F	G	H	I	J	K
1	例9-9 多源点多收点的网络最大流问题										
2											
3		从	至	流量		容量		节点	净流量		要求流量
4		v_{s1}	v_1	60	≤	60		v_{s1}	80		
5		v_{s1}	v_2	20	≤	20		v_{s2}	140		
6		v_{s2}	v_2	40	≤	50		v_1	0	=	0
7		v_{s2}	v_3	70	≤	70		v_2	0	=	0
8		v_{s2}	v_4	30	≤	40		v_3	0	=	0
9		v_1	v_5	30	≤	40		v_4	0	=	0
10		v_1	v_6	30	≤	30		v_5	0	=	0
11		v_2	v_6	60	≤	60		v_6	0	=	0
12		v_3	v_6	30	≤	40		v_7	0	=	0
13		v_3	v_7	40	≤	50		v_{t1}	-60		
14		v_4	v_7	30	≤	30		v_{t2}	-160		
15		v_5	v_{t1}	20	≤	20					
16		v_5	v_{t2}	10	≤	10			最大流量	=	220
17		v_6	v_{t1}	40	≤	40					
18		v_6	v_{t2}	80	≤	80					
19		v_7	v_{t2}	70	≤	70					

图　9-20

3. 最短路问题

最短路问题是在一个网络中寻找两个节点，特别是从源点到目的地点（终点）的最短路线。它可以看作最小费用流问题的一种特殊情况。

【例 9-10】 求下面网络图 9-22 中源点 O 到目标地 T 的最短路。

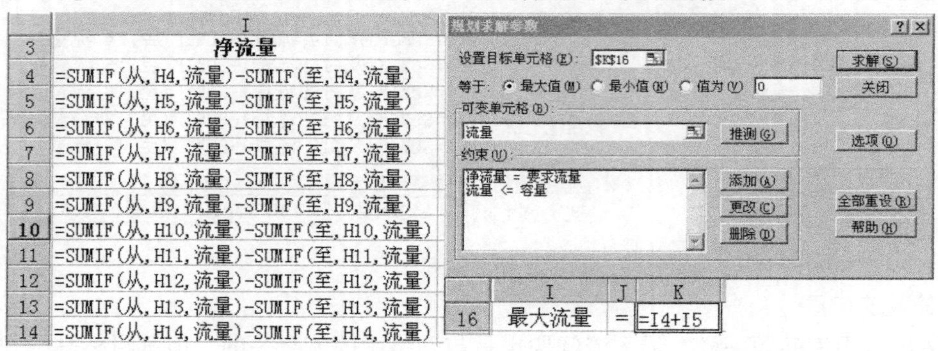

	I
3	净流量
4	=SUMIF(从,H4,流量)-SUMIF(至,H4,流量)
5	=SUMIF(从,H5,流量)-SUMIF(至,H5,流量)
6	=SUMIF(从,H6,流量)-SUMIF(至,H6,流量)
7	=SUMIF(从,H7,流量)-SUMIF(至,H7,流量)
8	=SUMIF(从,H8,流量)-SUMIF(至,H8,流量)
9	=SUMIF(从,H9,流量)-SUMIF(至,H9,流量)
10	=SUMIF(从,H10,流量)-SUMIF(至,H10,流量)
11	=SUMIF(从,H11,流量)-SUMIF(至,H11,流量)
12	=SUMIF(从,H12,流量)-SUMIF(至,H12,流量)
13	=SUMIF(从,H13,流量)-SUMIF(至,H13,流量)
14	=SUMIF(从,H14,流量)-SUMIF(至,H14,流量)

	I	J	K
16	最大流量	=	=I4+I5

图 9-21

解 仿照最小费用问题，根据图 9-22 所示的网络，按照边和点分别列出给定的常数项，如图 9-23 中的虚线所示。其中给定流量为约束的右端常数项，它是最短路问题的一种约定，即出发点（源点）的约定净流量为 1，而目的地（终点）的约定净流量为 -1，其余点的净流量等于 0。这样的约定使得决策变量列自然而然地只有 0、1 值，如图 9-23 中实线框列，其中为 1 的边为选定最短路的选定路径，为 0 则表示最短路不包括该边。目标函数就是最短路的路长，它等于决策变量列——选定路经与距离列对应元素乘积之和。图 9-23 的计算及说明见图 9-24 和图 9-25。

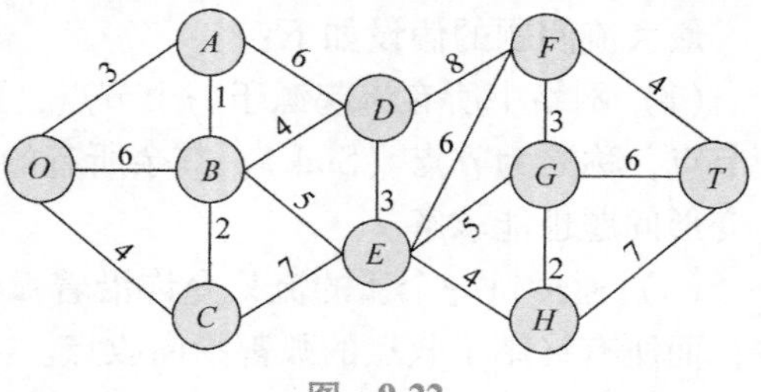

图 9-22

	B	C	D	F	H	I	J	K
1	例9-10 最短路问题							
3	从	至	选定途径	距离	节点	净流量		给定流量
4	O	A	1	3	O	1	=	1
5	O	B	0	6	A	0	=	0
6	O	C	0	4	B	0	=	0
7	A	B	1	1	C	0	=	0
8	A	D	0	6	D	0	=	0
9	B	A	0	1	E	0	=	0
10	B	C	0	2	F	0	=	0
11	B	D	0	4	G	0	=	0
12	B	E	1	5	H	0	=	0
13	C	B	0	2	T	-1	=	-1
14	C	E	0	7				
15	D	E	0	3		总距离	=	19
16	D	F	0	8				
17	E	D	0	3				
18	E	F	1	6				
19	E	G	0	5				
20	E	H	0	4				
21	F	G	0	3				
22	F	T	1	4				
23	G	F	0	3				
24	G	H	0	2				
25	G	T	0	6				
26	H	G	0	2				
27	H	T	0	7				

图 9-23

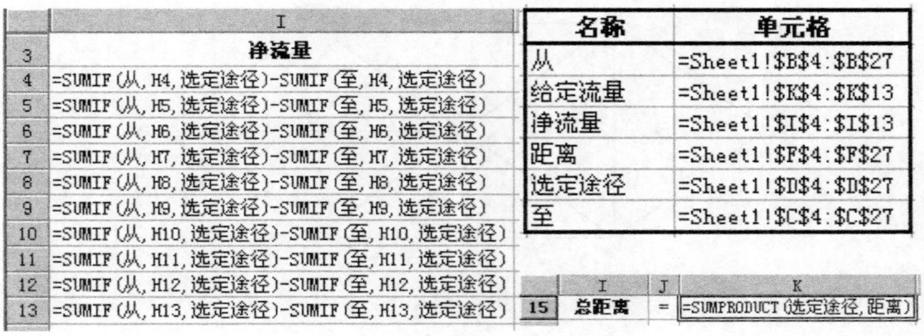

I
3 净流量
4 =SUMIF(从,H4,选定途径)-SUMIF(至,H4,选定途径)
5 =SUMIF(从,H5,选定途径)-SUMIF(至,H5,选定途径)
6 =SUMIF(从,H6,选定途径)-SUMIF(至,H6,选定途径)
7 =SUMIF(从,H7,选定途径)-SUMIF(至,H7,选定途径)
8 =SUMIF(从,H8,选定途径)-SUMIF(至,H8,选定途径)
9 =SUMIF(从,H9,选定途径)-SUMIF(至,H9,选定途径)
10 =SUMIF(从,H10,选定途径)-SUMIF(至,H10,选定途径)
11 =SUMIF(从,H11,选定途径)-SUMIF(至,H11,选定途径)
12 =SUMIF(从,H12,选定途径)-SUMIF(至,H12,选定途径)
13 =SUMIF(从,H13,选定途径)-SUMIF(至,H13,选定途径)
名称 单元格
从 =Sheet1!$B$4:$B$27
给定流量 =Sheet1!$K$4:$K$13
净流量 =Sheet1!$I$4:$I$13
距离 =Sheet1!$F$4:$F$27
选定途径 =Sheet1!$D$4:$D$27
至 =Sheet1!$C$4:$C$27
I J K
15 总距离 = =SUMPRODUCT(选定途径,距离)

图 9-24

规划求解参数
设置目标单元格(E): $K$15
等于: 最大值(M) 最小值(N) 值为(V) 0
可变单元格(B):
选定途径
推测(G)
约束(U):
净流量 = 给定流量
添加(A)
更改(C)
删除(D)
求解(S)
关闭
选项(O)
全部重设(R)
帮助(H)

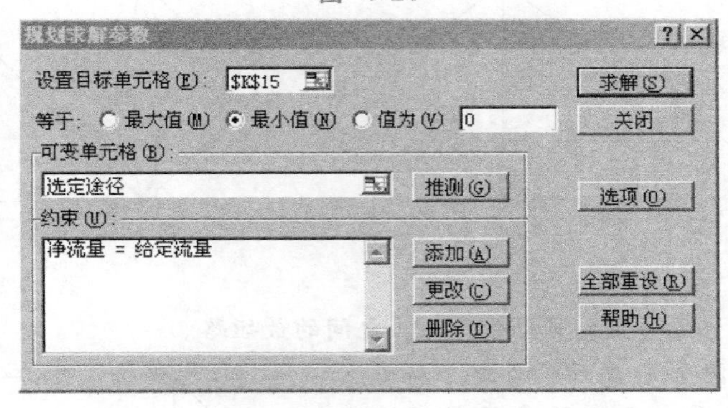

图 9-25

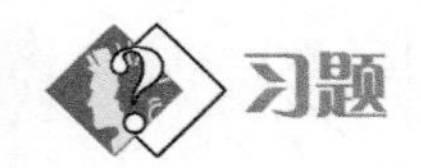

习题

1. 试分析下面各个点的次序列能否够构成简单图。

A. 6，5，5，4，3，2，1　　B. 5，5，4，4，4，3，1

C. 6，5，4，3，2，1　　D. 5，4，3，2，1

2. 有甲、乙、丙、丁、戊、己 6 名运动员报名参加 A、B、C、D、E、F 共 6 个项目的比赛。表 9-3 中打“※”者是各运动员报名参加的比赛项目。问 6 个项目比赛顺序应如何安排，才能做到每名运动员不会连续参加两项比赛。

表 9-3 习题 2 报名比赛项目

	A	B	C	D	E	F
甲				※		※
乙	※	※		※		
丙			※		※	
丁	※				※	
戊		※			※	
己		※		※		

3. 求图 9-26 中从 v_1 点到其他各点的最短路。

4. 用 T-P 标号法求图 9-27 中从 v_1 点到其他各点的最短路。

5. 求图 9-28 中从 v_1 到各点的最短路。

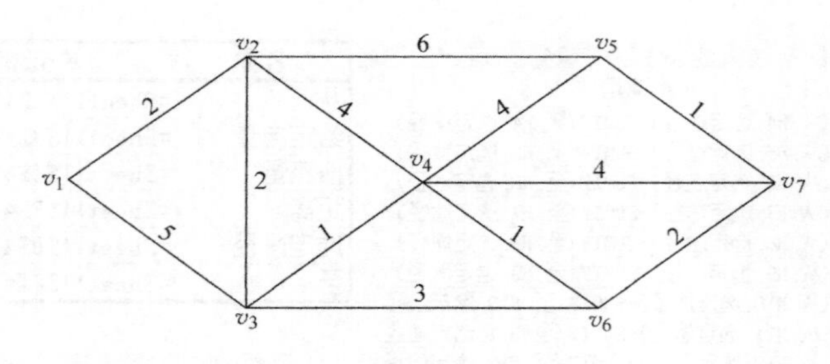

图 9-26

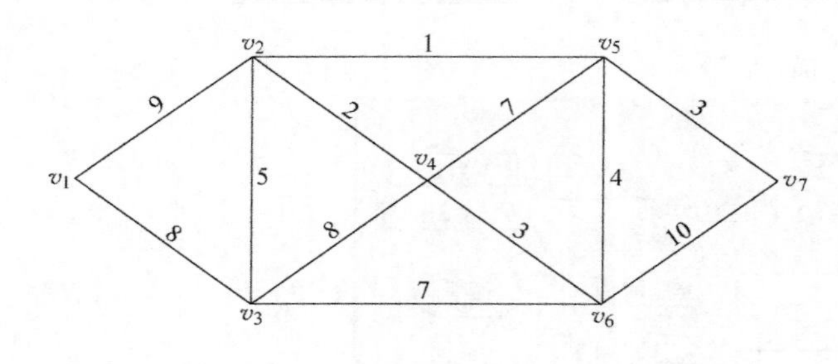

图 9-27

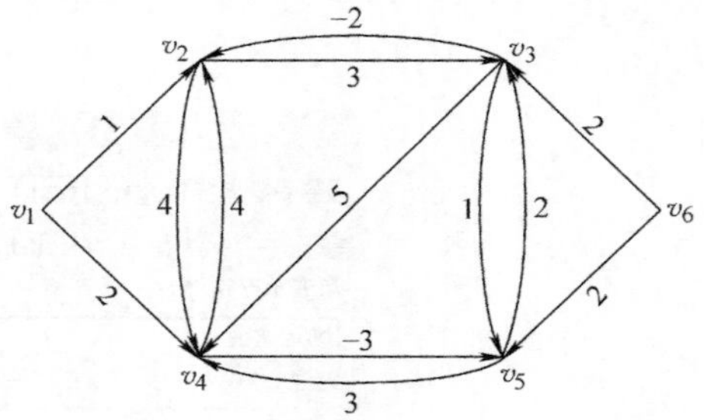

图 9-28

6. 求图 9-29 中任意一点到另外任意一点之间的最短路。

7. 用标号法求图 9-30 所示的网络中从 v_s 到 v_t 的最大流量，图中每个弧旁的数字为 (c_{ij}, f_{ij})。

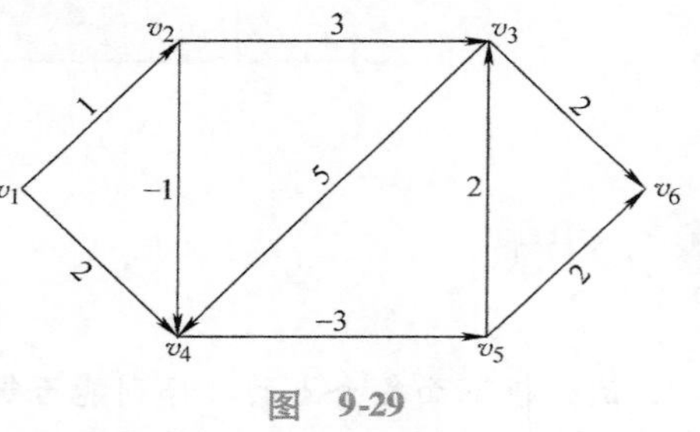

图 9-29

8. 有三座发电站（节点 1、2、3），它们的发电能力分别为 15 MW、10 MW 和 40 MW，经输电网可把电力送到 8 号地区（节点 8），电网的运输能力如图 9-31 所示，求三个发电站输到这个地区（节点 8）的最大电力。（用寻求最大流的标号法）

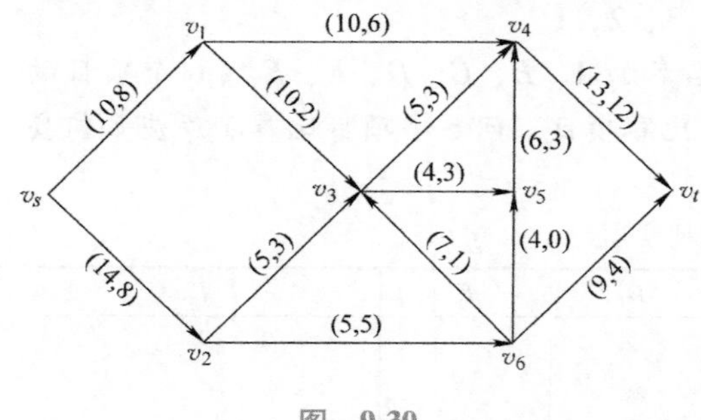

图 9-30

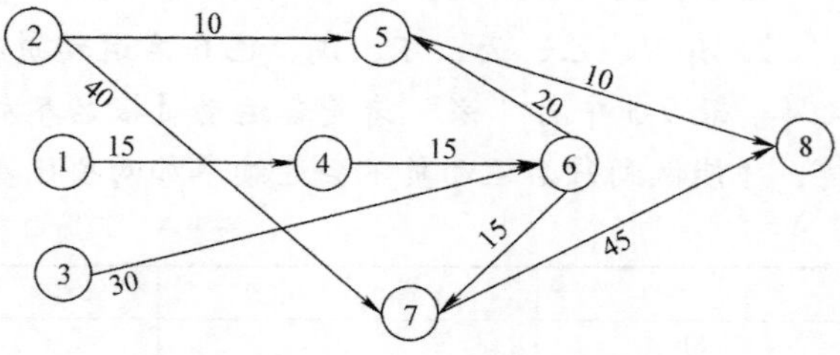

图 9-31

9. 在图 9-32 所示的网络图中，弧旁数字分别为弧的容量和当前流的流量。

（1）用标号法求网络的最大流。

（2）确定网络图的最小截集和最小截量。

10. 已知如图 9-33 所示的运输网络图。

（1）指明该网络的目前流量值是多少？

（2）它是否为最大流？为什么？

（3）求最小截集和截量。

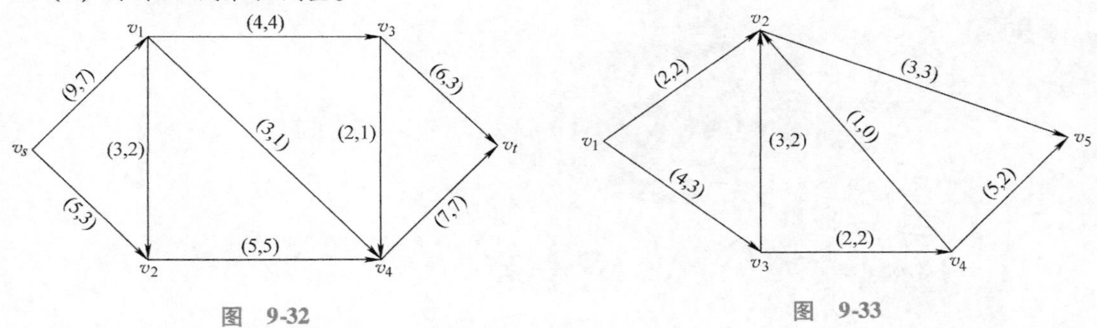

图　9-32　　　　　　　　　　图　9-33

11. 用标号法求图 9-34 所示的网络中从 v_1 到 v_6 的最大流量，图中每弧旁的数字为（c_{ij}, f_{ij}）。

12. 求图 9-35 所示的网络中从始点 v_s 到终点 v_t 的最大流，并求出最小截集和截量。弧旁数字为该弧的容量。

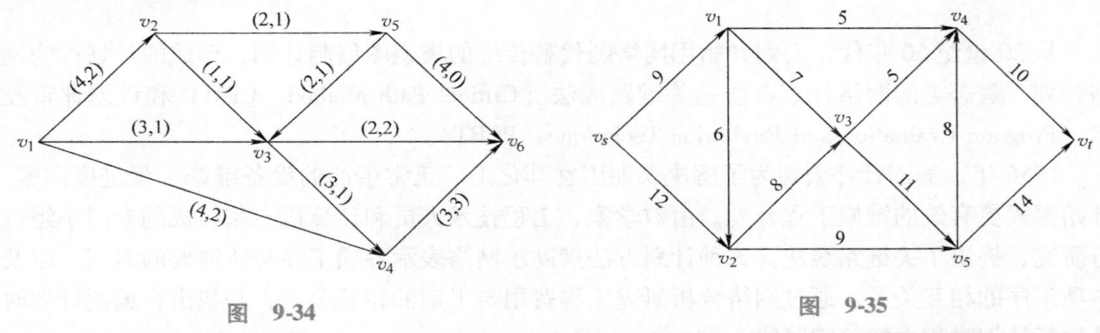

图　9-34　　　　　　　　　　图　9-35

13. 设有一网络如图 9-36 所示，弧旁括号中的数字为该弧的容量，没有括号的数字是已给的该弧上的流量，并构成一可行流。试求此网络的最大流，并写出其最小截集。

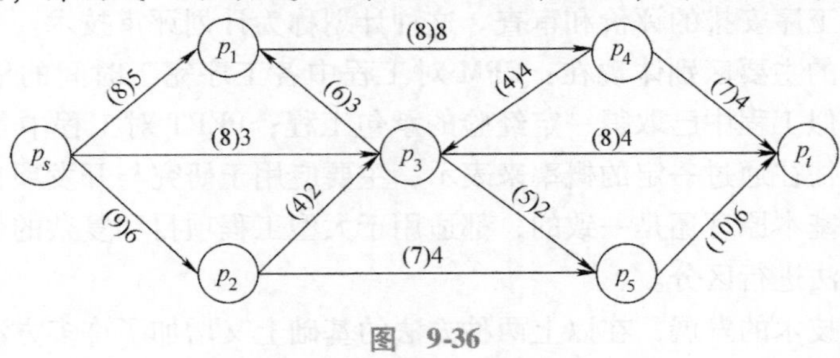

图　9-36

第十章
网络计划技术

从20世纪50年代，人们开始用网络图代替传统的横道图编制计划，形成的计划称为网络计划。最著名的网络计划方法是关键路线法（Critical Path Method，CPM）和计划评审技术（Program Evaluation and Reviewing Technique，PERT）。

1956年，美国杜邦公司为了解决长期困扰其化工厂正常生产的设备维修工程进度问题，开始探索更有效的维修工程计划。由数学家、工程技术人员和计算机专家组成的专门小组进行研究，提出了关键路线法。这种计划方法借助于网络表示各项工序与所需要的时间，以及各项工序的相互关系，通过网络分析研究工程费用与工期的相互关系，并找出在编制计划时及执行计划过程中的关键路线。

1958年，美国海军武器部在研制“北极星”导弹计划时，同样应用了网络计划方法，但它注重于对各项工序安排的评价和审查。这种计划称为计划评审技术。

CPM与PERT的主要区别体现在：CPM对工程中各工序完工时间的估计是确定的，主要应用于以往在类似工程中已取得一定经验的承包工程；PERT对工程中各工序完工时间的估计是不确定的，往往通过一定的概率来表示，主要应用于研究与开发项目中。尽管有这些区别，两种方法的基本原理还是一致的，都适用于大型工程项目和复杂的任务，所以在本书中不特别对两种方法进行区分。

随着网络计划技术的发展，在以上两种方法的基础上又增加了许多方法，如搭接网络技术、随机网络技术、排队仿真随机网络技术、风险评审技术等。这些方法被世界各国广泛应用于工业、农业、国防、科研等计划管理中，对缩短工期，节约人力、物力和财力，提高经济效益发挥了重要作用。

网络计划的基本原理是从需要管理的任务的总进度着眼，以任务中各工序所需要的工时为时间因素，按照工序的先后顺序和相互关系画出网络图，以反映任务全貌，实现管理过程的模型化。然后进行时间参数计算，找出计划中的关键工序和关键路线，对任务的各项工序所需要的人、财、物通过改善网络计划做出合理安排，得到最优方案并付诸实施。还可对各种评价指标进行定量化分析，在计划的实施过程中，进行有效的监督与控制，以保证任务优质优量地完成。

第一节　网络图的基本概念

一、引例

【例 10-1】　有夫妇两人安排家务，当前时间为上午 11:30，下午 2:00 他们都要去上班。现有三件事需要他们完成：洗衣、烧饭、吃饭。洗衣需要 3h，烧饭需要 1h，吃饭需要 0.5h。问怎样安排，才能使他们完成这三件事的时间最短？

此处，将洗衣、烧饭、吃饭分别用代号 A、B、C 表示，作图分析。

（1）三件事情依次完成，用带权的箭线表示每件事情，用○连接三件事情。如图 10-1 所示，完成三件事情需要 4.5h。

（2）若在妻子洗衣的同时，丈夫做饭，由于有 1h 的并行工序，完成三件事情所需时间缩短，只需要 3.5h 就能将三件事情完成，如图 10-2 所示。

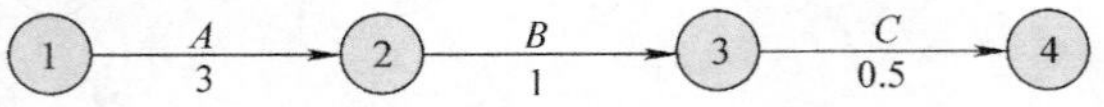

1 —A 3→ 2 —B 1→ 3 —C 0.5→ 4

图　10-1

（3）由于洗衣工序还可以分许多更小的过程并行进行，于是将洗衣工序划分为 $A1$ 和 $A2$ 两部分，$A1$ 需要 2h，$A2$ 需要 1h。妻子和丈夫共同洗 1h 的衣服，然后丈夫做饭，妻子继续洗衣，最后两人共同吃饭，即按照图 10-3 来组织，仅需要 2.5h 就能将三件事情完成。于是夫妇二人能够在中午这段时间内完成这三件事。

例 10-1 中的图 10-1、图 10-2、图 10-3 就是典型的网络图。下面给出网络图的一些基本概念。

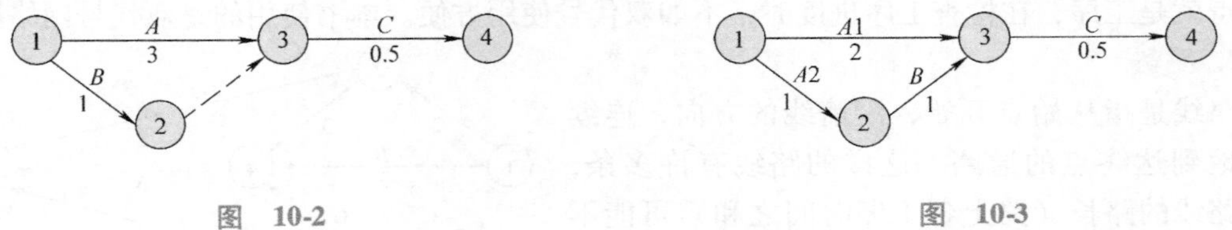

图　10-2　　　　图　10-3

二、基本概念

1. 工序

工序又称作业、工作、活动。一项工程总是由许多彼此关联的独立活动组成的，这些活动称为工序。工序需要消耗时间或资源。各道工序之间先后关联，完成每道工序的时间称为工序时间。例 10-1 中的洗衣、烧饭和吃饭可以看作夫妇二人在中午这段时间需要完成的一项“工程”的各个工序。在企业生产活动中，工序可以是新产品设计中的初步设计、技术设计、工装制造等。工序的划分是相对的，可以粗一些，也可以细一些。例 10-1 中的（3）就是根据实际情况对洗衣工序进行了更细的划分。

虚工序不是实际中的具体工序，仅用于表示相邻工序之间的衔接关系，不需要时间和资源。

2. 事项

事项又称为节点、事件。事项标志工序的开始或结束，本身不消耗时间或资源。某个事项的实现，标志着在它前面各个工序的结束，又标志着在它之后的各个工序的开始。

网络图中的事项通常用圆圈和里面的数字表示，数字表示事项的编号，如①，②，…工序通常用实箭线来表示，箭头表示工序行进的方向，箭头和箭尾与事项相连。与箭头相连的事项表示工序的结束，称为箭头事项，用ⓙ表示。与箭尾相连的事项表示工序的开始，称为箭尾事项，用ⓘ表示。虚工序用虚箭线表示，没有工序名称和工序时间。

在图 10-2 中，箭线 A、B、C 表示三个工序。事项②和③之间的虚线表示虚工作，说明工序 A、B 是两个并行的工序。箭线下面的数字（权）表示为完成该工序所需要的时间，事项①、②、③、④分别表示某一个或某些工序的开始或结束。例如，事项③表示工序 A、B 的结束和工序 C 的开始，即只有工序 A 和 B 结束后，工序 C 才能开始。

在网络图中，用箭线及其权、箭头事项和箭尾事项来确切表示一个工序。比如图 10-2 中的工序 C 可以表示为如图 10-4 所示。

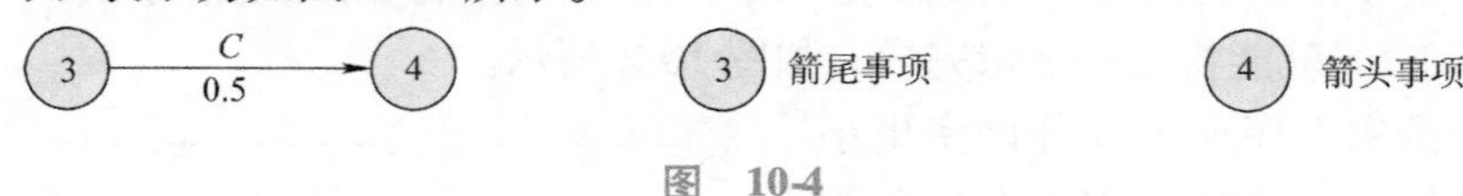

图 10-4

3. 网络图

网络图是指由工序、事件及工序时间构成的赋权有向图。网络图包含完成整个项目的所有工序。

网络图包括两种形式，一种是双代号网络图，用节点表示事件，用箭线表示工序；另一种是单代号网络图，用节点表示工序，用箭线表明工序之间的关系。双代号网络图由于需要加入虚工序，使图显得比较复杂。单代号网络图克服了这种缺点，工序关系比较清晰，但由于节点就是工序，在检查工序进度时，不如双代号使用方便。本书使用的是双代号网络图。

4. 路线

路线是指从始点开始，沿箭线的方向，连续不断地到达终点的通路。这样的路线有许多条，各条路线的路长（路上各工序时间之和）可能不同，其中路长最长的路称为关键路线。关键路线上的工序称为关键工序。关键路线可能会有多条。

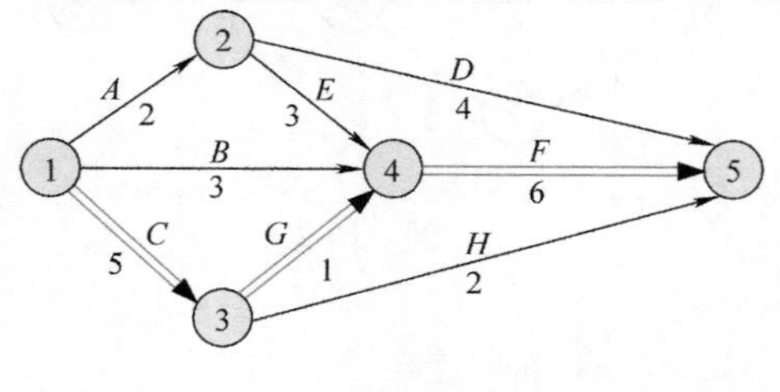

图 10-5

图 10-5 中共有 5 条路线，分别为：

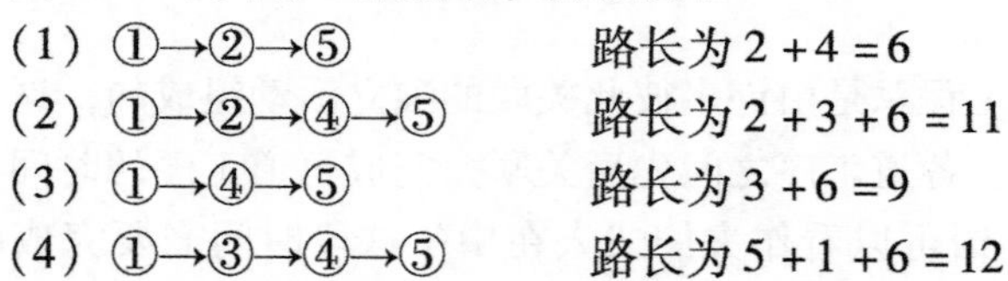

(1) ①→②→⑤　　　　路长为 $2+4=6$

(2) ①→②→④→⑤　　路长为 $2+3+6=11$

(3) ①→④→⑤　　　　路长为 $3+6=9$

(4) ①→③→④→⑤　　路长为 $5+1+6=12$

(5) ①→③→⑤　　　　路长为 $5+2=7$

其中，①→③→④→⑤所需时间最长，它表明整个任务的总完工期为 12。很明显，这条践线上的工序，若有一个延迟 1 天，整个任务就要推迟 1 天完成；若某一个工序能提前 1 天，整个任务就可以提前 1 天完成。而不在这条路线上的工序对总工期则没有这种直接影响关系，如工序 B，可以在整个项目开始时开始，也可以在第 3 天开始。因此路线（4）为关键路线，图中用粗线或双线画出。工序 *C*、*G*、*F* 为关键工序。要想使任务按期或提前完工，就要在关键路线的关键工序上想办法。

5. 紧前工序

紧前工序是指紧接某项工序的先行工序。

6. 紧后工序

紧后工序是指紧接某项工序的后续工序。

紧前工序是前道工序，前道工序不一定是紧前工序；同理紧后工序是后续工序，后续工序也不一定是紧后工序。在图 10-5 中，*A* 是 *D*、*E* 的紧前工序，*D*、*E* 是 *A* 的紧后工序，*F* 是 *A* 的后续工序但不是 *A* 的紧后工序；*A* 是 *F*、*H* 的前道工序但不是它们的紧前工序。

第二节　绘制网络计划图

一、绘制网络图的步骤

1. 确定目标

网络计划的目标是多方面综合的，但按侧重点不同，大致可以分成三类：第一类，时间要求为主；第二类，资源要求为主；第三类，费用要求为主。

2. 编制工序明细表

收集和整理资料，将任务（或项目、工程）分解成若干道工序，确定工序的紧前和紧后关系，估计完成工序所需要的时间、劳动力、费用和资源，编制出工序明细表。

（1）任务分解时，要由网络图绘制人员和相关技术人员一起来进行，以保证分解的任务既满足完成工程任务的需要，又符合编制网络计划的要求。

（2）根据使用的部门的不同，任务分解的详略程度不同。同一个任务可以画成几种详略程度不同的网络图：总网络图、一级网络图、二级网络图等，分别供总指挥部、基层部门、具体执行人员使用。总网络图画得比较概括、综合，可以反映任务的主要组成部分之间的关系，这种图一般是指挥部门使用，一则重点突出，二则便于领导掌握任务的关键路线与关键部门。一级、二级网络图则更细微、具体，便于具体部门及单位在执行任务时使用。为了便于管理，各级网络图中工序和事项应统一编号。

3. 绘制网络图

依据工序明细表，按照一定的规则绘制网络图。

二、绘制网络图的规则和注意事项

（1）网络图是有向图，绘制时应按照工艺流程的顺序从左向右延伸，如图 10-6 所示。

（2）网络图中不允许有回路，否则会出现逻辑错误，工序永远达不到终点。图 10-7 中①→②→④→③→①构成回路，这种情况是不允许的。

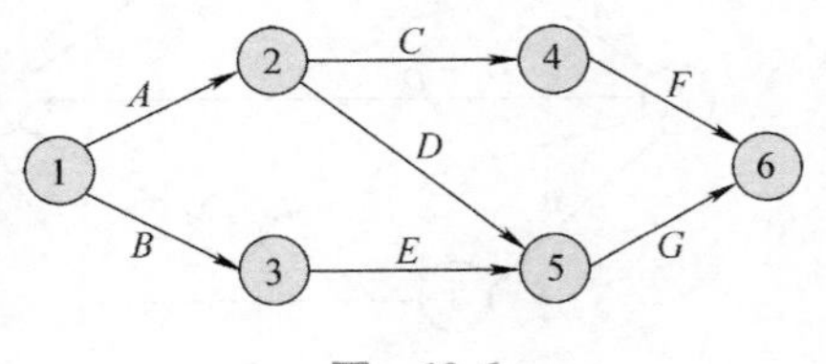

图　10-6

（3）网络图只有一个始点和终点，其他为中间事项。图 10-8 中有两个始点①、⑤，三个终点③、④、⑥，这是不符合规则的。

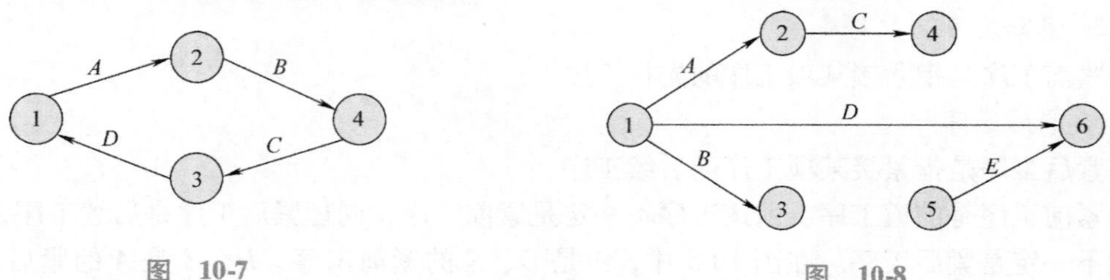

图 10-7

图 10-8

（4）给事项进行编号时，应使箭头编号大于箭尾编号。如在图 10-6 中，编号从左向右，从上到下依次增大。为了便于修改编号和调整计划，可以在编号过程中，留出一些空号。

（5）正确表示工序之间的前行和后继关系。当工序 A 完工后 B 和 C 可以开工，如图 10-9a 所示。当工序 A 和 B 完工后 C 才能开工，如图 10-9b 所示。当工序 A 和 B 完工后 C 和 D 可以开工，如图 10-9c 所示。工序 C 在工序 A 完工后就可以开工，但工序 D 必须在 A 和 B 都完工后才能开工，如果画成图 10-9c 的形式是错误的，应该用图 10-9d 来表示。

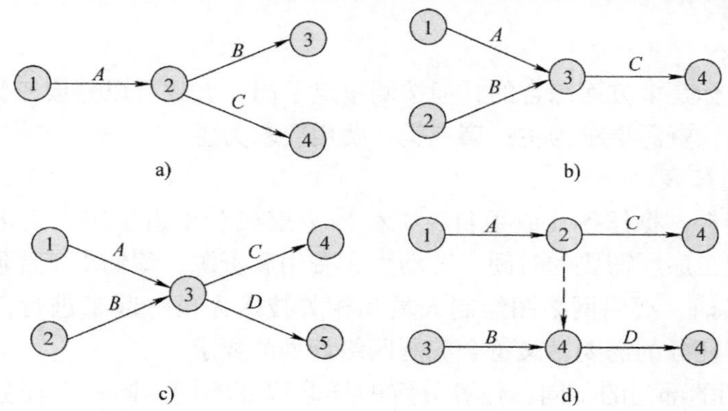

图 10-9

（6）相邻节点之间只能有一条弧。图 10-10 中，在节点①、②之间有两个工序，这是不符合规则的。

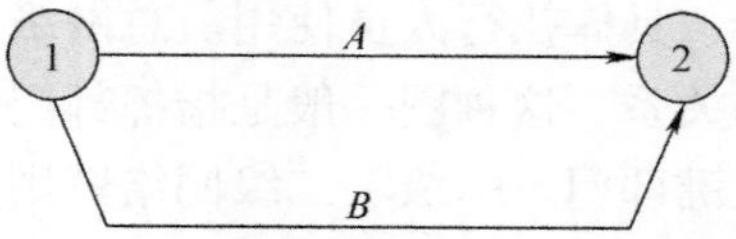

图 10-10

（7）虚工序的运用

1）可将前面的不允许存在的情况化解。前面不符合规则的图 10-8 和图 10-10，通过添加虚工序改成图 10-11 和图 10-12 之后，就是正确的了。

2）正确表示工序之间的前后关系。图 10-9d 所表示的 A、B、C、D 四个工序之间的关系，必须借助于虚工序来实现。

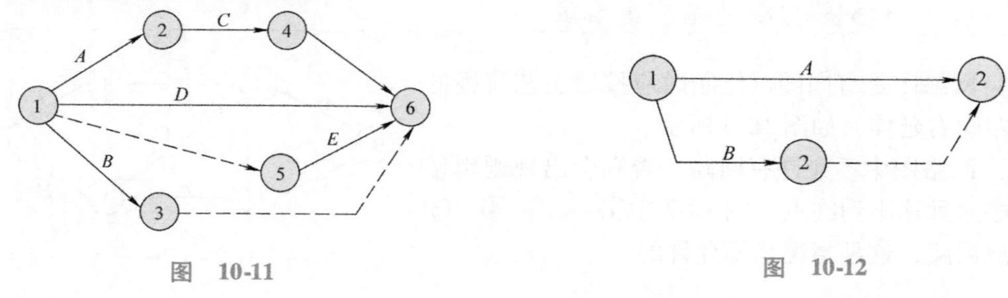

图 10-11

图 10-12

3）正确表示平行交叉作业。虚工序还可以正确表示平行交叉作业。一个工序被分为几个工序同时进行，称为平行工序。如图 10-13a 所示，市场调研（2，3）需要 12 天。如果增加人力分为三组同时进行，可画为图 10-13b。

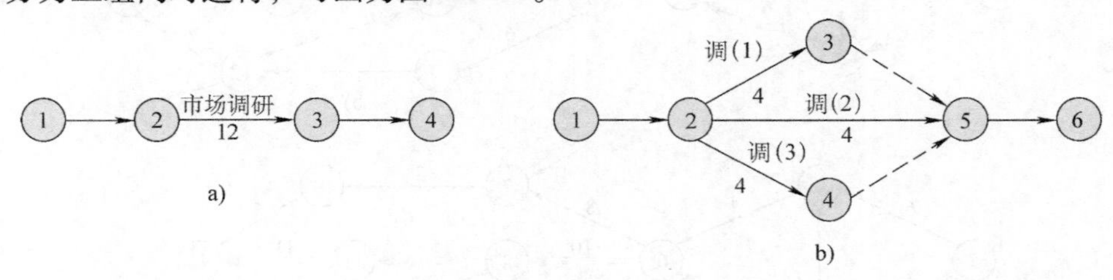

图　10-13

两个或两个以上的工序交叉进行，称为交叉作业。如工序 A 与工序 B 分别为挖沟和埋管子，那么它们的关系可以是挖一段埋一段，不必等全部挖好后再埋。这就可以用交叉工序来表示，如图 10-14 所示把这两个工序各分为三段：$A=A1+A2+A3$，$B=B1+B2+B3$。

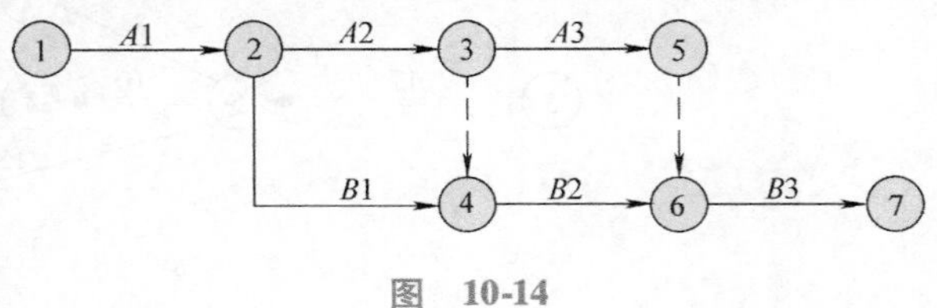

图　10-14

（8）网络的布局：清晰、美观。网络布局应该尽可能清晰美观，关键路线尽量在中心，联系密切的工序放在相近的位置。尽量避免箭杆的交叉，图 10-15a 中存在箭杆的交叉，实际可以避免，改成图 10-15b 后就比较清晰了。

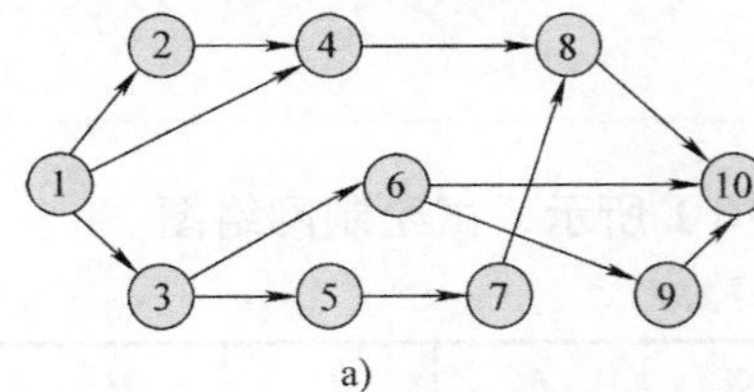

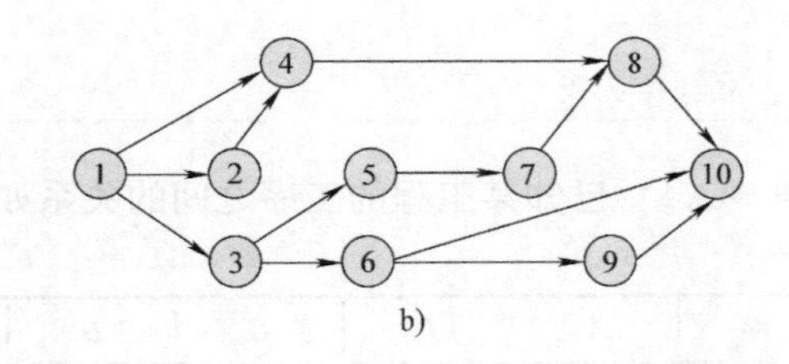

图　10-15

三、网络图的合并与简化

在不同的网络图上，对工序划分程度的粗细可以有很大的差别。把图上的一组工序简化为一个“组合”工序，称为网络图的简化；把若干个局部网络图归并成一个网络图，称为网络的合并。在图 10-16 中，图 10-16c 是图 10-16a 和图 10-16b 的合并，图 10-16d 是图 10-16c 的简化。

图 10-16a、b 中的事项⑥是两个网络图中的共同事项，称为交界事项。交界事项沟通了两个以上网络的各个工序之间的关系。交界事项又分为进入交界事项（图 10-16b 中的事项⑥）和引出交界事项（图 10-16a 中的事项⑥）。在进行网络图的简化时，由于图 10-16a 的一组活动具有唯一的开始事项和结束事项，可以简化为一项大的“组合”工序。但要注意，简化后③→⑥这组工序的时间一定要以这个网络的关键路线的持续时间来表示。在图 10-16b 所示的网络中，由于事项⑦和⑫与别的网络有联系，事项⑥和⑬不是这个网络的唯一初始和结束事项，因此只能局部简化成图 10-16d 中右边的形式。

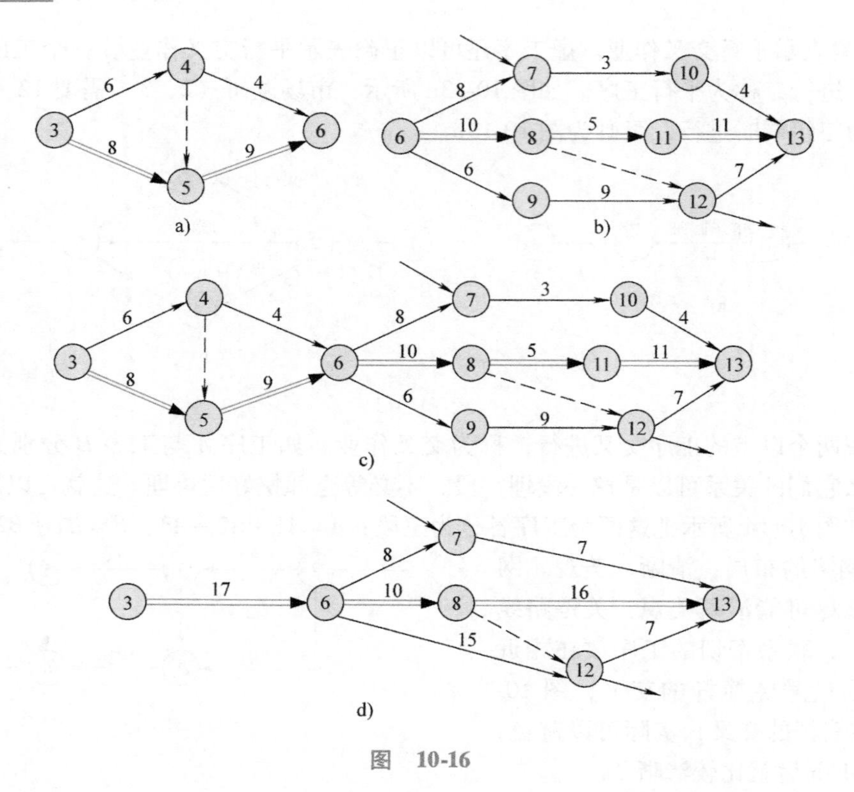

图 10-16

四、网络图绘制示例

【例 10-2】 已知某工程的工序之间的关系如表 10-1 所示，试绘制网络图。

表 10-1 例 10-2 工序构成

工　序	A	B	C	D	E	F	G	H	I
紧前工序	—	A	A	B	C	C	D、E	F	G、H

解 网络图如图 10-17 所示。

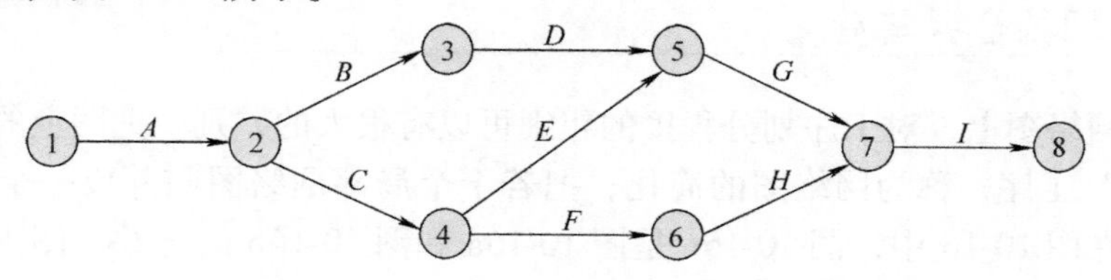

图 10-17

【例 10-3】 已知某工程的工序之间的关系如表 10-2 所示，试绘制网络图。

表 10-2 例 10-3 工序构成

工　序	A	B	C	D	E	F	G	H	I
紧前工序	—	A	A	B	C	C	D、E	D、E、F	G、H

解 网络图如图 10-18 所示。

【例 10-4】 已知某工程的工序之间的关系如表 10-3 所示，试绘制网络图。

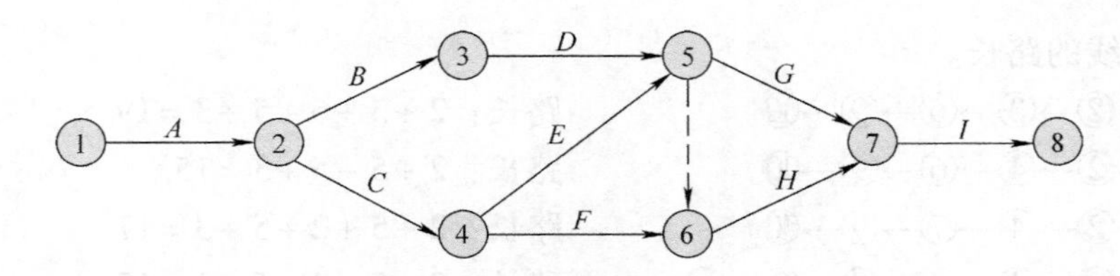

图　10-18

表 10-3　例 10-4 工序构成

工序	A	B	C	D	E	F	G	H	I	K	L	M
紧前工序	G、M	H	—	L	C	A、E	B、C	—	A、L	F、I	B、C	C
工序时间	3	4	7	3	5	5	2	5	2	1	7	3

解　网络图如图 10-19 所示。

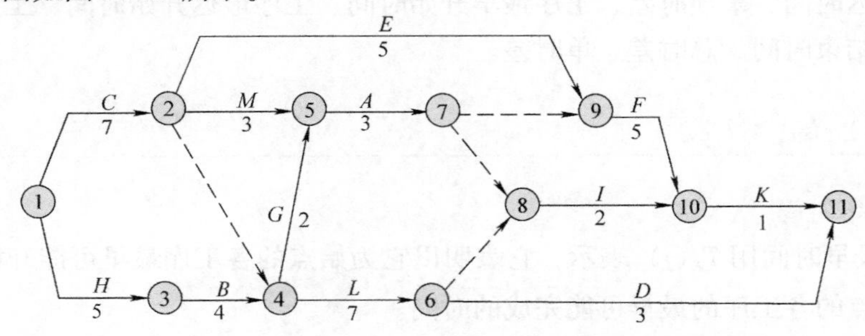

图　10-19

【例 10-5】　某项工程需要完成 11 个工序，分别用工序代号 $A \rightarrow K$ 来表示，每个工序的时间和工序之间的逻辑关系如表 10-4 所示。试编制这项工程的网络计划。

表 10-4　例 10-5 工序构成

工　序	A	B	C	D	E	F	G	H	I	J	K
紧前工序	—	A	A	A	B	C	D	E、C	F	F、G	H、I、J
工序时间	2	3	5	4	6	2	1	5	5	6	3

解　网络图如图 10-20 所示。

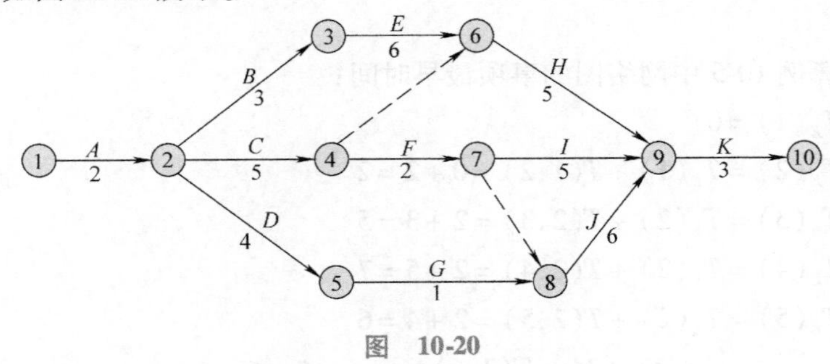

图　10-20

第三节　网络计划图参数及其计算

例 10-5 中的图 10-20 是一个简单的网络图，从始点①到终点⑩共有 5 条路线，可以分别计算出每条路线的路长。

(1) ①→②→③→⑥→⑨→⑩　　路长：2+3+6+5+3=19

(2) ①→②→④→⑥→⑨→⑩　　路长：2+5+5+3=15

(3) ①→②→④→⑦→⑨→⑩　　路长：2+5+2+5+3=17

(4) ①→②→④→⑦→⑧→⑨→⑩　　路长：2+5+2+6+3=18

(5) ①→②→⑤→⑧→⑨→⑩　　路长：2+4+1+6+3=16

可以看出，路线①→②→③→⑥→⑨→⑩所需时间最长，为关键路线。

对于复杂的工程项目，在整个网络图中有许多路线，此时通过列举写出所有路线找出关键路线的方法不可行，可以通过计算网络图中有关时间参数的方法找出关键路线。时间参数也可以为网络图优化、调整和执行提供明确的时间概念。网络计划的时间参数包括事项最早时间、事项最迟时间、事项时差、工序最早开始时间、工序最迟开始时间、工序最早结束时间、工序最迟结束时间、总时差、单时差。

一、事项时间的计算

1. 事项最早时间

事项j的最早时间用$T_E(j)$表示，它表明以它为始点的各工序最早可能开始的时间，也表示以它为终点的各工序的最早可能完成的时间。

事项最早时间的计算方法如下：

(1) 设始点事项的开始时间为$T_E(1)=0$，表示工程从零时刻开始工作。

(2) 自左至右逐步计算事项最早时间，直至终点事项。

(3) 若一个事项同时是多个箭线的箭头事项，则选其中箭尾事项最早时间加箭线时间之和的最大值作为该事项最早时间。即：

$$T_E(j)=\max_i\{T_E(i)+T(i,j)\}$$

式中，$T_E(i)$为与事项相邻的各紧前事项的最早时间；$T(i,j)$为工序(i,j)的工序时间。

(4) 终点事项的最早时间记为$T_E(n)$，它是工程的最早完工工期，简称为工程工期，可用T_E表示。

下面依次计算例10-5中网络图的事项最早时间：

$$T_E(1)=0$$

$$T_E(2)=T_E(1)+T(1,2)=0+2=2$$

$$T_E(3)=T_E(2)+T(2,3)=2+3=5$$

$$T_E(4)=T_E(2)+T(2,4)=2+5=7$$

$$T_E(5)=T_E(2)+T(2,5)=2+4=6$$

$$T_E(6)=\max\begin{Bmatrix}T_E(3)+T(3,6)\\T_E(4)+T(4,6)\end{Bmatrix}=\max\begin{Bmatrix}5+6\\7+0\end{Bmatrix}=11$$

$$T_E(7)=T_E(4)+T(4,7)=7+2=9$$

$$T_E(8)=\max\begin{Bmatrix}T_E(5)+T(5,8)\\T_E(7)+T(7,8)\end{Bmatrix}=\max\begin{Bmatrix}6+1\\9+0\end{Bmatrix}=9$$

$$T_E(9)=\max\begin{Bmatrix}T_E(6)+T(6,9)\\T_E(7)+T(7,9)\\T_E(8)+T(8,9)\end{Bmatrix}=\max\begin{Bmatrix}11+5\\9+5\\9+6\end{Bmatrix}=16$$

$$T_E(10)=T_E(9)+T(9,10)=16+3=19$$

事项最早时间可以标在网络图上每个事项旁边的矩形框内，例 10-5 的事项最早时间如图 10-21 中“□”内的数值。

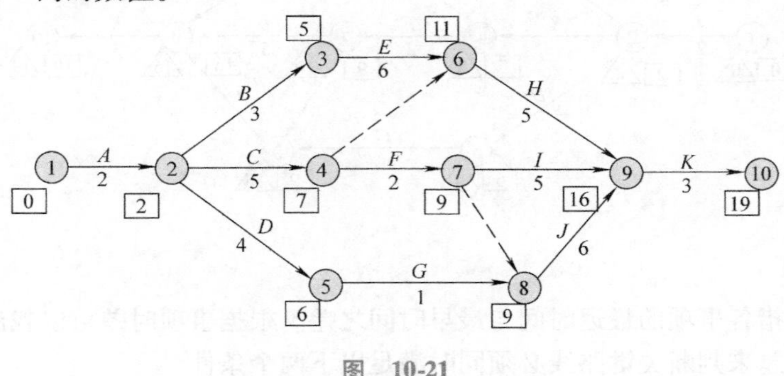

图　10-21

2. 事项最迟时间

事项 i 的最迟时间用 $T_L(i)$ 表示，它表明在不影响任务总工期的条件下，以它为始点的工序的最迟必须开始的时间，或以它为终点的各工序最迟必须结束的时间。

事项最迟时间的计算方法如下：

（1）终点事项的最迟时间就是工程最早完工时间，即 $T_L(n)=T_E(n)$。

（2）自右至左逐步计算事项最迟时间，直至始点事项。

（3）若一个事项同时是几个箭线的箭尾事项，选其中箭头事项的最迟时间减箭线时间之差最小值作为该事项的最迟时间。即

$$T_L(i)=\min_j\{T_L(j)-T(i,j)\}$$

式中，$T_L(j)$ 为与事项相邻的各紧后事项的最迟结束时间。

下面计算例 10-5 中网络图的事项最迟时间：

$$T_L(10)=T_E(10)=19$$

$$T_L(9)=T_L(10)-T(9,10)=19-3=16$$

$$T_L(8)=T_L(9)-T(8,9)=16-6=10$$

$$T_L(7)=\min\begin{Bmatrix}T_L(9)-T(7,9)\\T_L(8)-T(7,8)\end{Bmatrix}=\min\begin{Bmatrix}16-5\\10-0\end{Bmatrix}=10$$

$$T_L(6)=T_L(9)-T(6,9)=16-5=11$$

$$T_L(5)=T_L(8)-T(5,8)=10-1=9$$

$$T_L(4)=\min\begin{Bmatrix}T_L(6)-T(4,6)\\T_L(7)-T(4,7)\end{Bmatrix}=\min\begin{Bmatrix}11-0\\10-2\end{Bmatrix}=8$$

$$T_L(3)=T_L(6)-T(3,6)=11-6=5$$

$$T_L(2)=\min\begin{Bmatrix}T_L(3)-T(2,3)\\T_L(4)-T(2,4)\\T_L(5)-T(2,5)\end{Bmatrix}=\min\begin{Bmatrix}5-3\\8-5\\9-4\end{Bmatrix}=2$$

$$T_L(1) = T_L(2) - T(1,2) = 2 - 2 = 0$$

事项最迟时间可以标在网络图上每个事项旁边的三角框内，例 10-5 的事项最迟时间见图 10-22 中“△”内的数值。

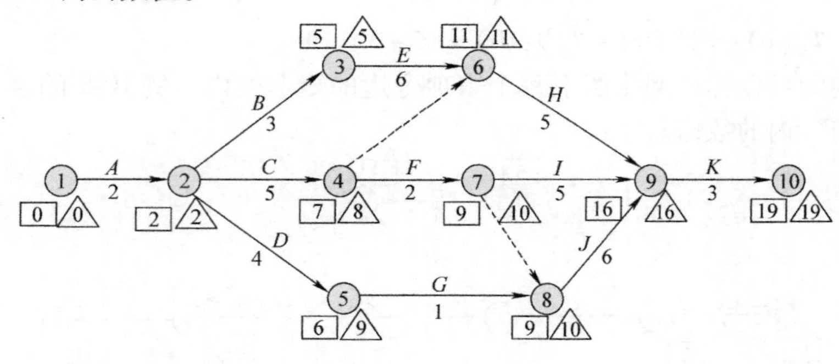

图 10-22

3. 事项时差

事项时差是指各事项的最迟时间与最早时间之差。根据事项时差可以找出网络图的关键路线。用事项时差来判断关键路线必须同时满足以下两个条件：

（1）事项时差为零。

（2）路线上每个工序满足 $T_E(j) - T_E(i) = T(i,j)$ 或 $T_L(j) - T_L(i) = T(i,j)$。

例 10-5 中，首先计算出事项时差，如表 10-5 所示。

表 10-5 例 10-5 的事项时差

事　项	事项最早时间	事项最迟时间	事项时差
1	0	0	0
2	2	2	0
3	5	5	0
4	7	8	1
5	6	9	3
6	11	11	0
7	9	10	1
8	9	10	1
9	16	16	0
10	19	19	0

由表 10-5 可以发现，路线①→②→③→⑥→⑨→⑩上每个事项的时差均为 0。该路线上的工序为 $A \to B \to E \to H \to K$，由表 10-6 可以发现，该路线上每个工序的箭头事项最早时间与箭尾事项最早时间之差均为其工序时间，因此该路线为关键路线。

表 10-6 关键路线条件之一

工序	箭头事项最早时间		箭尾事项最早时间		工序时间
A	2	-	0	=	2
B	5	-	2	=	3
E	11	-	5	=	6

（续）

工序	箭头事项最早时间		箭尾事项最早时间		工序时间
H	16	−	11	=	5
K	19	−	16	=	3

在只有一条关键路线时，利用事项时差判断关键路线只考虑第一个条件就可以，但是当可能存在多条关键路线时，必须同时满足以上两个条件，否则会出现错误。

【例 10-6】　某工程的各个工序的工作时间及逻辑关系如表 10-7 所示，试根据表 10-7 画出网络图，计算各事项最早和最迟时间，计算事项时差，寻找网络图的关键路线。

表 10-7　例 10-6 工序构成

工　序	*A*	*B*	*C*	*D*	*E*	*F*	*G*
紧前工序	—	*A*	*A*	*A*	*B*	*D*	*C*、*E*、*F*
工序时间	3	6	4	3	1	4	4

解　网络图如图 10-23 所示，各事项最早和最迟时间分别见图 10-23 中"□"和"△"内的数值，各事项时差见表 10-8。

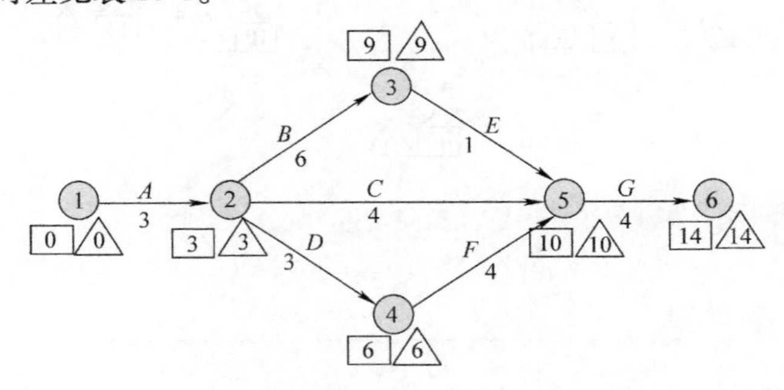

图　10-23

表 10-8　例 10-6 时差计算表

事　项	事项最早时间	事项最迟时间	事项时差
1	0	0	0
2	3	3	0
3	9	9	0
4	6	6	0
5	10	10	0
6	14	14	0

表 10-8 中所有事项时差都为 0，假如不考虑第二个条件，则图 10-23 上共有三条关键路线。考虑第二个条件，对所有工序计算其最早和最迟时间之差与工序时间之间的关系，如表 10-9 所示。

表 10-9　是否为关键工序的判断

工序	箭头事项最早时间		箭尾事项最早时间		工序时间
A	3	−	0	=	3
B	9	−	3	=	6

（续）

工序	箭头事项最早时间		箭尾事项最早时间		工序时间
C	10	−	3	≠	4
D	6	−	3	=	3
E	10	−	9	=	1
F	10	−	6	=	4
G	14	−	10	=	4

通过表 10-9 可以发现，工序 *C* 的箭头事项与箭尾事项之差不等于其工序时间，因此包含工序 *C* 的路线不是关键路线。本例网络图中共有两条关键路线：①→②→③→⑤→⑥和①→②→④→⑤→⑥，如图 10-24 所示。

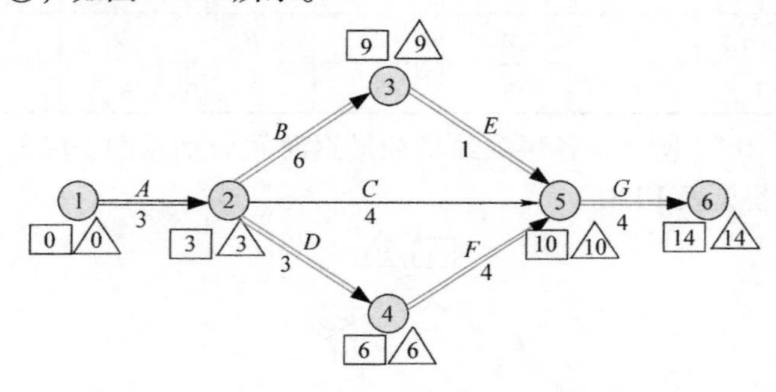

图　10-24

二、工序时间的计算

1. 工序最早开始时间 $T_{ES}(i,\ j)$

任何一个工序必须在其所有紧前工序全部完成之后才能开始，因此工序的最早时间是它的各项紧前工序最早结束时间中的最大值。通过与事项最早时间的定义及计算公式对比可知，工序的最早开始时间等于其箭尾事项的最早时间。即

$$T_{ES}(i,j) = T_E(i)$$

2. 工序最早结束时间 $T_{EF}(i,j)$

工序最早结束时间等于工序最早开始时间加上工序的工作时间。即

$$T_{EF}(i,j) = T_{ES}(i,j) + T(i,j)$$

3. 工序最迟结束时间 $T_{LF}(i,j)$

工序最迟结束时间是指在不影响工程最早完工时间 T_E 的前提下，工序最迟必须完工的时间，等于这个工序箭头（终点）事项的最迟时间。即

$$T_{LF}(i,j) = T_L(j)$$

4. 工序最迟开始时间 $T_{LS}(i,j)$

工序最迟开始时间等于工序最迟结束时间减去工序的工作时间。即

$$T_{LS}(i,j) = T_{LF}(i,j) - T(i,j)$$

5. 工序总时差 $TF(i,j)$

工序总时差是指在不影响工程最早完工时间的前提下，工序的最早开始时间（或最迟

结束时间）可以推迟的时间。即

$$TF(i,j)=T_{LS}(i,j)-T_{ES}(i,j)=T_{LF}(i,j)-T_{EF}(i,j)$$

工序总时差越大，说明工序在整个网络中的调整时间越大，利用工序总时差可以调整非关键路线上工序的开工时间，以保证将资源用到关键工序上。

6. 工序单时差 $FF(i,j)$

工序单时差是指在不影响紧后工序的最早可能开工时间的前提下，工序最早可能结束时间可以推迟的时间。即

$$FF(i,j)=T_{ES}(j,k)-T_{EF}(i,j)=T_E(j)-T_E(i)-T(i,j)$$

下面计算例 10-5 中的工序时间。

1. 工序最早开始时间的计算

$T_{ES}(1,2)=T_E(1)=0$　　$T_{ES}(2,3)=T_E(2)=2$

$T_{ES}(2,4)=T_E(2)=2$　　$T_{ES}(2,5)=T_E(2)=2$

$T_{ES}(3,6)=T_E(3)=5$　　$T_{ES}(4,7)=T_E(4)=7$

$T_{ES}(5,8)=T_E(5)=6$　　$T_{ES}(6,9)=T_E(6)=11$

$T_{ES}(7,9)=T_E(7)=9$　　$T_{ES}(8,9)=T_E(8)=9$

$T_{ES}(9,10)=T_E(9)=16$

2. 工序最早结束时间的计算

$$T_{EF}(1,2)=T_{ES}(1,2)+T(1,2)=0+2=2$$
$$T_{EF}(2,3)=T_{ES}(2,3)+T(2,3)=2+3=5$$
$$T_{EF}(2,4)=T_{ES}(2,4)+T(2,4)=2+5=7$$
$$T_{EF}(2,5)=T_{ES}(2,5)+T(2,5)=2+4=6$$
$$T_{EF}(3,6)=T_{ES}(3,6)+T(3,6)=5+6=11$$
$$T_{EF}(4,7)=T_{ES}(4,7)+T(4,7)=7+2=9$$
$$T_{EF}(5,8)=T_{ES}(5,8)+T(5,8)=6+1=7$$
$$T_{EF}(6,9)=T_{ES}(6,9)+T(6,9)=11+5=16$$
$$T_{EF}(7,9)=T_{ES}(7,9)+T(7,9)=9+5=14$$
$$T_{EF}(8,9)=T_{ES}(8,9)+T(8,9)=9+6=15$$
$$T_{EF}(9,10)=T_{ES}(9,10)+T(9,10)=16+3=19$$

3. 工序最迟结束时间的计算

$T_{LF}(9,10)=T_L(10)=19$　　$T_{LF}(8,9)=T_L(9)=16$

$T_{LF}(7,9)=T_L(9)=16$　　$T_{LF}(6,9)=T_L(9)=16$

$T_{LF}(5,8)=T_L(8)=10$　　$T_{LF}(4,7)=T_L(7)=10$

$T_{LF}(3,6)=T_L(6)=11$　　$T_{LF}(2,5)=T_L(5)=9$

$T_{LF}(2,4)=T_L(4)=8$　　$T_{LF}(2,3)=T_L(3)=5$

$T_{LF}(1,2)=T_L(2)=2$

4. 工序最迟开始时间的计算

$$T_{LS}(9,10)=T_{LF}(9,10)-T(9,10)=19-3=16$$
$$T_{LS}(8,9)=T_{LF}(8,9)-T(8,9)=16-6=10$$

$$T_{LS}(7,9)=T_{LF}(7,9)-T(7,9)=16-5=11$$
$$T_{LS}(6,9)=T_{LF}(6,9)-T(6,9)=16-5=11$$
$$T_{LS}(5,8)=T_{LF}(5,8)-T(5,8)=10-1=9$$
$$T_{LS}(4,7)=T_{LF}(4,7)-T(4,7)=10-2=8$$
$$T_{LS}(3,6)=T_{LF}(3,6)-T(3,6)=11-6=5$$
$$T_{LS}(2,5)=T_{LF}(2,5)-T(2,5)=9-4=5$$
$$T_{LS}(2,4)=T_{LF}(2,4)-T(2,4)=8-5=3$$
$$T_{LS}(2,3)=T_{LF}(2,3)-T(2,3)=5-3=2$$
$$T_{LS}(1,2)=T_{LF}(1,2)-T(1,2)=2-2=0$$

5. 工序总时差的计算

$$TF(1,2)=T_{LF}(1,2)-T_{EF}(1,2)=2-2=0$$
$$TF(2,3)=T_{LF}(2,3)-T_{EF}(2,3)=5-5=0$$
$$TF(2,4)=T_{LF}(2,4)-T_{EF}(2,4)=8-7=1$$
$$TF(2,5)=T_{LF}(2,5)-T_{EF}(2,5)=9-6=3$$
$$TF(3,6)=T_{LF}(3,6)-T_{EF}(3,6)=11-11=0$$
$$TF(4,7)=T_{LF}(4,7)-T_{EF}(4,7)=10-9=1$$
$$TF(5,8)=T_{LF}(5,8)-T_{EF}(5,8)=10-7=3$$
$$TF(6,9)=T_{LF}(6,9)-T_{EF}(6,9)=16-16=0$$
$$TF(7,9)=T_{LF}(7,9)-T_{EF}(7,9)=16-14=2$$
$$TF(8,9)=T_{LF}(8,9)-T_{EF}(8,9)=16-15=1$$
$$TF(9,10)=T_{LF}(9,10)-T_{EF}(9,10)=19-19=0$$

6. 工序单时差

$$FF(1,2)=T_E(2)-T_E(1)-T(1,2)=2-0-2=0$$
$$FF(2,3)=T_E(3)-T_E(2)-T(2,3)=5-2-3=0$$
$$FF(2,4)=T_E(4)-T_E(2)-T(2,4)=7-2-5=0$$
$$FF(2,5)=T_E(5)-T_E(2)-T(2,5)=6-2-4=0$$
$$FF(3,6)=T_E(6)-T_E(3)-T(3,6)=11-5-6=0$$
$$FF(4,7)=T_E(7)-T_E(4)-T(4,7)=9-7-2=0$$
$$FF(5,8)=T_E(8)-T_E(5)-T(5,8)=9-6-1=2$$
$$FF(6,9)=T_E(9)-T_E(6)-T(6,9)=16-11-5=0$$
$$FF(7,9)=T_E(9)-T_E(7)-T(7,9)=16-9-5=2$$
$$FF(8,9)=T_E(9)-T_E(8)-T(8,9)=16-9-6=1$$
$$FF(9,10)=T_E(10)-T_E(9)-T(9,10)=19-16-3=0$$

网络图时间参数的计算可以利用表格来实现，如表10-10所示。表格第一列为工序名称；第二列为绘制出网络图后，工序的箭尾和箭头事项的编号；第三列为工序时间；第四列是工序的最早开始时间，可以从网络图上工序箭尾事项对应的矩形框内的事项最早时间得到；第五列的工序最早结束时间等于④+③；第七列的工序最迟结束时间可以从网络图上工序箭头事项对应的三角内的事项最迟时间得到；第六列的工序最迟开始时间等于⑦－③；第八列的工序总时差等于⑥－④或⑦－⑤；第九列工序单时差不易从表格中列与列之间的关系直接得到，可以借用网络图来实现，用工序箭头事项的最早时间减工序箭尾事项的最早时间减工序时间得到；第十列判断关键工序，总时差为 0 的工序即为关键工序，由关键工序构成的路线形成关键路线。

表 10-10　时间参数表

工序	节点编号	工序时间	最早开始与结束		最迟开始与结束		总时差	单时差	关键工序⑩
①	(i,j) ②	$T(i,j)$ ③	$T_{ES}(i,j)$ ④	$T_{EF}(i,j)$ ⑤＝④＋③	$T_{LS}(i,j)$ ⑥＝⑦－③	$T_{LF}(i,j)$ ⑦	$TF(i,j)$ ⑧＝⑥－④ 或＝⑦－⑤	$FF(i,j)$ ⑨	
A	1－2	2	0	2	0	2	0	0	是
B	2－3	3	2	5	2	5	0	0	是
C	2－4	5	2	7	3	8	1	0	
D	2－5	4	2	6	5	9	3	0	
E	3－6	6	5	11	5	11	0	0	是
F	4－7	2	7	9	8	10	1	0	
G	5－8	1	6	7	9	10	3	2	
H	6－9	5	11	16	11	16	0	0	是
I	7－9	5	9	14	11	16	2	2	
J	8－9	6	9	15	10	16	1	1	
K	9－10	3	16	19	16	19	0	0	是

从表 10-10 的第九列我们可以得到存在单时差的工序为 G、I、J，再看图 10-22，我们会发现只有在多于或等于两个箭头进入的地方才可能存在单时差，如 H、I、J 共同进入⑨，所以 I、J 才有单时差；F、G 共同进入⑧，所以 G 才有单时差。

为了进一步说明工序的各个时间参数之间的关系，将图 10-21 中虚工序（7，8）改为具体工序 L，规定其工序时间为 3，工序 H 的工序时间改为 8，工序 G 的工序时间改为 5，如图 10-25 所示。事项的最早和最迟时间已标注在网络图上。现在来考察工序 G 的单时差与总时差之间的关系。

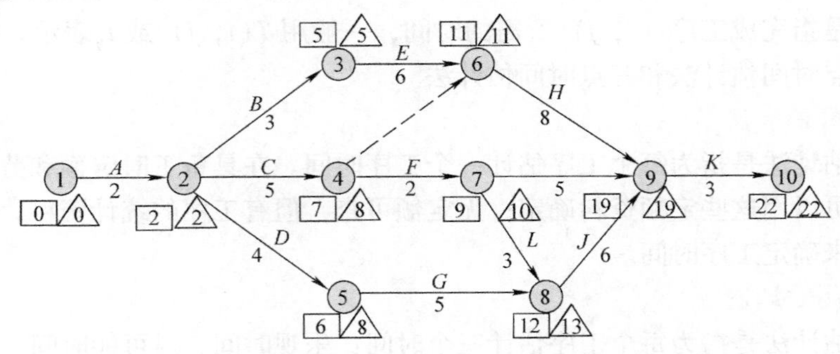

图　10-25

工序 G 的单时差和紧后工序的最早时间有关，紧后工序的最早时间又和其所有紧前工序有关，因此计算所有和事项⑧有关的工序的最早开始、最早结束、最迟开始、最迟结束时间以及工序 G 的总时差和单时差。

工序 L 的时间参数为

$T_{ES}(7,8)=9, T_{EF}(7,8)=12, T_{LF}(7,8)=13, T_{LS}(7,8)=\min\{13-3, 19-5\}=10$

工序 G 的时间参数为

$T_{ES}(5,8)=6, T_{EF}(5,8)=11, T_{LF}(5,8)=13, T_{LS}(5,8)=13-5=8$

$TF(5,8)=13-11=2, FF(5,8)=12-6-5=1$

工序 J 的时间参数为

$T_{ES}(8,9)=12, T_{EF}(8,9)=18, T_{LF}(8,9)=19, T_{LS}(8,9)=19-6=13$

计算出的时间参数可用图 10-26 表示出来。结合图 10-25，利用图 10-26 可以较清晰地表示出工序 G 的总时差、单时差与紧后工序及相关工序之间的关系。

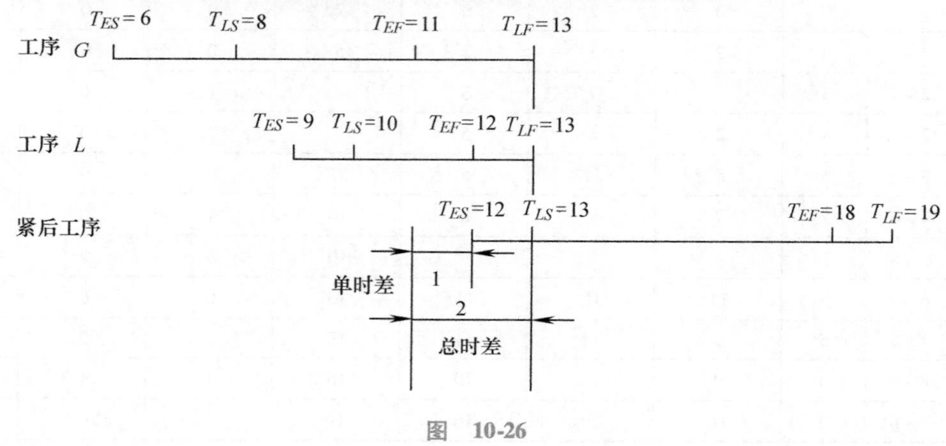

图 10-26

第四节 随机工序时间

前面三节中，工序时间都是作为固定值出现的。但在实际的项目工作中，各个工序的完工时间往往是不确定的。正如本章开始所说，CPM 的工序时间是确定的，PERT 的工序时间是随机的。本节讨论工序时间的确定以及随机工序时间对网络计划关键路线完成率的影响。

工序时间是指完成工序（i，j）所需的时间，一般用 $T(i, j)$ 或 t_{ij} 表示。确定工序时间的方法包括一点时间估计法和三点时间估计法。

1. 一点时间估计法

一点时间估计法是指为每个工序估计一个工序时间。在具备工时定额和劳动定额的任务中，工序时间可以用这些定额资料确定；无定额可查，但有工序的统计资料，也可利用统计资料通过分析来确定工序时间。

2. 三点时间估计法

三点时间估计法是指为每个工序估计三个时间：乐观时间、最可能时间、悲观时间，然后对三个时间计算平均值作为该工序的工序时间。其中乐观时间是指顺利情况下，完成工序所需的最少时间，记为 a；悲观时间是指最不顺利情况下，完成工序所需的最长时间，记为

b；最可能时间是指正常情况下，完成工序所需的时间，记为 m。

在不具备一点时间估计法所需的资料时，可采用三点时间估计法。

工序的上述三种时间都具有一定的概率分布。根据经验，这些时间的概率分布可以认为近似地服从正态分布。一般情况下，每道工序的工序时间的计算公式为

$$T(i,j)=\frac{a+4m+b}{6}$$

方差为

$$\sigma^2=\left(\frac{b-a}{6}\right)^2$$

工序时间的随机性，会造成工程完工时间的随机性。设关键路线上的工序数为 N，关键路线上工序的完工时间为 T_K，各个工序的完工时间线性无关，则工程完工时间的期望值为

$$T_E=\sum_{k=1}^{N}\frac{a_k+4m_k+b_k}{6}$$

方差为

$$\sigma_E^2=\sum_{k=1}^{N}\left(\frac{b_k-a_k}{6}\right)^2$$

在已知工程完工时间期望值 T_E 和方差 σ_E^2 的情况下，通过令 $\lambda=\frac{T-T_E}{\sigma}$，可以将非正态分布转化成正态分布，利用正态分布表可以对某个时间内完成工期的可能性进行评价，也可以计算工程在某一概率下完工需要多长时间。

【例 10-7】　某计划任务的网络图如图 10-27 所示，试计算该任务在 30 天内完成的可能性；如果完成该任务的可能性要求达到 99.2%，则计划工期应规定为多少天？

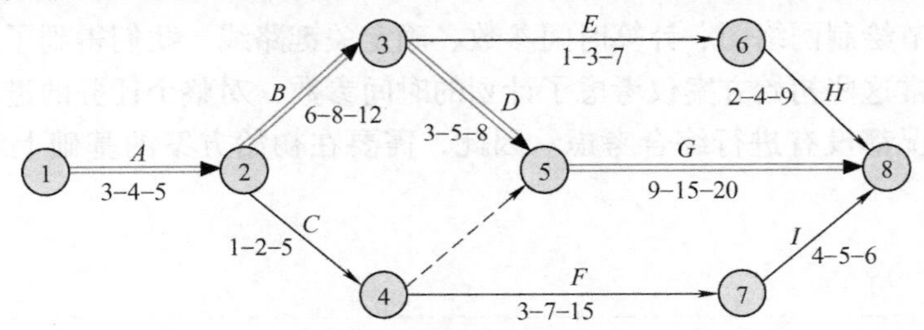

图　10-27

解　首先，计算每一个工序的平均时间。按照工序平均时间，寻找工序的关键路线，并计算关键工序的方差。关键路线在图 10-27 上用双线标出，计算所得数据见表 10-11。

表 10-11　例 10-7 三点时间估计法计算

工序	*a-m-b*	平均工序时间/天	关键工序	方差
A	3-4-5	4	4	0.11
B	6-8-12	8.3	8.3	1
C	1-2-5	2.3		
D	3-5-8	5.2	5.2	0.69

（续）

工序	*a-m-b*	平均工序时间/天	关键工序	方差
E	1-3-7	3.3		
F	3-7-15	7.7		
G	9-15-20	14.8	14.8	3.4
H	2-4-9	4.5		
I	4-5-6	5		

由表10-11可知，工程的工期 $T_E=(4+8.3+5.2+14.8)$天$=32.3$天

$$\text{标准差}\ \sigma=\sqrt{0.11+1+0.69+3.4}=2.28\ \text{天}$$

若要求任务在30天内完成，即 $T=30$ 天，则

$$\lambda=\frac{T-T_E}{\sigma}=\frac{30-32.3}{2.28}=-1.0$$

查标准正态分布表，可得 $\Phi(-1.0)=15.9\%$，可知，在30天内完成的概率为15.9%。

如果完成该项任务的可能性达到99.2%，查标准正态分布表得 $\lambda=2.4$，计划工期应规定为

$$T=T_E+\sigma\lambda=(32.3+2.28\times2.4)\text{天}=37.77\text{天}$$

第五节　网络图的优化

通过前面几节绘制网络图、计算时间参数、确定关键路线，我们得到了一个初始的网络计划方案，但通常这些初始方案仅考虑了计划的时间参数，对整个任务的进度要求、资金要求和资源利用情况都没有进行综合考虑。因此，需要在初始方案的基础上对网络计划进行优化。

一、缩短工期

在完成某项工程项目时，人们总希望在保证质量和不增加人力、物力的前提下，用尽可能短的时间完成整个项目。项目的工期就是关键路线的路长，因此，必须首先明确关键路线和关键工序，设法缩短关键工序的时间，从而达到缩短工期的目的。

（1）压缩关键工序的工序时间。通过技术改进措施、工艺措施和设备措施，缩短关键工序作业时间。

（2）利用非关键工序的时差。利用非关键工序的时差进行合理调度，尤其是当关键工序和非关键工序发生矛盾时，抽调非关键工序的人力、物力和财力支援关键工序。

（3）尽量采用平行交叉作业。如图10-13和图10-14所示，当采用平行交叉作业时，可以大大缩短作业时间。

（4）注意关键路线的变化。计划总是赶不上变化，在计划的执行过程中，总会遇到一

些意想不到的事情，影响工程的进行。工程网络计划不会是一成不变的，尤其是当工程管理人员在压缩关键工序的过程中，必须时刻注意关键路线的变化，及时调整网络图。

二、时间—资源优化

在编制网络图时，如果仅考虑时间，不考虑资源的均衡利用，往往会使资源得不到均衡利用。

【例 10-8】 某工程项目需要完成 A、B、C、D、E、F、G、H 这 8 道工序。8 道工序之间的逻辑关系、工序的作业时间和完成该工序所需要的劳动力如表 10-12 所示。根据表 10-12 画出来的带时间坐标的网络图和资源负荷图（见图 10-28）。在图 10-28 所示的网络图中，每个箭线的长度与工序时间是一致的，图中箭线上方的括号中的数字为完成该工序需要的工人数，虚线表示非关键工序的总时差。已知现有工人 10 人，并假定这些工人可以完成所有工序中的任何一个。问如何调整能使对工人的需求比较均衡，现有工人能否满足工程需要？

解 由图 10-28 可知，由于网络图中只考虑了时间因素，没有考虑劳动力的限制，因此画出的资源负荷图是非常不均衡的，对工人的最高需求为 21 人，最少需求为 1 人。在现有工人的限制下，项目无法按照计划完成。于是需要对网络图进行调整，调整的基本原则如下：

（1）尽量保证关键工序的资源需要量。

（2）利用非关键工序的时差错开各工序使用资源的时间。

（3）在技术允许的条件下，适当延长时差大的工序的工时，或切断某些非关键工作，以平衡资源需要量。

表 10-12 例 10-8 工序构成

工　序	工序时间/天	紧前工序	日所需劳动力/人
A	4	—	7
B	2	—	3
C	2	—	6
D	2	—	4
E	3	B	7
F	2	C	7
G	3	F、D	2
H	4	E、G	1

具体的做法是按资源的日需要量所划分的时间段逐步从始点向终点进行调整。比如，在图 10-28 中，第一个时段是［0，2］，劳动力需求量为 20 人。在这一段的所有工序中，C 为关键工序。其他工序按照总时差从小到大排序应该为 B、D、A，总时差分别为 2、5、7，为了满足人力资源条件的限制，应将 A 和 B 移出该时段，如图 10-29 所示。

接着调整第二个时段［2，4］。工序 B 的总时差已经用完，不能再移动，只有 A 可以移出该时段。当 A 移出该时段时，正好满足资源要求，调整结果如图 10-30 所示。继续调整后面时段，最终的调整结果见图 10-31，此时各个时段劳动力的需求量都已满足人力资源的限

制，总工期未受到影响。

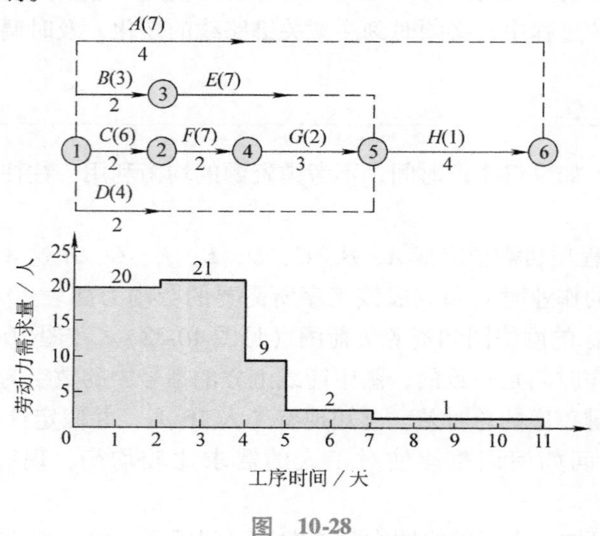

图 10-28

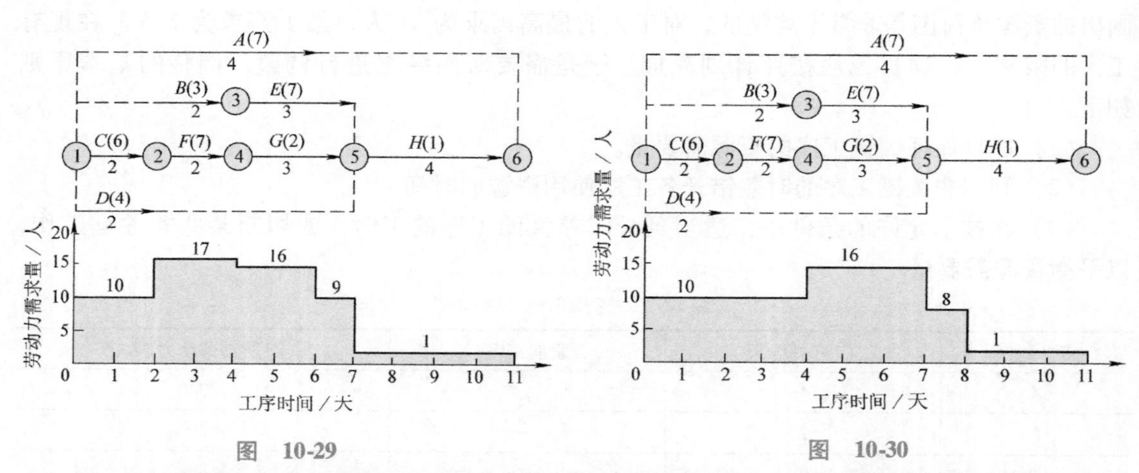

图 10-29　　图 10-30

例 10-8 只是以劳动力为例说明了如何利用非关键工序总时差拉平资源负荷高峰，在调整过程中往往需要若干次调整才能达到符合的均衡，得到一个可行的最优方案。这种方法也适用于人力、物力、财力等各种资源与时间进度的综合平衡。在利用总时差错开各工序开工时间，拉平资源需求高峰的过程中，在确实受到资源限制，或者在考虑综合经济效益的条件下，也可适当推迟工期。另外，还可以采取非关键资源分段的措施来实现资源的平衡。

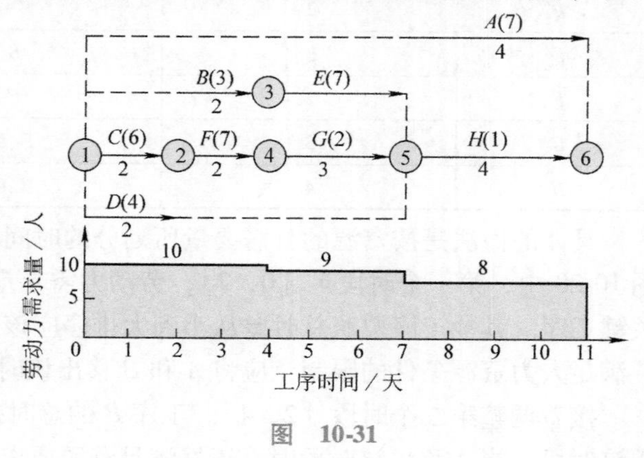

图 10-31

三、时间—费用优化

任何一个工程项目在考虑尽快完工的同时，必须考虑其工程造价（费用）问题，要在尽快完工和费用最低之间找到一个最佳结合点。因此，必须对网络计划进行时间—费用分析。

1. 时间—费用分析的基本概念

工程费用一般包括直接费用和间接费用两部分。

（1）直接费用。直接费用是直接与完成工程有关的费用，如工人工资、材料费、能源费、工具费等。采取措施缩短工期会使直接费用增加。因此，在一定范围内，工序的作业时间越短，直接费用越大。

（2）间接费用。间接费用是管理人员的工资、办公费用等非直接用于完成工程任务的费用。在进行网络计划优化时，常将间接费用看作是每天固定的费用，工期缩短一天，就会减少一天的间接费用。反之，则会增加一天的间接费用。

（3）直接费用变动率。直接费用变动率是缩短一天工程工期增加的直接费用，用 g 表示。

$$g = \frac{\text{极限时间的工序直接费用} - \text{正常时间的工序直接费用}}{\text{正常时间} - \text{极限时间}}$$

式中，正常时间是指在现有技术条件下各工序的作业时间及由各工序的作业时间所构成的工程完工时间；极限时间是指为了缩短各工序的作业时间而采取一切可能的技术组织措施之后，可能达到的作业时间和完成工程项目的最短时间。

例如，某工序正常完成需要 30 天时间，共需直接费用 30000 元；极限时间为 20 天，共需直接费用 40000 元，则该工序的直接费用变动率为

$$g = \frac{(40000 - 30000)\text{元}}{(30 - 20)\text{天}} = 1000\text{元/天}$$

完成工程项目的直接费用、间接费用、总费用与工程完工时间之间的关系可用图 10-32 来表示。工程费用由直接费用和间接费用相加得来，工期缩短时，直接费用增加，间接费用减少。在直接费用和间接费用的交点处工程费用最低，该点对应的工程完工时间为最低成本日程。

2. 最低成本日程的确定

编制网络计划时，无论是以降低费用为主要目标，还是以尽量缩短工程完工时间为主要目标，都要计算最低成本日程，从而提出时间—费用的优化方案。

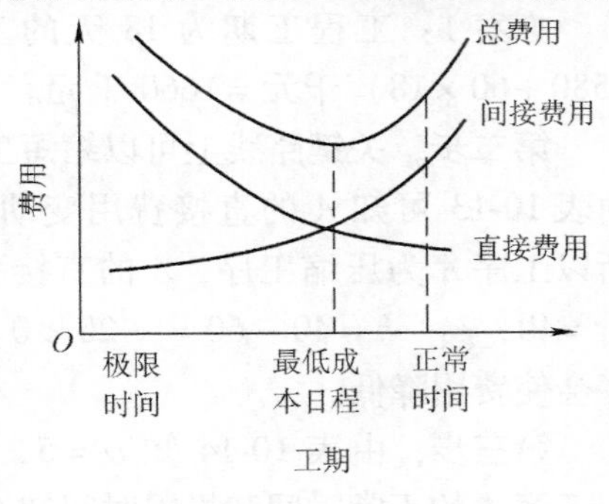

图　10-32

最低成本日程的计算需要注意以下几点：

（1）只有压缩关键路线上的工期才能够使总工期缩短。

（2）在网络图中，同时有几条关键路线时，为了缩短总工期，必须同时缩短这几条关键路线。如只缩短一条则只能使其中一条关键路线变成非关键路线，工程费用增加，总工期不会缩短。

最低成本日程的计算步骤如下：

（1）绘制网络图，计算事项和工序的时间参数，确定工程工期与关键路线，计算相应工程费用。

（2）在各条关键路线上所有可压缩的工序中，各确定一个直接费用变动率最低的工序作为压缩工序。这些压缩工序上费用率之和记为 g，若压缩工序的费用率之和小于单位时间的间接费用 h，即$(g-h)<0$，则表示压缩工期将引起工程费用下降，可进入步骤(3)。

（3）确定压缩时间。选取非关键路线上总时差的最小值 α，选取压缩工序可压缩时间的最小值 β，则压缩时间 $\theta=\min\{\alpha,\beta\}$。

（4）重复步骤（1）~步骤（3），直到压缩工序的费用率之和大于单位时间的间接费用，即$(g-h)>0$。

【例 10-9】 已知网络计划各工作的正常时间、极限时间及相应费用如表 10-13 所示，网络图如图 10-33 所示。按正常工时从图 10-33 中计算出总工期为 18 天。试确定最低成本日程。

表 10-13 例 10-9 工序构成

工序名称	紧前工序	正常		极限		直接费用变动率
		时间/天	费用/千元	时间/天	费用/千元	
A		8	100	6	180	40
B		4	150	2	350	100
C	*A*	10	100	4	400	50
D	*A*	2	50	1	90	40
E	*B*	5	100	1	200	25
F	*D*、*E*	3	80	1	110	15
合计		—	580	—	—	—
工程的间接费用		60 千元/天				

解 ［循环 1］

第一步，由图 10-33 可知，正常时间下关键路线为①→②→⑤，关键工序为 A、C，工程工期为 18 天，各工序的总时差见表 10-14。

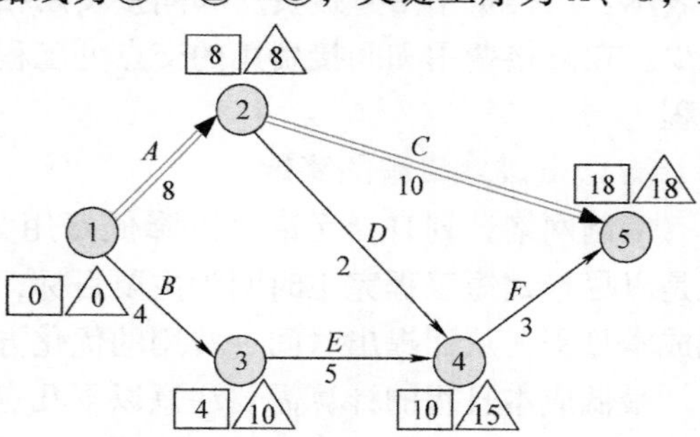

方案 1：工程工期为 18 天的工程费用为
$(580+60\times18)$ 千元 $=1660$ 千元。

第二步，关键路线上可以缩短工序 A 和 C，由表 10-13 可知 A 的直接费用变动率比 C 低，所以工序 A 为压缩工序，A 的直接费用变动率 $g_A=40$，$g_A-h=40-60=-20<0$。压缩该工序会使费用降低。

图 10-33

第三步，由表 10-14 知 $\alpha=5$，由表 10-13 中工序 A 的正常时间和极限时间知 $\beta=8-6=2$，所以工序 A 的压缩时间为 2 天，则 A 的新工序时间为 6 天。

［循环 2］

第一步，建立网络图如图 10-34 所示，确定各工序的总时差（见表 10-15），仍然只有一条关键路线①→②→⑤，关键工序为 A、C，总工期为 16 天。

表 10-14　各工序的总时差

工序名称	A	B	C	D	E	F
总时差	0	6	0	5	6	5

方案 2：工程工期为 16 天的工程费用为 [1660 + (40 − 60) × 2] 千元 = 1620 千元。

第二步，关键路线上的工序只能缩短 C，所以工序 C 为压缩工序。C 的直接费用变动率 $g_C = 50$，$g_C - h = 50 - 60 = -10 < 0$。压缩该工序会使费用降低。

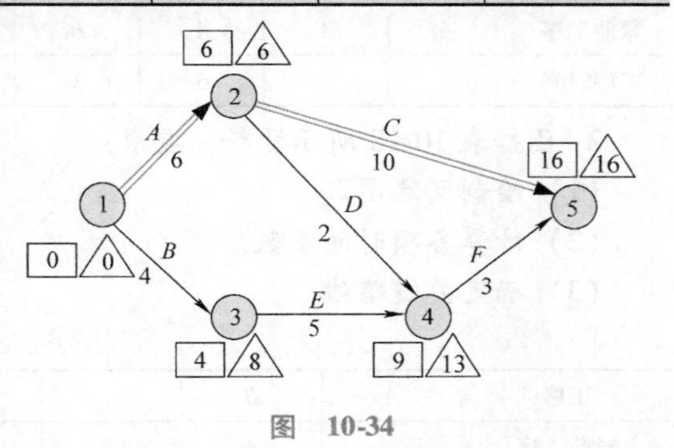

图　10-34

第三步，由表 10-15 知 $\alpha = 4$，由表 10-13 中工序 C 的正常时间和极限时间知 $\beta = 10 - 4 = 6$，所以工序 C 的压缩时间为 4 天，则 C 的新工序时间为 6 天。

表 10-15　工序总时差

工序名称	A	B	C	D	E	F
总时差	0	4	0	5	4	4

[循环 3]

第一步，建立网络图如图 10-35 所示，确定各工序的总时差，如表 10-16 所示，此时有两条关键路线①→②→⑤和①→③→④→⑤，关键工序为 A、C、B、E、F，总工期为 12 天。

方案 3：工程工期为 12 天的工程费用为 [1620 + (50 − 60) × 4] 千元 = 1580 千元。

第二步，在关键路线①→②→⑤上只能选择工序 C，在关键路线①→③→④→⑤上缩短工序 F 的时间。工序 C 的直接费用变动率 $g_C = 50$，工序 F 的直接费用变动率 $g_F = 15$，$g_C + g_F - h = 5 > 0$。所以不能再压缩工期，任何压缩都会引起总费用的上升。

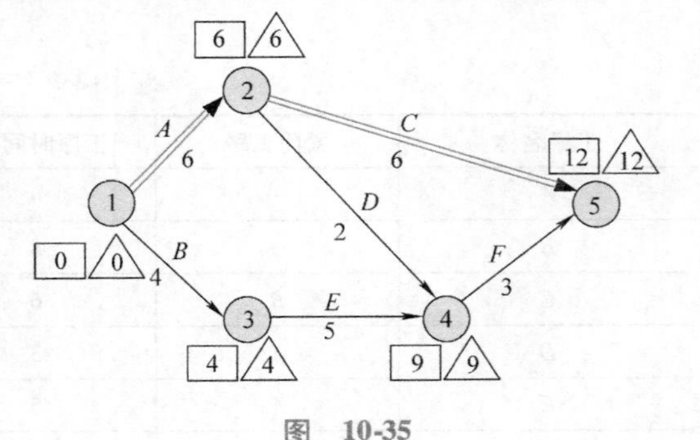

图　10-35

所以，最低成本日程是 12 天，最低费用为 1580 千元，最优方案如图 10-35 所示。

表 10-16　工序总时差

工序名称	A	B	C	D	E	F
总时差	0	0	0	1	0	0

习题

1. 已知表 10-17 所示资料，要求：

（1）绘制网络图。

（2）计算各项时间参数。

（3）确定关键路线。

表 10-17 习题 1 工序构成

工　序	A	B	C	D	E	F	G	H	I	J
紧前工序	—	A	A	B	B、C	B	D、F	D、E	E	G、H
工序时间	2	7	6	3	5	9	4	4	6	5

2. 已知表 10-18 所示资料，要求：

（1）绘制网络图。

（2）计算各项时间参数。

（3）确定关键路线。

表 10-18 习题 2 工序构成

工序	A	B	C	D	E	F	G	H
紧前工序	—	A	A	A	A	D、E	C	B
工序时间	6	2	3	2	1	3	5	7
工序	I	J	K	L	M	N	O	P
紧前工序	F	E	G、I	G、I	L、J	H、K	M	N、O
工序时间	4	6	4	3	11	13	9	5

3. 已知表 10-19 所示资料，要求：

（1）绘制出正常时间下的网络图，求出事项时间和关键路线。

（2）求出该工程的最低成本日程。

表 10-19 习题 3 工序构成

工序名称	紧前工序	工序时间/天	直接费用/百元	直接费用变动率/(百元/天)
A	—	4	20	5
B	—	8	30	4
C	B	6	15	3
D	A	3	5	2
E	A	5	18	4
F	A	7	40	7
G	B、D	4	10	3
H	E、F、G	3	15	6
合计			153	
工程的间接费用			5(百元/天)	

4. 已知表 10-20 所示资料，要求：

（1）画出工程网络图，确定关键工序和期望的工程完工工期。

（2）估计工程在 18 天内完成的概率。

表 10-20　习题 4 工序构成

工序名称	紧前工序	乐观时间	最可能时间	悲观时间	平均工序时间	工序时间方差
A	—	1	2	3	2	0.11
B	—	1	2	3	2	0.11
C	*A*	1	2	3	2	0.11
D	*A*	1	2	9	3	1.78
E	*B*	2	3	10	4	1.78
F	*B*	3	6	15	7	4
G	*B*	2	5	14	6	4
H	*G*	1	4	7	4	1
I	*C*、*D*	3	6	15	7	4
J	*F*、*H*	1	2	9	3	1.78
K	*I*、*E*、*J*	4	4	4	4	0

第十一章
非线性规划

线性规划是一个理论成熟、应用方便、求解方法统一的优化方法。然而，在许多实际问题中，目标函数或约束条件中出现非线性函数关系也是常见的。非线性函数的多样性、求解方法的复杂性，使得问题变得比线性规划复杂得多。对这类问题的探讨和研究，逐步形成了运筹学的一个分支——非线性规划。在这一章中将讨论四个方面的问题：非线性规划基础、一维搜索、无约束极值问题和有约束极值问题。

第一节　非线性规划基础

一、基本概念与模型

在经济、管理、工程和技术等许多应用领域内提出的最优化问题中，其所对应的数学模型都具有如下结构。

（1）最优化问题的变量：即所考察的问题可归结为优选若干个称为参数或变量的量：x_1，x_2，…，x_n，它们都是实数值，在 n 维欧式空间中构成 n 维向量 $\boldsymbol{X}=(x_1, x_2, \cdots, x_n)$。

（2）最优化问题的约束：问题的变量 x_1，x_2，…，x_n 受到一定的限制和约束，它们应当满足：

$$g_i(x_1, x_2, \cdots, x_n) \geqslant 0,\ i=1, \cdots, m$$
$$h_j(x_1, x_2, \cdots, x_n) = 0,\ j=1, \cdots, p$$

称为约束方程或约束条件。

（3）最优化问题的目标：最优化问题都必须有一个目标，用函数 $f(x_1, x_2, \cdots, x_n)$ 表示，使得在约束的限制下，确定一组变量 x_1，x_2，…，x_n 的取值，使得 $f(x_1, x_2, \cdots, x_n)$ 达到最大或最小。$f(x_1, x_2, \cdots, x_n)$ 就称为最优化问题的目标函数。

因此，最优化问题一般式可表示为下述数学规划：

$$\min \ f(\boldsymbol{X})$$
$$\text{s. t.} \ \begin{cases} g_i(\boldsymbol{X}) \geqslant 0, \ i=1, \ \cdots, \ m \\ h_j(\boldsymbol{X})=0, \ j=1, \cdots, \ p \end{cases}$$

在此模型中，当f、g_i、h_j全部为$\boldsymbol{X}$的线性函数时，该数学规划便是线性规划；否则，目标函数、约束方程中至少有一个不是$\boldsymbol{X}$的线性函数时，该数学规划便是非线性规划。

通常记为

$$(\text{NP}) \min\{f(\boldsymbol{X}) \mid g(\boldsymbol{X}) \geqslant 0, \ h(\boldsymbol{X})=0\} \tag{11-1}$$

特例：

(1) 若模型(11-1)中是不带有约束$g(\boldsymbol{X}) \geqslant 0$，$h(\boldsymbol{X})=0$的极小化问题，则$\min f(\boldsymbol{X})$称为无约束极小化问题。

(2) 类似地，$\min \{f(\boldsymbol{X}) \mid h(\boldsymbol{X})=0\}$为等式约束下的极小化问题。

(3) $\min \{f(\boldsymbol{X}) \mid g(\boldsymbol{X}) \geqslant 0\}$为不等式约束下的极小化问题。

二、极值问题

1. 几个定义

【定义 11-1】　对于非线性规划(11-1)称点集

$$\Omega=\{\boldsymbol{X} \mid g(\boldsymbol{X}) \geqslant 0, \ h(\boldsymbol{X})=0\}$$

为它的可行集或可行域。

【定义 11-2】　对于非线性规划(11-1)，设$\boldsymbol{X}^* \in \Omega$，存在正数$\delta$，使得当$\boldsymbol{X} \in \Omega$且$\|\boldsymbol{X}-\boldsymbol{X}^*\|<\delta$时，有

$$f(\boldsymbol{X}) \geqslant f(\boldsymbol{X}^*) \tag{11-2}$$

成立，则称$\boldsymbol{X}^*$是f在Ω上的一个局部极小点；

若对于一切$\boldsymbol{X} \in \Omega$，$\|\boldsymbol{X}-\boldsymbol{X}^*\|<\delta$，$\boldsymbol{X} \neq \boldsymbol{X}^*$，有

$$f(\boldsymbol{X})>f(\boldsymbol{X}^*) \tag{11-3}$$

成立，则称$\boldsymbol{X}^*$是f在Ω上的严格的局部极小点。

【定义 11-3】　对于非线性规划(11-1)，设有点$\boldsymbol{X}^* \in \Omega$，使得式(11-2)对一切$\boldsymbol{X} \in \Omega$成立，则称$\boldsymbol{X}^*$是$f$在$\Omega$上的全局极小点；

如果$\boldsymbol{X}^* \in \Omega$，使得式(11-3)对一切$\boldsymbol{X} \in \Omega(\boldsymbol{X} \neq \boldsymbol{X}^*)$成立，则进一步称$\boldsymbol{X}^*$是$f$在$\Omega$上的严格的全局极小点。

2. 梯度的概念

若函数$f(\boldsymbol{X})$具有一阶连续偏导，则称$\nabla f(\boldsymbol{X})=\left(\frac{\partial f}{\partial x_1}, \frac{\partial f}{\partial x_2}, \cdots, \frac{\partial f}{\partial x_n}\right)^{\mathrm{T}}$为梯度。梯度反映了函数的一阶导数信息，它是与函数的等值面正交的，并指向函数值增大的方向(见图 11-1)。若函数$f(\boldsymbol{X})$在Ω上的内点$\boldsymbol{X}^*$取到了局部极小值，则函数$f(\boldsymbol{X})$在$\boldsymbol{X}^*$点就没有方向。

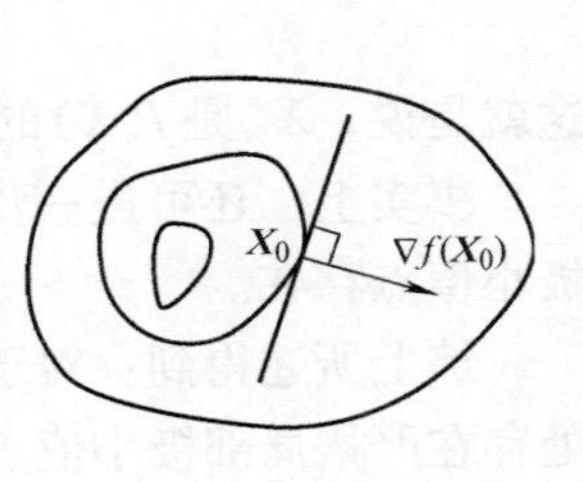

图　11-1

事实上，对$\boldsymbol{X}$的任意分量x_i来说，x_i^*也是$f(x_1^*, x_2^*, \cdots,$

x_n^*)的局部极小点，由一元函数的极值的必要条件有：$\frac{\partial f(\boldsymbol{X}^*)}{\partial x_i^*}=0$。

由于 i 的任意性，就得到定义在 $\Omega\in E^n$(即 n 维欧氏空间)的可微函数 $f(\boldsymbol{X})$，则 $\boldsymbol{X}^*\in\Omega$ 存在极值的必要条件是

$$\nabla f(\boldsymbol{X}^*)=0$$

把满足此式的点称为驻点，在 Ω 内的极值点必为驻点。

3. Hesse(海赛)矩阵

对于具有二阶连续偏导数的函数 $f(\boldsymbol{X})$，称下述实对称矩阵

$$H(\boldsymbol{X})=\begin{pmatrix}\frac{\partial^2 f}{\partial x_1^2} & \frac{\partial^2 f}{\partial x_1\partial x_2} & \cdots & \frac{\partial^2 f}{\partial x_1\partial x_n}\\ \vdots & \vdots & & \vdots\\ \frac{\partial^2 f}{\partial x_n\partial x_1} & \frac{\partial^2 f}{\partial x_n\partial x_2} & \cdots & \frac{\partial^2 f}{\partial x_n^2}\end{pmatrix}$$

为海赛(Hesse)矩阵，它反映了函数 f 的二阶信息。

现考虑 n 阶矩阵 $\boldsymbol{A}$，若对于任意的 n 元向量 $\boldsymbol{Z}\neq\boldsymbol{0}$，则对于二次型 $\boldsymbol{Z}^{\mathrm{T}}\boldsymbol{AZ}$ 有如下定义：

$\boldsymbol{Z}^{\mathrm{T}}\boldsymbol{AZ}>\boldsymbol{0}$，则称该二次型为正定；

$\boldsymbol{Z}^{\mathrm{T}}\boldsymbol{AZ}\geqslant\boldsymbol{0}$，则称该二次型为半正定；

$\boldsymbol{Z}^{\mathrm{T}}\boldsymbol{AZ}<\boldsymbol{0}$，则称该二次型为负定；

$\boldsymbol{Z}^{\mathrm{T}}\boldsymbol{AZ}\leqslant\boldsymbol{0}$，则称该二次型为半负定；

否则，称该二次型为不定。

由线性代数的知识我们知道，二次型 $\boldsymbol{Z}^{\mathrm{T}}\boldsymbol{AZ}$ 为正定的充要条件是，矩阵 $\boldsymbol{A}$ 的左上角的各阶主子式都大于零；而它为负定的充要条件是矩阵 $\boldsymbol{A}$ 的左上角的各阶主子式负正相间。

考虑 n 阶对称海赛矩阵 $H(\boldsymbol{X})$，如果 $H(\boldsymbol{X})$ 所对应的二次型为正定、负定或不定时，则称海赛矩阵 $H(\boldsymbol{X})$ 分别为正定、负定或不定。

再来分析 $f(\boldsymbol{X})$，若 $\boldsymbol{X}^*$ 是 $f(\boldsymbol{X})$ 的驻点，即 $\nabla f(\boldsymbol{X}^*)=0$，将 $f(\boldsymbol{X})$ 展开为泰勒级数，则对任意的 $\boldsymbol{X}\in N_\delta(\boldsymbol{X}^*)\subset\Omega$，有：

$$f(\boldsymbol{X})-f(\boldsymbol{X}^*)=[\nabla f(\boldsymbol{X}^*)]^{\mathrm{T}}\Delta\boldsymbol{X}+\frac{1}{2!}(\Delta\boldsymbol{X})^{\mathrm{T}}H(\boldsymbol{X}^*)\Delta\boldsymbol{X}+O((\Delta\boldsymbol{X})^2)$$

在驻点 $\boldsymbol{X}^*$ 处，如果 $H(\boldsymbol{X}^*)$ 是正定的话，由于连续性，对充分小的 $\Delta\boldsymbol{X}$，则有：

$$(\Delta\boldsymbol{X})^{\mathrm{T}}H(\boldsymbol{X}^*)(\Delta\boldsymbol{X})>\boldsymbol{0}$$

于是有：

$$f(\boldsymbol{X})-f(\boldsymbol{X}^*)>0\text{ 或 }\boldsymbol{X}\in N_\delta(\boldsymbol{X}^*)$$

这就是说，$\boldsymbol{X}^*$ 是 $f(\boldsymbol{X})$ 的严格局部极小值点。

事实上，还可进一步证明，在海赛矩阵 $H(\boldsymbol{X})$ 为半正定的情况下，在该点 $f(\boldsymbol{X})$ 有局部极小值点存在。

综上所述得到：对于定义在 $\Omega\subseteq E^n$ 上的二次连续可微函数 $f(\boldsymbol{X})$，它在 Ω 内的驻点 $\boldsymbol{X}^*$ 处存在严格局部极小值点(或局部极小值)的充分条件是其海赛矩阵 $H(\boldsymbol{X})$ 正定(或半正定)。即对一切非零向量 $\boldsymbol{Z}\in E^n$ 均有：

$$Z^{T}H(X^{*})Z>0$$

或

$$Z^{T}H(X^{*})Z\geqslant 0$$

【例 11-1】 试求函数 $f(X)=2x_1^2+5x_2^2+x_3^2+2x_2x_3+2x_1x_3-6x_2+3$ 的极值点及极值。

解 在三维空间 E^3 中求解 $f(X)$ 在各个维度上的一阶导数并令其等于零，即

$$\begin{cases} f'_{x_1}=4x_1+2x_3=0 \\ f'_{x_2}=10x_2+2x_3-6=0 \\ f'_{x_3}=2x_1+2x_2+2x_3=0 \end{cases}$$

得到驻点 $X^{*}=(1,1,-2)$。

在驻点 X^{*} 处，由于 $f(X)$ 的二阶偏导数：

$$f''_{x_1^2}=4,\ f''_{x_1x_2}=0,\ f''_{x_1x_3}=2$$

$$f''_{x_2x_1}=0,\ f''_{x_2^2}=10,\ f''_{x_2x_3}=2$$

$$f''_{x_3x_1}=2,\ f''_{x_3x_2}=2,\ f''_{x_3^2}=2$$

连续，且海赛矩阵 $H(X^{*})=\begin{pmatrix}4&0&2\\0&10&2\\2&2&2\end{pmatrix}$ 的各阶主子式的值为

$$|4|=4>0,\quad \begin{vmatrix}4&0\\0&10\end{vmatrix}=40>0,\quad \begin{vmatrix}4&0&2\\0&10&2\\2&2&2\end{vmatrix}=24>0$$

所以 $H(X^{*})$ 正定，驻点 X^{*} 就是 $f(X)$ 的极小点，函数的极小值为

$$f(X^{*})=2\times1^2+5\times1^2+(-2)^2+2\times1\times(-2)+2\times1\times(-2)-6\times1+3=0$$

注：对于函数的边界点、间断点或不可导点，上述的讨论是不适用的，所以这类点仍然可能是极值点（见表 11-1）。

表 11-1 总结与比较

	一阶必要条件	二阶充分条件
一维 $f(x)$	$f'(x)=0$	若 $f''(x)>0$,得极小值 若 $f''(x)<0$,得极大值
多维 $f(X)$	$\nabla f(X)=0$	若 $H(X)$ 正定或半正定,得极小值 若 $H(X)$ 负定或半负定,得极大值

三、凸函数

1. 凸集

几何上的定义：集合内任意两点的连线上的点都在此集合内。

解析上的定义：对于点集 D 内的任意两点 X_1、X_2，有

$$\alpha X_1+(1-\alpha)X_2\in D,\ 0\leqslant\alpha\leqslant1$$

2. 凸函数

几何上的定义：（弦与曲线的位置）弦在曲线之上则称为凸函数。

解析上的定义：任意两点 X_1、X_2，对于函数 $f(X)$，若

$$\alpha f(X_1)+(1-\alpha)f(X_2)\geqslant f(\alpha X_1+(1-\alpha)X_2),\ 0\leqslant\alpha\leqslant 1$$

则称为凸函数(见图 11-2)。

类似地，可以定义凹函数。

几何上的定义：弦在曲线之下。

解析上的定义：任意两点 X_1、X_2，对于函数 $f(X)$，有

$$\alpha f(X_1)+(1-\alpha)f(X_2)\leqslant f(\alpha X_1+(1-\alpha)X_2),\ 0\leqslant\alpha\leqslant 1$$

凹函数的示意图如图 11-3 所示。

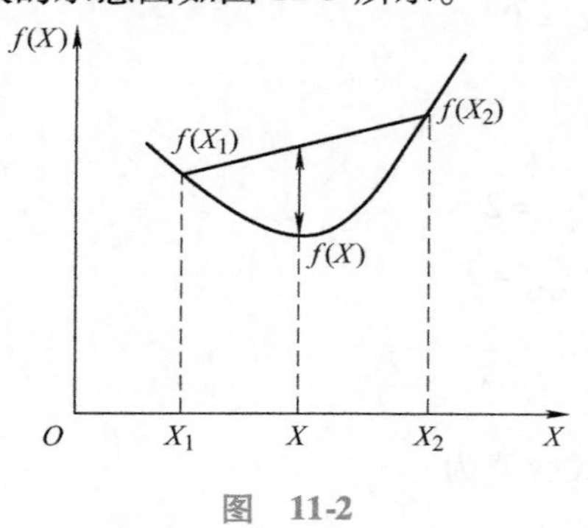

图 11-2

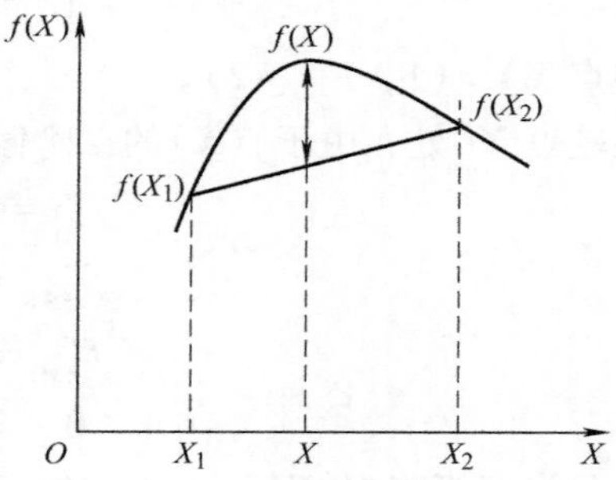

图 11-3

3. 凸函数的性质

(1) $f(X)$ 为凸函数，对于常数 $\beta\geqslant 0$，则 $\beta f(X)$ 也是凸函数。

(2) 若 $f_1(X)$、$f_2(X)$ 为凸函数，则 $f_1(X)+f_2(X)$ 也为凸函数。

(3) 若 $f(X)$ 在实数集 $\mathbf{R}$ 上凸，且 $\beta\geqslant 0$，则集合 $S_\beta=\{X\mid X\in\mathbf{R},\ f(X)\leqslant\beta\}$ 为凸集，称之为基准集(见图 11-4)。

4. 凸函数的判断

(1) 根据定义判断，弦在曲线上，即弦 > 曲。

(2) 根据定理判断，曲线在切线上，即曲线 > 切线，即 $f(X_2)\geqslant f(X_1)+f'(X_1)(X_2-X_1)$，如图 11-5 所示。

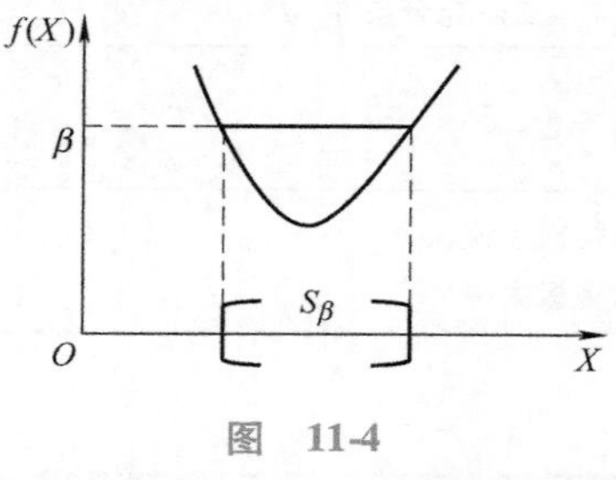

图 11-4

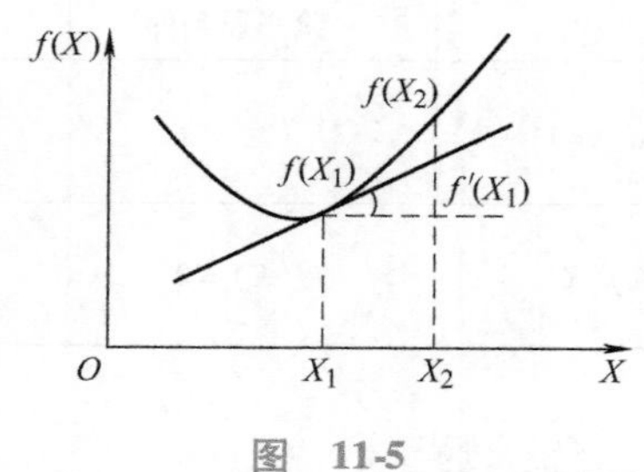

图 11-5

(3) 二阶条件：在 n 维欧氏空间 E^n 中，有一个凸集 Ω，在 Ω 上 $f(\boldsymbol{X})$ 具有二阶的连续偏导数，则 $f(\boldsymbol{X})$ 为凸集的充要条件是其海赛矩阵 $H(\boldsymbol{X})$ 为正定或半正定。

5. 凸函数的极值

对于一般函数而言，局部极小不等于全局极小，而对于凸函数而言，任一局部极小就等于全局极小。

若 $f(\boldsymbol{X})$ 是定义在凸集 Ω 上的可微凸函数，$\boldsymbol{X}^*\in\Omega$ 使得对于所有的 $\boldsymbol{X}\in\Omega$，有

$$\nabla f(\boldsymbol{X}^*)^{\mathrm{T}}(\boldsymbol{X}-\boldsymbol{X}^*)\geqslant\boldsymbol{0}$$

则 X^* 就是 $f(X)$ 在 Ω 上的最小点(全局极小点)。

这一点很容易用凸函数的判定定理来证明：

因为 $f(X)$ 为凸函数，所以

$$f(X) \geqslant f(X^*) + \nabla f(X^*)^{\mathrm{T}}(X - X^*)$$

即对于所有的 $X \in \Omega$，有 $f(X) \geqslant f(X^*)$，所以

$$\nabla f(X^*)^{\mathrm{T}}(X - X^*) \geqslant \mathbf{0}$$

6. 凸规划

对于一般的数学规划

$$\min z = f(X)$$
$$\text{s.t.}\ \ g_i(X) \geqslant 0,\ i = 1,\ 2,\ \cdots,\ n$$

若 $f(X)$ 为凸函数，$g_i(X)$ 为凹函数，则称之为凸规划。

可以证明，凸规划所对应的可行域为凸集，所以对于凸规划而言，求到一个局部极小即为全局极小。

四、(无约束 min)下降类算法步骤

采用逐步迭代算法：$X^{(0)} \to X^{(1)} \to X^{(2)} \to \cdots \to X^*$，满足关系式

$$f(X^{(0)}) \geqslant f(X^{(1)}) \geqslant f(X^{(2)}) \geqslant \cdots \geqslant f(X^*)$$

步骤：

(1) 确定初始点 $X^{(0)}$；

(2) 确定搜索方向 $p^{(k)}$；

(3) $\min\limits_{\lambda_k} f(X^{(k)} + \lambda_k p^{(k)}) \to \lambda_k$ 称之为步长或步长因子；

(4) 终止准则。

第二节　一维搜索

一维搜索即求单变量函数的极值问题，其求解方法有很多，可概括为如下两类。

试探法(典型方法有分数法和 0.618 法)和插值法(典型方法有切线法和抛物线法)。

下面逐一介绍。

一、Fibonacci 法(斐波那契法或称分数法)

1. 求解原理

(1) 思想：函数 $f(t)$ 在区间 $[a,\ b]$ 内有极小点 t^*，逐步缩小区间 $[a,\ b]$，直至区间 $[a_r,\ b_r]$ 的宽度满足精度要求。

要缩小含有极小点的区间 $[a,\ b]$，在其内取两点 $\xrightarrow{\text{计算并比较函数值}}$ 缩小区间 $\xrightarrow{\text{去掉一个端点}}$ 补充一内点 $\xrightarrow{\text{计算并比较函数值}}\cdots$ 直至满足精度要求为止(见图 11-6)。

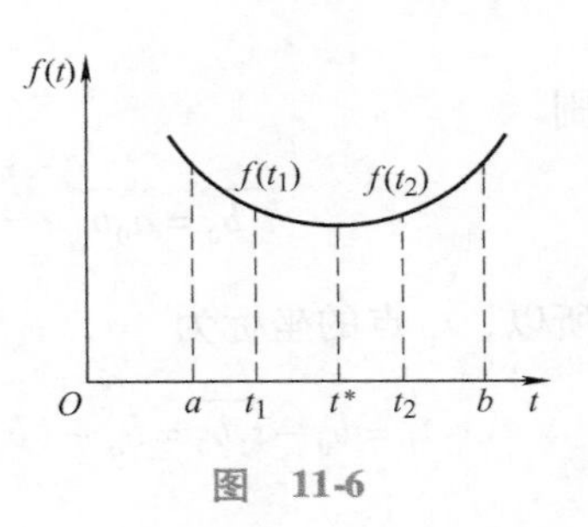

图　11-6

(2) 取点：如何取点好呢？为此，引入一个参数

$$\rho = \frac{n\text{次取点后区间长度}}{\text{原来区间长度}}$$

来描绘取点方法的优劣。

可以证明，按 Fibonacci 数列方法取点最优。（见邓乃扬所著《无约束最优化计算方法》）。

(3) Fibonacci 数列满足以下条件，其取值见表 11-2。

$$\begin{cases} F_n = F_{n-1} + F_{n-2},\ n \geqslant 2 \\ F_0 = F_1 = 1 \end{cases}$$

表 11-2 Fibonacci 数列的取值表

n	0	1	2	3	4	5	6	7	…
F_n	1	1	2	3	5	8	13	21	…

(4) 精度要求

绝对精度：$|b_n - a_n| \leqslant \varepsilon$

相对精度：$\dfrac{b_n - a_n}{b_0 - a_0} \leqslant \delta$

2. 求解步骤

首先，确定取点个数 n，在给定精度 ε 和初始区间 $[a, b]$ 的前提下，有关系式：

$$(b-a)\frac{F_{n-1}}{F_n}\frac{F_{n-2}}{F_{n-1}}\cdots\frac{F_1}{F_2} = b_n - a_n$$

即

$$(b-a)\frac{1}{F_n} = b_n - a_n \leqslant \varepsilon$$

$$\frac{1}{F_n} \leqslant \frac{\varepsilon}{b-a}$$

则有：

$$F_n \geqslant \frac{b-a}{\varepsilon}$$

根据 F_n 查 Fibonacci 数列取值表（见表 11-2），确定出取点个数 n。

第一次取点：取两点 t_1、t_1'，按 $\dfrac{F_{n-1}}{F_n}$ 的比例，如图 11-7 所示，使得：

$$\frac{t_1 b_0}{a_0 b_0} = \frac{F_{n-1}}{F_n}$$

则

$$\overline{t_1 b_0} = \overline{a_0 b_0} \cdot \frac{F_{n-1}}{F_n}$$

所以，t_1 点的坐标为

$$t_1 = b_0 - \overline{t_1 b_0} = b_0 - (b_0 - a_0)\frac{F_{n-1}}{F_n}$$

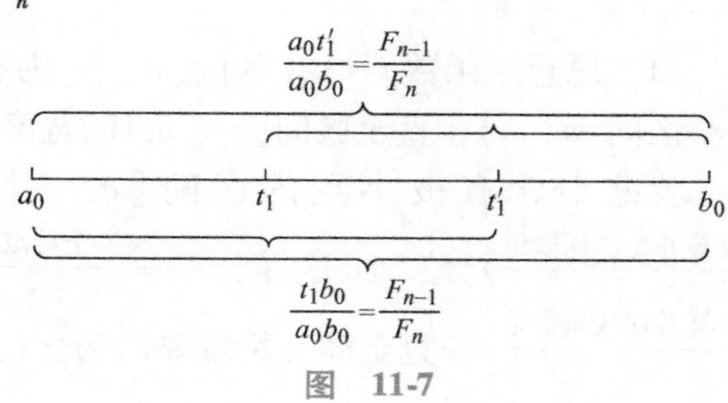

图 11-7

同理，

$$\frac{a_0t_1'}{a_0b_0}=\frac{F_{n-1}}{F_n}$$

即

$$\overline{a_0t_1'}=\overline{a_0b_0}\cdot\frac{F_{n-1}}{F_n}$$

所以，t_1'点的坐标为

$$t_1'=a_0+\overline{a_0t_1'}=a_0+(b_0-a_0)\frac{F_{n-1}}{F_n}$$

第二次取点：取一点 t_2（或 t_2'），从 t_1 和 t_1'中选取函数值较大者作为新的边界点。如选择点 t_1，则以 t_1 点为 a_1、b_0 点为 b_1 构成新的迭代区间$[a_1, b_1]$，且这时 t_1'所处的位置恰为$\frac{F_{n-2}}{F_{n-1}}$，取为 t_2，按此比例取另一点 t_2'与此点相对应，如图 11-8 所示。

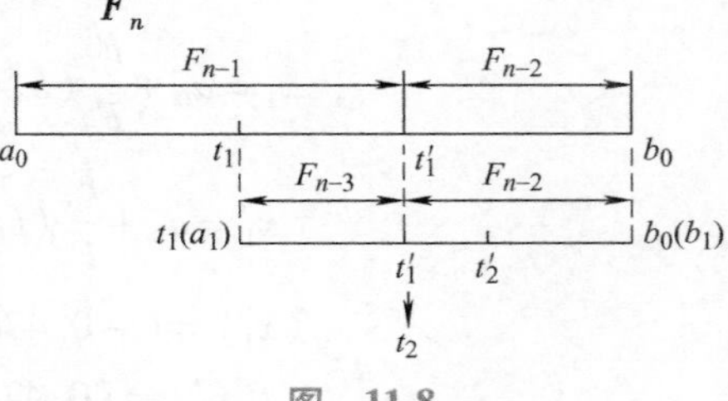

图　11-8

$$\frac{a_1t_2'}{a_1b_1}=\frac{F_{n-2}}{F_{n-1}},\ \overline{a_1t_2'}=\overline{a_1b_1}\cdot\frac{F_{n-2}}{F_{n-1}}$$

所以 t_2'点的坐标为

$$t_2'=a_1+(b_1-a_1)\frac{F_{n-2}}{F_{n-1}}$$

……

第 k 次取点：取点 t_k（或 t_k'），如图 11-9 所示。

$$\begin{cases}t_k=b_{k-1}-\dfrac{F_{n-k}}{F_{n-k+1}}(b_{k-1}-a_{k-1})\text{或 }t_k=a_{k-1}+\dfrac{F_{n-k-1}}{F_{n-k+1}}(b_{k-1}-a_{k-1})\\ t_k'=a_{k-1}+\dfrac{F_{n-k}}{F_{n-k+1}}(b_{k-1}-a_{k-1})\end{cases}$$

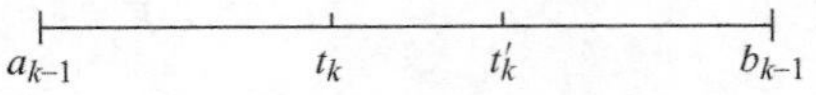

注：t_k 和 t_k'只能取其一，另一点由第 $k-1$ 次取点获得，且 t_k 为相对左点，t_k'为相对右点。

a_{k-1}　　t_k　　t_k'　　b_{k-1}

图　11-9

……

第 $k-1$ 次取点：取点 t_{n-1}（或 t_{n-1}'），取点比例为$\frac{F_1}{F_2}=\frac{1}{2}$，即区间的中点，所以不能按对称区间取点，需要加入一个扰动量 α（任意小数），使$\frac{F_1}{F_2}=\frac{1}{2}+\alpha$，即

$$\begin{cases}t_{n-1}=\dfrac{1}{2}(a_{n-2}+b_{n-2})\\ t_{n-1}'=a_{n-2}+\left(\dfrac{1}{2}+\alpha\right)(b_{n-2}-a_{n-2})\end{cases}$$

由此得到 t_{n-1}和 t_{n-1}'，两者中函数值较小者即为所求极小点。

【例 11-2】 试用分数法求函数$f(x)=x^2+x+1$在区间$[-2, 2]$上近似的极小点和近似极小值，要求误差不超过0.2。

解 不难验证，函数$f(x)=x^2+x+1$是区间$[-2, 2]$上仅有唯一极小点的单峰函数。极小点为$x^*=-\frac{1}{2}$，极小值为$f(x^*)=0.75$，这些结论可供下面求解验证。

要求绝对误差$\varepsilon=0.2$，所以$F_n \geqslant \frac{4}{0.2}=20$。

查 Fibonacci 数列取值表(见表 11-2)得$n=7$，又知道区间端点分别为$a_0=-2$，$b_0=2$，所以

$$x_1=a_0+\frac{F_5}{F_7}(b_0-a_0)=-2+\frac{8}{21}\times 4=-0.4762$$

$$x_1'=a_0+\frac{F_6}{F_7}(b_0-a_0)=-2+\frac{13}{21}\times 4=0.4762$$

$$f(x_1)=(-0.4762)^2+(-0.4762)+1=0.7506$$

$$f(x_1')=(0.4762)^2+(0.4762)+1=1.7030$$

由于$f(x_1)<f(x_1')$，取$a_1=a_0=-2$，$b_1=x_1'=0.4762$，并令$x_2'=x_1$，求得：

$$\begin{cases} x_2=a_1+\frac{F_4}{F_6}(b_1-a_1)=-2+\frac{5}{13}\times 2.4762=-1.0476 \\ x_2'=x_1=-0.4762 \end{cases}$$

于是

$$f(x_2)=(-1.0476)^2-1.0476+1=1.0499$$

$$f(x_2')=f(x_1)=0.7506$$

因为$f(x_2)>f(x_2')$，所以取$a_2=x_2=-1.0476$，$b_2=b_1=0.4762$，并令：

$$x_3=x_2'=-0.4762$$

$$f(x_3)=f(x_2')=0.7506$$

$$x_3'=a_2+\frac{F_4}{F_5}(b_2-a_2)=-1.0476+\frac{5}{8}\times 1.5238=-0.0952$$

$$f(x_3')=(-0.0952)^2-0.0952+1=0.9139$$

因为$f(x_3)<f(x_3')$，所以取$a_3=a_2=-1.0476$，$b_3=x_3'=-0.0952$，并令：

$$x_4=a_3+\frac{F_2}{F_4}(b_3-a_3)=-1.0476+\frac{2}{5}\times 0.9524=-0.6666$$

$$f(x_4)=(-0.6666)^2-0.6666+1=0.7778$$

$$x_4'=x_3=-0.4762$$

因为$f(x_4)>f(x_4')=f(x_3)=f(x_2')=0.7506$，所以取$a_4=x_4=-0.6666$，$b_4=b_3=-0.0952$，$x_5=x_4'=-0.4762$，并令：

$$x_5'=a_4+\frac{F_2}{F_3}(b_4-a_4)=-0.6666+\frac{2}{3}\times 0.5714=-0.2857$$

$$f(x_5')=(-0.2857)^2-0.2857+1=0.7959$$

因为$f(x_5)=f(x_4')=0.7506<f(x_5')$，所以取$a_5=a_4=-0.6666$，$b_5=x_5'=-0.2857$，这时

$$x_6=a_5+\frac{F_0}{F_2}(b_5-a_0)=-0.6666+\frac{1}{2}\times 0.3809=-0.4762$$

$$x_6'=x_5=-0.4762$$

因为$x_6=x_6'=-0.4762$，为此，取扰动量$\alpha=0.01$，有

$$x_6'=a_5+\left(\frac{1}{2}+0.01\right)(b_5-a_5)=0.6666+0.51\times 0.3809=-0.4723$$

$$f(x_6')=(-0.4723)^2-0.4723+1=0.7508$$

$$f(x_6)=f(x_5)=f(x_4')=f(x_3)=f(x_2')=0.7506$$

因为$f(x_6)<f(x_6')$，故取$a_6=a_5=-0.6666$，$b_6=x_6'=-0.4723$，并取$x_6=-0.4762$为近似极小点，近似极小值为$f(x_6)=0.7506$。

不难验证：$|b_6-a_6|=|-0.4723-(-0.6666)|=0.1943<0.2$

所以x_6和$f(x_6)$即为所求。

二、0.618 法（黄金分割术）

在 Fibonacci 法中，若用n个点来缩短区间长度时，其各次缩短率分别为

$$\frac{F_{n-1}}{F_n},\ \frac{F_{n-2}}{F_{n-1}},\ \frac{F_{n-3}}{F_{n-2}},\ \cdots,\ \frac{F_1}{F_2}$$

这些值是在逐步变动的。

虽然这种取点方式被证明是最优的，但每次变动的区间缩短率却给计算带来一定的麻烦。如果每次缩短区间长度都按固定比值来进行，那计算起来就方便多了，0.618 法就是这样一种方法。

令：$\frac{x}{1}=\frac{1-x}{x}$，即使得前后两次的缩短率相同（见图 11-10），由此得：

$$x=\frac{\sqrt{5}-1}{2}\approx 0.618033988$$

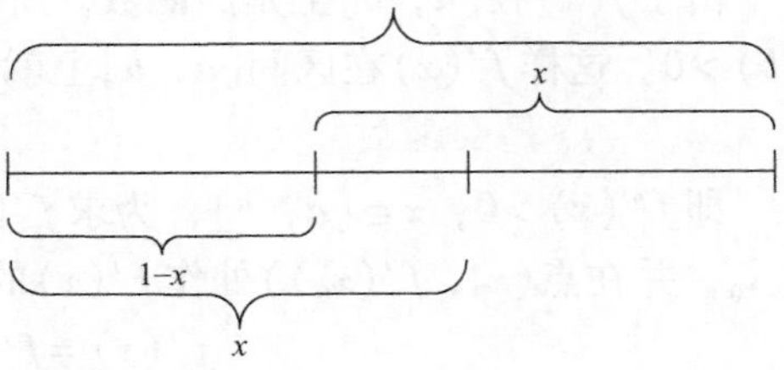

图 11-10

事实上，Fibonacci 法的缩短率的极限为

$$\frac{F_{n-1}}{F_n}\xrightarrow{n\to\infty}0.618$$

因此，取 0.618 的不变缩短率代替 Fibonacci 法中的变动缩短率，进行等速对称的搜索，每次的试点均取在区间的 0.382 和 0.618 处，这是个容易实现、效果良好的方法，故又称黄金分割术（见图 11-11）。

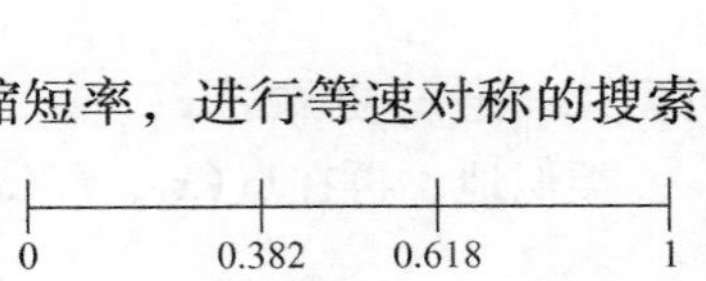

图 11-11

0.618 法的计算步骤如下。

设$f(x)$是区间$[a,\ b]$上只有一个极小点的单峰函数，给定精度ε。

(1) 若$|b-a|\leqslant\varepsilon$，则取$x^*=\frac{a+b}{2}$为近似极小点；若$|b-a|>\varepsilon$，则转下一步。

（2）取试点 x_1 和 x_1' 为

$$\begin{cases}x_1=b-0.618(b-a)\text{或}x_1=a+0.382(b-a)\\x_1'=a+0.618(b-a)\end{cases}$$

并算出 $f(x_1)$ 和 $f(x_1')$。

（3）比较函数值 $f(x_1)$ 和 $f(x_1')$：

若 $f(x_1)<f(x_1')$，则取 $a_1=a$，$b_1=x_1'$；

若 $f(x_1)<f(x_1')$，则取 $a_1=x_1$，$b_1=b$，由此得到新区间 $[a_1, b_1]$ 并转入步骤(1)继续迭代，直至确定出某个区间 $[a_k, b_k]$，使得 $|b_k-a_k|\leqslant\varepsilon$ 为止。这时选取 $x^*=\dfrac{a_k+b_k}{2}$ 为近似的极小点。

从理论上讲 Fibonacci 法是最优的，但它的计算却比 0.618 法繁杂得多，且事先需要确定 n 也是不准确的；0.618 法在每次运算时都用固定的缩短率 0.618，便于计算机运算也便于人工计算，且不用确定选点次数 n，只要计算到满足精度条件即可。所以，人们一般喜欢用 0.618 法，它只比 Fibonacci 法多计算一至两次而已。

三、切线法（Newton 法——牛顿法）

Fibonacci 法（分数法）和 0.618 法只是对给定区间上部分点的函数值进行了比较，而函数的一些解析性质却丝毫未被利用。而下面介绍的切线法却较好地利用了函数的解析性质，所以计算效果一般比 Fibonacci 法和 0.618 法要好。

假定 $f(x)$ 是在区间 $[a, b]$ 上仅有一个极值点的单峰函数且具有三阶导数。

如果 $f(x)$ 在 x^* 处取得极小值，则必有 $f'(x^*)=0$。因此，只要求出 $f'(x)$ 在区间 $[a, b]$ 上的零点便可求得极小值。

由于 $f(x)$ 在 $[a, b]$ 上是凸函数，所以 $f'(x)$ 在 $[a, b]$ 上是单增函数，且有 $f'(a)<0$，$f'(b)>0$。这样 $f'(x)$ 在区间 $[a, b]$ 上就有下列两种情况：

1. $f'(x)$ 是凸函数

即 $f'''(x)>0$，$x\in[a, b]$，为求 $f'(x)$ 的零点 x^*，在区间 $[a, b]$ 内靠近 b 点处选取一点 x_0，并在点 $(x_0, f'(x_0))$ 处作 $f'(x)$ 的切线（见图 11-12），切线方程为

$$f'(x)=f'(x_0)+f''(x_0)(x-x_0)$$

令 $f'(x)=0$ 得到切线与 x 轴的交点：

$$x_1=x_0-\frac{f'(x_0)}{f''(x_0)}$$

可见，x_1 比 x_0 更靠近 x^*。

类似地，再在点 $(x_1, f'(x_1))$ 处作切线，其方程为

$$f'(x)=f'(x_1)+f''(x_1)(x-x_1)$$

令 $f'(x)=0$，得到与 x 轴的交点：

$$x_2=x_1-\frac{f'(x_1)}{f''(x_1)}$$

此时发现，x_2 比 x_1 更靠近 x^*。

一般地，有了第 k 次近似值 x_k，即可得第 $k+1$ 次近似值：

$$x_{k+1}=x_k-\frac{f'(x_k)}{f''(x_k)}$$

如此迭代，直至满足所要求的精度为止。

切线法的流程图如图 11-13 所示。

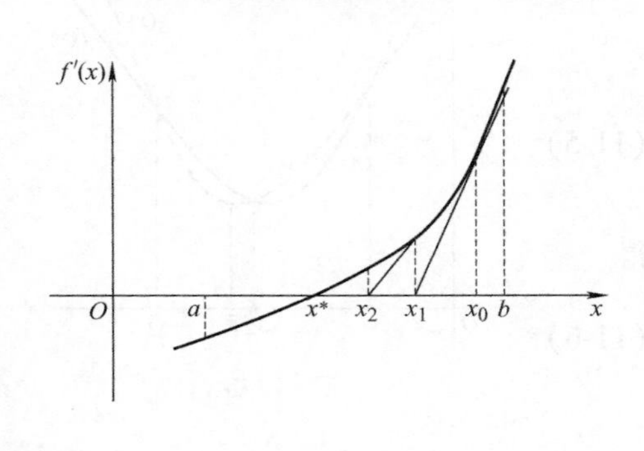

图　11-12

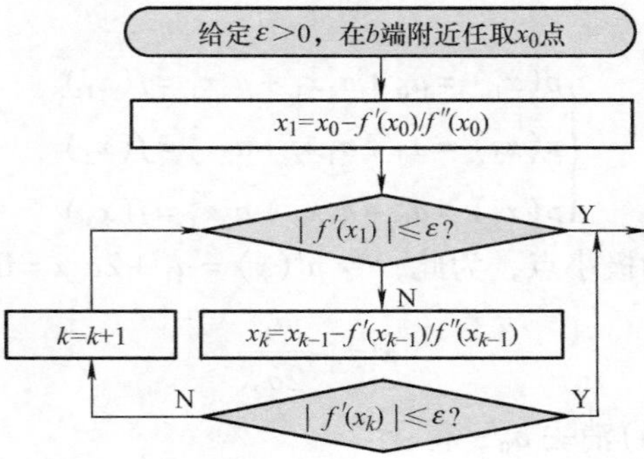

图　11-13

2. $f'(x)$ 是凹函数

即 $f'''(x)<0$，$x\in[a,\ b]$，此种情况的任给初始点 x_0 只能在 a 端附近，而不能在 b 端附近，其余的均与上一种情况相同。

【例 11-3】　求 $f(x)=x^3-3x^2-9x+30$ 在区间 $[1,\ 5]$ 上的极小点，精度要求为 $\varepsilon=0.01$。

解　由 $\begin{cases}f'(x)=3x^2-6x-9\\ f''(x)=6x-6\\ f'''(x)=6\end{cases}$ 可知，在区间 $[1,\ 5]$ 上，$f''(x)>0$，$f'''(x)>0$。

因而 $f(x)$ 在 $[1,\ 5]$ 上有唯一的极小点，不难看出这个极小点是 $x^*=3$。在靠近右端值 5 附近，取一初始值 $x_0=4.5$，显然有：

$$|f'(4.5)|>0.01,\ x_1=x_0-\frac{f'(x_0)}{f''(x_0)}=4.5-\frac{24.75}{21}=3.32$$

$$|f'(3.32)|=4.1472>0.01,\ x_2=x_1-\frac{f'(x_1)}{f''(x_1)}=3.32-\frac{4.1472}{13.92}=3.0221$$

$$|f'(3.022)|=0.2667>0.01,\ x_3=x_2-\frac{f'(x_2)}{f''(x_2)}=3.022-\frac{0.2667}{12.1326}=3.0001$$

现有 $|f'(3.0001)|=0.0012<0.01$，故停止迭代。

得到近似极小点为 3.0001，近似极小值为 $f(3.0001)=3.0000009$。

四、抛物线法

上面介绍的切线法在使用过程中要计算函数的一阶导数、二阶导数，当函数很复杂时，计算起来相当困难，为此，构造一个二次抛物线函数 $p(x)$ 来逼近所给函数 $f(x)$，并用 $p(x)$ 的极小点来近似 $f(x)$ 的极小点。

如图 11-14 所示，设已知函数 $f(x)$ 在三个点 x_1、x_2、x_3（$x_1<x_2<x_3$）的函数值分别为 $f(x_1)$、$f(x_2)$、$f(x_3)$，且有关系：

$$f(x_1)>f(x_2),\ f(x_3)>f(x_2)$$

我们用这三个点的值构成一个二次多项式函数：

$$p(x)=a_0+a_1x+a_2x^2 \tag{11-4}$$

使之满足

$$\begin{cases}p(x_1)=a_0+a_1x_1+a_2x_1^2=f(x_1)\\ p(x_2)=a_0+a_1x_2+a_2x_2^2=f(x_2)\\ p(x_3)=a_0+a_1x_3+a_2x_3^2=f(x_3)\end{cases} \tag{11-5}$$

求 $p(x)$ 的极小点，为此，令 $p'(x)=a_1+2a_2x=0$，得

$$\bar{x}=-\frac{a_1}{2a_2} \tag{11-6}$$

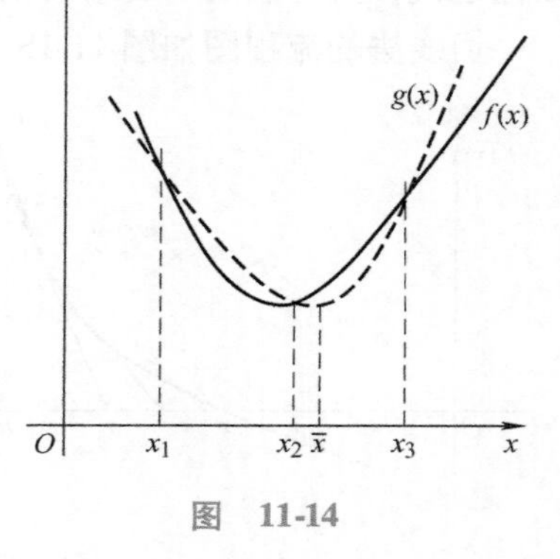

图 11-14

用式(11-5)消去 a_0，得：

$$\begin{cases}a_1=\dfrac{(x_2^2-x_3^2)f(x_1)+(x_3^2-x_1^2)f(x_2)+(x_1^2-x_2^2)f(x_3)}{(x_1-x_2)(x_2-x_3)(x_3-x_1)}\\ a_2=\dfrac{(x_2-x_3)f(x_1)+(x_3-x_1)f(x_2)+(x_1-x_2)f(x_3)}{(x_1-x_2)(x_2-x_3)(x_3-x_1)}\end{cases}$$

代入式(11-6)，得：

$$\bar{x}=\frac{1}{2}\frac{(x_2^2-x_3^2)f(x_1)+(x_3^2-x_1^2)f(x_2)+(x_1^2-x_2^2)f(x_3)}{(x_2-x_3)f(x_1)+(x_3-x_1)f(x_2)+(x_1-x_2)f(x_3)} \tag{11-7}$$

式(11-7)就是计算函数 $f(x)$ 在区间$[a,\ b]$上近似极小点的公式，迭代的终止条件用 $f(x_2)$ 与 $f(\bar{x})$ 的相对偏差或绝对偏差来控制。如果 $|f(x_2)-f(\bar{x})|<\varepsilon$，则计算停止；否则，还要继续选取新的三点 x_1'、x_2'、x_3' 进行循环迭代，直到满足精度要求为止。

抛物线法的算法步骤如下。

（1）给定函数 $f(x)$，区间$[a,\ b]$上，终止控制常数 $\varepsilon_1>0$，$\varepsilon_2>0$。

（2）在区间$[a,\ b]$内选取三点 x_1、x_2、x_3（$x_1<x_2<x_3$），满足关系式：

$$f(x_1)\geqslant f(x_2),\ f(x_3)\geqslant f(x_2)$$

可以令 $x_1=a$，$x_3=b$，然后通过 0.618 法来确定 $x_2=a+0.618(b-a)$。

（3）用式(11-7)求出 $\bar{x}$、$f(x_1)$、$f(x_2)$、$f(x_3)$、$f(\bar{x})$。

（4）终止条件可以考虑两个 $|f(\bar{x})-g(\bar{x})|<\varepsilon_1$ 和 $|x_3-x_1|<\varepsilon_2$，若此式满足则令 $x^*=\bar{x}$，迭代终止。

（5）若终止条件不满足，则需要重新选取三点 x_1'、x_2'、x_3'。

Ⅰ. 如果 $f(\bar{x})<f(x_2)$，分以下两种情况：

A. $\bar{x}<x_2$ 则以 x_2 为区间右端点，取 $x_1'=x_1$，$x_2'=\bar{x}$，$x_3'=x_2$。

B. $\bar{x}>x_2$ 则以 x_2 为区间左端点，取 $x_1'=x_2$，$x_2'=\bar{x}$，$x_3'=x_3$。

Ⅱ. 如果 $f(\bar{x})>f(x_2)$，也分以下两种情况：

A. $\bar{x}<x_2$ 则以 $\bar{x}$ 为区间左端点，取 $x_1'=\bar{x}$，$x_2'=x_2$，$x_3'=x_3$。

B. $\bar{x}>x_2$ 则以 $\bar{x}$ 为区间右端点，取 $x_1'=x_1$，$x_2'=x_2$，$x_3'=\bar{x}$。

Ⅲ. 如果 $f(\bar{x})=f(x_2)$，也分以下两种情况：

A. $\bar{x}$ 就是极小点 x^*，计算停止。

B. $\bar{x}$ 不是极小点，分以下三种情形处理。

a. 当 $x_2<\bar{x}$ 时，取 $\bar{x}$ 为区间右端点 $x_1'=x_2$，$x_2'=\dfrac{x_2+\bar{x}}{2}$，$x_3'=\bar{x}$。

b. 当 $x_2>\bar{x}$ 时，取 $\bar{x}$ 为区间左端点 $x_1'=\bar{x}$，$x_2'=\dfrac{x_2+\bar{x}}{2}$，$x_3'=x_2$。

c. 当 $x_2=\bar{x}$ 时，先取 $\hat{x}=\dfrac{1}{2}(x_1+x_2)$，并求出 $f(\hat{x})$。

若 $f(\hat{x})<f(x_2)$，则以 x_2 为区间右端点，取 $x_1'=x_1$，$x_2'=\hat{x}$，$x_3'=x_2$。

若 $f(\hat{x})>f(x_2)$，则以 $\hat{x}$ 为区间左端点，取 $x_1'=\hat{x}$，$x_2'=x_2$，$x_3'=x_3$。

除了上述求极小值的方法之外，还有三次插值法、近似线性搜索法等。

第三节　无约束极值问题

n 元函数的无约束极值问题的一般表达式为

$$\min f(\boldsymbol{X}),\ \boldsymbol{X}\in E^n$$

其中，$\boldsymbol{X}\in E^n$ 表示 $\boldsymbol{X}=(x_1,\ x_2,\ \cdots,\ x_n)$ 为 n 维欧氏空间中的一个点，或是一个 n 维向量，而 $f(\boldsymbol{X})$ 则表示一个 n 元函数。

n 元函数的极值问题的解法大体上可以分为两类：解析法和直接法。

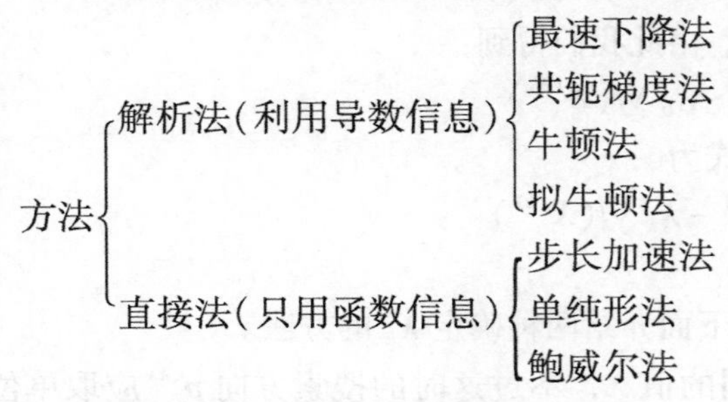

其中下降类算法的基本模式如下：

(1) 初始点的确定。

(2) 搜索方向(各种方法的不同点在于选择搜索方向的不同)。

(3) 一维搜索。

(4) 终止准则。

一、最速下降法(或称梯度法)

此法是 1847 年由柯西(Cauchy)给出的，它是解析法中最古老的一种，其他方法或是它的变形或是受它的启发而得到的。因此，它是最优化方法的基础。

1. 最速下降法(梯度法)的算法思想

设目标函数$f(\boldsymbol{X})$二次连续可微且有极小点$\boldsymbol{X}^*$，取一初始近似点$\boldsymbol{X}^{(0)}$作射线(见图 11-15)：

$$\boldsymbol{X}=\boldsymbol{X}^{(0)}+\lambda_0\boldsymbol{p}^{(0)},\ \lambda_0>0$$

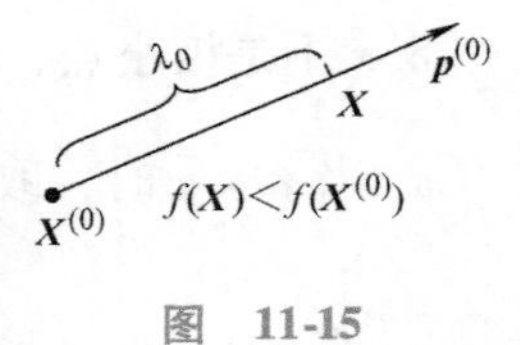

图 11-15

这里的方向$\boldsymbol{p}^{(0)}$和步长λ_0是待定的，为了使$f(\boldsymbol{X})$的函数值在$\boldsymbol{X}^{(0)}$点沿$\boldsymbol{p}^{(0)}$方向移动步长λ_0之后有所下降，将$f(\boldsymbol{X})$在$\boldsymbol{X}^{(0)}$点展成泰勒级数：

$$f(\boldsymbol{X}^{(0)}+\lambda_0\boldsymbol{p}^{(0)})=f(\boldsymbol{X}^{(0)})+\lambda_0\nabla f(\boldsymbol{X}^{(0)})^{\mathrm{T}}\boldsymbol{p}^{(0)}+0(\lambda_0)$$

其中，$\nabla f(\boldsymbol{X}^{(0)})=\left(\dfrac{\partial f(\boldsymbol{X}^{(0)})}{\partial x_1},\ \dfrac{\partial f(\boldsymbol{X}^{(0)})}{\partial x_2},\ \cdots,\ \dfrac{\partial f(\boldsymbol{X}^{(0)})}{\partial x_n}\right)$为函数$f(\boldsymbol{X})$在点$\boldsymbol{X}^{(0)}$处的梯度。

则有

$$f(\boldsymbol{X}^{(0)}+\lambda_0\boldsymbol{p}^{(0)})-f(\boldsymbol{X}^{(0)})=\lambda_0\nabla f(\boldsymbol{X}^{(0)})^{\mathrm{T}}\boldsymbol{p}^{(0)}+0(\lambda_0)$$

为保证
$$f(\boldsymbol{X}^{(0)}+\lambda_0\boldsymbol{p}^{(0)})-f(\boldsymbol{X}^{(0)})<0$$

必须使得
$$\nabla f(\boldsymbol{X}^{(0)})\boldsymbol{p}^{(0)}<0$$

即选定的方向$\boldsymbol{p}^{(0)}$与该点的梯度的内积应该要小于0，也即

$$\nabla f(\boldsymbol{X}^{(0)})\boldsymbol{p}^{(0)}=\|\nabla f(\boldsymbol{X}^{(0)})\|\cdot\|\boldsymbol{p}^{(0)}\|\cos\theta<0$$

如图 11-16 所示，θ是向量$\nabla f(\boldsymbol{X}^{(0)})$和$\boldsymbol{p}^{(0)}$间的夹角，可以看出当$\theta=\pi$，即$\boldsymbol{p}^{(0)}=-\nabla f(\boldsymbol{X}^{(0)})$时，$\nabla f(\boldsymbol{X}^{(0)})\boldsymbol{p}^{(0)}$取到最小值。$\Big($注：$\|\boldsymbol{X}\|$为$n$维欧氏模，或称范数；若矢量$\boldsymbol{a}=x\boldsymbol{i}+y\boldsymbol{j}+z\boldsymbol{k}$，则$\|\boldsymbol{a}\|=|\boldsymbol{a}|=\sqrt{x^2+y^2+z^2}\Big)$

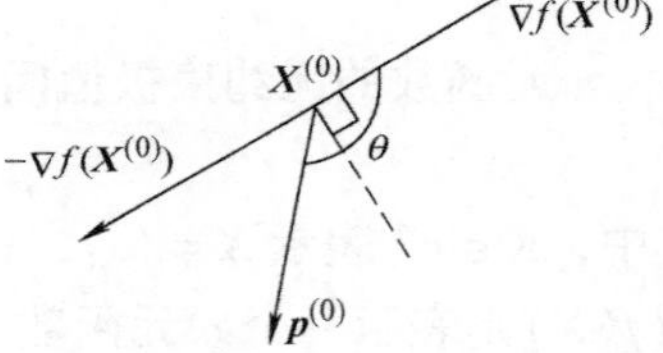

图 11-16

由于函数$f(\boldsymbol{X})$在点$\boldsymbol{X}^{(0)}$处沿梯度的反方向是函数值下降最快的方向，所以我们称这个方法为梯度法。由此我们得到：

$$\boldsymbol{X}^{(1)}=\boldsymbol{X}^{(0)}-\lambda_0\nabla f(\boldsymbol{X}^{(0)})$$

在得到了点$\boldsymbol{X}^{(k)}$之后，梯度法的一般公式为

$$\boldsymbol{X}^{(k+1)}=\boldsymbol{X}^{(k)}-\lambda_k\nabla f(\boldsymbol{X}^{(k)})$$

也有人称这种方法为“瞎子爬坡”。

还有一个问题，就是如何确定步长λ_k？下面介绍两种确定λ_k的方法。

(1) 定步长法：每次迭代的λ_k都取相同的值λ，不过这时的搜索方向$\boldsymbol{p}^{(k)}$应取单位向量，即

$$\boldsymbol{p}^{(k)}=\frac{\nabla f(\boldsymbol{X}^{(k)})}{\|\nabla f(\boldsymbol{X}^{(k)})\|}$$

此法的优点是简单，而缺点是步长取多大合适没有明确的标准，若取得过小，则收敛太慢；若取得太大，又很难满足$f(\boldsymbol{X}^{(k+1)})<f(\boldsymbol{X}^{(k)})$的要求，甚至会造成往复振荡而达不到极小点。

(2) 最速下降法确定步长：λ_k不取固定的值，而是取与$\boldsymbol{X}^{(k)}$有关的一个变量。

柯西给出了一个最优步长梯度法——最速下降法，此法要求从点$\boldsymbol{X}^{(k)}$沿方向$\boldsymbol{p}^{(k)}=-\nabla f(\boldsymbol{X}^{(k)})$走下去达到这个方向的极小点，由此确定步长$\lambda_k$，即：

$$\min_{\lambda_k} f(\boldsymbol{X}^{(k)}-\lambda_k \nabla f(\boldsymbol{X}^{(k)}))$$

也就是说，要沿着负梯度方向进行一维搜索，确定出使 $f(\boldsymbol{X})$ 达到该方向极小化的 λ_k。此方法固然最优，但也太繁杂。为此，我们还可以仿照这样的思路求出一个近似的最优步长，为此，将 $f(\boldsymbol{X}^{(k)}-\lambda_k \nabla f(\boldsymbol{X}^{(k)}))$ 展成泰勒级数：

$$f(\boldsymbol{X}^{(k)}-\lambda_k \nabla f(\boldsymbol{X}^{(k)}))=f(\boldsymbol{X}^{(k)})-\lambda_k \nabla f(\boldsymbol{X}^{(k)})^{\mathrm{T}} \nabla f(\boldsymbol{X}^{(k)})+\frac{1}{2}\lambda_k^2 \nabla f(\boldsymbol{X}^{(k)})^{\mathrm{T}} H(\boldsymbol{X}^{(k)})\lambda_k \nabla f(\boldsymbol{X}^{(k)})+0(\lambda_k^2)$$

略去三次以上的项（假定 λ_k 很小），对上式求导并令其等于零：

$$\frac{\mathrm{d}f(\boldsymbol{X}^{(k)}-\lambda_k \nabla f(\boldsymbol{X}^{(k)}))}{\mathrm{d}\lambda_k}=-\nabla f(\boldsymbol{X}^{(k)})^{\mathrm{T}} \nabla f(\boldsymbol{X}^{(k)})+\lambda_k \nabla f(\boldsymbol{X}^{(k)})^{\mathrm{T}} H(\boldsymbol{X}^{(k)}) \nabla f(\boldsymbol{X}^{(k)})=0$$

由此得到近似最优步长为

$$\lambda_k=\frac{\nabla f(\boldsymbol{X}^{(k)})^{\mathrm{T}} \nabla f(\boldsymbol{X}^{(k)})}{\nabla f(\boldsymbol{X}^{(k)})^{\mathrm{T}} H(\boldsymbol{X}^{(k)}) \nabla f(\boldsymbol{X}^{(k)})}$$

2. 最速下降法（梯度法）的算法步骤

（1）给定初始近似点 $\boldsymbol{X}^{(0)}$，精度要求 $\varepsilon>0$。

（2）计算 $f(\boldsymbol{X}^{(0)})$，若 $\|\nabla f(\boldsymbol{X}^{(0)})\| \leqslant \varepsilon$，则 $\boldsymbol{X}^{(0)}$ 即为所求极小点 $\boldsymbol{X}^*$，否则，转至下一步。

（3）求 $\min\limits_{\lambda_k} f(\boldsymbol{X}^{(0)}-\lambda_k \nabla f(\boldsymbol{X}^{(0)}))$ 得到最优步长 λ_0，并计算下一近似点：

$$\boldsymbol{X}^{(1)}=\boldsymbol{X}^{(0)}-\lambda_0 \nabla f(\boldsymbol{X}^{(0)})$$

（4）一般而言，若求得 $\boldsymbol{X}^{(k)}$，则计算 $\nabla f(\boldsymbol{X}^{(k)})$，当 $\|\nabla f(\boldsymbol{X}^{(k)})\| \leqslant \varepsilon$ 时，则 $\boldsymbol{X}^{(k)}$ 即为所求近似极小点，否则转至下一步。

（5）求 $\min\limits_{\lambda_k>0} f(\boldsymbol{X}^{(k)}-\lambda_k \nabla f(\boldsymbol{X}^{(k)}))$ 得到 λ_k，并计算 $\boldsymbol{X}^{(k+1)}=\boldsymbol{X}^{(k)}-\lambda_k \nabla f(\boldsymbol{X}^{(k)})$，置 $k=k+1$ 转到步骤（4）继续迭代，直至满足精度要求为止。

最速下降法的算法流程图如图 11-17 所示。

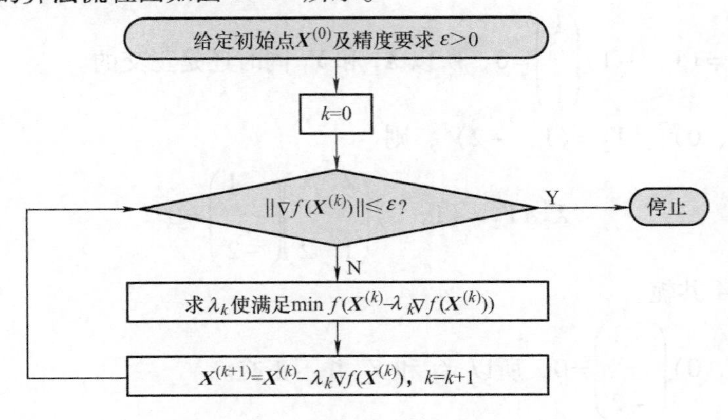

图　11-17

3. 最速下降法（梯度法）的优缺点

优点：简单，搜索方向很容易找，且理论上证明是收敛的。

缺点：收敛慢（越靠近极小点时收敛越慢，而且在靠近极小点处收敛的轨迹呈锯齿状）。

二、共轭梯度法（或称共轭方向法）

1. 正定二次函数

二次函数一般形式为

$$f(\boldsymbol{X})=\frac{1}{2}\boldsymbol{X}^{\mathrm{T}}\boldsymbol{A}\boldsymbol{X}+\boldsymbol{B}\boldsymbol{X}+c$$

其中，$\boldsymbol{A}$ 是一个对称方阵；c 表示常数。如果 $\boldsymbol{A}$ 正定，则此二次函数为正定二次函数（注：除了一次函数之外，二次函数是最简单的函数）。

为什么要讨论正定二次函数？①简单；②它的等值面是椭球面；③一般函数在极小点附近的形态近似于一个正定二次函数。

2. 共轭方向

（1）正交：对于 n 维欧氏空间 E^n 中的两个非零向量 $\boldsymbol{X}$ 和 $\boldsymbol{Y}$，如果有 $\boldsymbol{X}^{\mathrm{T}}\boldsymbol{Y}=0$，则称 $\boldsymbol{X}$ 和 $\boldsymbol{Y}$ 是正交的。

（2）共轭：假定 $\boldsymbol{A}$ 是对称正定矩阵，如果向量 $\boldsymbol{X}$ 和 $\boldsymbol{AY}$ 正交，即 $\boldsymbol{X}^{\mathrm{T}}\boldsymbol{A}\boldsymbol{Y}=0$，则称 $\boldsymbol{X}$ 和 $\boldsymbol{Y}$ 关于 $\boldsymbol{A}$ 共轭。

显然，当 $\boldsymbol{A}$ 为单位矩阵时，(2)的共轭就变为(1)的正交，所以 $\boldsymbol{A}$ 共轭的概念实际上是通常正交概念的推广。不过要注意的是，$\boldsymbol{A}$ 共轭与通常正交之间并无任何联系。也就是说，两个向量关于 $\boldsymbol{A}$ 是共轭的，这两个向量可能正交，也可能不正交。

例如：$\boldsymbol{A}=\begin{pmatrix}2 & 1\\ 1 & 2\end{pmatrix}$，$\boldsymbol{X}_1=(1,\ -1)^{\mathrm{T}}$，$\boldsymbol{Y}_1=(1,\ 1)^{\mathrm{T}}$，事实上

$$\boldsymbol{X}_1^{\mathrm{T}}\boldsymbol{A}\boldsymbol{Y}_1=(1,\ -1)\begin{pmatrix}2 & 1\\ 1 & 2\end{pmatrix}\begin{pmatrix}1\\ 1\end{pmatrix}=0$$

所以 $\boldsymbol{X}_1$ 和 $\boldsymbol{Y}_1$ 关于 $\boldsymbol{A}$ 共轭。

又因为 $\boldsymbol{X}_1^{\mathrm{T}}\boldsymbol{Y}_1=(1,\ -1)\begin{pmatrix}1\\ 1\end{pmatrix}=0$，所以 $\boldsymbol{X}_1$ 和 $\boldsymbol{Y}_1$ 同时还是正交的。

若有 $\boldsymbol{X}_2=(1,\ 0)^{\mathrm{T}}$，$\boldsymbol{Y}_2=(1,\ -2)^{\mathrm{T}}$，则

$$\boldsymbol{X}_2^{\mathrm{T}}\boldsymbol{A}\boldsymbol{Y}_2=(1,\ 0)\begin{pmatrix}2 & 1\\ 1 & 2\end{pmatrix}\begin{pmatrix}1\\ -2\end{pmatrix}=0$$

故 $\boldsymbol{X}_2$ 和 $\boldsymbol{Y}_2$ 关于 $\boldsymbol{A}$ 共轭。

但 $\boldsymbol{X}_2^{\mathrm{T}}\boldsymbol{Y}_2=(1,\ 0)\begin{pmatrix}1\\ -2\end{pmatrix}\neq 0$，所以 $\boldsymbol{X}_2$ 和 $\boldsymbol{Y}_2$ 并不正交。

【定义 11-4】 对于 n 阶对称正定矩阵 $\boldsymbol{A}$，如果非零向量组 $\boldsymbol{X}^{(1)}$，$\boldsymbol{X}^{(2)}$，…，$\boldsymbol{X}^{(n)}$ 满足条件：

$$(\boldsymbol{X}^{(i)})^{\mathrm{T}}\boldsymbol{A}(\boldsymbol{X}^{(j)})=0\quad(i\neq j\text{ 且 }i,\ j=1,\ 2,\ \cdots,\ n)$$

则称该向量组为关于 $\boldsymbol{A}$ 共轭的向量组。

【定理 11-1】 设 $\boldsymbol{A}$ 为 n 阶对称正定矩阵，$\boldsymbol{X}^{(1)}$，$\boldsymbol{X}^{(2)}$，…，$\boldsymbol{X}^{(n)}$ 为 $\boldsymbol{A}$ 共轭的非零向量组，则该向量组一定是线性无关的。

证明　若存在一组数 a_1，a_2，…，a_n，使得

$$a_1\boldsymbol{X}^{(1)}+a_2\boldsymbol{X}^{(2)}+\cdots+a_n\boldsymbol{X}^{(n)}=0$$

则一定有

$$(\boldsymbol{X}^{(i)})^{\mathrm{T}}\boldsymbol{A}(a_1\boldsymbol{X}^{(1)}+a_2\boldsymbol{X}^{(2)}+\cdots+a_n\boldsymbol{X}^{(n)})=0$$

而由于$(\boldsymbol{X}^{(i)})\boldsymbol{A}\boldsymbol{X}^{(j)}=0(i\neq j)$，所以上式变为

$$a_i(\boldsymbol{X}^{(i)})^{\mathrm{T}}\boldsymbol{A}\boldsymbol{X}^{(i)}=0$$

但是 $\boldsymbol{X}^{(i)}\neq\boldsymbol{0}$，且 $\boldsymbol{A}$ 为正定矩阵，所以只有 $a_i=0$，故 $\boldsymbol{X}^{(1)}$，$\boldsymbol{X}^{(2)}$，…，$\boldsymbol{X}^{(n)}$ 是线性无关的。

证毕。

共轭的性质：

(1) 共轭方向之间线性无关，即 $\boldsymbol{X}^{(1)}$，$\boldsymbol{X}^{(2)}$，…，$\boldsymbol{X}^{(n)}$ 线性无关(由上述定理 11-1 确定)。

(2) 二次终止性：对于 n 元二次函数的极小化问题，最多经过 n 次一维搜索便可以求出极小点。

这一性质也是共轭梯度法的最大优点之所在。

因为在 n 维欧氏空间中，任意 n 个线性无关的向量组都可以构成 n 维向量空间的一个基(即任何一个向量都可以由 n 个基向量线性表示)。所以，如上所述的 n 个关于 $\boldsymbol{A}$ 共轭的非零向量组同样构成 n 维向量空间的一个基。

3. 正定二次函数的共轭梯度法求极小值

正定二次函数的一般式为

$$\min f(\boldsymbol{X})=\frac{1}{2}\boldsymbol{X}^{\mathrm{T}}\boldsymbol{A}\boldsymbol{X}+\boldsymbol{b}^{\mathrm{T}}\boldsymbol{X}+c$$

其中，$\boldsymbol{A}$ 是 n 阶正定矩阵；$\boldsymbol{X}$、$\boldsymbol{b}$ 是 n 维向量；c 是常数。

设 $\boldsymbol{X}^*$ 为极小点，$\boldsymbol{X}^{(0)}$ 为任意给定的初始点，如果 $\boldsymbol{p}^{(0)}$，$\boldsymbol{p}^{(1)}$，…，$\boldsymbol{p}^{(n-1)}$ 为 $\boldsymbol{A}$ 的共轭向量组，它们构成 n 维向量空间的一个基，所以，向量 $\boldsymbol{X}^*-\boldsymbol{X}^{(0)}$ 可以被唯一地表示为这组共轭向量的线性组合：$\boldsymbol{X}^*-\boldsymbol{X}^{(0)}=a_0\boldsymbol{p}^{(0)}+a_1\boldsymbol{p}^{(1)}+\cdots+a_{n-1}\boldsymbol{p}^{(n-1)}$，即

$$\boldsymbol{X}^*=\boldsymbol{X}^{(0)}+a_0\boldsymbol{p}^{(0)}+a_1\boldsymbol{p}^{(1)}+\cdots+a_{n-1}\boldsymbol{p}^{(n-1)} \tag{11-8}$$

显而易见，只要能求出系数 a_0，a_1，…，a_{n-1}，便可以求出极小点 $\boldsymbol{X}^*$。为此，将式(11-8)两边都左乘以$(\boldsymbol{p}^{(k)})^{\mathrm{T}}\boldsymbol{A}$，得

$$(\boldsymbol{p}^{(k)})^{\mathrm{T}}\boldsymbol{A}\boldsymbol{X}^*=(\boldsymbol{p}^{(k)})^{\mathrm{T}}\boldsymbol{A}\boldsymbol{X}^{(0)}+a_0(\boldsymbol{p}^{(k)})^{\mathrm{T}}\boldsymbol{A}\boldsymbol{p}^{(0)}+\cdots+a_k(\boldsymbol{p}^{(k)})^{\mathrm{T}}\boldsymbol{A}\boldsymbol{p}^{(k)}+\cdots+a_{n-1}(\boldsymbol{p}^{(k)})^{\mathrm{T}}\boldsymbol{A}\boldsymbol{p}^{(n-1)}$$

因为$(\boldsymbol{p}^{(k)})^{\mathrm{T}}\boldsymbol{A}\boldsymbol{p}^{(j)}=0(j\neq k)$，所以有

$$(\boldsymbol{p}^{(k)})^{\mathrm{T}}\boldsymbol{A}\boldsymbol{X}^*-(\boldsymbol{p}^{(k)})^{\mathrm{T}}\boldsymbol{A}\boldsymbol{X}^{(0)}=a_k(\boldsymbol{p}^{(k)})^{\mathrm{T}}\boldsymbol{A}\boldsymbol{p}^{(k)} \tag{11-9}$$

另一方面，因 $\boldsymbol{X}^*$ 是二次函数的极小点，应有：

$$\begin{cases}\nabla f(\boldsymbol{X}^*)=\boldsymbol{A}\boldsymbol{X}^*+\boldsymbol{b}=0\to\boldsymbol{A}\boldsymbol{X}^*=-\boldsymbol{b}\\ \nabla f(\boldsymbol{X}^{(0)})=\boldsymbol{A}\boldsymbol{X}^{(0)}+\boldsymbol{b}\to\boldsymbol{A}\boldsymbol{X}^{(0)}=\nabla f(\boldsymbol{X}^{(0)})-\boldsymbol{b}\end{cases}$$

代入式(11-9)，得

$$-(\boldsymbol{p}^{(k)})^{\mathrm{T}}\boldsymbol{b}-(\boldsymbol{p}^{(k)})^{\mathrm{T}}[\nabla f(\boldsymbol{X}^{(0)})-\boldsymbol{b}]=a_k(\boldsymbol{p}^{(k)})^{\mathrm{T}}\boldsymbol{A}\boldsymbol{p}^{(k)}$$

由此求得系数

$$a_k=-\frac{(\boldsymbol{p}^{(k)})^{\mathrm{T}}\nabla f(\boldsymbol{X}^{(0)})}{(\boldsymbol{p}^{(k)})^{\mathrm{T}}\boldsymbol{A}\boldsymbol{p}^{(k)}},\ k=0,\ 1,\ 2,\ \cdots,\ n-1 \tag{11-10}$$

需要指出的是，这样求得的 a_k 实际上是二次函数 $f(\boldsymbol{X})$ 从 $\boldsymbol{X}^{(k)}$ 出发沿方向 $\boldsymbol{p}^{(k)}$ 进行一维搜索后的最佳步长。

事实上，要使二次函数 $f(X)=\frac{1}{2}\boldsymbol{X}^{\mathrm{T}}\boldsymbol{A}\boldsymbol{X}+\boldsymbol{b}^{\mathrm{T}}\boldsymbol{X}+c$ 从 $\boldsymbol{X}^{(k)}$ 出发，在给定的方向 $\boldsymbol{p}^{(k)}$ 上取得极小值，这个问题等价于，应取多大步长 λ，使 $f(\boldsymbol{X})$ 在点 $\boldsymbol{X}=\boldsymbol{X}^{(k)}+\lambda\boldsymbol{p}^{(k)}$ 达到极小点。根据极值原理：

$$\frac{\mathrm{d}f(\boldsymbol{X}^{(k)}+\lambda\boldsymbol{p}^{(k)})}{\mathrm{d}\lambda}=\nabla f(\boldsymbol{X}^{(k)}+\lambda\boldsymbol{p}^{(k)})^{\mathrm{T}}\cdot\boldsymbol{p}^{(k)}=0$$

又知 $\nabla f(\boldsymbol{X})=\boldsymbol{A}\boldsymbol{X}+\boldsymbol{b}$，代入上式，得

$$[\boldsymbol{A}(\boldsymbol{X}^{(k)}+\lambda\boldsymbol{p}^{(k)})+\boldsymbol{b}]^{\mathrm{T}}\cdot\boldsymbol{p}^{(k)}=0$$

$$(\boldsymbol{A}\boldsymbol{X}^{(k)}+\boldsymbol{b})^{\mathrm{T}}\cdot\boldsymbol{p}^{(k)}+\lambda(\boldsymbol{p}^{(k)})^{\mathrm{T}}\boldsymbol{A}\boldsymbol{p}^{(k)}=0$$

即

$$\nabla f(\boldsymbol{X}^{(k)})^{\mathrm{T}}\cdot\boldsymbol{p}^{(k)}+\lambda(\boldsymbol{p}^{(k)})^{\mathrm{T}}\boldsymbol{A}\boldsymbol{p}^{(k)}=0$$

得到最佳步长

$$\lambda^*=-\frac{\nabla f(\boldsymbol{X}^{(k)})^{\mathrm{T}}\cdot\boldsymbol{p}^{(k)}}{(\boldsymbol{p}^{(k)})^{\mathrm{T}}\boldsymbol{A}\boldsymbol{p}^{(k)}}$$

此式即为上述式(11-10)。

若记：

$$\boldsymbol{X}^{(k)}=\boldsymbol{X}^{(0)}+a_0\boldsymbol{p}^{(0)}+a_1\boldsymbol{p}^{(1)}+\cdots+a_{k-1}\boldsymbol{p}^{(k-1)}$$

那么，最多经过 n 次迭代：

$$\boldsymbol{X}^{(1)}=\boldsymbol{X}^{(0)}+a_0\boldsymbol{p}^{(0)}$$

$$\boldsymbol{X}^{(2)}=\boldsymbol{X}^{(1)}+a_1\boldsymbol{p}^{(1)}=\boldsymbol{X}^{(0)}+a_0\boldsymbol{p}^{(0)}+a_1\boldsymbol{p}^{(1)}$$

$$\vdots$$

$$\boldsymbol{X}^{(n)}=\boldsymbol{X}^{(n-1)}+a_{n-1}\boldsymbol{p}^{(n-1)}=\boldsymbol{X}^{(0)}+a_0\boldsymbol{p}^{(0)}+a_1\boldsymbol{p}^{(1)}+\cdots+a_{n-1}\boldsymbol{p}^{(n-1)}$$

即可求得极小点 $\boldsymbol{X}^*$。

以上所述求二次函数极小点的方法称为共轭方向法。现在剩下的问题是共轭方向 $\boldsymbol{p}^{(0)}$，$\boldsymbol{p}^{(1)}$，…，$\boldsymbol{p}^{(n-1)}$ 如何选取。选取共轭方向的方法有很多，下面介绍两种方法。

(1) 单位向量法。

设给定初始点 $\boldsymbol{X}^{(0)}$，并取第一个方向 $\boldsymbol{p}^{(0)}=\boldsymbol{e}_0=(1,\ 0,\ \cdots,\ 0)^{\mathrm{T}}$，求得下一点：

$$\boldsymbol{X}^{(1)}=\boldsymbol{X}^{(0)}+\lambda_0\boldsymbol{p}^{(0)}$$

其中，λ_0 为最佳步长。

再取第二个方向 $\boldsymbol{p}^{(1)}=\boldsymbol{e}_1+\alpha_0\boldsymbol{p}^{(0)}$

其中，$\boldsymbol{e}_1=(0,\ 1,\ 0,\ \cdots,\ 0)^{\mathrm{T}}$，且 $\boldsymbol{p}^{(1)}$ 与 $\boldsymbol{p}^{(0)}$ 关于 $\boldsymbol{A}$ 共轭，所以，将上式两边左乘 $(\boldsymbol{p}^{(0)})^{\mathrm{T}}\boldsymbol{A}$，得

$$(\boldsymbol{p}^{(0)})^{\mathrm{T}}\boldsymbol{A}\boldsymbol{p}^{(1)}=(\boldsymbol{p}^{(0)})^{\mathrm{T}}\boldsymbol{A}\boldsymbol{e}_1+(\boldsymbol{p}^{(0)})^{\mathrm{T}}\boldsymbol{A}\alpha_0\boldsymbol{p}^{(0)}=0$$

所以

$$\alpha_0=-\frac{(\boldsymbol{p}^{(0)})^{\mathrm{T}}\boldsymbol{A}\boldsymbol{e}_1}{(\boldsymbol{p}^{(0)})^{\mathrm{T}}\boldsymbol{A}\boldsymbol{p}^{(0)}}$$

假定已经求出 $\boldsymbol{X}^{(k)}$ 以及 k 个 $\boldsymbol{A}$ 共轭方向 $\boldsymbol{p}^{(0)}$，$\boldsymbol{p}^{(1)}$，…，$\boldsymbol{p}^{(k-1)}$，为求 $\boldsymbol{X}^{(k+1)}$ 需求出：

$$\boldsymbol{p}^{(k)}=\boldsymbol{e}_k+\alpha_0\boldsymbol{p}^{(0)}+\alpha_1\boldsymbol{p}^{(1)}+\cdots+\alpha_{k-1}\boldsymbol{p}^{(k-1)}$$

利用 $\boldsymbol{p}^{(k)}$ 与 $\boldsymbol{p}^{(j)}(j=0,1,2,\cdots,k-1)$ 的共轭性，在上面等式的两边同时左乘 $(\boldsymbol{p}^{(j)})^{\mathrm{T}}\boldsymbol{A}$，得

$$(\boldsymbol{p}^{(j)})^{\mathrm{T}}\boldsymbol{A}\boldsymbol{p}^{(k)}=(\boldsymbol{p}^{(j)})^{\mathrm{T}}\boldsymbol{A}\boldsymbol{e}_k+\alpha_j(\boldsymbol{p}^{(j)})^{\mathrm{T}}\boldsymbol{A}\boldsymbol{p}^{(j)}=0$$

所以

$$\alpha_j=-\frac{(\boldsymbol{p}^{(j)})^{\mathrm{T}}\boldsymbol{A}\boldsymbol{e}_k}{(\boldsymbol{p}^{(j)})^{\mathrm{T}}\boldsymbol{A}(\boldsymbol{p}^{(j)})},\ j=0,1,2,\cdots,k-1$$

其中，$\boldsymbol{e}_k$ 是单位向量 $\boldsymbol{e}_k=(0,0,\cdots,0,\underset{\text{第}k+1\text{个分量}}{\underset{\downarrow}{1}},0,\cdots,0)^{\mathrm{T}}$，将 α_j 依次代入上式便求得 $\boldsymbol{p}^{(k)}$，由此便求得 $\boldsymbol{X}^{(k+1)}=\boldsymbol{X}^{(k)}+\lambda_k\boldsymbol{p}^{(k)}$。

(2) 梯度法。

任找一点 $\boldsymbol{X}^{(0)} \longrightarrow \boldsymbol{p}^{(0)}=-\nabla f(\boldsymbol{X}^{(0)})$

$\boldsymbol{X}^{(1)} \longrightarrow \boldsymbol{p}^{(1)}=-\nabla f(\boldsymbol{X}^{(1)})+\beta_0^1\boldsymbol{p}^{(0)}$

其中，β_0^1 是待定系数，且满足：$(\boldsymbol{p}^{(1)})^{\mathrm{T}}\boldsymbol{A}\boldsymbol{p}^{(0)}=0$，即 $\boldsymbol{p}^{(1)}$ 与 $\boldsymbol{p}^{(0)}$ 共轭，由此得

$$[(-\nabla f(\boldsymbol{X}^{(1)})+\beta_0^1\boldsymbol{p}^{(0)}]^{\mathrm{T}}\boldsymbol{A}\boldsymbol{p}^{(0)}=0$$

得到 $\beta_0^1=\dfrac{(\boldsymbol{p}^{(0)})^{\mathrm{T}}\boldsymbol{A}\,\nabla f(\boldsymbol{X}^{(1)})}{(\boldsymbol{p}^{(0)})^{\mathrm{T}}\boldsymbol{A}\boldsymbol{p}^{(0)}}$

$\boldsymbol{X}^{(2)} \longrightarrow \boldsymbol{p}^{(2)}=-\nabla f(\boldsymbol{X}^{(2)})+\beta_0^2\boldsymbol{p}^{(0)}+\beta_1^2\boldsymbol{p}^{(1)}$

$$\text{满足：}\begin{cases}(\boldsymbol{p}^{(2)})^{\mathrm{T}}\boldsymbol{A}\boldsymbol{p}^{(0)}=0\\(\boldsymbol{p}^{(2)})^{\mathrm{T}}\boldsymbol{A}\boldsymbol{p}^{(1)}=0\end{cases}\overset{\text{得到}}{\Longrightarrow}\begin{cases}\beta_0^2=\dfrac{(\boldsymbol{p}^{(0)})^{\mathrm{T}}\boldsymbol{A}\,\nabla f(\boldsymbol{X}^{(2)})}{(\boldsymbol{p}^{(0)})^{\mathrm{T}}\boldsymbol{A}\boldsymbol{p}^{(0)}}\\\beta_1^2=\dfrac{(\boldsymbol{p}^{(1)})^{\mathrm{T}}\boldsymbol{A}\,\nabla f(\boldsymbol{X}^{(2)})}{(\boldsymbol{p}^{(1)})^{\mathrm{T}}\boldsymbol{A}\boldsymbol{p}^{(1)}}\end{cases}$$

⋮

$\boldsymbol{X}^{(k)} \longrightarrow \boldsymbol{p}^{(k)}=-\nabla f(\boldsymbol{X}^{(k)})+\beta_0^k\boldsymbol{p}^{(0)}+\beta_1^k\boldsymbol{p}^{(1)}+\cdots+\beta_{k-1}^k\boldsymbol{p}^{(k-1)}$

$$\text{满足：}\begin{cases}(\boldsymbol{p}^{(k)})^{\mathrm{T}}\boldsymbol{A}\boldsymbol{p}^{(0)}=0\\(\boldsymbol{p}^{(k)})^{\mathrm{T}}\boldsymbol{A}\boldsymbol{p}^{(1)}=0\\\quad\vdots\\(\boldsymbol{p}^{(k)})^{\mathrm{T}}\boldsymbol{A}\boldsymbol{p}^{(k-1)}=0\end{cases}\overset{\text{得到}}{\Longrightarrow}\beta_i^k=\frac{(\boldsymbol{p}^{(i)})^{\mathrm{T}}\boldsymbol{A}\,\nabla f(\boldsymbol{X}^{(k)})}{(\boldsymbol{p}^{(i)})^{\mathrm{T}}\boldsymbol{A}\boldsymbol{p}^{(i)}}\quad(i=0,1,2,\cdots,k-1)$$

两点性质：

①对于点 $\boldsymbol{X}^{(k)}$，$\nabla f(\boldsymbol{X}^{(k)})$ 与 $\boldsymbol{p}^{(0)}$，$\boldsymbol{p}^{(1)}$，…，$\boldsymbol{p}^{(k-1)}$ 正交，即 $\nabla f(\boldsymbol{X}^{(k)})^{\mathrm{T}}\cdot\boldsymbol{p}^{(i)}=0\quad(i=0,1,2,\cdots,k-1)$

② $\nabla f(\boldsymbol{X}^{(k)})\cdot\nabla f(\boldsymbol{X}^{(j)})=0\quad(k\neq j)$

由此两点性质得：对于一切 $i<k-1$，有 $\beta_i^k=0$，所以得到第 k 个点方向的一般公式为

$$\boldsymbol{p}^{(k)}=-\nabla f(\boldsymbol{X}^{(k)})+\beta_{k-1}\boldsymbol{p}^{(k-1)}$$

其中，

$$\beta_{k-1}=\begin{cases}\dfrac{\nabla f(\boldsymbol{X}^{(k)})^{\mathrm{T}}\cdot\nabla f(\boldsymbol{X}^{(k)})}{\nabla f(\boldsymbol{X}^{(k-1)})^{\mathrm{T}}\cdot\nabla f(\boldsymbol{X}^{(k-1)})} & (11\text{-}11)\\ \dfrac{\nabla f(\boldsymbol{X}^{(k)})^{\mathrm{T}}\cdot[\nabla f(\boldsymbol{X}^{(k)})-\nabla f(\boldsymbol{X}^{(k-1)})]}{\nabla f(\boldsymbol{X}^{(k-1)})^{\mathrm{T}}\cdot\nabla f(\boldsymbol{X}^{(k-1)})} & (11\text{-}12)\end{cases}$$

式(11-11)称为(FR)公式，式(11-12)称为(PRP)公式，两者可以任选其一，当用于二次函数时，两者是一样的，而用于其他函数时则是不同的。

用共轭梯度法求二次函数极小值的步骤如下：

(1) 确定出试点 $\boldsymbol{X}^{(0)}$，精度要求 $\varepsilon>0$，置 $k=0$，$\boldsymbol{p}^{(0)}=-\nabla f(\boldsymbol{X}^{(0)})$。

(2) $\boldsymbol{X}^{(k+1)}=\boldsymbol{X}^{(k)}+\lambda_k\boldsymbol{p}^{(k)}$，其中 $\lambda_k=-\dfrac{\nabla f(\boldsymbol{X}^{(k)})^{\mathrm{T}}\cdot\boldsymbol{p}^{(k)}}{(\boldsymbol{p}^{(k)})^{\mathrm{T}}\boldsymbol{A}\boldsymbol{p}^{(k)}}$为最佳步长。

(3) 若 $\|\nabla f(\boldsymbol{X}^{(k+1)})\|<\varepsilon$，则停止迭代，$\boldsymbol{X}^*=\boldsymbol{X}^{(k+1)}$；否则，转步骤(4)。

(4) $\boldsymbol{p}^{(k+1)}=-\nabla f(\boldsymbol{X}^{(k+1)})+\beta_k\boldsymbol{p}^{(k)}$，其中：

$$\beta_k=\begin{cases}\dfrac{\nabla f(\boldsymbol{X}^{(k+1)})^{\mathrm{T}}\cdot\nabla f(\boldsymbol{X}^{(k+1)})}{\nabla f(\boldsymbol{X}^{(k)})^{\mathrm{T}}\cdot\nabla f(\boldsymbol{X}^{(k)})}\\ \dfrac{\nabla f(\boldsymbol{X}^{(k+1)})^{\mathrm{T}}\cdot[\nabla f(\boldsymbol{X}^{(k+1)})-\nabla f(\boldsymbol{X}^{(k)})]}{\nabla f(\boldsymbol{X}^{(k)})^{\mathrm{T}}\cdot\nabla f(\boldsymbol{X}^{(k)})}\end{cases}$$

置 $k=k+1$ 转步骤(2)。

从理论上推导，这种方法最多经过 n 步就可以找到真正的极小点，但由于计算过程中有舍入误差，或一维搜索不精确时，往往 n 步达不到真正的极小点，即 $\|\nabla f(\boldsymbol{X}^{(n-1)})\|>\varepsilon$，这时要设置一个重置过程，即当 $k=n-1$ 时，若 $\|\nabla f(\boldsymbol{X}^{(n-1)})\|<\varepsilon$，则停止；否则，令 $\boldsymbol{X}^{(n-1)}=\boldsymbol{X}^{(0)}$ 转步骤(2)。

4. 一般函数的共轭梯度法

其方法同正定二次函数，但这时共轭的意义就没有了，只是上述方法的一种推广。所以也不具有二次终止性，即不能指望 n 次收敛于极小点，但可用重置的方法多计算几次，得到满足精度的近似极小点。在这种情况下，用(PRP)公式确定 β_k 比较好，它能自动偏离负梯度方向。

5. 评注

共轭梯度法储存量小，只需要四个 n 维向量($\boldsymbol{X}^{(k)}$，$\nabla f(\boldsymbol{X}^{(k)})$，$\nabla f(\boldsymbol{X}^{(k+1)})$，$\boldsymbol{p}^{(k)}$)，且收敛速度中等。

【例 11-4】 求解无约束极值问题：$\min f(\boldsymbol{X})=x_1^2+16x_2^2$。

解 取 $\boldsymbol{X}^{(0)}=(1,\ 2)^{\mathrm{T}}$，$\boldsymbol{p}^{(0)}=\boldsymbol{e}_0=(1,\ 0)^{\mathrm{T}}$。为求 $\boldsymbol{X}^{(1)}=\boldsymbol{X}^{(0)}+\lambda_0\boldsymbol{p}^{(0)}$，需确定步长 λ_0，为此，令 $F(\lambda)=f(\boldsymbol{X}^{(0)}+\lambda_0\boldsymbol{p}^{(0)})=(1+\lambda)^2+16\times2^2$，由 $F'(\lambda)=0$，求得 $\lambda_0=-1$，故

$$\boldsymbol{X}^{(1)}=(1,\ 2)^{\mathrm{T}}+(-1)(1,\ 0)^{\mathrm{T}}=(0,\ 2)^{\mathrm{T}}$$

取 $\boldsymbol{e}_1=(0,\ 1)^{\mathrm{T}}$，则

$$p^{(1)}=e_1-\frac{(p^{(0)})^{\mathrm{T}}Ae_1}{(p^{(0)})^{\mathrm{T}}A(p^{(0)})}\cdot p^{(0)}=\begin{pmatrix}0\\1\end{pmatrix}-\frac{(1,\ 0)\begin{pmatrix}2&0\\0&32\end{pmatrix}\begin{pmatrix}0\\1\end{pmatrix}}{(1,\ 0)\begin{pmatrix}2&0\\0&32\end{pmatrix}\begin{pmatrix}1\\0\end{pmatrix}}\cdot\begin{pmatrix}1\\0\end{pmatrix}=\begin{pmatrix}0\\1\end{pmatrix}$$

为求 $X^{(2)}=X^{(1)}+\lambda_1 p^{(1)}$ 中的 λ_1，令：

$$F(\lambda)=f(X^{(1)}+\lambda p^{(1)})=(X_1^{(1)}+\lambda p_1^{(1)})^2+16(X_2^{(1)}+\lambda p_2^{(1)})^2=16(2+\lambda)^2$$

由 $F'(\lambda)=0$，解出 $\lambda_1=-2$，所以

$$X^{(2)}=(0,\ 2)^{\mathrm{T}}+(-2)\begin{pmatrix}0\\1\end{pmatrix}=(0,\ 0)$$

这样求得极小点：

$$X^*=X^{(2)}=(0,\ 0)^{\mathrm{T}}$$

三、牛顿法

1. 算法思想

牛顿法是利用函数二阶导数的无约束极值最优化方法。设 $f(X)$ 二阶连续可微，在 X_k 的邻域内，将 $f(X)$ 近似泰勒展开，得到 $g(X)$：

$$g(X)=f(X_k)+(X-X_k)^{\mathrm{T}}\nabla f(X_k)+\frac{1}{2}(X-X_k)^{\mathrm{T}}H(X_k)(X-X_k)$$

求 $g(X)$ 的梯度 $\nabla g(X)$，并令其等于零，得

$$\nabla f(X_k)+H(X_k)(X-X_k)=0$$

若 $H(X_k)$ 可逆，则有

$$X_{k+1}=X_k-H^{-1}(X_k)\nabla f(X_k) \tag{11-13}$$

这就是牛顿法的迭代公式。

【例 11-5】　用牛顿法求正定二次函数 $f(X)=\frac{1}{2}XAX+BX+c$ 的极小点。

解　在此函数定义域内的任意一点，其海赛矩阵都是常数矩阵 A，任取初始点 $X_1\in\mathbf{R}^n$ 得到

$$X_2=X_1-A^{-1}\nabla f(X_1)$$

因为

$$\nabla f(X_2)=AX_2+b=A(X_1-A^{-1}\nabla f(X_1))+b=0$$

[由 $AX_1+b=\nabla f(X_1)$，得 $A(X_1-A^{-1}\nabla f(X_1))+b=AX_1-\nabla f(X_1)+b=AX_1+b-\nabla f(X_1)=0$]

所以 X_2 即为所求最优解。

此例说明，对于正定二次函数，用牛顿法一次迭代即可求出最优解。其中的迭代方向 $-H^{-1}(X_k)\nabla f(X_k)$ 称为**牛顿方向**，而步长为 1 称为**牛顿步**。

对于一般非线性函数，牛顿方向虽是下降方向，但取步长为 1 的牛顿步，函数值却未必下降，而导致收敛很慢。为此，有人提出了一种改进的算法，即沿牛顿方向进行一维搜索，

求得一个最佳步长 λ_k，即

$$X_{k+1}=X_k+\lambda_k p_k,$$

其中 $p_k=-H^{-1}(X_k)\nabla f(X_k)$ 为牛顿方向，称此种方法为阻尼牛顿法。

2. 算法步骤(阻尼牛顿法)

(1) 给定初始点 X_0，精度要求 ε，置循环变量 $k=0$。

(2) 牛顿方向：$p_k=-H^{-1}(X_k)\nabla f(X_k)$。

(3) 沿牛顿方向进行一维搜索：$X_{k+1}=X_k+\lambda p_k$。

(4) 若 $\|\nabla f(X_{k+1})\|<\varepsilon$，则 $X^*=X_{k+1}$，停止计算；否则，$k=k+1$，转步骤(2)。

3. 评注

优点：收敛速度最快，二次收敛。

缺点：①计算量大，需要计算二阶导数及 $H^{-1}(X_k)$；②若 $H(X_k)$ 奇异，则 p_k 不存在；③若 $H(X_k)$ 不正定，p_k 不一定是下降方向。

针对②、③这两条缺点，很多人提出了改进措施，主要有两个分支：一种就是强迫 $H(X_k)$ 正定(较出名的有 P. E. Gill 和 W. Murray)；另一种方法就是拟牛顿法。

四、拟牛顿法(或称变尺度法)

变尺度法是 Davidon 在 1959 年首先提出来的，1970 年 Huang 对变尺度法做了统一处理，得出了包括 3 个自由参数的统一公式。

1. 算法思想

牛顿法中的牛顿方向为 $p_k=-H^{-1}(X_k)\nabla f(X_k)$，其海赛矩阵的逆矩阵很难计算，人们试图构造一个 H_k，使得 H_k 近似于 $H^{-1}(X_k)$，即：$H_k\sim H^{-1}(X_k)$，则 $p_k=-H_k\nabla f(X_k)$。对 H_k 的要求是：近似相等和易于构造。

(1) 近似相等：①当 $k\to\infty$ 时，$H^{-1}(X_k)\xrightarrow{k\to\infty}H^{-1}(X^*)$，同样有：$H_k\xrightarrow{k\to\infty}H^{-1}(X^*)$，即在初始可以相差很大，但在接近极小点时，两者相差无几，十分相近。

②构造 H_k 要满足拟牛顿方向：

$$\Delta X_k=H_{k+1}\Delta G_k$$

其中，$\Delta X_k=X_{k+1}-X_k$；$\Delta G_k=\nabla f(X_{k+1})-\nabla f(X_k)$。

对于一般函数：$\Delta X_k\approx H^{-1}(X_{k+1})\Delta G_k$；对于二次函数：$\Delta X_k=A^{-1}\Delta G_k$。

(2) 易于构造：对 $X_k\xrightarrow{构造}H_k$ 加以变化或修正，构造出 $H_k\xrightarrow{构造}H_{k+1}$，即

$$H_{k+1}=H_k+D_k+Q_k$$

其中，D_k 和 Q_k 均为修正矩阵，满足

$$\Delta X_k=(H_k+D_k+Q_k)\Delta G_k=H_k\Delta G_k+D_k\Delta G_k+Q_k\Delta G_k$$

并使得

$$\begin{cases}\Delta X_k=D_k\Delta G_k\\ H_k\Delta G_k=-Q_k\Delta G_k\end{cases}$$

得到

$$\left.\begin{aligned} D_k &= \frac{\Delta X_k \cdot \Delta X_k^{\mathrm{T}}}{\Delta X_k \cdot \Delta G_k} \\ Q_k &= \frac{H_k \cdot \Delta G_k \cdot \Delta G_k^{\mathrm{T}} \cdot H_k}{\Delta G_k^{\mathrm{T}} \cdot H_k \cdot \Delta G_k} \end{aligned}\right\} \text{DFP 公式}$$

DFP 法即 Davidon-Fletcher-Powell 变尺度法，它是最早的，也是最有名的一种变尺度法。

2. 算法步骤(DFP 法)

(1) 给定初始点 $X^{(1)}$，精度 $\varepsilon>0$；若 $\|\nabla f(X^{(1)})\|<\varepsilon$，则停止；否则，转步骤(2)。

(2) 置 $k=1$，$H_1=I$。

(3) $p_k=-H_k\nabla f(X^{(k)})$。

(4) 一维搜索，求 λ_k 满足 $\lambda_k=\min\limits_{\lambda} f(X^{(k)}+\lambda p_k)$。

(5) $X^{(k+1)}=X^{(k)}+\lambda_k p_k$。

(6) 计算$\nabla f(X^{(k+1)})$，若 $\|\nabla f(X^{(k+1)})\|<\varepsilon$，则停止迭代，$X^*=X^{(k+1)}$；否则，继续。

(7) $H_{k+1}=H_k+D_k+Q_k$，(由 DFP 公式确定 D_k、Q_k)，令 $k=k+1$，转步骤(3)。

3. 说明

(1) 可以证明，DFP 公式的分母是大于零的，且 H_k正定，保证 p_k是下降方向。

(2) 用于二次函数时，搜索方向是共轭的，具有二次终止性。

(3) 优点：收敛块，计算量小(只涉及一阶导数)；缺点：内存量大。

(4) 拟牛顿法是一类算法，除了 DFP 公式外，还有 BFS 公式、Gill-Murray 变尺度法、Huang 变尺度法等。

第四节　有约束极值问题

一般非线性规划模型：

$$\min f(X)$$
$$\text{s. t.} \begin{cases} h_i(X)=0, & i=1,2,\cdots,s(\text{等式约束}) \\ g_j(X)\geqslant 0, & j=1,2,\cdots,t(\text{不等式约束}) \end{cases}$$

解决这类有约束极值问题的思路可以分为三类：

(1) 转为无约束问题。

(2) 转为一系列线性规划。

(3) 转为一系列二次规划。

一、最优性条件

1. 起作用约束和可行下降方向

(1) 起作用约束：选定点 X_0 满足 $\begin{cases} h_i(X)=0 \\ g_j(X)\geqslant 0 \end{cases}$，则 X_0 点可行，如果有

$$\begin{cases}h_i(\boldsymbol{X})=0\\ g_j(\boldsymbol{X})=0,\ j\in J_{起}\end{cases}$$，则对于 $j\in J_{起}$，$g_j(\boldsymbol{X})\geqslant 0$ 叫作起作用约束。

直观上讲，起作用约束落在可行域的边界上（见图 11-18）。等式约束 $h_i(\boldsymbol{X})=0$ 都是起作用约束；对于大于等于约束，即 $g_j(\boldsymbol{X})\geqslant 0$，在可行点 $\boldsymbol{X}_0$ 满足 $g_j(\boldsymbol{X})=0$ 的约束为起作用约束，否则，为不起作用约束。

（2）可行方向 $\boldsymbol{D}$：如图 11-19 所示，对于 n 维空间的点 $\boldsymbol{X}=\boldsymbol{X}_0+\lambda\boldsymbol{D}$，存在 $\lambda_0>0$，使得当 $\lambda<\lambda_0$ 时，$\boldsymbol{X}_0+\lambda\boldsymbol{D}$ 可行（即属于可行域 R）。

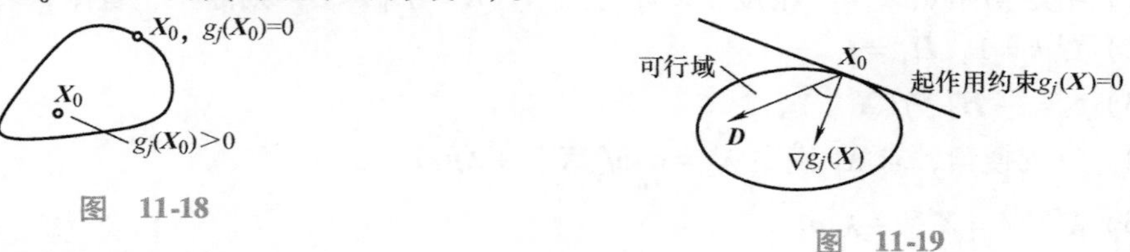

图 11-18

图 11-19

（3）可行下降方向 $\boldsymbol{D}$：

$$\begin{cases}可行方向：（对于约束而言）\nabla g_i(\boldsymbol{X}_0)^{\mathrm{T}}\cdot\boldsymbol{D}>0\\ 下降方向：（对于目标而言）\nabla f(\boldsymbol{X}_0)^{\mathrm{T}}\cdot\boldsymbol{D}<0\end{cases}$$

2. 一阶必要条件（Kuhn-Tucker 条件，简称 K-T 条件）

正则点：$\boldsymbol{X}^*$ 是可行域内的一点，若在该点处起作用约束的梯度线性无关，则 $\boldsymbol{X}^*$ 点为正则点。

K-T 条件：若 $\boldsymbol{X}^*$ 是极小点，且是正则点，则存在常数向量 $\boldsymbol{\lambda}=(\lambda_1,\lambda_2,\cdots,\lambda_s)$，$\boldsymbol{\mu}=(\mu_1,\mu_2,\cdots,\mu_t)$，满足：

$$\begin{cases}\nabla f(\boldsymbol{X}^*)=\sum_{i=1}^{s}\lambda_i\nabla h_i(\boldsymbol{X}^*)+\sum_{j=1}^{t}\mu_j\nabla g_j(\boldsymbol{X}^*)\\ \mu_j g_j(\boldsymbol{X}^*)=0,j=1,\cdots,t\\ \mu_j\geqslant 0\end{cases}$$

使得不起作用约束所对应的 $\mu_j=0$，并使该约束的梯度在上式中不出现。

K-T 一阶必要条件可以解读为：目标函数在 $\boldsymbol{X}^*$ 点的梯度等于起作用约束在该点梯度的线性组合。

3. 二阶充分条件

若 $\boldsymbol{X}^*$ 是满足 K-T 条件的点，且对于满足：

$$\begin{cases}\boldsymbol{Y}^{\mathrm{T}}\nabla g_j(\boldsymbol{X}^*)=0,\ j\in J_{起}\\ \boldsymbol{Y}^{\mathrm{T}}\nabla g_j(\boldsymbol{X}^*)>0,\ j\notin J_{起}\\ \boldsymbol{Y}^{\mathrm{T}}\nabla h_i(\boldsymbol{X}^*)=0,\ i=1,\ \cdots,\ s\end{cases}$$

的一切非零向量 $\boldsymbol{Y}$，有

$$\boldsymbol{Y}^{\mathrm{T}}\left[H_f(\boldsymbol{X}^*)-\sum_{i=1}^{s}\lambda_i H_{h_i}(\boldsymbol{X}^*)-\sum_{j=1}^{t}\mu_j H_{g_j}(\boldsymbol{X}^*)\right]\boldsymbol{Y}>0$$

则 $\boldsymbol{X}^*$ 是最优点。

无约束问题与有约束问题极值条件的比较如表 11-3 所示。

表 11-3　无约束与有约束问题极值条件的比较

X^*	一阶必要条件	二阶充分条件
无约束问题	$\nabla f(X^*)=0$	$H(X^*)$ 正定，即对于一切 Y，$Y^TH(X^*)Y>0$
有约束问题	K-T 条件	$Y^T\cdot\left[H_f(X^*)-\sum_{i=1}^{s}\lambda_iH_{h_i}(X^*)-\sum_{j=1}^{t}\mu_jH_{g_j}(X^*)\right]Y>0$

【例 11-6】

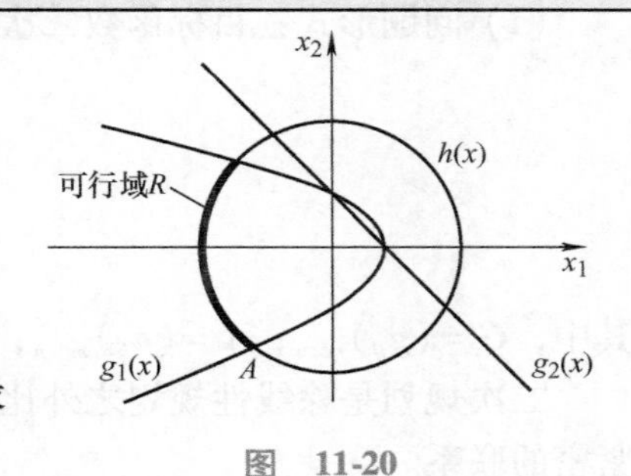

图 11-20

$$\min\ f(X)=x_1^2+x_2^2$$

$$\text{s.t.}\begin{cases}h(X)=x_1^2+x_2^2-9=0\\ g_1(X)=-(x_1+x_2^2)+1\geqslant 0\\ g_2(X)=-(x_1+x_2)+1\geqslant 0\end{cases}$$

试验证 $h(X)$ 与 $g_1(X)=0$ 的交点 A 是否为最小点。

解　如图 11-20 所示，A 点的坐标为 $X^*=(x_1^*,x_2^*)^T=(-2.37,-1.84)^T$。

(i) 是否是 K-T 点：

①$X^*\in R$，可行。

起作用约束　　不起作用约束

$$h(X^*)=0,\ g_1(X^*)=0,\ g_2(X^*)=5.21>0$$

②正则点：$\nabla h(X^*)=\begin{pmatrix}2x_1^*\\2x_2^*\end{pmatrix}$，$\nabla g_1(X^*)=\begin{pmatrix}-1\\-2x_2^*\end{pmatrix}$，两者线性无关。

③$\nabla f(X^*)=\lambda\nabla h(X^*)+\mu_1\nabla g_1(X^*)+\mu_2\nabla g_2(X^*)$

由 $\mu_jg_j(X^*)=0$，得 $\mu_2=0$

$$\begin{pmatrix}2x_1^*\\1\end{pmatrix}=\lambda\begin{pmatrix}2x_1^*\\2x_2^*\end{pmatrix}+\mu_1\begin{pmatrix}-1\\-2x_1^*\end{pmatrix}$$

解之得：$\begin{cases}\lambda=0.778\\ \mu_1=1.05\\ \mu_2=0\end{cases}$，满足 K-T 条件。

(ii) 是否满足二阶充分条件：

$$H_f(X^*)-0.778H_h(X^*)-1.05H_{g_1}(X^*)=\begin{pmatrix}2&0\\0&0\end{pmatrix}-0.778\begin{pmatrix}2&0\\0&2\end{pmatrix}-1.05\begin{pmatrix}0&0\\0&-2\end{pmatrix}$$

$$=\begin{pmatrix}0.444&0\\0&0.544\end{pmatrix}\rightarrow\text{正定}$$

故 $Y^{\mathrm{T}}\begin{pmatrix} 0.444 & 0 \\ 0 & 0.544 \end{pmatrix}Y>0$ 正定，对于一切 Y 成立，所以满足二阶充分条件，A 点是最小点。

注：若不给出点，则要用 K-T 条件同时找 λ、μ 和 X^*。

4. 二次规划

（1）问题形式：目标函数二次，约束函数线性。

$$\min z = C^{\mathrm{T}}X + \frac{1}{2}X^{\mathrm{T}}GX$$

$$\text{s. t.} \quad \begin{cases} AX + b \geqslant 0, & m \\ X \geqslant 0, & n \end{cases}$$

其中，$G=(g_{ij})_{n\times n}$；$A=(a_{ij})_{m\times n}$；X、C、b 均为列向量。称此规划为二次规划。

二次规划是除线性规划之外比较简单的一类数学规划。同时，它又与线性规划有着十分紧密的联系。

如果目标函数中二次项的系数矩阵 G 为正定（或半正定），则目标函数为凸函数，且约束构成的可行域为凸集，故上述二次规划为凸规划。由前面的讨论我们知道，凸规划的局部极值就是全局极值。

（2）求解极值（利用 K-T 条件转化为线性规划）。

上述二次规划中目标函数及约束的梯度如下：

$$\begin{cases} \nabla f(X) = GX + C \\ \nabla g_i(X) = (a_{i1}, a_{i2}, \cdots, a_{im})^{\mathrm{T}}, \ i=1, \cdots, m \\ \nabla g_j(X) = (0, \cdots, 0, 1, 0, \cdots, 0)^{\mathrm{T}}, \ j=m+1, \cdots, m+n \end{cases}$$

K-T 条件表达：注意 $m+n$ 个乘子：$\mu_1, \mu_2, \cdots, \mu_m, \mu_{m+1}, \cdots, \mu_{m+n}$ 用 $\underbrace{y_1, y_2, \cdots, y_m}_{Y_1}, \underbrace{y_{m+1}, \cdots, y_{m+n}}_{Y_2}$ 来代替，即

$$-\sum_{k=1}^{n} G_{jk}x_k + \sum_{i=1}^{m} a_{ij}y_i + y_{m+j} = c_j \quad (j=1,2,\cdots,n) \tag{11-14}$$

在式（11-14）中加入人工变量 z_j，在原约束加入松弛变量 x_{n+i}，构造出如下的线性规划模型：（注：$z_j \geqslant 0$，且其前面的符号与 c_j 同号，这样做是为了形成初始可行基）

$$\min \varphi(Z) = \sum_{j=1}^{n} z_j$$

$$\text{s. t.} \quad \begin{cases} \sum_{i=1}^{m} a_{ij}y_i - \sum_{k=1}^{n} G_{jk}x_k + y_{m+j} + \operatorname{sgn}(c_j)z_j = c_j, j=1,\cdots,n \\ \sum_{j=1}^{n} a_{ij}x_j - x_{n+i} + b_i = 0, i=1,\cdots,m \\ x_j \geqslant 0, j=1,\cdots,n+m \\ y_j \geqslant 0, j=1,\cdots,n+m \\ z_j \geqslant 0, j=1,\cdots,n \end{cases} \tag{11-15}$$

解此线性规划得到最优解：

$$(x_1^*, x_2^*, \cdots, x_{n+m}^*, y_1^*, y_2^*, \cdots, y_{m+n}^*, z_1=0, z_2=0, \cdots, z_n=0)$$

其中，$(x_1^*, x_2^*, \cdots, x_n^*)$即为原二次规划问题的最优解。

但应注意，所得解要满足 K-T 条件的第二条：$x_j \cdot y_j = 0 (j = 1, 2, \cdots, n+m)$，以及$\varphi(\boldsymbol{Z}) = 0$。

【例 11-7】　求解二次规划的最优解

$$\max f(\boldsymbol{X}) = 8x_1 + 10x_2 - x_1^2 - x_2^2$$

$$\text{s.t.} \begin{cases} 3x_1 + 2x_2 \leqslant 6 \\ x_1 \geqslant 0,\ x_2 \geqslant 0 \end{cases}$$

解　将上述二次规划的目标方程乘以负号求最小（注：所求目标值与原规划相差一个负号）

$$\min \bar{f}(\boldsymbol{X}) = x_1^2 + x_2^2 - 8x_1 - 10x_2 = \frac{1}{2}(2x_1^2 + 2x_2^2) - 8x_1 - 10x_2$$

$$\text{s.t.} \begin{cases} -3x_1 - 2x_2 + 6 \geqslant 0 \\ x_1 \geqslant 0,\ x_2 \geqslant 0 \end{cases}$$

可见目标函数为严格凸函数，且 $c_1 = -8$，$c_2 = -10$，$c_{11} = 2$，$c_{22} = 2$，$c_{12} = c_{21} = 0$，$b_1 = 6$，$a_{11} = -3$，$a_{12} = -2$。

由于 c_1 和 c_2 都小于零，故引入人工变量 z_1 和 z_2 且在其前面取负号，由 K-T 条件表达式得到线性规划模型如下：

$$\min \varphi(\boldsymbol{Z}) = z_1 + z_2$$

$$\text{s.t.} \begin{cases} -3y_3 + y_1 - 2x_1 - z_1 = -8 \\ -2y_3 + y_2 - 2x_2 - z_2 = -10 \\ -3x_1 - 2x_2 - x_3 + 6 = 0 \\ x_1,\ x_2,\ x_3,\ y_1,\ y_2,\ y_3,\ z_1,\ z_2 \geqslant 0 \end{cases}$$

变形得：

$$\min \varphi(\boldsymbol{Z}) = z_1 + z_2$$

$$\text{s.t.} \begin{cases} 2x_1 + 3y_3 - y_1 + z_1 = 8 \\ 2x_2 + 2y_3 - y_2 + z_2 = 10 \\ 3x_1 + 2x_2 + x_3 = 6 \\ x_1,\ x_2,\ x_3,\ y_1,\ y_2,\ y_3,\ z_1,\ z_2 \geqslant 0 \end{cases}$$

且应满足：$x_j y_j = 0 (j = 1, 2, 3)$，用单纯形法解之得：

$$\begin{cases} x_1 = 4/13,\ x_2 = 33/13,\ x_3 = 0 \\ y_1 = 0,\ y_2 = 0,\ y_3 = 33/13 \\ z_1 = 0,\ z_2 = 0 \end{cases}$$

由此得到原二次规划问题的解为

$$x_1^* = 4/13,\ x_2^* = 33/13,\ f(\boldsymbol{X}^*) = 21.3$$

二、可行方向法

可行方向法是一种搜索算法，它是通过在可行域内直接搜索最优解或近似最优解的办法

来求解的。搜索过程中不仅每一搜索点必须是可行的(满足所有约束)，而且搜索方向也必须是可行的(满足目标函数值下降)。即满足：

$$\begin{cases}[\boldsymbol{X}^{(k+1)}=\boldsymbol{X}^{(k)}+\lambda_k\boldsymbol{D}^{(k)}]\in R\\ f(\boldsymbol{X}^{(k+1)})<f(\boldsymbol{X}^{(k)})\end{cases} \tag{11-16}$$

式(11-16)中，从可行域 R 内的点 $\boldsymbol{X}^{(k)}$ 沿 $\boldsymbol{D}^{(k)}$ 方向行进 λ_k 步长到达 $\boldsymbol{X}^{(k+1)}$，$\boldsymbol{X}^{(k+1)}$ 还在 R 内且函数值是下降的。若满足了精度要求，则 $\boldsymbol{X}^{(k+1)}$ 即为所求，否则，从该点出发继续迭代，直到满足精度要求。这里需要说明的是，很多算法都可归结到可行方向法，但通常所说的可行方向法是由 Zoutendijk 在 1960 年提出的算法。

现在的问题是：(1) 如何寻求可行下降方向 $\boldsymbol{D}^{(k)}$？(2) 沿可行下降方向 $\boldsymbol{D}^{(k)}$ 行进的步长 λ_k 该如何选取？

根据本节前面所述的可行下降方向，我们知道可行下降方向 $\boldsymbol{D}$ 应满足：

$$\begin{cases}\text{可行方向：(对于约束而言)}\nabla g_j(\boldsymbol{X})^{\mathrm{T}}\cdot\boldsymbol{D}>0\\ \text{下降方向：(对于目标而言)}\nabla f(\boldsymbol{X})^{\mathrm{T}}\cdot\boldsymbol{D}<0\end{cases}$$

容易看出，这个不等式组等价于存在负常数 β，使得：

$$\begin{cases}\nabla f(\boldsymbol{X})^{\mathrm{T}}\cdot\boldsymbol{D}\leqslant\beta\\ -\nabla g_j(\boldsymbol{X})^{\mathrm{T}}\cdot\boldsymbol{D}\leqslant\beta,\ j\in J_{\text{起}}\\ \beta<0\end{cases}$$

为了求出 $\boldsymbol{X}^{(k)}$ 处的可行下降方向，只需求出满足上述不等式组的方向 $\boldsymbol{D}$ 及负常数 β。为使步长尽可能大，β 则应尽可能小($\beta<0$)。因此构造如下线性规划模型：

$$\min z=\beta$$

$$\text{s. t.}\quad\begin{cases}\nabla f(\boldsymbol{X}^{(k)})^{\mathrm{T}}\cdot\boldsymbol{D}-\beta\leqslant 0\\ -\nabla g_j(\boldsymbol{X}^{(k)})^{\mathrm{T}}\cdot\boldsymbol{D}-\beta\leqslant 0,\ j\in J_{\text{起}}\\ |d_j|\leqslant 1,\ j=1,\ \cdots,\ n\end{cases}$$

其中，限定方向 $\boldsymbol{D}$ 的各个分量 $|d_j|\leqslant 1$，为的是使该线性规划有有限最优解；由于我们的目的是确定搜索的方向 $\boldsymbol{D}$，因此只需知道其各个分量的相对大小即可。

假设此线性规划问题的最优解为($\boldsymbol{D}^{(k)}$，β_k)，则有如下两种情况：

(i) 若 $\beta_k=0$，则说明在 $\boldsymbol{X}^{(k)}$ 点不存在下降方向，则 $\boldsymbol{X}^{(k)}$ 即为最优解。

(ii) 若 $\beta_k\neq 0$，则由 $\boldsymbol{X}^{(k)}$ 点沿 $\boldsymbol{D}^{(k)}$ 方向进行一维搜索，即求极值：

$$\min_{\lambda\in A}f(\boldsymbol{X}^{(k)}+\lambda\boldsymbol{D}^{(k)})=f(\boldsymbol{X}^{(k)}+\lambda_k\boldsymbol{D}^{(k)})$$

其中 $A=\{\lambda\mid\lambda\geqslant 0,\ \boldsymbol{X}^{(k)}+\lambda\boldsymbol{D}^{(k)}\in\Omega\}$，则有

$$\boldsymbol{X}^{(k+1)}=\boldsymbol{X}^{(k)}+\lambda_k\boldsymbol{D}^{(k)}$$

重复以上迭代过程，直至满足精度要求为止。

上述可行方向法称为 Zoutendijk 法，其迭代过程总结如下：

(1) 给定初始可行点 $\boldsymbol{X}^{(0)}$ 及允许误差 $\varepsilon_1>0$，$\varepsilon_2>0$，置 $k=0$。

(2) 确定下标集合：$J_{\text{起}}(\boldsymbol{X}^{(k)})=\{j\mid g_j(\boldsymbol{X}^{(k)})=0,\ j=1,\ \cdots,\ n\}$。

(3) 若 $J_{起}(\boldsymbol{X}^{(k)})=\varphi$，且 $\|\nabla f(\boldsymbol{X}^{(k)})\|<\varepsilon_1$，则 $\boldsymbol{X}^{(k)}$ 为近似最优解，停止迭代；若 $\|\nabla f(\boldsymbol{X}^{(k)})\|>\varepsilon_1$，则令 $\boldsymbol{D}^{(k)}=-\nabla f(\boldsymbol{X}^{(k)})$，转至步骤(6)；若 $J_{起}(\boldsymbol{X}^{(k)})\neq\varphi$，则转至步骤(4)。

(4) 求线性规划问题：

$$\min z=\beta$$
$$\text{s.t.}\quad\begin{cases}\nabla f(\boldsymbol{X}^{(k)})^{\mathrm{T}}\cdot\boldsymbol{D}-\beta\leqslant 0\\-\nabla g_j(\boldsymbol{X}^{(k)})^{\mathrm{T}}\cdot\boldsymbol{D}-\beta\leqslant 0,\ j\in J_{起}\\|d_j|\leqslant 1,\ j=1,\ \cdots,\ n\end{cases}$$

的最优解，设为 $(\boldsymbol{D}^{(k)},\ \beta_k)$。

(5) 检验是否满足：$|\beta_k|\leqslant\varepsilon_2$，若满足，则停止迭代，得到近似最优解 $\boldsymbol{X}^{(k)}$；否则，以 $\boldsymbol{D}^{(k)}$ 为搜索方向，转至步骤(6)。

(6) 求解一维极值问题：

$$\min_{\lambda\in A} f(\boldsymbol{X}^{(k)}+\lambda\boldsymbol{D}^{(k)})$$

其中 $A=\{\lambda\mid\lambda\geqslant 0,\ \boldsymbol{X}^{(k)}+\lambda\boldsymbol{D}^{(k)}\in\Omega\}$，设其最优解为 λ_k。

(7) 令 $\boldsymbol{X}^{(k+1)}=\boldsymbol{X}^{(k)}+\lambda_k\boldsymbol{D}^{(k)}$，置 $k=k+1$，转至步骤(2)。

【例 11-8】　用可行方向法求解下面的非线性规划问题

$$\max f(\boldsymbol{X})=4x_1+4x_2-x_1^2-x_2^2$$
$$\text{s.t.}\quad x_1+2x_2\leqslant 4$$

解　将上述规划模型变形得

$$\min f(\boldsymbol{X})=-4x_1-4x_2+x_1^2+x_2^2$$
$$\text{s.t.}\quad g_1(\boldsymbol{X})=-x_1-2x_2+4\geqslant 0$$

取初始可行点 $\boldsymbol{X}^{(0)}=(0,\ 0)^{\mathrm{T}}$，则

$$f(\boldsymbol{X}^{(0)})=0,\ \nabla f(\boldsymbol{X})=\begin{pmatrix}2x_1-4\\2x_2-4\end{pmatrix},\ \nabla f(\boldsymbol{X}^{(0)})=\begin{pmatrix}-4\\-4\end{pmatrix},\ \nabla g_1(\boldsymbol{X})=\begin{pmatrix}-1\\-2\end{pmatrix}$$

因 $g_1(\boldsymbol{X}^{(0)})=4>0$，故 $J_{起}(\boldsymbol{X}^{(0)})=\varnothing$（$\varnothing$为空集）。又因为 $\|\nabla f(\boldsymbol{X}^{(0)})\|^2=(-4)^2+(-4)^2=32$

所以 $\boldsymbol{X}^{(0)}$ 不是(近似)极小点。现取搜索方向：$\boldsymbol{D}^{(0)}=-\nabla f(\boldsymbol{X}^{(0)})=(4,\ 4)^{\mathrm{T}}$，则有

$$\boldsymbol{X}^{(1)}=\boldsymbol{X}^{(0)}+\lambda\boldsymbol{D}^{(0)}=\begin{pmatrix}0\\0\end{pmatrix}+\lambda\begin{pmatrix}4\\4\end{pmatrix}=\begin{pmatrix}4\lambda\\4\lambda\end{pmatrix}$$

将 $\boldsymbol{X}^{(1)}$ 点代入约束方程并令 $g_1(\boldsymbol{X}^{(1)})=0$，解得 $\lambda=1/3$。

将 $\boldsymbol{X}^{(1)}$ 点代入目标方程，得

$$f(\boldsymbol{X}^{(1)})=-16\lambda-16\lambda+16\lambda^2+16\lambda^2=32\lambda^2-32\lambda$$

令 $f(\boldsymbol{X}^{(1)})$ 关于 λ 的导数等于零，解得 $\lambda=1/2$，取其小者，故 $\lambda_0=1/3$。因此，

$$\boldsymbol{X}^{(1)}=\left(\frac{4}{3},\ \frac{4}{3}\right)^T,\ f(\boldsymbol{X}^{(1)})=-\frac{64}{9},\ \nabla f(\boldsymbol{X}^{(1)})=\left(-\frac{4}{3},\ -\frac{4}{3}\right)^{\mathrm{T}},\ g_1(\boldsymbol{X}^{(1)})=0$$

构成下述线性规划模型：

$$\min \beta$$

$$\text{s. t.} \begin{cases} -\dfrac{4}{3}d_1 - \dfrac{4}{3}d_2 - \beta \leqslant 0 \\ d_1 + 2d_2 - \beta \leqslant 0 \\ -1 \leqslant d_1 \leqslant 1, \quad -1 \leqslant d_2 \leqslant 1 \end{cases}$$

为便于单纯形法求解，令 $y_1 = d_1 + 1$，$y_2 = d_2 + 1$，$y_3 = -\beta$，从而得到：

$$\min\{-y_3\}$$

$$\text{s. t.} \begin{cases} \dfrac{4}{3}y_1 + \dfrac{4}{3}y_2 - y_3 \geqslant \dfrac{8}{3} \\ y_1 + 2y_2 + y_3 \leqslant 3 \\ y_1 \leqslant 2 \\ y_2 \leqslant 2 \\ y_1, \ y_2, \ y_3 \geqslant 0 \end{cases}$$

引入剩余变量 y_4，松弛变量 y_5、y_6 和 y_7 以及人工变量 y_8，得到线性规划如下：

$$\min \{-y_3 + My_8\}$$

$$\text{s. t.} \begin{cases} \dfrac{4}{3}y_1 + \dfrac{4}{3}y_2 - y_3 - y_4 + y_8 = \dfrac{8}{3} \\ y_1 + 2y_2 + y_3 + y_5 = 3 \\ y_1 + y_6 = 2 \\ y_2 + y_7 = 2 \\ y_j \geqslant 0, \ j = 1, \ 2, \ \cdots, \ 8 \end{cases}$$

其最优解为 $y_1 = 2$，$y_2 = 3/10$，$y_3 = 4/10$，$y_4 = y_5 = y_6 = y_8 = 0$，$y_7 = 17/10$，从而得到 $\beta = -y_3 = -4/10$，搜索方向为

$$\boldsymbol{D}^{(1)} = \begin{pmatrix} d_1 \\ d_2 \end{pmatrix} = \begin{pmatrix} y_1 - 1 \\ y_2 - 1 \end{pmatrix} = \begin{pmatrix} 1.0 \\ -0.7 \end{pmatrix}$$

由此

$$\boldsymbol{X}^{(2)} = \boldsymbol{X}^{(1)} + \lambda \boldsymbol{D}^{(1)} = \begin{pmatrix} 4/3 + \lambda \\ 4/3 - 0.7\lambda \end{pmatrix}$$

$$f(\boldsymbol{X}^{(2)}) = 1.49\lambda^2 - 0.4\lambda - 7.111$$

令 $\dfrac{\mathrm{d}f(\boldsymbol{X}^{(2)})}{\mathrm{d}\lambda} = 0$，得到 $\lambda = 0.134$，暂用该步长，算出

$$\boldsymbol{X}^{(2)} = \begin{pmatrix} 4/3 + 0.134 \\ 4/3 - 0.7 \times 0.134 \end{pmatrix} = \begin{pmatrix} 1.467 \\ 1.239 \end{pmatrix}$$

因 $g_1(\boldsymbol{X}^{(2)}) = 0.055 > 0$，所以上面算出的 $\boldsymbol{X}^{(2)}$ 是可行点，这也说明选取 $\lambda = 0.134$ 是正确的。继续迭代下去，可得最优解为

$$\boldsymbol{X}^* = (1.6, \ 1.2)^{\mathrm{T}}, \ f(\boldsymbol{X}^*) = -7.2$$

原问题的最优解不变，目标函数值为

$$\bar{f}(X^*) = -f(X^*) = 7.2$$

三、制约函数法（罚函数法）

制约函数法的思想就是将有约束的非线性规划的求解转化为一系列的无约束极值问题。因此，也称此方法为序列无约束最小化技术（Sequential Unconstrained Minimization Technique，SUMT），即

$$\begin{aligned}&\min f(X)\\&\text{s. t. }\begin{cases}g_i(X)\geqslant 0\\h_j(X)=0\end{cases}\Rightarrow X_0\xrightarrow{\min\varphi_0(X)}X_1\xrightarrow{\min\varphi_1(X)}X_2\longrightarrow\cdots\xrightarrow{\min\varphi_k(X)}X^*\end{aligned}$$

用这一系列无约束规划问题找有约束规划问题的最优解，关键是如何构造函数$\varphi_k(X)$。常用的方法有两类：

$$\begin{cases}\text{①惩罚函数——外点惩罚函数法（简称外点罚）}\\\text{②障碍函数——内点惩罚函数法（简称内点罚）}\end{cases}$$

1. 外点罚

考虑非线性规划：

$$\begin{aligned}&\min f(X)\\&\text{s. t.}\quad g_j(X)\geqslant 0,\ j=1,\ \cdots,\ l\end{aligned}\tag{11-17}$$

设Ω是满足所有约束的X的集合，则考虑用函数

$$\min\{f(X)+\mu p(X)\},\ X\in E^n\tag{11-18}$$

的无约束问题来代替式(11-17)，其中$\mu>0$是常数。

显然，要使式(11-18)能够代替式(11-17)，$p(X)$和μ应当满足如下条件：

(i) $p(X)$是X的连续函数；

(ii) 当且仅当$X\in\Omega$时，$p(X)=0$；

(iii) 当$X\notin\Omega$时，$0<p(X)<\infty$，且μ是充分大的正数。

为此，构造一个函数满足上述条件：

$$\varphi(t)=\begin{cases}0,\ \text{当 } t\geqslant 0\text{ 时}\\\infty,\ \text{当 } t<0\text{ 时}\end{cases}$$

则有

$$\varphi(g_j(X))=\begin{cases}0,\ g_j(X)\geqslant 0\\\infty,\ g_j(X)<0\end{cases}$$

因此，无约束问题：

$$\min\left\{f(X)+\sum_{j=1}^{l}\varphi(g_j(X))\right\}$$

同有约束问题(11-17)是等价的。令式(11-18)中的$\mu=1$，$p(X)=\sum_{j=1}^{l}\varphi(g_j(X))$便得上式。

但注意到$\varphi(t)$不是连续函数（特别是在Ω的边界上），因此，它不满足$p(X)$的第(i)条要求，为此，将函数$\varphi(t)$修正为

$$\varphi(t)=\begin{cases}0, & \text{当 } t\geqslant 0 \text{ 时}\\ t^2, & \text{当 } t<0 \text{ 时}\end{cases}$$

这样，$\varphi(t)$不仅在$t=0$处连续，而且$\varphi'(t)$也连续，这样$p(\boldsymbol{X}) = \sum_{j=1}^{l}\varphi(g_j(\boldsymbol{X}))$也就是连续函数了。

显然，当$\boldsymbol{X}\in\Omega$时，$p(\boldsymbol{X})=0$；当$\boldsymbol{X}\notin\Omega$时，$0<p(\boldsymbol{X})<\infty$。故此时只需取一个充分大的正数$\mu$，就可以使无约束问题：

$$\min\left\{f(\boldsymbol{X})+\mu\sum_{j=1}^{l}\varphi(g_j(\boldsymbol{X}))\right\} \tag{11-19}$$

同有约束问题(11-17)等价。

按$\varphi(t)$的定义，显然有

$$\varphi(g_j(\boldsymbol{X}))=\min{}^2\{0,\ g_j(\boldsymbol{X})\}$$

则式(11-19)变为

$$\min\left\{f(\boldsymbol{X})+\mu\sum_{j=1}^{l}\min{}^2\{0,g_j(\boldsymbol{X})\}\right\}$$

其中，函数$F(\boldsymbol{X},\mu) = f(\boldsymbol{X})+\mu\sum_{j=1}^{l}\min^2\{0,g_j(X)\}$称为罚函数，等号右边的第二项称为惩罚项，$\mu$称为惩罚因子。

外点罚的计算步骤：

(1) 取$\mu_1=1$，允许误差$\varepsilon>0$，置$k=1$。

(2) 求无约束问题：$\min\limits_{\boldsymbol{X}\in E^n}F(\boldsymbol{X},\mu_k) = \min\left\{f(\boldsymbol{X})+\mu_k\sum_{j=1}^{l}\min^2\{0,g_j(\boldsymbol{X})\}\right\}$的最优解$\boldsymbol{X}^{(k)}$。

(3)若有某个$j(1\leqslant j\leqslant l)$，使得

$$-g_j(\boldsymbol{X}^{(k)})\geqslant\varepsilon(\text{约束条件要求 } g_j(\boldsymbol{X})\geqslant 0)$$

则取$\mu_{k+1}>\mu_k$(例如，取$\mu_{k+1}=\lambda\mu_k$，$\lambda>1$)，置$k=k+1$，转至步骤(2)继续迭代；否则，停止迭代，得到近似极小点：$\boldsymbol{X}^*\approx\boldsymbol{X}^{(k)}$。

外点罚的计算流程图如图11-21所示。

【例11-9】 试用外点罚法求解约束极小化问题：

$$\min f(\boldsymbol{X})=x_1^2+x_2$$

$$\text{s. t.}\ \begin{cases}g_1(\boldsymbol{X})=-x_1^2+x_2\geqslant 0\\ g_2(\boldsymbol{X})=x_1\geqslant 0\end{cases}$$

解 可行域Ω如图11-22所示，首先，化为无约束极值问题：

$$\min F(\boldsymbol{X},\ \mu)=\min\{x_1^2+x_2+\mu\min{}^2\{0,\ (-x_1^2+x_2)\}+\mu\min{}^2\{0,\ x_1\}\}$$

求$F(\boldsymbol{X},\ \mu)$的偏导数

$$\frac{\partial F}{\partial x_1}=2x_1+2\mu\min\{0,(-x_1^2+x_2)\}(-2x_1)+2\mu\min\{0,x_1\}$$

$$\frac{\partial F}{\partial x_2}=1+2\mu\min\{0,(-x_1^2+x_2)\}$$

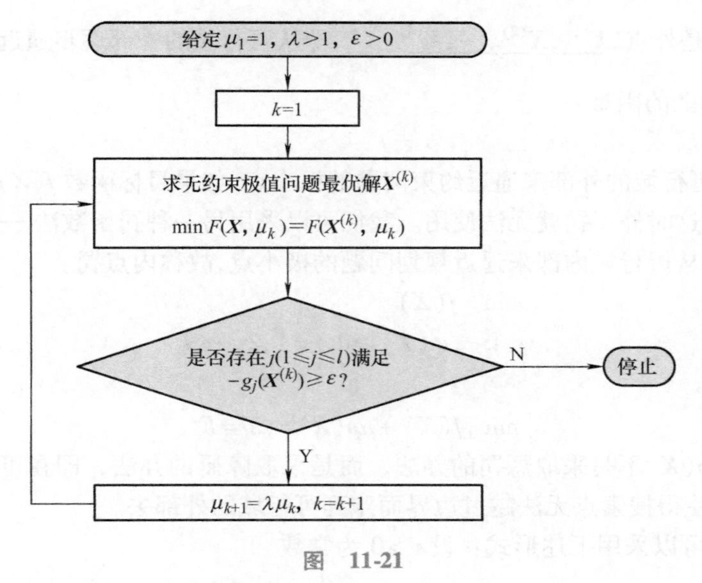

图　11-21

令$\dfrac{\partial F}{\partial x_1}=\dfrac{\partial F}{\partial x_2}=0$,并注意到对于不满足约束条件的点有

$$\begin{cases}-x_1^2+x_2<0\\x_1<0\end{cases}$$

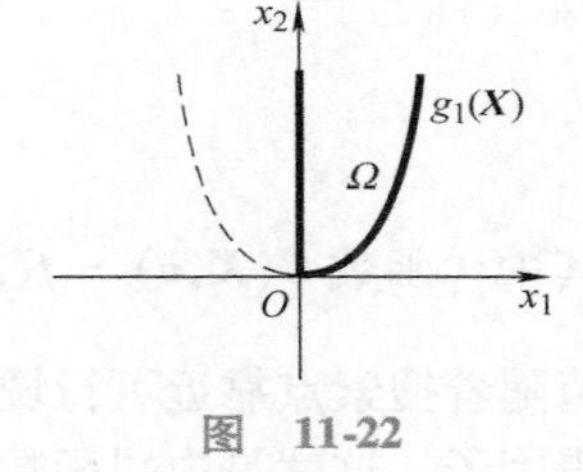

图　11-22

得到

$$\begin{cases}2x_1+2\mu(-2x_1)(-x_1^2+x_2)+2\mu x_1=0\\1+2\mu(-x_1^2+x_2)=0\end{cases}$$

解之得$x_1=0,x_2=-\dfrac{1}{2\mu}$。

取$\mu=1,5,10,100$分别可得:

$$X^{(1)}=\left(0,-\frac{1}{2}\right)^{\mathrm T},X^{(5)}=\left(0,-\frac{1}{10}\right)^{\mathrm T},X^{(10)}=\left(0,-\frac{1}{20}\right)^{\mathrm T},X^{(100)}=\left(0,-\frac{1}{200}\right)^{\mathrm T}$$

可以看出,随着μ的不断增大,无约束问题的解$X(\mu)$从可行域Ω的外部逐步逼近其边界,当$\mu\to\infty$时,$X(\mu)$趋于原问题的极小点$X^*=(0,0)^{\mathrm T}$。

从此例也可以看出,有时罚函数法可以不用迭代法,在给定精度ε后,只要μ取足够大,仅计算一次就可以求得满足精度要求的近似极小点。但当$F(X,\mu)$无解析解时,就必须用迭代法。

此外,罚函数法不仅适合于不等式约束,对于等式约束及混合型约束也同样适用。

优缺点分析:

优点
① 初始点可以是任意的$X^{(0)}$
② 可以处理等式约束

$$F(X,\mu)=f(X)+\mu\sum_{i=1}^{l}\min{}^2\{0,g_i(X)\}+\mu\sum_{j=1}^{s}h_j^2(X)$$　等式约束

③ 外点罚的罚函数形式可以变换

$$\text{缺点}\begin{cases}①X^{(k)}\text{是外点},\underbrace{X^{(1)},X^{(2)},\cdots,X^{(k)}}_{\text{外点}},\underbrace{X^{*}}_{\text{内点}},\text{即从可行域的外部逐步逼近极小点}\\②\text{计算上的困难}\end{cases}$$

2. 内点罚(障碍函数法或称拦截函数法)

外点罚是从可行域的外部来逼近约束问题的极小点,如果目标函数$f(\boldsymbol{X})$在可行域之外没有定义或很复杂,这时外点罚就无法使用。我们可以采用另一种罚函数法——内点罚,它与外点罚正好相反,是从可行域内部来逼近规划问题的极小点,故称内点罚。

$$\begin{aligned}&\min\quad f(\boldsymbol{X})\\&\text{s. t.}\quad g_j(\boldsymbol{X})\geqslant 0, j=1,2,\cdots,l\end{aligned}\tag{11-20}$$

$$\Downarrow$$

$$\min\{f(\boldsymbol{X})+\mu p(\boldsymbol{X})\},\boldsymbol{X}\in E^n\tag{11-21}$$

不过这时的$p(\boldsymbol{X})$不是采取惩罚的办法,而是采取障碍的办法,即在可行域的边界上竖起一道"屏障",使得搜索点无法越过边界而跑到可行域的外部去。

据此,$p(\boldsymbol{X})$可以采用下述形式:设$v>0$为常数

$$\min\left\{f(\boldsymbol{X})+v\sum_{j=1}^{l}\frac{1}{g_j(\boldsymbol{X})}\right\}\tag{11-22}$$

或

$$\min\left\{f(\boldsymbol{X})-v\sum_{j=1}^{l}\ln g_j(\boldsymbol{X})\right\}\tag{11-23}$$

其中,函数$G(\boldsymbol{X},v)=f(\boldsymbol{X})+v\sum_{j=1}^{l}\frac{1}{g_j(\boldsymbol{X})}$称为障碍函数,等号右边第二项称为障碍项,它的值随着搜索点靠近可行域的边界而迅速增大,从而使得搜索点始终留在可行域内;称为v障碍因子。这就是内罚函数法,又称障碍函数法。

不难看出,当$\boldsymbol{X}$在可行域Ω的边界面上时,至少有一个$g_j(\boldsymbol{X})=0$,这时,对于给定的v,$G(\boldsymbol{X},v)$将变为无穷大。因此,如果原问题的极小点在边界面上,则当$\boldsymbol{X}$逐渐靠近边界面时,障碍因子v应逐渐减小,以起到降低障碍项的作用,直至满足给定的精度要求为止。

内点罚的计算步骤:

(1) 取$v_0=1$,$\eta<1$,允许误差$\varepsilon>0$。

(2) 给定可行域Ω的一个内点$\boldsymbol{X}^{(0)}$,置$k=0$。

(3) 求无约束问题:$\min G(\boldsymbol{X},v_k)$的最优解$\boldsymbol{X}(v_k)=\boldsymbol{X}^{(k)}$。

(4) 检查是否满足$v_k\sum_{j=1}^{l}\frac{1}{g_j(\boldsymbol{X}^{(k)})}\leqslant\varepsilon$。

如果满足,则取$\boldsymbol{X}^{(k)}$为有约束规划问题的近似极小点;否则,取$v_{k+1}<v_k$(例如:取$v_{k+1}=\eta v_k$);置$k=k+1$,转至步骤(2)继续迭代。

内点罚的计算流程图如图11-23所示。

【例11-10】 试用内点罚方法求解有约束规划问题:

$$\min f(\boldsymbol{X})=x_1^2+x_2$$

$$\text{s. t.}\begin{cases}g_1(\boldsymbol{X})=-x_1^2+x_2\geqslant 0\\g_2(\boldsymbol{X})=x_1\geqslant 0\end{cases}$$

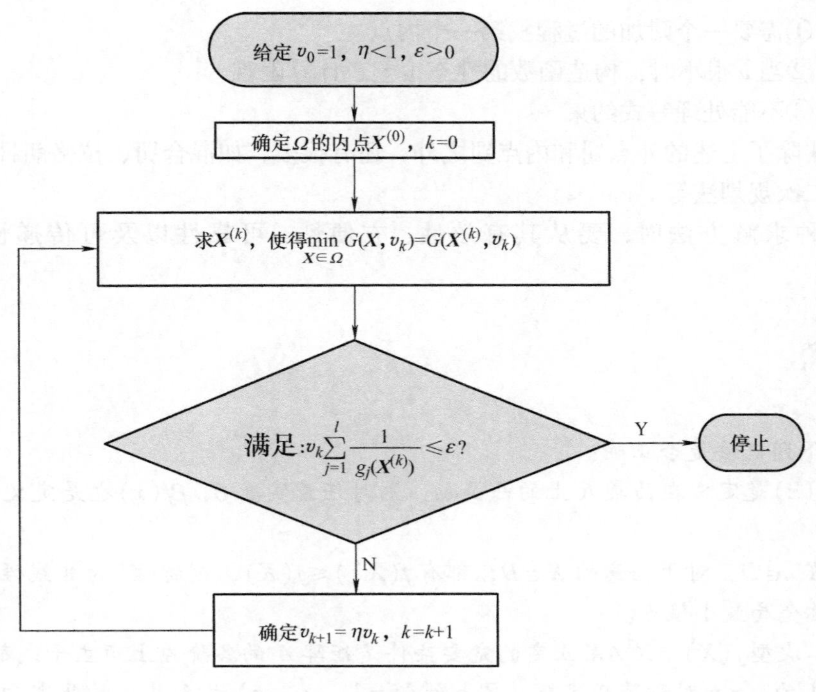

图 11-23

解 构造内罚函数如下：

$$G(\boldsymbol{X},v)=x_1^2+x_2-v\ln(-x_1^2+x_2)-v\ln x_1$$

$$\begin{cases}\dfrac{\partial G}{\partial x_1}=2x_1+\dfrac{2x_1v}{-x_1^2+x_2}-\dfrac{v}{x_1}=0\\ \dfrac{\partial G}{\partial x_2}=1-\dfrac{v}{-x_1^2+x_2}=0\end{cases}$$

解之得 $x_1=\dfrac{\sqrt{v}}{2}$，$x_2=\dfrac{5}{4}v$，v 取不同值时的结果如表 11-4 所示。

表 11-4 v 取不同值时的结果

v 值	x_1 值	x_2 值
1	0.5	1.25
0.5	0.3536	0.625
0.1	0.1581	0.125
0.0001	0.005	0.000125
0.00001	0.0005	0.00000125

这里也没有用迭代法求无约束问题 $G(\boldsymbol{X},v)$ 的极小值，只要取 v 足够小，很快就能求得近似极小点；但如果 $\min G(\boldsymbol{X},v)$ 无解析解时，就必须用迭代法。

优缺点分析：

优点：迭代过程中得到的每一点都是内点

缺点：$\begin{cases}\text{①需要一个附加的过程找第一个内点}\\ \text{②当 } v \text{ 很小时，构造函数的性态很差，计算困难}\\ \text{③不能处理等式约束}\end{cases}$

罚函数法除了上述的外点罚和内点罚之外，还有很多，如混合罚、拉格朗日乘子法、恰当罚、序贯二次规划法等。

选择一种求解方法时，要从其有效性、方便性、可靠性以及可传递性等方面去考虑。

习题

1. 判断下列说法是否正确：

(1) 设$f(x)$是定义在凸集 R 上的凸函数，则对任意实数 β，$\beta f(x)$也是定义在 R 上的凸函数。

(2) 若 $\boldsymbol{X}^* \in D$，对于任意的 $\boldsymbol{X} \in D$，都有 $f(\boldsymbol{X}^*) \leqslant f(\boldsymbol{X})$，则称 $\boldsymbol{X}^*$ 为非线性规划问题的最优解，也称全局最小值点。

(3) 实二次型 $f(\boldsymbol{X}) = \boldsymbol{X}^{\mathrm{T}}\boldsymbol{A}\boldsymbol{X}$ 正定的充要条件是矩阵 $\boldsymbol{A}$ 的各阶左上角主子式都非负。

(4) 设 $\boldsymbol{A}$ 为 $n \times n$ 对称阵正定阵，$\boldsymbol{P}^i \in E^n (i=1, \cdots, n)$ 为 $\boldsymbol{A}$ 共轭的非零向量，则它们线性相关。

(5) 设 $\boldsymbol{A}$ 为 $n \times n$ 对称阵，对于非零向量 $\boldsymbol{X}$，$\boldsymbol{Y} \in E^n$，若有 $\boldsymbol{X}^{\mathrm{T}}\boldsymbol{A}\boldsymbol{Y} = 0$，则称 $\boldsymbol{X}$ 和 $\boldsymbol{Y}$ 是相互 $\boldsymbol{A}$ 共轭的或 $\boldsymbol{A}$ 正交的。

(6) 一个方法是否收敛，常常同初始点 $\boldsymbol{X}^0$ 的选择有关。只有当 $\boldsymbol{X}^0$ 充分接近 $\boldsymbol{X}^*$ 时由方法产生的点才收敛于 $\boldsymbol{X}^*$，则该种方法叫作具有局部收敛性。

2. 试判定下述非线性规划是否为凸规划：

(1) $\min f(\boldsymbol{X}) = x_1^2 + x_2^2 + 18$

$$\text{s. t.} \begin{cases} x_1^2 + x_2 \geqslant 0 \\ -x_1 - x_2^2 + 2 = 0 \\ x_1 \geqslant 0,\ x_2 \geqslant 0 \end{cases}$$

(2) $\min f(\boldsymbol{X}) = 2x_1^2 + x_2^2 + x_3^2 - x_1 x_2 + 8$

$$\text{s. t.} \begin{cases} x_1^2 + x_2^2 \leqslant 4 \\ 5x_1^2 + x_3 = 10 \\ x_1 \geqslant 0,\ x_2 \geqslant 0,\ x_3 \geqslant 0 \end{cases}$$

3. 有一线性方程组如下：

$$\begin{cases} x_1 - 2x_2 + 3x_3^2 = 2 \\ 3x_1 - 2x_2 + x_3 = 7 \\ x_1 + x_2 - x_3 = 1 \end{cases}$$

现欲用无约束极小化方法求解，试建立数学模型并说明计算原理。

4. 用 Fibonacci 法求函数：

$$f(x) = x^2 + x + 3$$

在区间[-2,2]上的极小值点，要求误差不超过0.2。

5. 用黄金分割法求函数$f(t) = t^2 - 2t + 1$ 在区间为[0,3]上的近似极小点和近似极小值，要求缩短后的区间长度不大于0.45。

6. 给出二次规划：

$$\max f(\boldsymbol{X}) = 10x_1 + 4x_2 - x_1^2 + 4x_1x_2 - 4x_1^2$$
$$\text{s. t.} \quad \begin{cases} x_1 + x_2 \leqslant 6 \\ 4x_1 + x_2 \leqslant 18 \\ x_1 \geqslant 0,\ x_2 \geqslant 0 \end{cases}$$

写出其 K-T 条件表达式。

7. 用最速下降法求无约束非线性规划问题

$$\min f(\boldsymbol{X}) = x_1^2 + 2x_2^2 - 2x_1x_2 - 2x_2$$

其中 $\boldsymbol{X} = (x_1, x_2)^{\mathrm{T}}$，要求选取初始点 $\boldsymbol{X}^0 = (0, 0)^{\mathrm{T}}$。

8. 用牛顿法求 $f(x) = x^3 - 3x^2 - 9x + 28$ 在区间 $[2,5]$ 上的极小点，精度要求为 $\varepsilon = 0.01$。

9. 试用共轭梯度法求二次函数

$$f(\boldsymbol{X}) = \frac{1}{2}\boldsymbol{X}^{\mathrm{T}}\boldsymbol{A}\boldsymbol{X}$$

的极小点，此处

$$\boldsymbol{A} = \begin{pmatrix} 1 & 1 \\ 1 & 2 \end{pmatrix}$$

10. 试解二次规划

$$\min f(\boldsymbol{X}) = 2x_1^2 - 4x_1x_2 + 4x_2^2 - 6x_1 - 3x_2$$
$$\text{s. t.} \quad \begin{cases} x_1 + x_2 \leqslant 3 \\ 4x_1 + x_2 \leqslant 9 \\ x_1 \geqslant 0,\ x_2 \geqslant 0 \end{cases}$$

第十二章 存储论

存储论是管理定量方法和优化技术最早的应用领域之一，是运筹学的重要分支，也是现代供应链管理的重要组成部分。早在1915年，人们就开始了对存储论的研究。存储论主要解决存储策略问题，即库存补充的间隔时间和补充数量的问题。

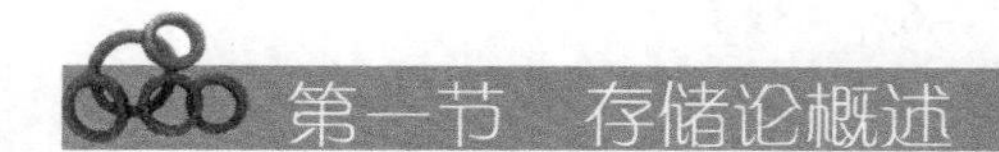

第一节 存储论概述

一、存储问题

存储问题是人们最熟悉又最需要研究的问题之一。例如，工厂储存的原材料、在制品等，存储太少，不足以满足生产的需要，将使生产过程中断；存储太多，超过了生产的需要，将造成资金及资源的积压浪费。商店储存商品，存储太少，以致商品脱销，将影响销售利润和竞争能力；存储太多，将影响资金周转并带来积压商品的有形或无形损失。水库蓄水，蓄水太少，遇上旱季，将影响水电站的运行及农田灌溉和水运交通；蓄水太多，遇上洪涝，将影响水坝及流域环境安全。凡此种种，一方面说明了存储问题的重要性和普遍性，另一方面也说明了存储问题的复杂性和多样性。

一般来说，存储是协调供需关系的常用手段。存储由于需求（输出）而减少，通过补充（输入）而增加。存储论研究的基本问题是，对于特定的需求类型，以怎样的方式进行补充才能最好地实现存储管理的目标。根据需求和补充中是否包含随机性因素，存储问题分为确定型和随机型两种。由于存储论研究中经常以存储策略的经济性作为存储管理的目标，所以费用分析是存储论研究的基本方法。

二、存储模型中的基本概念

存储模型必须也只能反映存储问题的基本特征。同存储模型有关的基本概念有需求、补充、费用和存储策略。

1. 需求

存储的目的是为了满足需求。随着需求的发生，存储将减少。根据需求的时间特征，可将需求分为连续性需求和间断性需求。在连续性需求中，随着时间的变化，需求连续地发生，因而存储也连续地减少；在间断性需求中，需求发生的时间极短，可以看作瞬时发生，因而存储的变化是跳跃式地减少。根据需求的数量特征，可将需求分为确定性需求和随机性需求。在确定性需求中，需求发生的时间和数量是确定的。如生产中对各种物料的需求，或在合同环境下对商品的需求，一般都是确定性需求。在随机性需求中，需求发生的时间或数量是不确定的。如在非合同环境下对产品或商品的独立性需求，很难在事先知道需求发生的时间及数量。对于随机性需求，要了解需求发生时间和数量的统计规律性。

2. 补充

通过补充来弥补因需求而减少的存储。没有补充，或补充不足、不及时，当存储耗尽时，就无法满足新的需求。从开始订货（发出内部生产指令或市场订货合同）到存储的实现（入库并处于随时可供输出以满足需求的状态）需要经历一段时间，称为提前时间。

对存储问题进行研究的目的是给出一个存储策略，用以回答在什么情况下需要对存储进行补充，什么时间补充，补充多少。

3. 费用

在存储论研究中，常以费用标准来评价和优选存储策略。常考虑的费用项目有存储费、订货费、生产费、缺货费等。

（1）存储费：存储物资资金利息、保险以及使用仓库、保管物资、物资损坏变质等支出的费用。它一般和物资存储数量及时间成比例。

（2）订货费：向外采购物资的费用，如手续费、差旅费等。它与订货次数有关，而和订货数量无关。

（3）生产准备费：自行生产需存储物资的费用，如组织或调整生产线的有关费用。它同组织生产的次数有关，而和每次生产的数量无关。

（4）缺货费：存储不能满足需求而造成的损失，如失去销售机会的损失，停工待料的损失，延期交货的额外支出，对需方的损失赔偿等。当不允许缺货时，可将缺货费作无穷大处理。

4. 存储策略

所谓一个存储策略，是指决定什么情况下对存储进行补充，以及补充数量的多少。下面是一些比较常见的存储策略：

（1）t 循环策略：不论实际的存储状态如何，总是每隔一个固定的时间 t，补充一个固定的存储量 Q。

（2）（t，S）策略：每隔一个固定的时间 t 补充一次，补充数量以补足一个固定的最大存储量 S 为准。因此，每次补充的数量是不固定的，要视实际存储量而定。当存储（余额）为 I 时，补充数量为 $Q=S-I$。

（3）（s，S）策略：当存储（余额）为 I，若 $I>s$，则不对存储进行补充；若 $I<s$，则对存储进行补充，补充数量 $Q=S-I$。补充后存储量达到最大存储量 S。s 称为订货点。在很多情况下，实际存储量需要通过盘点才能得知。若每隔一个固定的时间 t 盘点一次，得知当时存储为 I，然后根据 I 是否超过订货点 s，决定是否订货、订货多少，这样的策略称为

(t, s, S) 策略。

第二节 确定型存储模型

一、经济订货批量模型（不允许缺货，补充时间极短）

为了便于描述和分析，对模型做如下假设：

(1) 需求是连续均匀的，即需求速度（单位时间的需求量）只是常数；

(2) 补充可以瞬时实现，即补充时间（拖后时间和生产时间）近似为零；

(3) 年存储费（单位时间内单位存储物的存储费用）为 c_1。由于不允许缺货，故单位缺货费（单位时间内每缺少一单位存储物的损失）c_2 为无穷大。订货费（每订购一次的固定费用）为 c_3。货物（存储物）单价为 K。年需求量为 D，每次补充量（订货量）为 Q，则年订货次数为 $n = D/Q$，年平均存储量为 $Q/2$，如图 12-1 所示。

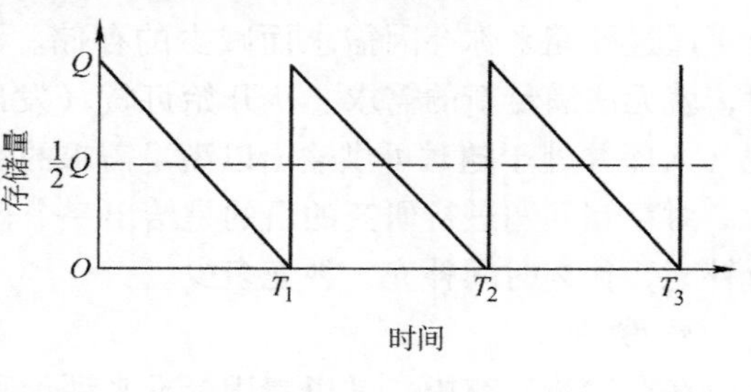

图 12-1

由于不允许缺货，故不需要考虑缺货费，则

一年的存储费 = 单位商品年存储费 × 平均存储量 = $\frac{1}{2}Qc_1$

一年的订货费 = 每次的订货费 × 每年的订货次数 = $\frac{D}{Q}c_3$

一年的购置费 = 年需求量 × 货物单价 = DK

一年的总费用

$$\text{TC} = \frac{1}{2}Qc_1 + \frac{D}{Q}c_3 + DK \tag{12-1}$$

是关于 Q 的函数，为求最小的 TC，令 $\frac{\mathrm{d}(\text{TC})}{\mathrm{d}Q} = 0$，即

$$\frac{1}{2}c_1 - \frac{D}{Q^2}c_3 = 0$$

得

$$Q^* = \sqrt{\frac{2Dc_3}{c_1}} \tag{12-2}$$

这时，一年总的费用（TC）取最小值。

式（12-2）就是求得一年总的费用最小的最优订货量 Q^* 的公式，称之为经济订货批量（Economic Ordering Quantity，EOQ）公式。

注意用式（12-2）时，计划期的时间单位要一致。

以最优订货量 Q^* 订货时，可知：

$$一年的存储费=\frac{1}{2}Q^*c_1=\sqrt{\frac{Dc_1c_3}{2}}$$

同样可知：

$$一年的订货费=\frac{D}{Q^*}c_3=\sqrt{\frac{Dc_1c_3}{2}}$$

可见此时一年的存储费与一年的订货费相等。这也是最优订货量 Q^* 的一个特征。明确地说，在经济订货批量模型中，能使得一年存储费与一年订货费相等的订货量 Q 就是最优订货量 Q^*。

全年最小总费用为

$$\mathrm{TC}^*=\frac{1}{2}Q^*c_1+\frac{D}{Q^*}c_3+DK=\sqrt{2c_1c_3D}+DK \tag{12-3}$$

由于货物单价 K 和订货量 Q 无关，因此，存储物总价 KD 和存储策略的选择无关，为了计算方便，常将这一项略去，式（12-3）可简化为

$$\mathrm{TC}^*=\frac{1}{2}Q^*c_1+\frac{D}{Q^*}c_3=\sqrt{2c_1c_3D} \tag{12-4}$$

最佳订货间隔期为

$$t^*=\frac{Q^*}{D}=\sqrt{\frac{2c_3}{c_1D}} \tag{12-5}$$

【例 12-1】 某商品单位成本为 5 元，每天保管费为成本的 0.1%，每次订货费为 10 元。已知对商品的需求是每天 100 件，不允许缺货。假设该商品的进货可以随时实现，问应怎样组织进货，才能最经济？

解 根据题意，知 $K=5$ 元/件，$c_1=(5\times0.1\%)$元/(件·日)$=0.005$ 元/(件·日)，$c_3=10$ 元，$D=100$ 件/日。

由式(12-2)、式(12-4)和式(12-5)，得：

$$Q^*=\sqrt{\frac{2Dc_3}{c_1}}=\sqrt{\frac{2\times100\times10}{0.005}}\text{件}\approx632\text{件}$$

$$\mathrm{TC}^*=\sqrt{2c_1c_3D}=\sqrt{2\times0.005\times10\times100}\text{元/日}=3.16\text{元/日}$$

$$t^*=\sqrt{\frac{2c_3}{c_1D}}=\sqrt{\frac{2\times10}{0.005\times100}}\text{日}=6.32\text{日}$$

所以，应该每隔 6.32 天进货一次，每次进货 632 件，能使总费用（存储费和订货费之和）为最少，平均每天约 3.16 元。若按年计划，则每年大约进货 365/6.32 次≈58 次，每次进货 632 件。在实际应用中，需要对进货批量、进货周期进行圆整处理以便于实际操作。通过分析可知，批量变化所导致费用改变的灵敏度是比较低的。

二、经济生产批量模型（不允许缺货，补充时间较长）

模型假设条件如下：

（1）需求是连续均匀的，即需求速度 R 是常数。

（2）补充需要一定时间。一旦需要，生产可立即开始，但生产需要一定的周期。设生产是连续均匀的，即生产速度 P 为常数。

（3）单位存储费为 c_1。由于不允许缺货，故单位缺货费 c_2 为无穷大。生产准备费为 c_3。

经济生产批量模型也称为不允许缺货、生产需要一定时间模型，这也是一种确定型的存储模型。这种存储模型与经济订货批量模型一样，它的需求率 R、单位存储费 c_1、每次生产准备费 c_3，以及每次生产量 Q 都是常量，也不允许缺货，到存储量为零时，可以立即得到补充。所不同的是经济订货批量模型全部订货同时到位，而经济生产批量模型当存储量为零时开始生产，单位时间的产量即生产率 P 也是常量，生产的产品一部分满足当时的需求，剩余部分作为存储，存储量以（$P-R$）的速度增加，当生产了 t 单位时间之后，存储量达到最大值（$P-R$）t，就停止生产，以存储量来满足需求，当存储量降至零时，再开始生产，又开始一个新的周期。经济生产批量的模型如图 12-2 所示，另外在经济生产批量模型中，它的一年的总费用由一年的存储费与一年的生产准备费所构成。

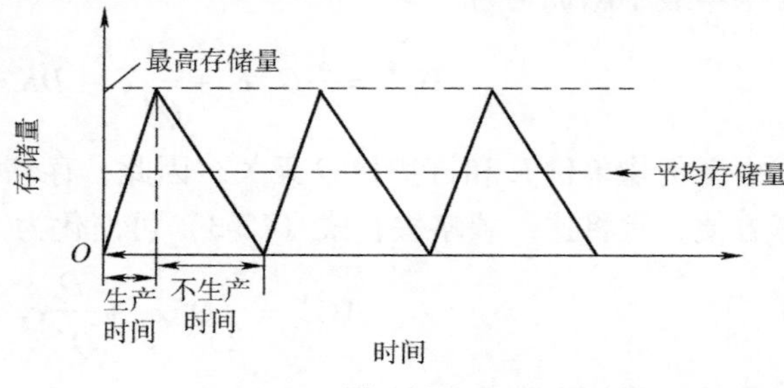

图 12-2

从上述可知，最高存储量为 $(P-R)t$。另一方面，如果设在 t 时间内总共生产 Q 件产品，由于生产率是常量 P，就有 $Pt=Q$，可用 P 和 Q 表示 t：

$$t=\frac{Q}{P} \tag{12-6}$$

这样可以把最高存储量表示为

$$(P-R)t=(P-R)\frac{Q}{P}=\left(1-\frac{R}{P}\right)Q \tag{12-7}$$

同样平均存储量为最高存储量的一半，可以表示为

$$\frac{1}{2}(P-R)t=\frac{1}{2}(P-R)\frac{Q}{P}=\frac{1}{2}\left(1-\frac{R}{P}\right)Q \tag{12-8}$$

这样一年的存储费为

$$\frac{1}{2}\left(1-\frac{R}{P}\right)Qc_1 \tag{12-9}$$

同上节一样，设 D 为产品每年的需求量，则一年的生产准备费用为

$$\frac{D}{Q}c_3 \tag{12-10}$$

这样，可知全年的总费用为

$$\mathrm{TC}=\frac{1}{2}\left(1-\frac{R}{P}\right)Qc_1+\frac{D}{Q}c_3 \tag{12-11}$$

在式（12-11）中，为使TC最小，令$\frac{\mathrm{d}(\mathrm{TC})}{\mathrm{d}Q}=0$，解得：

$$Q^*=\sqrt{\frac{2Dc_3}{\left(\frac{P-R}{P}\right)c_1}} \tag{12-12}$$

式（12-12）就是求得一年总的费用最小的最优订货量Q^*的公式，称之为经济生产批量。

最佳生产间隔期为

$$T^*=\sqrt{\frac{2c_3P}{c_1R(P-R)}} \tag{12-13}$$

全年最小总费用

$$\mathrm{TC}^*=\frac{1}{2}\left(1-\frac{R}{P}\right)Q^*c_1+\frac{D}{Q^*}c_3=\sqrt{2c_1c_3D\frac{(P-R)}{P}} \tag{12-14}$$

【例12-2】 某厂每月需甲产品100件，每月生产速率为500件，每批装配费为5元，每月每件产品存储费为0.40元，求最佳生产批量、每年的生产次数、最少的每年总费用。

解 已知$c_3=5$元/批，$c_1=0.40$元/件，$P=500$件，$R=D=100$件，则

$$Q^*=\sqrt{\frac{2Dc_3}{\left(\frac{P-R}{P}\right)c_1}}=\sqrt{\frac{2\times100\times5}{\left(\frac{500-100}{500}\right)\times0.40}}\text{件}\approx56\text{件}$$

每月的生产次数为

$$n=\frac{D}{Q^*}=\frac{100}{56}\text{次/月}\approx2\text{次/月}$$

每年的生产次数为24次。

最少的每月总费用为

$$\mathrm{TC}^*=\sqrt{2c_1c_3D\frac{(P-R)}{P}}=\sqrt{2\times0.40\times5\times100\times\frac{(500-100)}{500}}\text{元/月}=17.89\text{元/月}$$

最少的每年总费用为(17.89×12)元$=214.66$元

三、允许缺货的经济订货批量模型

所谓允许缺货是指企业可以在存储降至零后，还可以再等一段时间然后订货，当顾客遇到缺货时不受损失或损失很小，并假设顾客会耐心等待直至新的补充到来。当新的补充一到，企业会立即将货物交付给这些顾客，如果允许缺货，对企业来说除了支付少量的缺货费外也无其他的损失，这样企业可以利用“允许缺货”这个宽松条件，少付几次订货的固定费用，少付一些存储费。从经济观点出发，这样的允许缺货现象对企业是有利的。

允许缺货的经济订货批量模型的假设条件除了允许缺货外，其余条件皆与经济订货批量

模型相同，在模型中所出现的符号 c_1、c_3、D、R、Q 都与前面模型相同。另外，这里设 c_2 为缺少一个单位的货物一年所支付的单位缺货费。

允许缺货的经济订货批量模型的存储量与时间的关系、最高存储量、最大缺货量 S 如图 12-3 所示。

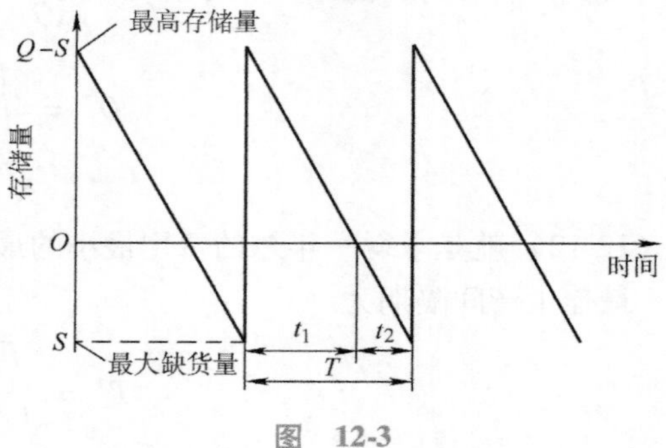

图 12-3

在图 12-3 中，设总的周期时间（指两次订货的间隔时间）为 T，其中 t_1 表示在 T 中不缺货的时间，t_2 表示在 T 中缺货的时间。设 S 为最大缺货量，这时可知最高存储量为每次订货量 Q 与最大缺货量 S 的差，即为 $Q-S$，因为每次得到订货量 Q 之后就立即支付给顾客最大缺货量 S。

从图 12-3 可知，在不缺货时期内平均的存储量为 $(Q-S)/2$，而在缺货时期内存储量都为 0，这样可以计算出平均存储量，其值等于一个周期的平均存储量：

$$\text{平均存储量} = \frac{\text{周期总存储量}}{\text{周期时间}} = \frac{\frac{1}{2}(Q-S)t_1 + 0t_2}{T} = \frac{\frac{1}{2}(Q-S)t_1}{T} \tag{12-15}$$

因为最大存储量为 $Q-S$，每天的需求为 R，则可求出周期内不缺货的时间 t_1：

$$t_1 = \frac{Q-S}{R} \tag{12-16}$$

又因为每次订货量为 Q，可满足 T 时间的需求，即有：

$$T = \frac{Q}{R} \tag{12-17}$$

将式（12-16）、式（12-17）代入式（12-15），得：

$$\text{平均存储量} = \frac{(Q-S)^2}{2Q} \tag{12-18}$$

同样可以计算出平均缺货量。平均缺货量等于周期 T 内的平均缺货量。由图 12-3 可知，在 t_1 时间内不缺货，平均缺货量为 0，而在 t_2 时间内，平均缺货量为 $S/2$，即得：

$$\text{平均缺货量} = \frac{0t_1 + \frac{1}{2}St_2}{T} = \frac{St_2}{2T} \tag{12-19}$$

因为最大缺货量为 S，每天需求为 R，则可求出周期内缺货时间 t_2：

$$t_2 = \frac{S}{R} \tag{12-20}$$

将式（12-20）、式（12-17）代入式（12-19），得：

$$\text{平均缺货量} = \frac{S^2}{2Q} \tag{12-21}$$

在允许缺货的模型中，一年总的费用由一年的存储费、订货费和缺货费组成，即

$$\mathrm{TC}=\frac{(Q-S)^2}{2Q}c_1+\frac{D}{Q}c_3+\frac{S^2}{2Q}c_2 \tag{12-22}$$

为了求出最小的 TC，另$\frac{\partial\ (\mathrm{TC})}{\partial\ Q}=0$，$\frac{\partial\ (\mathrm{TC})}{\partial\ S}=0$，解得：

$$Q^*=\sqrt{\frac{2Dc_3(c_1+c_2)}{c_1c_2}} \tag{12-23}$$

$$S^*=\frac{c_1}{c_1+c_2}Q^* \tag{12-24}$$

还可以由式（12-16）、式（12-17）和式（12-20）求出不缺货的时间 t_1、订货间隔期 T 和缺货时间 t_2。

【例 12-3】 某公司对某种货物的年需求量 $D=4900$ 件，$c_1=1000$ 元/(件·年)，$c_3=500$ 元/次，$c_2=2000$ 元/(件·年)。每年工作日为 250 天。求使一年总费用最低的订货批量、相应的最大缺货量、不缺货时间、缺货时间、每年订货次数和一年的总成本。

解 最优订货量为

$$Q^*=\sqrt{\frac{2Dc_3(c_1+c_2)}{c_1c_2}}=\sqrt{\frac{2\times4900\times500\times(1000+2000)}{1000\times2000}}\text{件}=85\text{件}$$

最大缺货量为

$$S^*=\frac{c_1}{c_1+c_2}Q^*=\frac{1000}{1000+2000}\times85\text{件}\approx28\text{件}$$

订货间隔期为

$$T=\frac{Q}{R}=\frac{85}{4900/250}\text{天}\approx4.34\text{天}$$

缺货时间为

$$t_2=\frac{S}{R}=\frac{28}{4900/250}\text{天}=1.43\text{天}$$

不缺货时间为

$$t_1=T-t_2=4.34\text{天}-1.43\text{天}=2.91\text{天}$$

每年订货次数为

$$n=\frac{D}{Q^*}=\frac{4900}{85}\text{次}\approx57.6\text{次}$$

全年总费用为

$$\begin{aligned}\mathrm{TC}&=\frac{(Q-S)^2}{2Q}c_1+\frac{D}{Q}c_3+\frac{S^2}{2Q}c_2\\&=\frac{(85-28)^2}{2\times85}\times1000\text{元}+\frac{4900}{85}\times500\text{元}+\frac{28^2}{2\times85}\times2000\text{元}\approx57159\text{元}\end{aligned}$$

四、允许缺货的经济生产批量模型

此模型与经济生产批量模型相比，放宽了假设条件：允许缺货。与允许缺货的经济订货批量模型相比，相差的只是：补充需要较长的时间。

允许缺货的经济生产批量模型的存储量与时间的关系、最高存储量、最大缺货量 S 如图 12-4 所示。

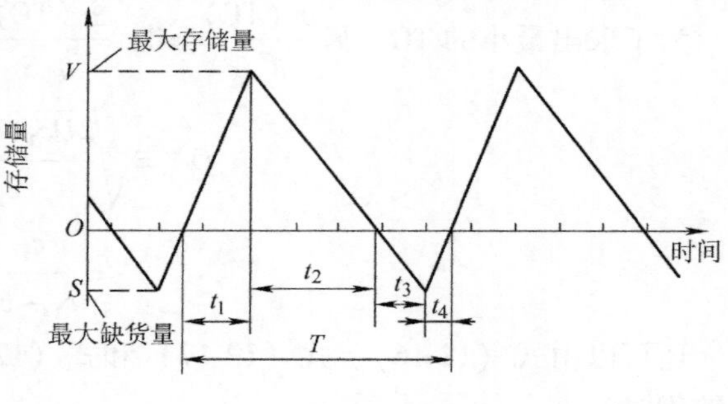

图 12-4

在图 12-4 中，t_1 为在周期 T 中存储量增加的时期，t_2 为在周期 T 中存储量减少的时期，t_3 为在周期 T 中缺货量增加的时期，t_4 为在周期 T 中缺货量减少的时期，显然有周期 $T=t_1+t_2+t_3+t_4$，其中 t_1+t_2 为不缺货时期，t_3+t_4 为缺货期。图 12-4 中的 V 表示最大存储量，S 表示最大缺货量。

由于在 t_1 期间每天的存储量为 $P-R$，可知：最大存储量 $V=(P-R)t_1$，即得到：

$$t_1=\frac{V}{P-R} \tag{12-25}$$

同样在 t_2 期间每天的需求量仍为 R，则有：

$$t_2=\frac{V}{R} \tag{12-26}$$

在 t_3 期间，开始出现负库存，每天的需求量仍为 R，直至缺货量为 S，则有：

$$S=Rt_3$$

即

$$t_3=\frac{S}{R} \tag{12-27}$$

在 t_4 期间，每天除了满足当天的需求外，还有 $P-R$ 的产品可用于减少缺货，则有：

$$t_4=\frac{S}{P-R} \tag{12-28}$$

由图 12-4 可知，在 t_1 和 t_4 期间边生产边消耗，其中总产量 Q 的 R/P 满足了当时的需求，而剩下的 $(1-R/P)Q$ 则用于偿还缺货和存储。即

$$V+S=Q\left(1-\frac{R}{P}\right)$$

即得最高存储量为

$$V=Q\left(1-\frac{R}{P}\right)-S \tag{12-29}$$

在不缺货期间的平均存储量为

$$\frac{1}{2}V=\frac{1}{2}\left[Q\left(1-\frac{R}{P}\right)-S\right] \tag{12-30}$$

在缺货期间的存储量为 0，则一个周期的平均存储量为

$$\text{平均存储量}=\frac{\text{周期总存储量}}{\text{周期时间}}=\frac{\frac{1}{2}\left[Q\left(1-\frac{R}{P}\right)-S\right](t_1+t_2)+0}{t_1+t_2+t_3+t_4}$$

将式(12-25)~式(12-28)代入上式得：

$$平均存储量=\frac{\frac{1}{2}\left[Q\left(1-\frac{R}{P}\right)-S\right]V}{V+S}$$

再将式(12-29)代入上式，得：

$$平均存储量=\frac{\left[Q\left(1-\frac{R}{P}\right)-S\right]^2}{2Q\left(1-\frac{R}{P}\right)} \tag{12-31}$$

同样在 t_3、t_4 期间平均缺货量为$\frac{1}{2}S$，在 t_1、t_2 期间缺货量为0，可求得：

$$平均缺货量=\frac{0+\frac{1}{2}S(t_3+t_4)}{t_1+t_2+t_3+t_4}$$

将式(12-25)~式(12-28)代入上式，得：

$$平均缺货量=\frac{\frac{1}{2}S^2}{V+S}$$

再将式(12-29)代入上式，得：

$$平均缺货量=\frac{S^2}{2Q\left(1-\frac{R}{P}\right)} \tag{12-32}$$

在本模型中一年总费用等于存储费、生产准备费和缺货费之和。即：

$$\mathrm{TC}=\frac{\left[Q\left(1-\frac{R}{P}\right)-S\right]^2}{2Q\left(1-\frac{R}{P}\right)}c_1+\frac{D}{Q}c_3+\frac{S^2}{2Q\left(1-\frac{R}{P}\right)}c_2 \tag{12-33}$$

同前面模型相同，令$\frac{\partial\ (\mathrm{TC})}{\partial\ S}=0$，$\frac{\partial\ (\mathrm{TC})}{\partial\ Q}=0$，得：

$$Q^*=\sqrt{\frac{2Dc_3(c_1+c_2)}{c_1c_2\left(1-\frac{R}{P}\right)}} \tag{12-34}$$

$$S^*=\sqrt{\frac{2Dc_1c_3\left(1-\frac{R}{P}\right)}{c_2(c_1+c_2)}} \tag{12-35}$$

将式(12-34)、式(12-35)代入式(12-33)，得一年最少的总费用为

$$TC^* = \sqrt{\frac{2Dc_1c_2c_3\left(1-\frac{R}{P}\right)}{c_1+c_2}} \tag{12-36}$$

【例 12-4】 某公司对某种货物的年需求量 $D=4900$ 件，$c_1=1000$ 元/(件·年)，$c_3=500$ 元/次，$c_2=2000$ 元/(件·年)，每年生产率 $P=9800$ 件，$R=D=4900$，求最优生产批量、最优缺货量、一年的最少总费用。

解 $R=D=4900$，使一年总费用最低的存储策略：

最优生产批量 $Q^*=\sqrt{\frac{2Dc_3(c_1+c_2)}{c_1c_2\left(1-\frac{R}{P}\right)}}=\sqrt{\frac{2\times4900\times500\times(1000+2000)}{1000\times2000\times\left(1-\frac{4900}{9800}\right)}}$ 件

≈121 件

最优缺货量 $S^*=\sqrt{\frac{2Dc_1c_3\left(1-\frac{R}{P}\right)}{c_2(c_1+c_2)}}=\sqrt{\frac{2\times4900\times1000\times500\times\left(1-\frac{4900}{9800}\right)}{2000\times(1000+2000)}}$ 件

≈20 件

一年的最少总费用

$$TC^*=\sqrt{\frac{2Dc_1c_2c_3\left(1-\frac{R}{P}\right)}{c_1+c_2}}=\sqrt{\frac{2\times4900\times1000\times2000\times500\times\left(1-\frac{4900}{9800}\right)}{1000+2000}}\text{ 元}$$

$=40414.52$ 元

五、价格有折扣的存储模型

所谓经济订货批量折扣模型是经济订货批量模型的一种发展，经济订货批量模型中商品的价格是固定的，而在经济订货批量折扣模型中商品的价格是随订货数量的变化而变化的。一般情况下，购买的数量越多，商品单价就越低。由于不同的订货量，商品的单价不同，所以在决定最优订货批量时，不仅要考虑一年的存储费和一年的订货费，而且还要考虑一年的订购商品的货款，要使得它们的总金额最少，为此在这里定义一年的总费用是由以下三项所构成，即有：

$$TC=\frac{1}{2}Qc_1+\frac{D}{Q}c_3+DK \tag{12-37}$$

式中，K 为当订货量为 Q 时商品的单价。

设货物单价为 $K(Q)$ 按三个数量等级变化：

$$K(Q)=\begin{cases}K_1, 0\leqslant Q<Q_1\\ K_2, Q_1\leqslant Q<Q_2\\ K_3, Q_2\leqslant Q\end{cases}$$

求解步骤如下：

(1) 按最小价格 K_3 计算经济批量 Q_0，若可行，则最优订货批量 $Q^*=Q_0$；否则转步骤

(2)。

(2) 按次小价格 K_2 计算经济批量 Q_0，若可行，分别计算总费用 $\mathrm{TC}(Q_0)$、$\mathrm{TC}(Q_2)$，由 $\min\{\mathrm{TC}(Q_0),\mathrm{TC}(Q_2)\}$ 得到最优订货批量 Q^*；否则转步骤（3）。

(3) 按最大价格 K_1 计算经济批量 Q_0，分别计算总费用 $\mathrm{TC}(Q_0)$、$\mathrm{TC}(Q_2)$、$\mathrm{TC}(Q_1)$，由 $\min\{\mathrm{TC}(Q_0),\mathrm{TC}(Q_2),\mathrm{TC}(Q_1)\}$ 得到最优订货批量 Q^*。

【例 12-5】 图书馆设备公司准备从生产厂家购进阅览桌用于销售，每张阅览桌的价格为 500 元，每张阅览桌存储一年的费用为阅览桌价格的 20%，每次订货费为 200 元，该公司预测这种阅览桌每年的需求为 300 张。生产厂商为了促进销售规定：如果一次订购量达到或超过 50 张，每张阅览桌将打九六折，每张售价为 480 元；如果一次订购量达到或超过 100 张，每张阅览桌将打九五折，每张售价为 475 元。请决定为使其一年总费用最少的最优订货批量 Q^*，并求出这时一年的总费用为多少？

解 已知 $D=300$ 张/年，$c_3=200$ 元/次，当一次订货量小于 50 张时，每张阅览桌价格 $K_1=500$ 元，这时存储费 $c_1=(500\times20\%)$ 元/(张·年) $=100$ 元/(张·年)；当一次订货量大于等于 50 张，且小于 100 张时，每张阅览桌价格 $K_2=480$ 元，$c_1=96$ 元/(张·年)；当一次订货量大于等于 100 张时，每张阅览桌价格 $K_3=475$ 元，$c_1=95$ 元/(张·年)。可以求得三种情况的最优订货量如下：

当订货量 Q 大于 100 张时，$K_3=475$ 元，有：

$$Q^*=\sqrt{\frac{2\times300\times200}{95}}\text{张}\approx36\text{张(不可行)}$$

当订货量 Q 大于等于 50 张小于 100 张时，$K_2=480$ 元，有：

$$Q^*=\sqrt{\frac{2\times300\times200}{96}}\text{张}\approx35\text{张(不可行)}$$

当订货量 Q 小于 50 张时，$K_1=500$ 元，有：

$$Q^*=\sqrt{\frac{2\times300\times200}{100}}\text{张}\approx35\text{张}$$

分别计算批量为 35 张、50 张和 100 张时的总费用，选择最小的总费用所对应的批量为最优订货量。

$$\mathrm{TC}(35)=\left(\frac{1}{2}\times35\times100+\frac{300}{35}\times200+300\times500\right)\text{元}=153464\text{元}$$

$$\mathrm{TC}(50)=\left(\frac{1}{2}\times50\times96+\frac{300}{50}\times200+300\times480\right)\text{元}=147600\text{元}$$

$$\mathrm{TC}(100)=\left(\frac{1}{2}\times100\times95+\frac{300}{100}\times200+300\times475\right)\text{元}=147860\text{元}$$

可以看出 TC(50) 的总费用最小，故最优订货批量 $Q^*=50$ 张。

第三节 随机型存储模型

一、单周期的随机型存储模型

在前面介绍的一些存储模型中，把需求率看成常量，把每年、每月、每周甚至每天的需求都看成是固定不变的已知常量，但在现实世界中，更多的情况需求却是一个随机变量。

所谓需求为随机变量的单周期存储模型，就是解决需求为随机变量的一种存储模型。在这种模型中，需求是服从某种概率分布的，需要通过历史统计资料的频率分布来估计。单周期的存储是指在产品订货、生产、存储、销售这一周期的最后阶段或者把产品按正常价格全部销售完毕，或者把按正常价格未能销售出去的产品削价销售出去甚至扔掉，总之要在这一周期内把产品全部处理完毕，而不能把产品放在下一周期里存储和销售。季节性和易变质的产品，例如季节性的服装、挂历、快餐店里的汉堡包都是按单周期的方法处理的，而报摊销售报纸是需要每天订货的，今天的报纸今天必须处理完。可以把一个时期的报纸问题看成一系列的单周期存储问题，每天就是一个单周期，任何两天（两个周期）都是相互独立的，没有联系，每天都要做出每天的存储决策。

报童问题：报童每天销售的报纸数量是一个随机变量，每日售出 d 份报纸的概率为 $P(d)$,根据以往的经验，报童每售出一份报纸赚 k，如报纸未能售出，每份赔 h，问报童每日最好准备多少份报纸？

这就是一个需求量为随机变量的单周期的存储问题。在这个模型里，就是要解决最优订货量 Q 的问题，如果订货量 Q 选得过大，那么报童就要因不能售出报纸而造成损失；如果订货量 Q 选得过小，那么报童因缺货失去了销售机会造成了机会损失。如何适当地选择 Q 值，才能使这两种损失的期望值之和最小呢？

已知售出 d 份报纸的概率为 $P(d)$，由概率知识可知 $\sum\limits_{d=0}^{\infty} P(d) = 1$。

（1）当供大于求时（$Q \geqslant d$），这时因不能售出报纸而承担损失，每份损失为 h，其数学期望值为 $\sum\limits_{d=0}^{Q} h(Q-d)P(d)$。

（2）当供不应求时（$Q < d$），这时因缺货而造成机会损失，每份损失为 k，其期望值为 $\sum\limits_{d=Q+1}^{\infty} k(d-Q)P(d)$。

综合（1）、（2）两种情况，当订货量为 Q 时，其损失的期望值 EL 为

$$\mathrm{EL} = h\sum_{d=0}^{Q}(Q-d)P(d) + k\sum_{d=Q+1}^{\infty}(d-Q)P(d)$$

下面求出使 $\mathrm{EL}(Q)$ 最小的 Q 值。

设报童订报纸最优数量为 Q^*，这时其损失的期望值为最小，即有：

(1) $\mathrm{EL}(Q^*) \leqslant \mathrm{EL}(Q^*+1)$

(2) $\mathrm{EL}(Q^*) \leqslant \mathrm{EL}(Q^*-1)$

上面的（1）、（2）表示了订购 Q^* 份报纸的损失期望值要不大于订购（Q^*+1）份或

$(Q^* - 1)$ 份报纸的损失期望值。

由 (1) 有：

$$h\sum_{d=0}^{Q^*}(Q^* - d)P(d) + k\sum_{d=Q^*+1}^{\infty}(d - Q^*)P(d) \leqslant h\sum_{d=0}^{Q^*+1}(Q^* + 1 - d)P(d) + k\sum_{d=Q^*+2}^{\infty}(d - Q^* - 1)P(d)$$

经化简后，得：

$$(k + h)\left[\sum_{d=0}^{Q^*}P(d)\right] - k \geqslant 0$$

即

$$\sum_{d=0}^{Q^*}P(d) \geqslant \frac{k}{k + h}$$

由(2)有：

$$h\sum_{d=0}^{Q^*}(Q^* - d)P(d) + k\sum_{d=Q^*+1}^{\infty}(d - Q^*)P(d) \leqslant h\sum_{d=0}^{Q^*-1}(Q^* - 1 - d)P(d) + k\sum_{d=Q^*}^{\infty}(d - Q^* + 1)P(d)$$

经化简后，得：

$$(k + h)\left[\sum_{d=0}^{Q^*-1}P(d)\right] - k \leqslant 0$$

即

$$\sum_{d=0}^{Q^*-1}P(d) \leqslant \frac{k}{k + h}$$

这样可知报童所订购报纸的最优数量 Q^* 应按下列不等式确定：

$$\sum_{d=0}^{Q^*-1}P(d) < \frac{k}{k+h} \leqslant \sum_{d=0}^{Q^*}P(d) \tag{12-38}$$

【例 12-6】 某报亭出售某种报纸，每出售一百份可获利 15 元，如果当天不能售出，每一百份赔 20 元，根据以往经验，每天售出该报纸的概率 $P(d)$ 如表 12-1 所示。问报亭每天订购多少张该种报纸能使其赚钱的期望值最大。

表 12-1 例 12-6 数据表

销售量/百份	5	6	7	8	9	10	11
概率 $P(d)$	0.05	0.10	0.20	0.20	0.25	0.15	0.05

解 利用式 (12-38) 确定 Q^*，已知 $k = 15$ 元/百份，$h = 20$ 元/百份，有：

$$\frac{k}{k+h} = \frac{15}{15+20} = 0.4286$$

$$\sum_{d=0}^{7}P(d) = 0.05 + 0.1 + 0.2 = 0.35$$

$$\sum_{d=0}^{8}P(d) = 0.05 + 0.1 + 0.2 + 0.2 = 0.55$$

满足
$$\sum_{d=0}^{7}P(d) < \frac{k}{k+h} < \sum_{d=0}^{8}P(d)$$

故最优订货量为 8 百份,此时赚钱的期望值最大。

二、多周期的随机型存储模型

(一) 需求为随机变量的定量订货模型

在前面，已经介绍了需求为随机变量的单周期存储模型，在这里介绍一种需求为随机变量的多周期模型。在这种模型里，由于需求为随机变量，故无法求得周期(即两次订货时间间隔)的确切时间，也无法求得订货点确切来到的时间。但在这种多周期的模型里，在上一周期里卖不出去的产品可以放到下一个周期里出售，故不存在像单一周期模型里一个周期里出售不出去的产品就要赔偿的情况，故在这种模型里像经济订货批量模型那样，主要的费用为订货费和存储费。下面给出求订货量和订货点的最优解的近似方法。可以根据平均需求像经济订货批量模型那样求出使得全年的订货费和存储费总和最少的最优订货量 Q^*，但在对订货点的处理上与经济订货批量模型是不同的，在经济订货批量模型中，由于需求率是个常量 d，对于订货提前期为 m 的情况，可以把订货点订为 dm，即当仓库里还存有 dm 单位的产品时，就再订货 Q^* 单位的产品，这样当 m 天后 Q^* 单位的产品补充来时，仓库里刚好把剩余的 dm 单位的产品处理完，仓库及时地得到补充。而对需求为随机变量的情况，这种处理显然是不恰当的，正像图 12-5 所示，有时在这 m 天里需求大于 $\bar{d}\,m$(这里 $\bar{d}$ 为每天平均需求)，这样在 m 天里就出现了缺货，而有时需求小于 $\bar{d}\,m$，这样 m 天后当新的 Q^* 单位的产品补充来时，仓库里还有剩货。

在这种模型里要对订货点进行讨论，而不是简单地定为 $\bar{d}\,m$。不妨设订货点为 Q_r，即随时对仓库的产品库存进行检查，当仓库里产品库存为 Q_r 时就订货，m 天后送来 Q^* 单位的产品，虽然在 m 天里的需求量是随机的，但一般来说当 Q_r 值较大时，在 m 天里出现缺货的概率就小，反之当 Q_r 值较小时，在 m 天里出现缺货的概率就大。这样就需要根据具体情况制订出服务水平，即制订在 m 天里出现缺货的概率 α，也即不出现缺货的概率为 $1-\alpha$，有：

$$P(m\text{ 天内需求量} \leqslant Q_r) = 1-\alpha$$

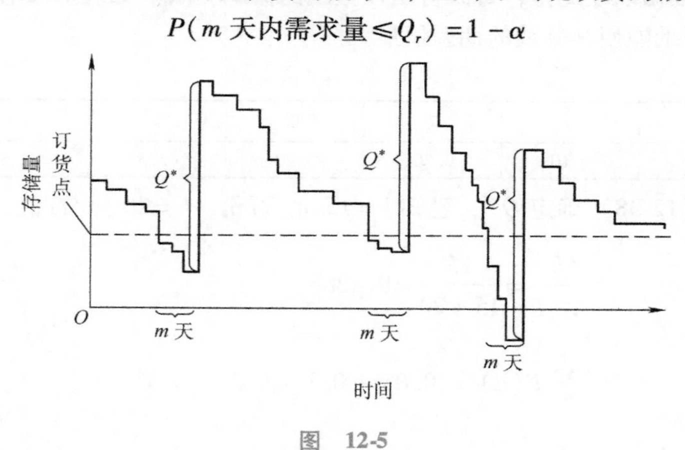

图 12-5

由于每次的订货量 Q^* 可以按经济订货批量模型求得，每年的产品平均需求量可以求得，这样就可以求出每年平均的订货次数，也可以以每年允许在 m 天里出现缺货的次数来作为服务水平。可以依据事先制订的服务水平和 m 天里需求量的概率分布来确定相应的 Q_r 值，并把 $Q_r-\bar{d}\,m$ 称为安全存储。

【例 12-7】 某装修材料公司经营某种品牌的地砖，公司直接从厂家购进这种产品，由于公司与厂家距离较远，双方合同规定在公司填写订货单后一个星期厂家把地砖运到公司，公司根据以往的数据统计分析知道，在一个星期里这种地砖的需求量服从以均值 $\mu=850$ 箱，均方差 $\sigma=120$ 箱的正态分布，又知道每次订货费为 250 元，每箱地砖的成本为 48 元，存储一年的存储费用为成本的 20%，公司规定的服务水平为允许缺货率 5%，公司如何制订存储策略，才能使得一年的订货费和存储费的总和最少？

解 根据题意可知，年平均需求 $\bar{D}=850$ 箱 $\times 52=44200$ 箱，$c_1=9.6$ 元/(箱·年)，$c_2=250$ 元/次，$\alpha=0.05$，$\mu=850$ 箱/周，$\sigma=120$ 箱/周，得：

$$Q^*=\sqrt{\frac{2\bar{D}c_3}{c_1}}=\sqrt{\frac{2\times 44200\times 250}{9.6}}\text{箱}\approx 1517\text{箱}$$

每年平均订货次数 $n=\frac{44200}{1517}$次≈ 29 次

根据服务水平的要求：

$$P(\text{一个星期的需求量}\leqslant Q_r)=1-\alpha=0.95$$

又由于一个星期的需求量服从均值 $\mu=850$ 箱，均方差 $\sigma=120$ 箱的正态分布，故有：

$$\Phi\left(\frac{Q_r-\mu}{\sigma}\right)=0.95$$

查正态分布表，得：

$$\frac{Q_r-\mu}{\sigma}=1.645$$

即

$$\frac{Q_r-850}{120}=1.645$$

解得：

$$\text{订货点 } Q_r=(850+1.645\times 120)\text{箱}=1047\text{箱}$$

安全存储量 $Q_r-\bar{d}\,m=(1047-850)$箱$=197$ 箱

也就是说，当库存下降到 1047 箱，开始订货，每次订货量为 1517 箱，这样一年的平均安全存储量为 197 箱，能保证服务水平（不缺货概率）95%，使得一年的总费用最少。

（二）需求为随机变量的定期检查存储量订货模型

需求为随机变量的定期检查存储量模型是另一种处理多周期的存储问题的模型。在这个模型中，定期如一个月或一周检查产品的库存量，根据现有的库存量来确定订货量。这个模型要做的决策是：依据规定的服务水平制订出产品的最高存储水平 M，一旦确定了 M，管理者就很容易确定订货量：

$$Q=M-H$$

式中，H 为在检查时的库存量。

需求为随机变量的定期检查存储量订货模型处理存储问题的典型方式如图 12-6 所示。

从图 12-6 中，看到在检查了存储水平 H 之后，立即订货 $Q=M-H$，这时的实际库存量加上订货量正好为最高库存水平 M（订货量 Q 过了一个订货提前期才能到达），从图中可知，这 M 单位产品要维持一个检查周期再加上一个订货提前期的消耗，所以可以从一个检查周期加上一个订货提前期的需求的概率分布情况结合规定的服务水平，来制订最高存储水平 M。

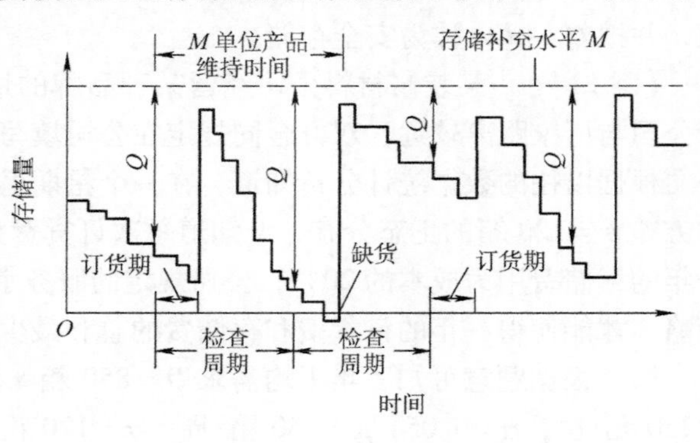

图 12-6

【例 12-8】 某公司对某商品实施定期订货策略，检查周期为两个月，提前期为一个月，根据历史资料统计可知三个月的需求服从 $\mu=45$ t，$\sigma=3.1$ t 的正态分布，公司规定缺货概率 10%，试确定最大存储水平 M。若本次盘点库存量为 21 t，则本次订货量 Q 为多少？

解
$$P(\text{三个月的需求 } d \leqslant M)=1-\alpha$$

$$\Phi\left(\frac{M-\mu}{\sigma}\right)=90\%$$

查正态分布表，得：

$$\frac{M-\mu}{\sigma}=1.28$$

解得：

$$M=\mu+1.28\sigma=(45+1.28\times 3.1)\ \text{t} \approx 47\ \text{t}$$

本次订货量为：

$$Q=M-H=(47-21)\ \text{t}=26\ \text{t}$$

习题

1. 设某工厂每年需用某种原料 1800 t，不必每日供应，但不允许缺货。设每吨每月的保管费为 60 元，每次订货费为 200 元，试求最佳订购量。

2. 某公司采用无安全存量的存储策略。每年使用某种零件 100000 件，每件每年的保管费用为 3 元，每次订购费为 60 元。试求：

（1）经济订货批量。

（2）如果每次订购费用为 0.60 元，则每次应该订购多少？

3. 设某工厂生产某种零件，每年需求量为 18000 个，该厂每月可生产 3000 个，每次生产的准备费为 500 元，每个零件的存储费为 0.15 元，求每次生产的最佳批量。

4. 某产品每月需求 4 件，准备费用为 50 元，存储费每月每件 8 元。求产品每次最佳生产量及最小费用；若生产速率为每月可生产 10 件，求每次生产量及最小费用。

5. 每月需求某零件 2000 个，每个成本 150 元，每年的存储费为成本的 16%，每次订货费用 100 元。

（1）不允许缺货，求 EOQ 及最小费用。

（2）允许缺货，缺货费用 200 元/(件・年)，求最大缺货量。

6. 某公司每年需电感 5000 个，每次订购费 50 元，保管费每年每个 1 元，不允许缺货。若采购少量电感每个单价 3 元，若一次采购 1500 个以上则每个单价 1.8 元，问该公司每次应采购多少个？

7. 某报亭出售某种报纸，每出售一百份可获利 15 元，如果当天不能售出，则每一百份赔 20 元，根据以往经验每天售出该报纸份数的概率 $P(d)$ 如表 12-2 所示。问报亭每天订购多少份该种报纸才能使其赚钱的期望值最大。

表 12-2　习题 7 数据表

销售量/百份	2	3	4	5	6
概率 $P(d)$	0.1	0.2	0.3	0.3	0.1

8. 设某工厂需要外购某一部件，年需求为 4800 件，单价为 40 元。每次订货的订货费用为 350 元，每个部件储存一年的费用为每个部件价格的 25%。又假设每年有 250 个工作日。该部件需要提前 5 天订货（即订货后 5 天可送货到厂），不允许缺货，请求出：

（1）经济订货批量。

（2）再订货点（即当部件存储量降为多少时，应该再订货）。

（3）两次订货所间隔的时间。

（4）每年订货与存储的总费用。

9. 建筑工地每月需求水泥 1200 t，每吨定价为 1500 元，不允许缺货。设每吨每月的存储费用是定价的 2%，每次订货费为 1800 元，需要提前 7 天订货，每年的工作日为 365 天，请求出：

（1）经济订货批量。

（2）再订货点。

（3）两次订货所间隔的时间。

（4）每月订货和存储的总费用。

10. 某出版社要出版一批工具书，估计其每年的需求率为常量，每年需求 18000 套，每套的成本为 150 元，每年的存储成本率是 18%。其每次生产准备费为 1600 元，印制该书的设备生产率为每年 30000 套，假设该出版社每年 250 个工作日，要组织一次生产的准备时间是 10 天，请用不允许缺货的经济生产批量的模型，求出：

（1）最优经济生产批量。

（2）每年组织生产的次数。

（3）两次生产的间隔时间。

（4）每次生产所需的时间。

（5）最大存储水平。

（6）生产和存储的全年总成本。

第十三章 排 队 论

排队是日常生活中经常遇到的现象，如顾客到商店去买东西，病人到医院去看病，当售货员、医生的数量满足不了顾客或病人及时服务的需要时，就出现了排队的现象。出现这样的排队现象，使人感到厌烦，但由于顾客到达人数（即顾客到达率）和服务时间的随机性，可以说排队现象又是不可避免的。当然增加服务设施（如售货员、医生）能减少排队现象，但这样势必增加投资又因供大于求使设施常常空闲、导致浪费，这通常不是一个最经济的解决问题的办法。作为管理人员，就要研究排队问题，把排队时间控制在一定的限度内，在服务质量的提高和成本的降低之间取得平衡，找到最适当的解。

排队论就是解决这类问题的一门科学，它被广泛地用于解决诸如电话局的占线问题，车站、码头、机场等交通枢纽的堵塞与疏导，故障机器的停机待修，水库的存储调节等有形无形的排队现象的问题。

第一节 随机服务系统与过程

随机服务系统可以表述为一个随机聚散服务系统，如图 13-1 所示。

聚（输入）⟶ 服务机构 ⟶ 散（输出）

图 13-1

任一排队系统都是一个随机聚散服务系统。这里，“聚”表示顾客的到达，“散”表示顾客的离去。所谓随机性则是排队系统的一个普遍特点，是指顾客的到达情况（如相继到达时间间隔）与每个顾客接受服务的时间通常是事先无法确切知道的，或者说是随机的。一般来说，在排队论所研究的排队系统中，顾客相继到达时间间隔和服务时间这两个量中至少有一个是随机的，因此，排队论又称为随机服务系统理论。

一、排队系统的描述

实际中的排队系统各有不同，但概括起来都由三个基本部分组成：输入过程、排队规则、服务机制。

1. 输入过程

输入过程说明顾客按怎样的规律到达系统，需要从以下三个方面来刻画一个输入过程：

（1）顾客总体（顾客源）数。可以是有限的，也可以是无限的。

（2）到达方式。是单个到达还是成批到达。

（3）顾客（单个或成批）相继到达时间间隔的分布。这是刻画输入过程的最重要的内容。排队论中经常用到的有以下几种：

1）定长分布（D）。对于这种分布，顾客相继到达的时间间隔是确定的，如产品通过传送带进入包装箱就是定长分布的例子。

2）泊松流（M）。如果顾客到达系统的时间是随机的，有一个顾客到达的概率与某一时刻 t 无关，但与时间的间隔长度有关，即在较长时间间隔里有一个顾客到达的概率较大，并且当时间间隔 Δt 充分小时，有一个顾客到达的概率与 Δt 的长度成正比例，并在充分小的时间间隔里有两个顾客同时到达的概率极小，可以忽略不计。这些特征正好满足了泊松分布的三个条件，也就是说顾客到达过程形成了泊松流。

运用泊松概率分布函数，知道在单位时间里有 x 个顾客到达的概率为

$$P(x)=\frac{\lambda^{x}\mathrm{e}^{-\lambda}}{x!}$$

其中，λ 为单位时间平均到达的顾客数，此时顾客相继到达的时间间隔是独立的，服从参数为 λ 的负指数分布。

2. 排队规则

（1）排队。排队分为有限排队和无限排队两类。有限排队是指排队系统中的顾客数是有限的，即系统的空间是有限的，当系统被占满时，后面再来的顾客将不能进入系统；无限排队是指系统中顾客数可以是无限的，队列可以排到无限长，顾客到达系统后均可进入系统排队或接受服务。这类系统又称为等待制排队系统。对有限排队系统，可进一步分为以下两种：

1）损失制排队系统。这种系统是指排队空间为零的系统，实际上是不允许排队。当顾客到达系统时，如果所有服务台均被占用，则自动离去，并不再回来，这部分顾客就被损失掉了。例如，某些电话系统即可看作损失制排队系统。

2）混合制排队系统。该系统是等待制和损失制系统的结合，一般是指允许排队，但又不允许队列无限长。

（2）排队规则。当顾客到达时，若所有服务台都被占用且又允许排队，则该顾客将进入队列等待。服务台对顾客进行服务所遵循的规则通常有以下几种：

1）先来先服务（$FCFS$）。即按顾客到达的先后对顾客进行服务，这是最普遍的情形。

2）后来先服务（$LCFS$）。在许多库存系统中会出现这种情形，如钢板存入仓库后，需要时总是从最上面的取出；又如在情报系统中，后来到达的信息往往更加重要，应首先加以分析和利用。

3）具有优先权的服务（PS）。服务台根据顾客的优先权进行服务，优先权高的先接受服务。如病危的患者应优先治疗，加急的电报电话应优先处理等。

3. 服务机制

排队系统的服务机制主要包括：服务员的数量及其连接形式（串联或并联）；顾客是单

个还是成批接受服务；服务时间的分布。在这些因素中，服务时间的分布更为重要，故下面进一步说明。常见的服务时间分布有以下几种：

（1）定长分布（D）。这是指每个顾客接受服务的时间是一个确定的常数。

（2）负指数分布（M）。服务时间是指顾客从开始接受服务到服务完成所花费的时间。由于每位顾客要办的业务都不一样，又存在很多影响服务机构服务时间的随机因素，因此服务时间也是一个随机变量。一般说，负指数概率分布能较好地描述一些排队系统里服务时间的概率分布情况。在负指数概率分布里，服务时间小于或等于时间长度 t 的概率：

$$P(\text{服务时间} \leqslant t) = 1 - \mathrm{e}^{-\mu t}$$

其中，μ 为单位时间里被服务完的平均顾客数。

二、排队系统的符号表示

根据输入过程、排队规则和服务机制的变化对排队模型进行描述或分类，可给出很多排队模型。为了方便对众多模型的描述，D. G. Kendall 提出了一种目前在排队论中被广泛采用的“Kendall 记号”。其一般形式为

$$X/Y/Z/A/B/C$$

其中，X 表示顾客相继到达时间间隔的分布；Y 表示服务时间的分布；Z 表示服务台的个数；A 表示系统的容量，即可容纳的最多顾客数；B 表示顾客源的数目；C 表示服务规则。例如，$M/M/1/\infty/\infty/FCFS$ 表示了一个顾客的到达时间间隔服从相同的负指数分布、服务时间为负指数分布、单个服务台、系统容量为无限（等待制）、顾客源无限、排队规则为先来先服务的排队模型。在排队论中，一般约定如下：如果 Kendall 记号中略去后 3 项时，即是指 $X/Y/Z/\infty/\infty/FCFS$ 的情形。例如，$M/M/1/\infty/\infty/FCFS$ 可表示为 $M/M/1$；$M/M/c/N$ 则表示了一个顾客相继到达时间间隔服从相同的负指数分布、服务时间为负指数分布、c 个服务台、系统容量为 N、顾客源无限、先来先服务的排队系统。

三、排队系统的主要数量指标和记号

研究排队系统的目的是通过了解系统运行的状况，对系统进行调整和控制，使系统处于最优运行状态。因此，首先需要弄清系统的运行状况。描述一个排队系统运行状况的主要数量指标有：

（1）在系统里没有顾客的概率，即所有服务设施空闲的概率，记为 P_0。

（2）排队的平均长度，即排队的平均顾客数记为 L_q。

（3）在系统里的平均顾客数，包括排队的顾客数和正在被服务的顾客数，记为 L_s。

（4）一位顾客花在排队上的平均时间，记为 W_q。

（5）一位顾客花在系统里的平均逗留时间，它包括排队时间和被服务的时间，记为 W_s。

（6）顾客到达系统时，得不到及时服务，必须排队等待服务的概率，记为 P_w。

（7）在系统里正好有 n 个顾客的概率，这 n 个顾客包括排队的和正在被服务的顾客，这个概率记为 P_n。

第二节　单服务台负指数分布排队系统分析

在本节中将讨论输入过程服从泊松分布过程、服务时间服从负指数分布单服务台的排队系统。现将其分为以下几种：

（1）标准的 $M/M/1$ 模型。

（2）系统容量有限，即 $M/M/1/N/\infty$。

（3）顾客源有限，即 $M/M/1/\infty/m$。

一、标准的 $M/M/1$ 模型

在排队模型 $M/M/1/\infty/\infty$ 中，第一位的 M 表示顾客到达过程服从泊松分布，第二位的 M 表示服务时间服从负指数分布（因为当服务时间服从负指数分布时，单位时间里完成服务的顾客数即服务率就服从泊松分布，故第二位也用 M 来表示），第三位的 1 表示单通道即一个服务台，第四位的∞ 表示排队的长度无限制，第五位的∞ 表示顾客的来源无限制，可以把这个模型简记为 $M/M/1$。在这个模型中，排队规则为排单队，先到先服务，如图 13-2 所示。

下面将给出求得 $M/M/1$ 的数量指标的公式，鉴于这些公式的理论推导比较烦琐，省略推导过程不讲，感兴趣的读者可查阅参考文献［1］。

顾客到达 → ○ ○ ○ [服务] → 顾客离去

图　13-2

设 λ 为单位时间的顾客平均到达率，μ 为单位时间的平均服务率，假设 $\lambda<\mu$，也就是 $\lambda/\mu<1$，如果没有这个条件，队列的长度将无限地增加，服务机构根本没有能力处理所有到达的顾客。称 $\rho=\lambda/\mu$ 为服务强度。则 $M/M/1$ 的数量指标的公式如下。

（1）在系统中没顾客的概率：

$$P_0=1-\frac{\lambda}{\mu} \tag{13-1}$$

（2）平均排队的顾客数：

$$L_q=\frac{\lambda^2}{\mu(\mu-\lambda)} \tag{13-2}$$

（3）在系统里的平均顾客数：

$$L_s=L_q+\frac{\lambda}{\mu} \tag{13-3}$$

（4）一位顾客花在排队上的平均时间：

$$W_q=\frac{L_q}{\lambda} \tag{13-4}$$

（5）一位顾客在系统里的平均逗留时间：

$$W_s=W_q+\frac{1}{\mu} \tag{13-5}$$

（6）顾客到达系统时，得不到及时服务，必须排队等待服务的概率：

$$P_w = \frac{\lambda}{\mu} \tag{13-6}$$

（7）在系统里正好有 n 个顾客的概率：

$$P_n = \left(\frac{\lambda}{\mu}\right)^n P_0 \tag{13-7}$$

【例 13-1】 某修理店只有一个修理工，前来修理物品的顾客的到达过程服从泊松分布，平均 4 人/h；修理时间服从负指数分布，平均需要 6 min。试求：

（1）修理店空闲的概率。

（2）店内有三个顾客的概率。

（3）店内至少有 1 个顾客的概率。

（4）在店内的平均顾客数。

（5）每位顾客在店内的平均逗留时间。

（6）等待服务的平均顾客数。

（7）每位顾客平均等待服务的时间。

解 本题可以看成一个 $M/M/1$ 排队问题，其中，$\lambda = 4$ 人/h，$\mu = 10$ 人/h。

（1）修理店空闲的概率：

$$P_0 = 1 - \frac{\lambda}{\mu} = 1 - \frac{2}{5} = 0.6$$

（2）店内有三个顾客的概率：

$$P_3 = \left(\frac{\lambda}{\mu}\right)^3 P_0 = \left(\frac{2}{5}\right)^3 \times 0.6 = 0.038$$

（3）店内至少有 1 个顾客的概率，即顾客必须等待的概率：

$$P_w = 1 - P_0 = \frac{\lambda}{\mu} = \frac{2}{5} = 0.4$$

（4）在店内的平均顾客数：

$$L_s = L_q + \frac{\lambda}{\mu} = \frac{\lambda^2}{\mu(\mu - \lambda)} + \frac{\lambda}{\mu} = \frac{\lambda}{\mu - \lambda} = \frac{4}{10 - 4}\text{人} = 0.67\text{ 人}$$

（5）每位顾客在店内的平均逗留时间：

$$W_s = W_q + \frac{1}{\mu} = \frac{L_q}{\lambda} + \frac{1}{\mu} = \left(\frac{0.268}{4} + \frac{1}{10}\right)\text{ h} = 0.167\text{ h} = 10\text{ min}$$

（6）等待服务的平均顾客数：

$$L_q = \frac{\lambda^2}{\mu(\mu - \lambda)} = \frac{4^2}{10(10 - 4)}\text{人} = 0.268\text{ 人}$$

（7）每位顾客平均等待服务的时间：

$$W_q = \frac{L_q}{\lambda} = \frac{0.268}{4}\text{ h} = 0.067\text{ h} = 4\text{ min}$$

二、系统容量有限，即 $M/M/1/N/\infty$

如果系统的最大容量为 N，因为这是一个服务台，所以排队的顾客最多为 $N-1$，在某时刻一顾客到达时，如果系统中已有 N 个顾客，那么这个顾客就被拒绝进入系统。

由于所考虑的排队系统中最多只能容纳 N 个顾客（等待位置只有 $N-1$ 个），因而有：

$$\lambda_n=\begin{cases}\lambda, n=0,1,\cdots,N-1\\ 0, n\geqslant N\end{cases}$$

令 $\rho=\dfrac{\lambda}{\mu}$，则

（1）系统中没有顾客的概率：

$$P_0=\begin{cases}\dfrac{1-\rho}{1-\rho^{N+1}},\rho\neq 1\\ \dfrac{1}{N+1},\rho=1\end{cases} \tag{13-8}$$

（2）在系统中的平均顾客数：

$$L_s=\begin{cases}\dfrac{\rho}{1-\rho}-\dfrac{(N+1)\rho^{N+1}}{1-\rho^{N+1}},\rho\neq 1\\ \dfrac{N}{2},\rho=1\end{cases} \tag{13-9}$$

（3）平均的排队顾客数：

$$L_q=\begin{cases}\dfrac{\rho}{1-\rho}-\dfrac{\rho(1+N\rho^N)}{1-\rho^{N+1}},\rho\neq 1\\ \dfrac{N(N-1)}{2(N+1)},\rho=1\end{cases} \tag{13-10}$$

（4）有效到达率。因为当系统中顾客数小于 N 时，顾客进入系统率为 λ；当系统中顾客数等于 N 时，顾客进入系统的概率为 0，所以单位时间内进入系统的顾客平均数，即有效到达率为

$$\lambda_e=\lambda(1-P_N)+0P_N=\lambda(1-P_N) \tag{13-11}$$

（5）一位顾客花在排队上的平均时间为

$$W_q=\frac{L_q}{\lambda(1-P_N)} \tag{13-12}$$

（6）一位顾客在系统中平均逗留的时间为

$$W_s=\frac{L_s}{\lambda(1-P_N)}=\frac{L_q}{\lambda(1-P_N)}+\frac{1}{\mu} \tag{13-13}$$

（7）在系统里有 n 个顾客的概率为

$$P_n=\rho^n P_0, n\leqslant N \tag{13-14}$$

【例 13-2】 只有一个理发师，且店里最多可容纳 4 名顾客，设顾客按泊松流到达，平均每小时 5 人，理发时间服从负指数分布，平均每 15 min 可为 1 名顾客理发，试求该系统的有关指标。

解 该系统可以看成一个 $M/M/1/4/\infty$ 排队系统，其中 $\lambda=5$ 人/h，$\mu=\frac{60}{15}$人/h $=4$ 人/h，$\rho=\frac{5}{4}>1$，$N=4$，则

$$P_0=\frac{1-\rho}{1-\rho^{N+1}}=\frac{1-\frac{5}{4}}{1-\left(\frac{5}{4}\right)^5}\approx 0.122$$

顾客的损失率为

$$P_4=\rho^4P_0=1.25^4\times 0.122\approx 0.298$$

有效到达率为

$$\lambda_e=\lambda(1-P_4)=5\times(1-0.298)\text{人/h}=3.51\text{ 人/h}$$

系统中平均顾客数为

$$L_s=\frac{\rho}{1-\rho}-\frac{(N+1)\rho^{N+1}}{1-\rho^{N+1}}=\left[\frac{1.25}{1-1.25}-\frac{(4+1)\times 1.25^5}{1-1.25^5}\right]\text{人}=2.44\text{ 人}$$

系统中平均的排队顾客数为

$$L_q=\frac{\rho}{1-\rho}-\frac{\rho(1+N\rho^N)}{1-\rho^{N+1}}=\left[\frac{1.25}{1-1.25}-\frac{1.25\times(1+4\times 1.25^4)}{1-1.25^5}\right]\text{人}=1.56\text{ 人}$$

平均逗留时间为

$$W_s=\frac{L_s}{\lambda_e}=\frac{2.44}{3.51}\text{ h}=0.696\text{ h}$$

平均排队时间为

$$W_q=\frac{L_q}{\lambda_e}=\frac{1.56}{3.51}\text{ h}=0.44\text{ h}$$

三、顾客源有限，即 $M/M/1/\infty/m$

现以最常见的机器因故障停机待修的问题来说明。设共有 m 台机器（顾客总体），机器因故障停机表示“到达”，待修的机器形成队列，修理工人是服务员。为简单起见，设各个顾客到达的到达率都是相同的 λ（在这里 λ 的含义是每台机器单位运转时间内发生故障的概率或平均次数），这时在系统外的顾客平均数为 $m-L_s$，对系统的有效到达率 λ_e 应为

$$\lambda_e=\lambda(m-L_s)$$

对于顾客源有限，即 $M/M/1/\infty/m$ 模型，排队系统的数量指标有：

$$P_0=\frac{1}{\sum_{i=0}^{m}\frac{m!}{(m-i)!}\left(\frac{\lambda}{\mu}\right)^i}\tag{13-15}$$

$$P_n = \frac{m!}{(m-n)!}\left(\frac{\lambda}{\mu}\right)^n P_0 \quad (1 \leqslant n \leqslant m) \tag{13-16}$$

$$L_s = m - \frac{\mu}{\lambda}(1 - P_0) \tag{13-17}$$

$$L_q = L_s - (1 - P_0) \tag{13-18}$$

$$W_s = \frac{m}{\mu(1-P_0)} - \frac{1}{\lambda} \tag{13-19}$$

$$W_q = W_s - \frac{1}{\mu} \tag{13-20}$$

【例 13-3】 某车间有 5 台机器，每台机器的连续运转时间服从负指数分布，平均连续运转时间 15 min，有一个修理工，每次修理时间服从负指数分布，平均每次 12 min。求：

（1）修理工空闲的概率。

（2）5 台机器都出现故障的概率。

（3）出故障的平均台数。

（4）等待修理的平均台数。

（5）平均停工时间。

（6）平均等待修理时间。

（7）评价这些结果。

解 $m=5$，$\lambda=\frac{60}{15}$台/h$=4$ 台/h，$\mu=\frac{60}{12}$台/h$=5$ 台/h，$\frac{\lambda}{\mu}=0.8$，则

（1）$P_0=\left[\frac{5!}{5!}\times(0.8)^0+\frac{5!}{4!}\times(0.8)^1+\frac{5!}{3!}\times(0.8)^2+\frac{5!}{2!}\times(0.8)^3+\frac{5!}{1!}\times(0.8)^1+\frac{5!}{0!}\times(0.8)^0\right]^{-1}=0.0073$

（2）$P_5=\frac{5!}{0!}\times(0.8)^5P_0=0.287$

（3）$L_s=\left[5-\frac{1}{0.8}\times(1-0.0073)\right]$台$=3.76$ 台

（4）$L_q=[3.76-(1-0.0073)]$台$=2.77$ 台

（5）$W_s=\left[\frac{5}{5\times(1-0.0073)}-\frac{1}{4}\right]\text{ h}=0.757\text{ h}=45\text{ min}$

（6）$W_q=(45-12)\text{ min}=33\text{ min}$

（7）机器停工时间过长，修理工几乎没有空闲时间，应当提高服务率减少修理时间，或增加工人人数以减少机器停工时间。

第三节 多服务台负指数分布排队系统分析

现在讨论单队、并列的多服务台（服务台数 c）的情形，仍可分为以下三种情形：

（1）标准的 $M/M/c$ 模型。

（2）系统容量有限（$M/M/c/N/\infty$）。

（3）有限顾客源（$M/M/c/\infty/m$）。

本节只讨论标准的 $M/M/c$ 模型，如图 13-3 所示。另两种情形请参阅参考文献［1］。

关于标准的 $M/M/c$ 模型各种特征的规定与标准的 $M/M/1$ 模型的规定相同。另外，规定各服务台的工作是相互独立的，且平均服务率相同 $\mu_1=\mu_2=\cdots=\mu_c=\mu$。于是整个服务机构的平均服务率为 $c\mu$（当 $n\geqslant c$）或为 $n\mu$（当 $n<c$）。令 $\rho=\dfrac{\lambda}{c\mu}$，只有当 $\dfrac{\lambda}{c\mu}<1$ 时，才不会排成无限长的队列，称它为这个系统的服务强度或称服务机构的平均利用率。

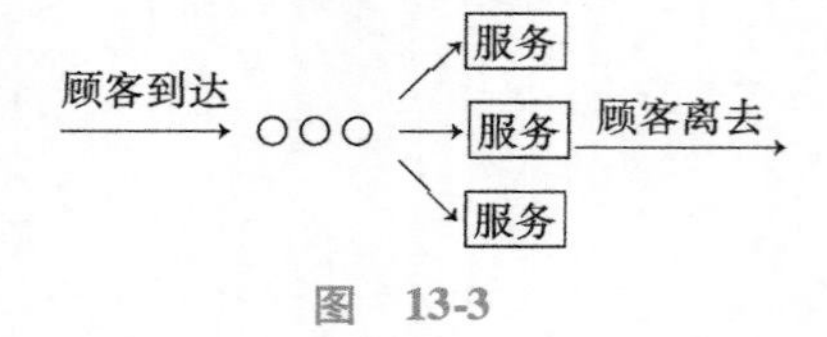

图 13-3

标准的 $M/M/c$ 排队系统的数量指标有：

$$P_0=\left[\sum_{k=0}^{c-1}\frac{1}{k!}\left(\frac{\lambda}{\mu}\right)^k+\frac{1}{c!}\frac{1}{1-\rho}\left(\frac{\lambda}{\mu}\right)^c\right]^{-1} \tag{13-21}$$

$$P_n=\begin{cases}\dfrac{1}{n!}\left(\dfrac{\lambda}{\mu}\right)^n P_0 & (n\leqslant c)\\[2ex] \dfrac{1}{c!\ c^{n-c}}\left(\dfrac{\lambda}{\mu}\right)^n P_0 & (n>c)\end{cases} \tag{13-22}$$

$$L_s=L_q+\frac{\lambda}{\mu} \tag{13-23}$$

$$L_q=\sum_{n=c+1}^{\infty}(n-c)P_n=\frac{(c\rho)^c\rho}{c!(1-\rho)^2}P_0 \tag{13-24}$$

$$W_q=\frac{L_q}{\lambda},W_s=\frac{L_s}{\lambda} \tag{13-25}$$

【例 13-4】 某售票处有三个窗口，顾客的到达过程服从泊松分布，平均到达率每分钟 $\lambda=0.9$ 人，服务（售票）时间服从负指数分布，平均服务率每分钟 $\mu=0.4$ 人。现设顾客到达后排成一队，依次向空闲的窗口购票。这就是一个 $M/M/c$ 型的系统，其中 $c=3$，$\dfrac{\lambda}{\mu}=2.25$，$\rho=\dfrac{\lambda}{c\mu}=\dfrac{2.25}{3}$（$<1$）符合要求的条件，代入公式，得：

（1）整个售票处空闲的概率为

$$P_0=\frac{1}{\dfrac{(2.25)^0}{0!}+\dfrac{(2.25)^1}{1!}+\dfrac{(2.25)^2}{2!}+\dfrac{(2.25)^3}{3!}\times\dfrac{1}{1-(2.25/3)}}=0.0748$$

（2）平均队长为

$$L_q = \left[\frac{\left(3 \times \frac{2.25}{3}\right)^3 \times \frac{2.25}{3}}{3! \times (1/4)^2} \times 0.0748 \right] 人 = 1.7 人$$

$$L_s = L_q + \frac{\lambda}{\mu} = (1.7 + 2.25) 人 = 3.95 人$$

（3）平均等待时间和逗留时间为

$$W_q = \frac{1.7}{0.9} \text{ min} = 1.89 \text{ min}$$

$$W_s = \left(1.89 + \frac{1}{0.4}\right) \text{ min} = 4.39 \text{ min}$$

顾客到达后必须等待（即系统中顾客数已有3人即各服务台都没有空闲）的概率为

$$P(n \geqslant 3) = 1 - P_0 - P_1 - P_2 = 1 - 0.0748 - 0.1683 - 0.189 \approx 0.57$$

请读者自己进行一下 $M/M/c$ 型系统和 c 个 $M/M/1$ 型系统的比较。

第四节　一般服务时间排队模型

一、$M/G/1/\infty/\infty$ 型排队系统

这种模型表示单服务台顾客泊松到达、任意服务时间的排队模型。仍设 λ 为平均到达率，μ 为平均服务率，可知平均服务时间变为$\frac{1}{\mu}$，再设服务时间的均方差为 σ，这样可以得到 $M/G/1$ 系统的数量指标。

（1）系统中没有顾客的概率为

$$P_0 = 1 - \frac{\lambda}{\mu} \tag{13-26}$$

（2）平均排队的顾客数为

$$L_q = \frac{\lambda^2\sigma^2 + (\lambda/\mu)^2}{2(1 - \lambda/\mu)} \tag{13-27}$$

（3）在系统中的平均顾客数为

$$L_s = L_q + \frac{\lambda}{\mu} \tag{13-28}$$

（4）一位顾客花在排队上的平均时间为

$$W_q = \frac{L_q}{\lambda} \tag{13-29}$$

（5）一位顾客在系统里的平均逗留时间为

$$W_s = W_q + \frac{1}{\mu} \tag{13-30}$$

（6）顾客到达系统时，得不到及时服务，必须排队等待服务的概率为

$$P_w = \frac{\lambda}{\mu} \tag{13-31}$$

【例 13-5】 某杂货店只有一名售货员，已知顾客的到达过程服从泊松分布，已知平均到达率为每小时 20 人，不清楚这个系统的服务时间服从什么分布。但从统计分析知道售货员平均服务一名顾客的时间为 2 min，服务时间的均方差为 1.5 min。试分析这个排队系统的数量指标。

解 这是一个 $M/G/1$ 的排队系统，其中，$\lambda = \frac{20}{60}$人/min = 0.333 人/min，$\frac{1}{\mu} = 2$ min，$\mu = 0.5$ 人/min，$\sigma = 1.5$ min

由式(13-26) ~ 式(13-31)计算得：

$$P_0 = 1 - \frac{0.333}{0.5} = 0.334$$

$$L_q = \frac{(0.3333)^2 \times (1.5)^2 + (0.6666)^2}{2 \times (1 - 0.6666)} \text{人} = 1.04 \text{ 人}$$

$$L_s = (1.04 + 0.6666)\text{人} = 1.71 \text{ 人}$$

$$W_q = \frac{1.04}{0.3333} \text{ min} = 3.12 \text{ min}$$

$$W_s = (3.12 + 2) \text{ min} = 5.12 \text{ min}$$

$$P_w = \frac{\lambda}{\mu} = 0.667$$

从这些数量指标可以看出，这家杂货店的服务水平不高，经营者可以根据内部和外部的情况分析来决定是否要再增加一个售货员。

二、$M/D/1/\infty/\infty$ 型排队系统

这是单服务台泊松到达、定长服务时间的排队模型，是 $M/G/1$ 的一种特殊情况。这种模型在一些自动控制的生产设备和装配线上常常出现。因为服务时间是常量，也就是均方差等于零，式（13-26）~式（13-31）对该模型仍适用，只是将 $\sigma = 0$ 代入即可。

【例 13-6】 某汽车自动冲洗服务营业部，冲洗每辆车所需时间是 6 min，到此洗车的顾客到达过程服从泊松分布，每小时平均到达 6 辆，求该排队系统的数量指标。

解 这是一个 $M/D/1$ 排队模型，其中 $\lambda = 6$ 辆/h，$\mu = 10$ 辆/h，则

$$P_0 = 1 - \frac{\lambda}{\mu} = 0.4$$

$$L_q = \frac{(\lambda/\mu)^2}{2(1-\lambda/\mu)} = \frac{0.6^2}{2\times(1-0.6)}\text{辆} = 0.45\ \text{辆}$$

$$L_s = L_q + \frac{\lambda}{\mu} = (0.45+0.6)\ \text{辆} = 1.05\ \text{辆}$$

$$W_q = \frac{L_q}{\lambda} = \frac{0.45}{6}\ \text{h} = 0.075\ \text{h}$$

$$W_s = W_q + \frac{1}{\mu} = (0.075+0.1)\ \text{h} = 0.175\ \text{h}$$

$$P_w = \frac{\lambda}{\mu} = 0.6$$

其他排队模型请参阅参考文献［2］。

第五节 排队系统的优化

本节用一个例子来说明排队系统的优化问题。

【例 13-7】 某储蓄所的顾客平均到达率 $\lambda = 0.6$ 人/min，平均服务率 $\mu = 0.8$ 人/min，该排队系统的数量指标为

$$P_0 = 1 - \frac{0.6}{0.8} = 0.25$$

$$L_q = \frac{\lambda^2}{\mu(\mu-\lambda)} = 2.25\ \text{人}$$

$$L_s = L_q + \frac{\lambda}{\mu} = \left(2.25 + \frac{0.6}{0.8}\right)\text{人} = 3\ \text{人}$$

$$W_q = \frac{L_q}{\lambda} = \frac{2.25}{0.6}\ \text{min} = 3.75\ \text{min}$$

$$W_s = W_q + \frac{1}{\mu} = (3.75+1.25)\ \text{min} = 5\ \text{min}$$

$$P_w = \frac{\lambda}{\mu} = 0.75$$

系统中有 n 个顾客的概率如表 13-1 所示。

从以上数据知道，储蓄所的这个排队系统并不尽如人意，到达窗口的顾客有 75% 的概率要排队等待，排队的长度平均为 2.25 人，排队的平均时间为 3.75 min，是平均服务时间 1.25 min 的 3 倍，而且在储蓄所里有 7 个或更多的顾客的概率为 13.35%，这个概率太高了。因此该储蓄所必须提高服务水平，必须改进这个排队系统。

表 13-1 有 *n* 个顾客的概率

系统里的顾客数	概率	系统里的顾客数	概率
0	0.25	4	0.0791
1	0.1875	5	0.0593
2	0.1406	6	0.0445
3	0.1055	7 或 7 个以上	0.1335

要提高服务水平，减少顾客在系统里的平均逗留时间，即减少顾客的平均排队时间和平均服务时间，一般可采取两种措施：第一，减少服务时间，提高服务率；第二，增加服务台即增加服务窗口。储蓄所认为这两种方法都可以考虑，对这两种方法做了如下分析。

如采取第一种方法，不增加服务窗口，而增加新型点钞机，建立储户管理信息系统，可以缩短储蓄所每笔业务的服务时间，使每小时平均服务的顾客数目从原来的 48 人提高到 60 人，即每分钟平均服务的顾客数从 0.8 人提高到 1 人，这时 λ 仍然为 0.6，μ 为 1，此时系统的数量指标如表 13-2 所示。

表 13-2 系统的数量指标

系统里没顾客的概率	0.4	一位顾客平均逗留时间	2.5 min
平均排队的顾客人数	0.9 人	顾客到达系统必须等待排队的概率	0.6
系统里的平均顾客数	1.5 人	系统里有 7 个或更多顾客的概率	0.0279
一位顾客平均排队时间	1.5 min		

从表 13-2 可以看出，由于把服务率从 0.8 提高到 1，其排队系统有了很大的改进，顾客平均排队时间从 3.75 min 减少到 1.5 min，顾客平均逗留时间从 5 min 减少到 2.5 min，在系统里有 7 人或超过 7 人的概率有大幅度的下降，从 13.35% 下降到 2.79%。

如果采用第二个方法，再开设一个服务窗口，排队的规则为每个窗口排一个队，先到先服务，并假设顾客一旦排了一个队，就不能再换到另一个队上去（譬如，当把这个服务台设在另一个地点，上述的假设就成立了）。这种处理方法就是把顾客分流，把一个排队系统分成两个排队系统，每个系统中有一个服务台，每个系统的服务率仍然为 0.8，但到达率由于分流，只有原来的一半了，即 $\lambda=0.3$ 人/min，这时可求得每一个排队系统的数量指标如表 13-3 所示。

表 13-3 系统的数量指标

系统里没顾客的概率	0.625
平均排队的顾客人数	0.225 人
系统里的平均顾客数	0.6 人
一位顾客平均排队时间	0.75 min
一位顾客平均逗留时间	2.0 min
顾客到达系统必须等待排队的概率	0.375
系统里有 7 个或更多顾客的概率	0.0074

比较表 13-1 和表 13-3，知道采用第二个方法的服务水平也使得原来的服务水平有了很大的提高。采用第二种方法顾客平均排队时间减少到了 0.75 min，顾客平均逗留时间减少到了 2 min，第二种方法的排队系统为两个 $M/M/1$ 的排队系统。如果在第二种方法中把排队的

规则变一下，在储蓄所里只排一个队，这样的排队系统就变成了 $M/M/2$ 排队系统，此时系统的数量指标优化读者自己做一下。

一般情况下，提高服务水平可减少顾客的等待费用（损失），但增加了服务机构的成本，在进行排队服务系统优化时要权衡服务成本与等待成本之间的均衡，优化的目标之一就是使总费用之和为最小，并确定达到最优目标值的服务水平。

将一个排队系统的单位时间的总费用 TC 定义为服务机构的单位时间的费用与顾客在排队系统里逗留单位时间的费用之和。即：

$$TC = c_w L_s + c_s c$$

其中，c_w 为一个顾客在排队系统里逗留一个单位时间所付出的费用；L_s 为在系统里的顾客数；c_s 为每个服务台单位时间的费用；c 为服务台数。

如果在例 13-7 中，$c_s = 18$ 元，$c_w = 10$ 元，对于 $M/M/1$ 模型，$L_s = 3$ 人，$c = 1$ 台，得：

$$TC = c_w L_s + c_s c = (10 \times 3 + 18 \times 1)\text{元/h} = 48\text{ 元/h}$$

而 $M/M/2$ 模型，$L_s = 0.8727$，$c = 2$，得：

$$TC = c_w L_s + c_s c = (10 \times 0.8727 + 18 \times 2)\text{元/h} = 44.73\text{ 元/h}$$

习题

1. 某修理店只有一个修理工人，来修理的顾客到达服从泊松分布，平均每小时 4 人；修理时间服从负指数分布，平均需要 6 min，求：

(1) 修理店空闲时间的概率。

(2) 店内有 3 个顾客的概率。

(3) 店内至少有一个顾客的概率。

(4) 店内顾客平均数。

(5) 在店内平均逗留时间。

(6) 等待服务的顾客平均数。

(7) 平均等待修理时间。

2. 在上题中，如果顾客平均到达增加到每小时 12 人，仍为泊松分布，服务时间不变，这时增加了一个工人。

(1) 说明增加工人的原因。

(2) 增加工人后店内的空闲概率。

(3) 有 2 个顾客或更多个顾客（即繁忙）的概率。

(4) 店内顾客平均数。

(5) 在店内平均逗留时间。

(6) 等待服务的顾客平均数。

(7) 平均等待修理时间。

3. 某单人理发店顾客到达为泊松分布，平均到达间隔为 20 min，理发时间服从负指数分布，平均时间为 15 min。求：

(1) 顾客来理发不必等待的概率。

(2) 理发店内顾客平均数。

(3) 顾客在理发店内平均逗留时间。

(4) 若顾客在店内平均逗留时间超过1.25 h，则店主将打算增加设备及理发员，问平均到达率提高多少时店主才做这样的打算?

4. 某大学图书馆的一个借书柜台的顾客流服从泊松分布，平均每小时50人，为顾客服务的时间服从负指数分布，平均每小时可服务80人，求：

(1) 顾客来借书不必等待的概率。

(2) 柜台前平均顾客数。

(3) 顾客在柜台前平均逗留时间。

(4) 顾客在柜台前平均等候时间。

5. 一个小型的平价自选市场只有一个收款出口，假设到达收款出口的顾客流为泊松分布，平均每小时为30人，收款员的服务时间服从负指数分布，平均每小时可服务40人。

(1) 计算这个排队系统的数量指标P_0、L_q、L_s、W_q、W_s。

(2) 顾客对这个排队系统抱怨花费的时间太多，商店为了改进服务，准备对以下两个方案进行选择：

1) 在收款出口，除了收款员外还专雇一名包装员，这样可使每小时的服务率从40人提高到60人。

2) 增加一个收款出口，使排队系统变成$M/M/2$系统，每个收款出口的服务率仍为40人。

请对这两个排队系统进行评价，并做出选择。

6. 某街道口有一电话亭，在步行距离为4 min的拐弯处另有一个电话亭，已知每次通话的平均时间为$1/\mu=3$ min的负指数分布，又已知到达这两个电话亭的顾客流均为$\lambda=10$的泊松分布，假如有名顾客去其中一个电话亭打电话，到达时正好有人通话，并且还有一个人在等候，问该顾客应在原地等候，还是转去另一个电话亭打电话?

7. 某单位电话交换台有一部300门内线的总机，已知上班时间，有30%的内线分机平均每30 min要一次外线电话，70%的分机在平均每隔1 h要一次外线电话，又知从外单位打来的电话的呼唤率平均30 s一次，设通话平均时间为2 min，又以上时间都属负指数分布。如果要求外线电话接通率为95%以上，问该交换台应设置多少条外线?

8. 一个车间内有10台相同的机器，每台机器运行时每小时能创造60元的利润，且平均每小时损坏一次。而一个修理工修复一台机器需0.25 h，以上时间均服从负指数分布。设一名修理工每小时的工资为90元，求：

(1) 该车间应设多少修理工，使总费用为最少?

(2) 若要求损坏的机器等待修理的时间不超过0.25 h，应设多少名修理工?

第十四章 决策分析

决策分析是人们生活和工作中普遍存在的一种活动，是为处理当前或未来可能发生的问题，选择最佳方案的一种过程。比如一个企业对某种新产品的市场需求情况不是十分清楚，即可能有好、中、差三种情况，市场好就能获利，中等情况就不赔不赚，如果情况差就要亏本，到底投不投产，这就需要进行决策分析。

诺贝尔经济学奖获得者西蒙有一句名言："管理就是决策。"决策是管理过程的核心。一项设计或计划通常会面对几种不同的情况（决策分析中称为自然状态），有几种不同的方案（决策分析中称为行动方案）可供选择。决策的好坏，小则关系到能否达到预期目的，大则决定企业的成败，关系到部门、地区乃至国家经济的盛衰。

决策通常分为三种类型：确定型、风险型、不确定型。其中确定型决策是在决策环境完全确定的条件下进行的，因而其所做出的选择结果也是确定的。譬如线性规划问题就属于确定型的决策问题。

所谓风险型情况下的决策和不确定型情况下的决策，都是在决策环境不完全确定的情况下进行的决策，它们之间的区别在于：对于风险型决策，各自然状态发生的概率决策者是可以预先估计或计算出来的；而后者，决策者对于各自然状态发生的概率是一无所知的，只能靠决策者的主观倾向进行决策。

第一节　不确定型决策方法

在不确定的情况下，决策者知道将面对一些自然状态，并知道将采用的几种行动方案在各个不同的自然状态下所获得的相应收益值。但决策者不能预先估计或计算出各种自然状态出现的概率。这种情况下的决策主要取决于决策者的素质和要求。下面介绍几种不确定型决策问题的方法，实际上是几个准则，决策者可以根据具体情况，选择一个最合适的准则进行决策。以下准则均假设决策矩阵中的元素 a_{ij} 为收益值。

一、悲观准则（max-min 准则）

决策者从最不利的角度去考虑问题，先选出每个方案在不同自然状态的最小收益值，再从这些最小收益值中选取一个最大值，从而确定最优行动方案。

【例 14-1】 某公司现需对某新产品生产批量做出决策，现有三种备选行动方案。S_1：大批量生产；S_2：中批量生产；S_3：小批量生产。未来市场对这种产品的需求情况有两种可能发生的自然状态：N_1：需求量大；N_2：需求量小。经估计，采用某一行动方案而实际发生某一自然状态时，公司的收益如表 14-1 所示，也称此收益表为收益矩阵，请用悲观准则做出决策。

解 $\min\limits_{1\leqslant j\leqslant 2} a_{1j} = \min\{30, -6\} = -6$

$\min\limits_{1\leqslant j\leqslant 2} a_{2j} = \min\{20, -2\} = -2$

$\min\limits_{1\leqslant j\leqslant 2} a_{3j} = \min\{10, 5\} = 5$

表 14-1 收益表 （单位：万元）

自然状态 / 行动方案	N_1（需求量大）	N_2（需求量小）
S_1（大批量生产）	30	-6
S_2（中批量生产）	20	-2
S_3（小批量生产）	10	5

再从这些最小收益中选取一个最大值 5，即在此准则下，小批量生产为最优。用表格方式求解此题如表 14-2 所示。

表 14-2 悲观准则决策过程 （单位：万元）

自然状态 / 行动方案	N_1（需求量大）	N_2（需求量小）	$\min a_{ij}$
S_1（大批量生产）	30	-6	-6
S_2（中批量生产）	20	-2	-2
S_3（小批量生产）	10	5	5（max）

从表 14-2 可知，在悲观准则下，方案 S_3 为最优。

二、乐观准则（max-max 准则）

根据此准则，决策者从最有利的结果去考虑问题，先找出每个方案在不同自然状态下最大的收益值，再从这些最大收益值中选取一个最大值，相应方案为最优方案。用例 14-1 说明，见表 14-3。

表 14-3 乐观准则决策过程 （单位：万元）

自然状态 / 行动方案	N_1（需求量大）	N_2（需求量小）	$\max a_{ij}$
S_1（大批量生产）	30	-6	30（max）
S_2（中批量生产）	20	-2	20
S_3（小批量生产）	10	5	10

可见在此准则下，方案 S_1 最优。

三、等可能性准则（Laplace 准则）

根据此准则，决策者把各自然状态发生的可能性看成是相同的，即每个自然状态发生的概率都是 $1/n$。这样决策者可以计算各行动方案的收益期望值，然后在所有这些期望值中选择最大者，以它对应的行动方案为最优方案。用例 14-1 说明，如表 14-4 所示。

表 14-4 等可能性准则决策过程 （单位：万元）

行动方案＼自然状态	N_1（需求量大）概率（1/2）	N_2（需求量小）概率（1/2）	收益期望值 $E(S_i)$
S_1（大批量生产）	30	-6	12（max）
S_2（中批量生产）	20	-2	9
S_3（小批量生产）	10	5	7.5

$$E(S_1)=[0.5\times30+0.5\times(-6)]\text{万元}=12\text{ 万元}$$
$$E(S_2)=[0.5\times20+0.5\times(-2)]\text{万元}=9\text{ 万元}$$
$$E(S_3)=[0.5\times10+0.5\times5]\text{万元}=7.5\text{ 万元}$$

其中，$E(S_1)$最大，根据等可能性准则，方案 S_1 为最优。

四、折中准则

此准则为乐观准则和悲观准则之间的折中，决策者根据以往的经验，确定了一个乐观系数 α（$0\leqslant\alpha\leqslant1$）。利用公式

$$CV_i=\alpha\max_j a_{ij}+(1-\alpha)\min_j a_{ij}$$

计算出方案 S_i 折中准则下的收益值 CV_i，然后在 $CV_i(i=1,2,\cdots,m)$ 中选出最大值，相应的方案确定为最优方案。

很容易看到，当 $\alpha=1$ 时，折中准则即为乐观准则；当 $\alpha=0$ 时，折中准则即为悲观准则。用例 14-1 说明，取 $\alpha=0.7$，如表 14-5 所示。

表 14-5 折中准则决策过程 （单位：万元）

行动方案＼自然状态	N_1（需求量大）	N_2（需求量小）	CV_i
S_1（大批量生产）	30	-6	19.2（max）
S_2（中批量生产）	20	-2	13.4
S_3（小批量生产）	10	5	8.5

$$CV_1=[0.7\times30+0.3\times(-6)]\text{万元}=19.2\text{ 万元}$$
$$CV_2=[0.7\times20+0.3\times(-2)]\text{万元}=13.4\text{ 万元}$$
$$CV_3=[0.7\times10+0.3\times5]\text{万元}=8.5\text{ 万元}$$

即得 $\max\{CV_i\}=19.2$ 万元，故方案 S_1 为最优方案。

五、后悔值准则（min-max 后悔准则）

后悔值准则是由经济学家沙万奇（Savage）提出的，故又称沙万奇准则。决策者制订决

策之后，若情况未能符合理想，必将后悔。这个方法是将各自然状态下的最大收益值定为理想目标，并将该状态中的其他值与最高值之差称为未达到理想目标的后悔值，然后从各方案中的最大后悔值中取一个最小的，相应的方案为最优方案。

要用“后悔值”决策时，先求出后悔值矩阵。仍以例 14-1 为例，其后悔值矩阵如表 14-6 所示。

表 14-6 后悔值准则决策过程 （单位：万元）

自然状态 / 行动方案	N_1（需求量大）	N_2（需求量小）	$\max a'_{ij}$
S_1（大批量生产）	0	11	11
S_2（中批量生产）	10	7	10（min）
S_3（小批量生产）	20	0	20

在后悔值矩阵 $(a'_{ij})_{m\times n}$ 中，元素 a'_{ij} 表示的后悔值为

$$a'_{ij}=\{\max_{S}\{a_{ij}\}-a_{ij}\}$$

例如：

$$a'_{11}=\{\max\{30,20,10\}-30\}=30-30=0$$
$$a'_{22}=\{\max\{-6,-2,5\}-(-2)\}=5-(-2)=7$$

再从后悔矩阵中找出各方案的最大后悔值，方案 S_1 的最大后悔值为 11；S_2 的最大后悔值为 10；方案 S_3 的最大后悔值为 20。如表 14-6 最后一列。最后从最大后悔值中找出最小值，故在后悔值准则下取方案 S_2。

在不确定型决策中是因人、因地、因时选择准则的。在实际中，决策者面临不确定型决策问题时，往往首先设法获取有关自然状态的信息，把不确定决策问题转化为风险决策。

第二节　风险型决策方法

如果决策者不仅知道所面临的一些自然状态，以及将采用的一些行动方案在各个不同自然状态下所取得的相应的收益值，而且还知道这些自然状态的概率分布，这就是风险型决策问题。

一、风险型决策的期望值准则

期望值准则就是把每个方案在各种自然状态下的收益值看成离散型的随机变量，求出每个方案的收益值的数学期望，加以比较，选取一个收益值的数学期望最大的行动方案为最优方案。

【例 14-2】 在例 14-1 的基础上，根据以往的经验，估计出需求量大（N_1）这个自然状态出现的概率为 0.3，需求量小（N_2）这个自然状态出现的概率为 0.7。用期望值准则进行决策。

算出每个行动方案的收益的期望。

$$E(S_1)=[0.3\times30+0.7\times(-6)]\text{万元}=4.8\text{ 万元}$$

$$E(S_2)=[0.3\times20+0.7\times(-2)]\text{万元}=4.6\text{ 万元}$$
$$E(S_3)=(0.3\times10+0.7\times5)\text{万元}=6.5\text{ 万元}$$

可知 $E(S_3)=6.5$ 万元为最大收益期望值，故应采用 S_3（小批量生产）的行动方案，如表 14-7 所示。

表 14-7　最大收益期望准则决策过程　　（单位：万元）

自然状态 / 行动方案	N_1（需求量大）$P(N_1)=0.3$	N_2（需求量小）$P(N_2)=0.7$	收益期望值 $E(S_i)$
S_1（大批量生产）	30	−6	4.8
S_2（中批量生产）	20	−2	4.6
S_3（小批量生产）	10	5	6.5（max）

二、决策树法

在用期望值准则决策时，对于一些较为复杂的风险型决策问题，例如，多级决策问题，只用表格是难以表达和分析的。为此引入了决策树法。决策树法同样是使用期望值准则进行决策，但它具有直观形象、思路清晰等优点。所谓决策树，就是将有关的方案、状态、结果、收益值和概率等用一些节点和边组成的类似于“树”的图形表示出来。它的基本组成部分包括：

□——表示决策点，从它引出的分枝叫方案分枝，分枝数反映可能的行动方案数。

○——表示状态节点，从它引出的分枝叫状态分枝，每条分枝的上面写明了自然状态及其出现的概率，分枝数反映可能的自然状态数。

△——表示结果节点，它旁边的数字是每一个方案在相应状态下的收益值。

根据表 14-7 的数据做出的决策树如图 14-1 所示。

图中节点上的数字为收益期望值。这个决策树显示了一个随着时间发展的自然过程。首先，公司必须做出它的决策（S_1，S_2，S_3），然后执行它的行动方案，某种自然状态（N_1 或 N_2）将出现，结果节点旁的数字就是这个执行方案在这种自然状态下的收益值。

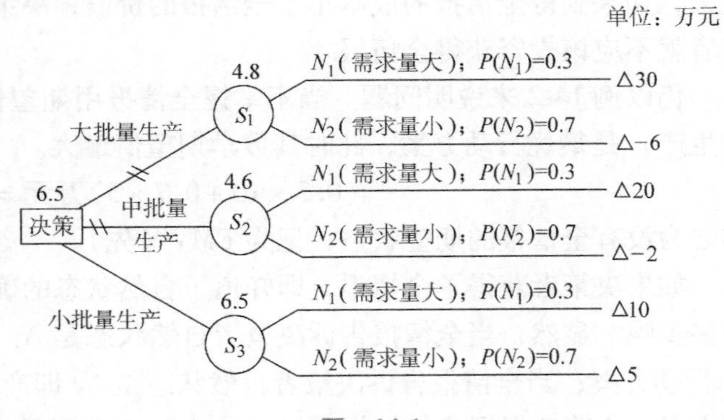

图　14-1

将各方案节点上的期望值加以比较，选取最大的收益期望值 6.5 万元写在决策点的上方，说明选定了方案 S_3，其余方案分枝上打有剪枝记号“//”表示该方案删除掉，或称剪枝方案。

为了掌握和运用决策树方法进行决策，需要掌握以下几个关键步骤：

（1）绘制决策树。

（2）自右到左计算各个方案的期望值，并将结果写在相应的状态节点处。

（3）选取收益期望值最大（或损失期望值最小）的方案作为最优方案。

以上例子只包括一级决策，叫单级决策问题。有些决策问题包括两级以上的决策，叫多级决策问题。本节在后面使用决策树方法时，会涉及多级决策问题。

第三节 贝叶斯（Bayes）决策分析

在处理风险型决策问题的期望值方法中，需要知道各种状态出现的概率 $P(N_1),\cdots,P(N_n)$，称这些概率为先验概率。因为不确定性经常是由于信息的不完备造成的，决策的过程实际上是一个不断收集信息的过程，当信息足够完备时，决策者便不难做出最后的决策。因此，当收集到一些有关决策的进一步信息 B 后，对原有各种状态出现概率的估计可能会发生变化。变化后的概率记为$P(N_j \mid B)$，这是一个条件概率，表示在得到追加信息 B 后对原概率$P(N_j)$的修正，故称为后验概率。由先验概率得到后验概率的过程称为概率修正，决策者事实上经常是根据后验概率进行决策的。这样的过程称为贝叶斯决策。

一、全情报的价值（EVPI）

追加信息的获取一般应有助于改进对不确定型决策问题的分析。为此，需要解决两方面的问题：①如何根据追加信息对先验概率进行修正，并根据后验概率进行决策；②由于获取信息通常要支付一定的费用，这就产生了一个需要将有追加信息情况下可能的收益增加值同为获取信息所支付的费用进行比较，当追加信息可能带来的新收益大于信息本身的费用时，才有必要去获取新的信息。因此，通常把信息本身能带来的新的收益称为信息的价值。

所谓全情报，就是关于自然状态的确切的信息。为了获得更多的收益，有必要计算全情报的价值，记为 EVPI，即全情报所带来的额外的收益。计算出全情报的价值将有利于做出决策，如果获得全情报的成本小于全情报的价值，决策者就应该投资获得全情报；反之，决策者就不应该投资获得全情报。

仍以例 14-2 来说明问题。当不掌握全情报用期望值准则来决策时，我们知道 S_3（小批量生产）是最优行动方案，此时其数学期望值最大。

$$(0.3\times10+0.7\times5)\text{万元}=6.5\text{ 万元}$$

称之为没有全情报的期望收益，记为 EMV（先）。

如果决策者获得了全情报，即知道了自然状态的确切信息，那么决策者的收益期望值应为多少呢？显然，当全情报告诉决策者自然状态是 N_1 即产品需求量大时，决策者一定采取 S_1 行动方案；当全情报告诉决策者自然状态是 N_2 即产品需求量小时，决策者一定采取 S_3 行动方案。决策者根据确切情报“随机应变”而获得最大收益，此时决策者收益的平均值为：

$$(0.3\times30+0.7\times5)\text{万元}=12.5\text{ 万元}$$

称之为全情报的期望收益，记为 EPPI。

显然，全情报的期望收益超过没有全情报的期望收益部分即为全情报的价值，记为 EVPI。即有：

$$\text{EVPI}=\text{EPPI}-\text{EMV(先)}=(12.5-6.5)\text{万元}=6\text{ 万元}$$

对此例来说，当投资研究或购买全情报的成本小于全情报的价值 6 万元时，决策者应该投资于全情报的获得，否则就不应该投资于全情报的获得。

一般说来，研究或购买并不能得到真正的“全”情报。然而一些“部分”情报价值也应该是部分的全情报的价值，下面解决“部分”情报的决策分析。

二、具有样本情报的决策分析

在例 14-2 中，根据以往的经验，估计 N_1 发生的概率为 0.3，N_2 发生的概率为 0.7。这样由过去经验或专家估计所获得的将发生事件的概率称为先验概率。为了做出可能的最好决策，除了先验概率外，决策者要追求关于自然状态的另外信息用于修正先验概率，以得到对自然状态更好的概率估计。

这种另外的信息一般是通过调查或试验得到的关于自然状态的样本信息或称样本情报。当然这种样本情报不是“全”情报，只是“部分”情报。仍以例 14-2 为例，说明如何用样本情报来修正先验概率。这种修正了的概率称为后验概率。

在例 14-2 中，已经知道 N_1 发生的概率为 0.3，N_2 发生的概率为 0.7。用期望值准则求得最优行动方案为 S_3（小批量生产），所获得的期望收益为 6.5 万元。并且前面也已求得了该全情报的价值为 6 万元。

【例 14-3】 在例 14-2 的基础上，该公司为了得到关于对新产品需求量这个自然状态的更多的信息，委托一个咨询公司做市场调查。咨询公司调查的结果也有两种：①市场需求量大；②市场需求量小。根据该咨询公司积累的资料统计得知，当市场需求量大时，该咨询公司调查结论也为市场需求量大的概率为 0.8；调查结论为市场需求量小的概率为 0.2。当市场需求量小时，咨询公司调查结论也为市场需求量小的概率为 0.9；结论为市场需求量大的概率为 0.1。咨询公司的情报要价 3 万元，该公司如何决策？

用 I_1 表示咨询公司结论为市场需求量大，用 I_2 表示咨询公司结论为市场需求量小，则

$$P(N_1)=0.3, P(N_2)=0.7$$
$$P(I_1|N_1)=0.8, P(I_2|N_1)=0.2$$
$$P(I_1|N_2)=0.1, P(I_2|N_2)=0.9$$

由全概率公式可知：

$$\begin{aligned}P(I_1)&=P(N_1)P(I_1|N_1)+P(N_2)P(I_1|N_2)\\&=0.3\times0.8+0.7\times0.1=0.31\end{aligned}$$
$$\begin{aligned}P(I_2)&=P(N_1)P(I_2|N_1)+P(N_2)P(I_2|N_2)\\&=0.3\times0.2+0.7\times0.9=0.69\end{aligned}$$

由贝叶斯公式可得：

$$P(N_1|I_1)=\frac{P(N_1)P(I_1|N_1)}{P(I_1)}=\frac{0.3\times0.8}{0.31}=0.7742$$

$$P(N_2|I_1)=\frac{P(N_2)P(I_1|N_2)}{P(I_1)}=\frac{0.7\times0.1}{0.31}=0.2258$$

$$P(N_1|I_2)=\frac{P(N_1)P(I_2|N_1)}{P(I_2)}=\frac{0.3\times0.2}{0.69}=0.087$$

$$P(N_2|I_2)=\frac{P(N_2)P(I_2|N_2)}{P(I_2)}=\frac{0.7\times0.9}{0.69}=0.913$$

决策树如图 14-2 所示。

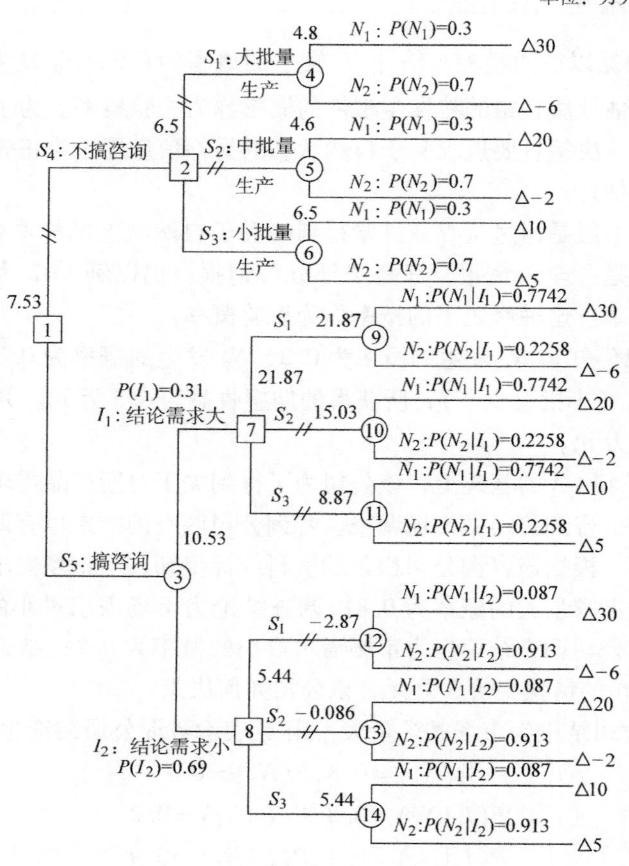

图 14-2

树中节点 2 的收益期望值 6.5 万元为不搞咨询的最大期望收益；节点 3 的收益期望值 10.53 万元为找咨询公司咨询后的最大期望收益，咨询后多收益 4.03 万元，而咨询公司要价 3 万元，所以应该委托其进行市场调查。该样本情报价值 EVSI = （4.03 − 3）万元 = 1.03 万元。节点 1 的期望值为节点 3 的期望值 10.53 万元减去咨询费 3 万元。

最终的结论是：

（1）要搞市场咨询。

（2）根据咨询的结果组织生产：当咨询结论为需求大时搞大批生产，当结论为需求小时搞小批生产，这样收益期望值最大，为 7.53 万元。

习题

1. 某公司需要决策建大厂还是建小厂来生产一种新产品，该产品的市场寿命为 10 年，建大厂的投资费用为 280 万元，建小厂的投资费用为 140 万元。市场需求的概率分布及每年的获利情况如表14-8所示。用决策树法进行决策。

表14-8 习题1数据表 (单位：万元)

方 案	需求状态	高需求	中需求	低需求
	概率	0.5	0.3	0.2
建大厂		100	60	-20
建小厂		25	45	55

2. 某厂有一种新产品，其推销策略有 S_1、S_2、S_3 三种可供选择，但各方案所需的资金、时间都不同，加上市场的情况差异，因而获利和亏损情况不同。而市场情况也有三种：θ_1（需求量大）、θ_2（需求量小）、θ_3（需求量低）。市场情况的概率并不知道，其损益矩阵如表14-9所示。

表14-9 习题2数据表 (单位：万元)

推销策略 \ 市场情况	θ_1	θ_2	θ_3
S_1	50	10	-5
S_2	30	25	0
S_3	10	10	10

分别用乐观决策准则和悲观决策准则进行决策。

3. 某企业面临三种方案可以选择，5年内的损益表如表14-10所示。

表14-10 习题3数据表 (单位：万元)

方案 \ 市场情况	高	中	低	失败
扩建	50	25	-25	-45
新建	70	30	-40	-80
转包	30	15	-1	-10

请用折中准则（$\alpha=0.3$，$\alpha=0.7$）和等可能准则进行决策。

4. 已知面对四种自然状态的三种备选行动方案的公司收益如表14-11所示。

表14-11 习题4数据表 (单位：万元)

方案 \ 状态	N_1	N_2	N_3	N_4
S_1	15	8	0	-6
S_2	4	14	8	3
S_3	1	4	10	12

假设不知道各种自然状态出现的概率请分别用以下五种方法求最优行动决策方案：

（1）悲观决策准则。

（2）乐观决策准则。

（3）等可能性准则。

（4）折中准则（取 $\alpha=0.6$）。

（5）后悔值准则。

5. 根据以往的资料，一家面包店需要的面包数（即面包当天的需求量）可能为下面各个数量中的一个：120、180、240、300、360。但不知其分布概率。如果一个面包当天没销售掉，则在当天结束时以0.10元处理给饲养场。新面包的售价是1.20元，每个面包的成本是0.50元，假设进货量限定需求量中的某一个，求：

（1）写出面包进货问题的收益矩阵。

（2）分别用悲观决策准则、乐观决策准则、后悔值法以及折中准则（$\alpha=0.7$），进行决策。

6. 某制造厂加工了150个机器零件，经验表明由于加工设备的原因，这一批零件不合格率p不是0.05就是0.25，且所加工的这批量中p等于0.05的概率是0.8。这些零件将被用来组装部件。制造厂可以在组装前按每个零件10元的费用来检验这批零件的每个零件，发现不合格立即更换，也可以不予检验就直接组装，但发现一个不合格品进行返工的费用是100元。

（1）写出这个问题的收益矩阵。

（2）用期望值法求出该厂的最优检验方案。

7. 某公司有50000元多余资金，如用于某项开发事业估计成功率是96%，成功时一年可以获利20%。一旦失败，有丧失全部资金的危险，如把资金存入银行中，则可以获得年利6%。

（1）用期望值准则进行决策，应采取哪个方案？

（2）假设为了获取更多情报，该公司求助于咨询服务。当然咨询意见只是提供参考，帮助下决心。据过去咨询公司类似200例咨询意见统计结果表明，当咨询项目确定应开发时，咨询意见也为应该开发的条件概率是90%，而咨询意见是不应开发的条件概率是10%；当咨询项目不应开发时，咨询意见也为不应该开发的条件概率是60%，而咨询意见为应该开发的条件概率是40%。请求出此样本情报的价值以及样本情报效率。如果咨询服务费用为800元，是否值得？

习题参考答案及提示

第　一　章

1.

（1）$\max z' = -5x_1' + 6x_2 + 7(x_3' - x_3'')$

$$\text{s.t.}\quad \begin{cases} x_1' - 5x_2 - 3(x_3' - x_3'') - x_4 = 15 \\ 5x_1' - 6x_2 + 10(x_3' - x_3'') + x_5 = 20 \\ x_1' + x_2 + (x_3' - x_3'') = 5 \\ x_1', x_2, x_3', x_3'', x_4, x_5 \geqslant 0 \end{cases}$$

（2）$\max z' = -2x_1 + 5x_2' + 7(x_3' - x_3'')$

$$\text{s.t.}\quad \begin{cases} -x_1 - 2x_2' - 3(x_3' - x_3'') - x_4 = 5 \\ 2x_1 - 6x_2' - (x_3' - x_3'') - x_5 = 3 \\ 3x_1 + 8x_2' + 9(x_3' - x_3'') = 6 \\ 6x_1 + 7x_2' - 4(x_3' - x_3'') + x_6 = 2 \\ x_1, x_2', x_3', x_3'', x_4, x_5, x_6 \geqslant 0 \end{cases}$$

3. 设三种产品的生产量分别为 x_1、x_2、x_3，则其线性规划模型为

$$\max z = 10x_1 + 6x_2 + 4x_3$$

$$\text{s.t.}\quad \begin{cases} x_1 + x_2 + x_3 \leqslant 100 \\ 10x_1 + 4x_2 + 5x_3 \leqslant 600 \\ 2x_1 + 2x_2 + 6x_3 \leqslant 300 \\ x_1,\ x_2,\ x_3 \geqslant 0 \end{cases}$$

4. 设生产每千克聚合叶片需树脂 x_1 kg、纤维 x_2 kg、玻璃布 x_3 kg，则其线性规划模型为

$$\min z = 30x_1 + 80x_2 + 40x_3$$

$$\text{s. t.} \quad \begin{cases} x_1 + x_2 + x_3 = 1 \\ x_1 \leqslant 0.4 \\ x_2 \geqslant 0.4 \\ x_3 \geqslant 0.2 \\ x_1, \ x_2, \ x_3 \geqslant 0 \end{cases}$$

5. $\max z = 30x_1 + 20x_2 + 50x_3$

$$\text{s. t.} \quad \begin{cases} 4x_1 + 6x_2 + 9x_3 \leqslant 4000 \\ 7x_1 + 5x_2 + 13x_3 \leqslant 6000 \\ x_1 + \dfrac{1}{2}x_2 + \dfrac{1}{3.5}x_3 \leqslant 300 \\ x_1 \geqslant 200 \\ x_2 \geqslant 150 \\ x_3 \geqslant 250 \\ 2x_1 = 3x_2 \\ 5x_2 = 2x_3 \\ x_1, \ x_2, \ x_3 \geqslant 0 \end{cases}$$

6. 设 x_i 表示第 i 班次时段开始来上班的司乘人员数，则：

$$\min z = x_1 + x_2 + x_3 + x_4 + x_5 + x_6$$

$$\text{s. t.} \quad \begin{cases} x_6 + x_1 \geqslant 60 \\ x_1 + x_2 \geqslant 70 \\ x_2 + x_3 \geqslant 60 \\ x_3 + x_4 \geqslant 50 \\ x_4 + x_5 \geqslant 20 \\ x_5 + x_6 \geqslant 30 \\ x_j \geqslant 0, \ j = 1, \ 2, \ 3, \ 4, \ 5, \ 6 \end{cases}$$

7. 设所生产的甲产品中 A、B、C 的消耗量分别为 x_A、x_B、x_C；所生产的乙产品中 A、B、C 的消耗量分别为 y_A、y_B、y_C；所生产的丙产品中 A、B、C 的消耗量分别为 z_A、z_B、z_C，则线性规划模型为

$$\begin{aligned} \max z = & (3.40 - 0.5)(x_A + x_B + x_C) + (2.85 - 0.4)(y_A + y_B + y_C) + \\ & (2.25 - 0.3)(z_A + z_B + z_C) - 2.00(x_A + y_A + z_A) - \\ & 1.50(x_B + y_B + z_B) - 1.00(x_C + y_C + z_C) \end{aligned}$$

$$\text{s.t.}\begin{cases}x_A+y_A+z_A\leqslant 2000\\x_B+y_B+z_B\leqslant 2500\\x_C+y_C+z_C\leqslant 1200\\x_A/(x_A+x_B+x_C)\geqslant 0.6\\x_C/(x_A+x_B+x_C)\leqslant 0.2\\y_A/(y_A+y_B+y_C)\geqslant 0.15\\y_C/(y_A+y_B+y_C)\leqslant 0.6\\z_C/(z_A+z_B+z_C)\leqslant 0.5\\\text{所有变量非负}\end{cases}$$

8. 设 x_1、x_2、x_3 是1、2、3车间所开工班数，则得A、B材料的约束方程为

$$\max z=y$$

$$\text{s.t.}\begin{cases}7x_1+6x_2+8x_3-4y\geqslant 0\\5x_1+9x_2+4x_3-3y\geqslant 0\\8x_1+5x_2+3x_3\leqslant 300\\6x_1+9x_2+8x_3\leqslant 500\\x_1,x_2,x_3,y\geqslant 0\end{cases}$$

说明：此外，因每件产品需甲、乙零件的配套比例为4:3，因此产品的最大产量不会超过 $(7x_1+6x_2+8x_3)/4$ 和 $(5x_1+9x_2+4x_3)/3$ 中较小的一个。所以，目标函数应该是使 $y=\min\{(7x_1+6x_2+8x_3)/4,(5x_1+9x_2+4x_3)/3\}$ 尽可能大。此式等价于 $(7x_1+6x_2+8x_3)/4\geqslant y$，$(5x_1+9x_2+4x_3)/3\geqslant y$。

9. 设 x_{ij} 为第 j 年把资金作第 i 项投资的资金数（$i=1,2,3,4$ 分别对应投资机会A、B、C、D；$j=1,2,3$），以 z 表示第三年年底的总获利数，则得线性规划模型为

$$\max z=0.2x_{11}+0.2x_{12}+0.2x_{13}+0.5x_{21}+0.6x_{32}+0.4x_{43}$$

$$\text{s.t.}\begin{cases}x_{11}+x_{21}\leqslant 30000\\x_{12}+x_{32}\leqslant 30000-x_{21}+0.2x_{11}\\x_{13}+x_{43}\leqslant 30000-x_{32}+0.2x_{11}+0.2x_{12}+0.5x_{21}\\x_{21}\leqslant 20000\\x_{32}\leqslant 15000\\x_{43}\leqslant 10000\\x_{ij}\geqslant 0,\ i=1,\ 2,\ 3,\ 4;\ j=1,\ 2,\ 3\end{cases}$$

第 二 章

2. (1) 基本解有六组,分别为$\left(\frac{10}{7},\frac{12}{7},0,0\right)$,$\left(\frac{22}{7},0,-\frac{12}{7},0\right)$,(2,0,0,2),$\left(0,\frac{22}{7},\frac{10}{7},0\right)$,(0,6,0,−5),$\left(0,0,3,\frac{11}{2}\right)$。其中基本可行解有四组,分别为$\left(\frac{10}{7},\frac{12}{7},0,0\right)$,(2,0,0,2),$\left(0,\frac{22}{7},\frac{10}{7},0\right)$,$\left(0,0,3,\frac{11}{2}\right)$,其中的最优解为$\left(0,0,3,\frac{11}{2}\right)$。

   (2) 基本解有五组,分别为$\left(-\frac{1}{3},\frac{11}{3},0,0\right)$,$\left(\frac{2}{5},0,\frac{11}{5},0\right)$,$\left(-\frac{1}{3},0,0,\frac{11}{6}\right)$,(0,2,1,0),(0,0,1,1),其中基本可行解有三组,分别为$\left(\frac{2}{5},0,\frac{11}{5},0\right)$,(0,2,1,0),(0,0,1,1),其中的最优解为(0,0,1,1)。

3. (1) 最优解为$x_1=2,x_2=6,x_3=2,z=36$;唯一最优解。

   (2) 因为$\sigma_7>0$,而$a_{i7}\leqslant 0$,故本问题为无界解。

4. (1) $d\geqslant 0,c_1<0,c_2<0$　　(2) $d\geqslant 0,c_1\leqslant 0,c_2\leqslant 0$,$c_1$、$c_2$中至少一个为0

   (3) $c_2>0,a_1\leqslant 0,d\geqslant 0$　　(4) $d>0,c_1>0,\frac{3}{a_3}<\frac{d}{4},a_3>0$

5. (1) $X^*=\left(\frac{45}{7},\frac{4}{7},0,0,0,0\right)^{\mathrm{T}}$; $\max z^*=\frac{102}{7}$

   (2) $X^*=\left(\frac{4}{5},\frac{9}{5},0,0,0,0,0\right)^{\mathrm{T}}$; $\min z=7$;有无穷多最优解

6. (1) $B^{-1}=\begin{pmatrix}1/2 & 0\\ -1/2 & 1\end{pmatrix}$

   (2) $a=3,b=4,c=3,d=-1/2,e=5/2,f=-2$

7.

c_j		3	2	0	0	
C_B	X_B	x_1	x_2	x_3	x_4	b
0	x_3			1	0	14
0	x_4			0	1	9
c_j-z_j		3	2	0	0	0

⋮　　⋮　　⋮

c_j		3	2	0	0	
C_B	X_B	x_1	x_2	x_3	x_4	b
2	x_2	0	1			5/2
3	x_1	1	0			13/4
c_j-z_j		0	0	−1/4	−5/4	59/4

8.

			c_j					
C_B	X_B	b	x_1	x_2	x_3	x_4	x_5	x_6
	x_4					1	0	0
	x_5					0	1	0
	x_6					0	0	1
c_j-z_j			3	2	3	0	0	0

			c_j					
C_B	X_B	b	x_1	x_2	x_3	x_4	x_5	x_6
3	x_3	6	23/8	0	1			
0	x_5	10	35/8	0	0			
2	x_2	0	−7/4	1	0			
c_j-z_j			−17/8	0	0	−5/8	0	−1/16

9. $a=1, b=-2, c=-1, d=\frac{12}{7}, e=\frac{4}{7}, f=-\frac{1}{7}, g=\frac{13}{7}, h=\frac{23}{7}$

$i=-\frac{50}{7}, j=1, k=5, l=-\frac{12}{7}$

10.

			10	5	0	0
C_B	X_B	b	x_1	x_2	x_3	x_4
5	x_2	3/2	0	1	5/14	−3/14
10	x_1	1	1	0	−1/7	2/7
c_j-z_j			0	0	−5/14	−25/14

第　三　章

1.

（1）$\max w = y_1 + 2y_2 + 3y_3$

s. t. $\begin{cases} y_1 + y_2 \leqslant 2 \\ y_1 - y_2 + y_3 \geqslant 1 \\ -y_1 + y_2 + y_3 = -1 \\ y_1 \text{ 为自有变量}，y_2 \geqslant 0，y_3 \leqslant 0 \end{cases}$

（2）$\min w = 5y_1 + 8y_2 + 20y_3$

s. t. $\begin{cases} -y_1 + 6y_2 + 12y_3 \geqslant 1 \\ y_1 + 7y_2 - 9y_3 \geqslant 2 \\ -y_1 + 3y_2 - 9y_3 \leqslant -3 \\ y_1 \leqslant 0，y_2 \geqslant 0，y_3 \text{ 无约束} \end{cases}$

(3) $\max w = 2y_1 - 3y_2$

s. t. $\begin{cases} y_1 - 2y_2 \leqslant 2 \\ 2y_1 + y_2 \leqslant 3 \\ 3y_1 - y_2 \leqslant 5 \\ y_1 + 3y_2 \leqslant 6 \\ y_1 \geqslant 0,\ y_2 \leqslant 0 \end{cases}$

(4) $\min z = 2x_1 + 2x_2 + 4x_3$

s. t. $\begin{cases} x_1 + 3x_2 + 4x_3 \geqslant 2 \\ 2x_1 + x_2 + 3x_3 \leqslant 3 \\ x_1 + 4x_2 + 3x_3 = 5 \\ x_1,\ x_2 \geqslant 0,\ x_3 \text{ 无约束} \end{cases}$

2.

(1) $\max w = 4y_1 + 6y_2$

s. t. $\begin{cases} -y_1 - y_2 \geqslant 2 \\ y_1 + y_2 \leqslant -1 \\ y_1 - ky_2 = 2 \\ y_1 \text{ 无约束},\ y_2 \leqslant 0 \end{cases}$

(2) $k = 1$

3. 解：(1) 对偶问题

$$\min w = 8y_1 + 6y_2 + 6y_3 + 9y_4$$

$$\text{s. t.} \begin{cases} y_1 + 2y_2 \qquad\quad + y_4 \geqslant 2 \\ 3y_1 + y_2 + y_3 + y_4 \geqslant 4 \\ \qquad\qquad\quad y_3 + y_4 \geqslant 1 \\ y_1 \qquad\ + y_3 \qquad \geqslant 1 \\ y_1,\ y_2,\ y_3,\ y_4 \geqslant 0 \end{cases}$$

(2) $\boldsymbol{Y}^* = (4/5, 3/5, 1, 0)$

4.

(1)

$$\min w = 5y_1 + 2y_2$$

$$\text{s. t.} \begin{cases} y_1 + 2y_2 \geqslant 5 \\ 2y_1 - y_2 \geqslant 12 \\ y_1 + 3y_2 \geqslant 4 \\ y_1 \geqslant 0,\ y_2 \text{ 无约束} \end{cases}$$

(2) $y_1 = 29/5,\ y_2 = -2/5$

(3) $\begin{pmatrix} 2/5 & -1/5 \\ 1/5 & 2/5 \end{pmatrix}$

(4) 可能变小

5.

(1) 对偶问题

$$\max w=8y_1+6y_2+6y_3$$

$$\text{s. t.}\begin{cases}y_1+2y_2\leqslant 2\\3y_1+y_2+y_3\leqslant 4\\y_3\leqslant 1\\y_1+y_3\leqslant 1\\y_1,y_2,y_3\geqslant 0\end{cases}$$

(2)

$$\boldsymbol{Y}^*=(0,1,1),w=12$$

6. (1)

$$\min w=20y_1+20y_2$$

$$\text{s. t.}\begin{cases}y_1+2y_2\geqslant 1\\2y_1+y_2\geqslant 2\\2y_1+3y_2\geqslant 3\\3y_1+2y_2\geqslant 4\\y_1,y_2\geqslant 0\end{cases}$$

(2) $\boldsymbol{X}^*=(0,0,4,4)^{\mathrm{T}}$

7. (1) $\boldsymbol{B}^{-1}=\begin{pmatrix}1/2 & 0\\-1/2 & 1\end{pmatrix}$

(2) $(y_1^*,y_2^*)=\boldsymbol{C}_B\boldsymbol{B}^{-1}=(1,3)\begin{pmatrix}1/2 & 0\\-1/2 & 1\end{pmatrix}=(-1,3)$

(3) $a=3$, $b=4$, $c=3$, $d=-1/2$, $e=5/2$, $f=-2$

第 四 章

1. (1) $x_1=7,x_2=2,x_4=8,z^*=33$

(2) 将5000册第4种书所需的工时扣除，并将其利润降为1，重新求解得到：

$x_1=\dfrac{35}{3}$, $x_3=\dfrac{5}{3}$, $x_4=5$, $z^*=\dfrac{100}{3}$千元

2. (1) 设Ⅰ、Ⅱ、Ⅲ中产品的产量分别为x_1, x_2, x_3, z表示利润，则线性规划模型为

$$\max z=10x_1+6x_2+4x_3$$

$$\text{s. t.}\begin{cases}x_1+x_2+x_3\leqslant 100\\10x+4x_2+5x_3\leqslant 600\\2x_1+2x_2+6x_3\leqslant 300\\x_1,\ x_2,\ x_3\geqslant 0\end{cases}$$

$$x_1=\frac{100}{3},\ x_2=\frac{200}{3},\ x_3=0,\ z=\frac{2200}{3}$$

（2）当产品增大到 20/3 时值得安排生产。

（3）值得安排生产。

3.（1）$4/3 \leqslant c_1 \leqslant 4$

（2）买入

（3）最多买入 5 kg

4.（1）$\boldsymbol{B} = \begin{pmatrix} 1/2 & 1 \\ 1 & 4 \end{pmatrix}$

（2）$9/2 \leqslant c_1 \leqslant 13/2$

（3）最高可以接受的价格为 11。

5.（1）$x_A = x_B = 0$，$x_C = 1$ 万件，$x_D = 2$ 万件，$\max z = 88$ 万元

（2）$0 \leqslant c_A \leqslant 13$，$47.5 \leqslant c_C \leqslant 52$

（3）$x_A = x_C = 0$，$x_B = 3/2$ 万件，$x_D = 6$ 万件，$\max z = 126$ 万元

（4）$c_E > 12$ 万元/万件，$x_A = x_C = x_D = 0$，$x_B = 6$，$x_E = 3$，$\max z = 102$ 万元

（5）$x_A = x_B = 0$ ，$x_C = 5/4$ ，$x_D = 1$ ，$\max z = 81.5$

6.（1）$y_1 = 29/5$，$y_2 = -2/5$

（2）29/5； −2/5

（3）b_1 的变化范围为 $[1, +\infty]$，b_2 的变化范围为 $[-5/2, 10]$

（4）c_2 的变化范围为 $[-2.5, 15]$

7.（1）获利最大的生产计划为 $x_1 = 5$，$x_2 = 0$，$x_3 = 3$，$z^* = 27$。

（2）产品 A 所对应的变量 x_1 为基变量，假设 c_1 变化了 Δc_1，上述最优计划不变。c_1 的变化范围为 $[2.4, 4.8]$

（3）设新产品 D 所对应的变量为 x_6，则其在最终表中的检验数为

$$\sigma_6 = c_6 - \boldsymbol{C}_B\boldsymbol{B}^{-1}\boldsymbol{p}_6 = 3 - (3,4)\begin{pmatrix} \frac{1}{3} & -\frac{1}{3} \\ -\frac{1}{5} & \frac{2}{5} \end{pmatrix}\begin{pmatrix} 8 \\ 2 \end{pmatrix}$$

$$= 3 - (3,4)\begin{pmatrix} 2 \\ -\frac{4}{5} \end{pmatrix} = \frac{15}{5} - \frac{14}{5} = \frac{1}{5}$$

所以，该种产品值得生产。

8. 原模型的最优解为 $\boldsymbol{X}^* = (0,20,0,0,10)^{\mathrm{T}}$，$\max z = 100$

（1）最优解发生变化，因为 $\boldsymbol{B}^{-1}\boldsymbol{b} = \begin{pmatrix} 30 \\ -30 \end{pmatrix}$，新的最优解为 $\boldsymbol{X}^* = (0,0,9,3,0)^{\mathrm{T}}$，$z^* = 117$

（2）最优解发生变化，因为 $\boldsymbol{B}^{-1}\boldsymbol{b}' = \begin{pmatrix} 20 \\ -10 \end{pmatrix}$，新的最优解为：$\boldsymbol{X}^* = (0,5,5,0,0)^{\mathrm{T}}$，$z^* = 90$

（3）最优解不变，因为 c_3 变化，x_3 为非基变量，其新检验数 $\sigma_3' = c_3' - \boldsymbol{C}_B\boldsymbol{B}^{-1}\boldsymbol{p}_3 = -7 < 0$

(4) 最优解不变,因为 $\boldsymbol{p}_1$ 变化, x_1 为非基变量,其新检验数 $\sigma_1' = -5 < 0$

(5) 新的解为: $\boldsymbol{X}^* = (0,25/2,5/2,0,15,0)^{\mathrm{T}}, z^* = 95$

(6) 新的解为: $\boldsymbol{X}^* = (0,20,0,0,0)^{\mathrm{T}}, z^* = 100$

第 五 章

1. (1) 不能作为基可行解，因为数字格之间存在闭回路。

   (2) 不能作为基可行解，因为变量个数不是 $m+n-1$ 个，同时数字格之间也存在闭回路。

2. (1) $z=890$ (2) $z=85$ (3) $z=5510$

3. (1) $z=5510$ (2) 有无穷多最优解 (4) $20 \leqslant c_{22} \leqslant 25$

4. $z=1046.25$

5. $z=2450$

6. $z=11150$

7. $z=9150$

8. $z=570$

第 六 章

1. × × ✓ ✓ ✓ ✓ ✓ × ✓ ✓

2. 两组解: $x_1=2$, $x_2=2$; $x_1=3$, $x_2=1$。最优值为 4

3. (1) $x_1=5, x_2=2, x_3=2$; 最优值为 23

   (2) $x_1=4, x_2=4$; 最优值为 8

4. (1) $x_1+2x_2 \leqslant 2+yM$

   $3x_1+4x_2 \geqslant 4-(1-y)M$

   $y=0$ 或 1

   (2) $x=2y_1+4y_2+6y_3$

   $y_1+y_2+y_3 \leqslant 1$

   $y_1, y_2, y_3 = 0$ 或 1

   (3) $x_1 \leqslant 4+(1-y)M$

   $x_2 \geqslant 2-(1-y)M$

   $x_1 \geqslant 4-yM$

   $x_2 \leqslant 8+yM$

   $y=0$ 或 1

   (4) $2x_1+x_2 \leqslant 6+y_1M$

   $x_1 \geqslant 3-y_2M$

   $x_3 \leqslant 3+y_3M$

   $x_3+2x_4 \geqslant 5-y_4M$

   $y_1+y_2+y_3+y_4 \leqslant 2$

   $y_1, y_2, y_3, y_4 = 0$ 或 1

5. (1) $(x_1, x_2, x_3) = (1,0,0), z=4$

(2) $(x_1,x_2,x_3,x_4)=(0,1,1,0)$, $z=18$

6. (1) $z=40$; (2) $z=18$

7. 最优解为 $\begin{pmatrix} 0 & 0 & 1 & 0 & 0 \\ 0 & 1 & 0 & 0 & 0 \\ 0 & 0 & 0 & 0 & 1 \\ 1 & 0 & 0 & 0 & 0 \\ 0 & 0 & 0 & 1 & 0 \end{pmatrix}$, $\min z=3+2+0+1+4=10$

8. 设产品的配套数为 y，每一部门的生产班数分别为 x_1、x_2、x_3，则

$$\max z=y$$

$$\text{s. t.}\begin{cases} 8x_1+5x_2+3x_3\leqslant 100 \\ 6x_1+9x_2+8x_3\leqslant 200 \\ 7x_1+6x_2+8x_3\geqslant 4y \\ 5x_1+9x_2+4x_3\geqslant 3y \\ x_j,\ (j=1,\ 2,\ 3),\ y\ \text{均为非负整数} \end{cases}$$

第 七 章

1. × ✓ × ×

3. (1) $x_1=10, x_2=20, x_3=10, z=0$

(2) $x_1=60$; $x_2=30$; $d_1^+=10$; $d_3^-=15$

4. 设全自动和半自动洗衣机的装配数量分别为 x_1、x_2，则这个问题的目标规划模型为

$$\min z=P_1(2d_1^-+d_2^-)+P_2d_3^-+P_3d_4^+$$

$$\text{s. t.}\begin{cases} x_1+d_1^--d_1^+=27 \\ x_2+d_2^--d_2^+=35 \\ x_1+x_2+d_3^--d_3^+=48 \\ x_1+x_2+d_4^--d_4^+=58 \\ x_1,x_2,d_i^-,d_i^+\geqslant 0, i=1,2,3,4 \end{cases}$$

5. 设该广播台每天安排商业节目、新闻节目、音乐节目的时间分别为 x_1、x_2、x_3，则本问题的目标规划模型为

$$\min z=P_1(d_1^++d_2^-+d_3^-)+P_2d_4^-$$

$$\text{s. t.}\begin{cases} x_1+x_2+x_3+d_1^--d_1^+=12 \\ x_1+d_2^--d_2^+=2.4 \\ x_2+d_3^--d_3^+=1 \\ 250x_1-40x_2-17.5x_3+d_4^--d_4^+=600 \\ x_1,x_2,x_3\geqslant 0, d_i^-,d_i^+\geqslant 0, i=1,2,3,4 \end{cases}$$

其中，最后一个目标约束的理想值是以每天允许做商业节目的最大收入为理想值：$(250\times 2.4\times 60)$ 美元 $=36000$ 美元，再在约束等式两边都除以 60 后，加减偏差变量得

到的。

6. 设A、B、C三种产品的产量分别为 x_1、x_2、x_3，则该问题的目标规划模型为

$$\min w = P_1 d_1^- + P_2(20d_2^- + 18d_3^- + 21d_4^-) + P_3 d_{11}^+ + P_4(20d_5^- + 18d_6^- + 21d_7^-) + P_5 d_1^+$$

$$\text{s.t.}\begin{cases} 5x_1 + 8x_2 + 12x_3 + d_1^- - d_1^+ = 170 & \text{工时约束} \\ \left.\begin{array}{l} x_1 + d_2^- - d_2^+ = 5 \\ x_2 + d_3^- - d_3^+ = 5 \\ x_3 + d_4^- - d_4^+ = 8 \end{array}\right\} & \text{产量约束} \\ \left.\begin{array}{l} x_1 + d_5^- - d_5^+ = 10 \\ x_2 + d_6^- - d_6^+ = 12 \\ x_3 + d_7^- - d_7^+ = 10 \end{array}\right\} & \text{销量约束} \\ d_1^+ + d_{11}^- - d_{11}^+ = 20 & \text{加班约束} \\ x_j, d_i^-, d_i^+, d_{11}^-, d_{11}^+ \geqslant 0; j = 1,2,3; i = 1,2,\cdots,7 & \text{非负约束} \end{cases}$$

第 八 章

1. $\boldsymbol{u}^* = (3,1,2)$，$\boldsymbol{u}^* = (3,2,1)$，$\boldsymbol{u}^* = (4,1,1)$，最大总利润710万元。

2. $\boldsymbol{u}^* = (0,2,3,1)$，$\boldsymbol{u}^* = (1,1,3,1)$，$\boldsymbol{u}^* = (2,1,2,1)$，$\boldsymbol{u}^* = (2,2,0,2)$，最大总产量为134。

3. 第一期、第二期全部投入第二种产品，第三期、第四期全部投入第一种产品。最大总收益为2680。

4. 最短路：$A \to B_1 \to C_2 \to D_2 \to E_2 \to F$，最短距离为17。

5. 最优更新计划（K，K，K，K，K），最大总收入为42。

6. 最优解：项目 A：300万元、项目 B：0万元、项目 C：100万元，最优值：$z = (71 + 49 + 70)$ 万元 $= 190$ 万元

7. 设每个月的产量是 X_i 百台（$i = 1$，2，3，4），最优解：$X_1 = 4$、$X_2 = 0$、$X_3 = 4$、$X_4 = 3$

即第一个月生产4台，第二个月生产0台，第三个月生产4台，第四个月生产3台，最优值：$z = 252000$ 元

8. 最大利润2790万元。最优安排如下表：

年度	年初完好设备数	高负荷工作设备数	低负荷工作设备数
1	125	0	125
2	100	0	100
3	80	0	80
4	64	64	0
5	32	32	0

9. 在区1建3个分店，在区2建2个分店，不在区3建立分店。最大总利润22。

10. 在第1、2、3周价格为500元时立即购买，否则等待；第4周即价格为500元或550元时购买，否则等待；第5周无论价格多少都购买。

11.

月份	采购量/件	代销数量/件
1	900	200
2	900	900
3	900	900
4	0	900

最大利润为13500元。

第 九 章

1. B能够构成简单图，A、C、D都不能构成简单图。

2. 用点表示比赛项目，用连线表示运动员所报名参加的项目，若某两个项目有同一个运动员报名参加，则在代表这两个项目的点之间连一条线，据表9-3作图，在图中找出一个点的序列，使得依次排列的两个点不相邻，就做到每名运动员参加的项目不连续。满足要求的排序方案有多个，其中一个是：B、C、A、F、E、D。

3.

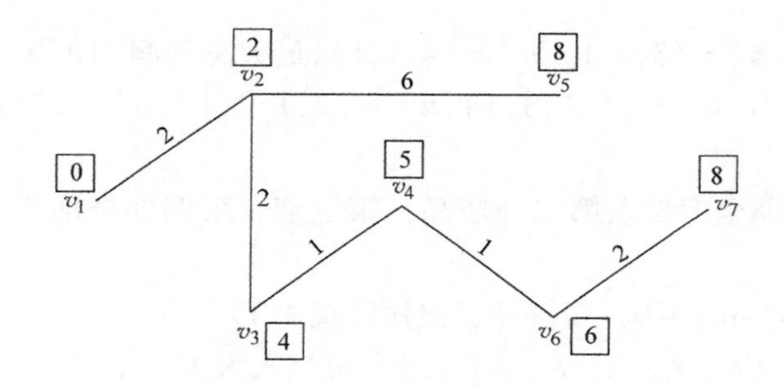

4.

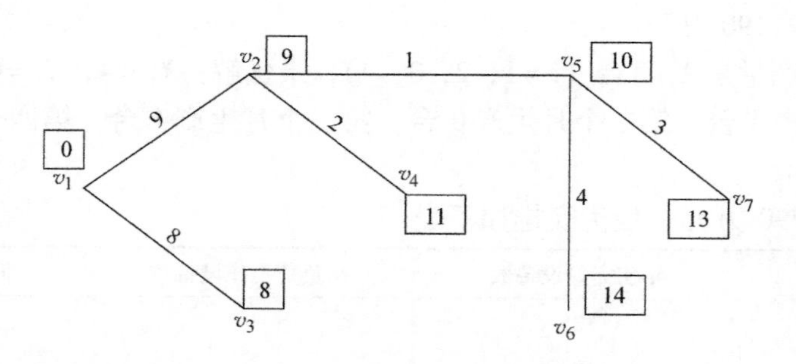

$$P(v_1)=0;P(v_3)=8;P(v_2)=9;P(v_5)=10;P(v_4)=11;P(v_7)=13;P(v_6)=14$$

5.

v_1	v_2	v_3	v_4	v_5	v_6
0	−1	1	2	−1	∞

6.

$$C^4=\begin{array}{c} \\ v_1\\ v_2\\ v_3\\ v_4\\ v_5\\ v_6\end{array}\begin{array}{c}\begin{matrix} v_1 & v_2 & v_3 & v_4 & v_5 & v_6\end{matrix}\\ \begin{pmatrix} 0 & 1 & -1 & 0 & -3 & -1\\ \infty & 0 & -2 & -1 & -4 & -2\\ \infty & \infty & 0 & 5 & 2 & 2\\ \infty & \infty & -1 & 0 & -3 & -1\\ \infty & \infty & 2 & 7 & 0 & 2\\ \infty & \infty & \infty & \infty & \infty & 0\end{pmatrix}\end{array}$$

7. 最大流量为 18

8. 最大流 =35

9. (1) 最大流 $f(x)=11$;(2) 最小截集 $(V_1,\overline{V}_1)=\{(v_1,v_3),(v_1,v_4),(v_2,v_4)\}$,最小截量 =11

10. (1) 5;(2)是,可用寻求最大流的标号法确定;(3)最小截集为 $\{(v_2,v_5),(v_3,v_4),(v_2,v_4)\}$,截量为 5

11. 最大流量为 7

12. 最大流的流量 =21;最小截集为 $\{(v_s,v_1);(v_s,v_2)\}$,最小截量 =21

13.

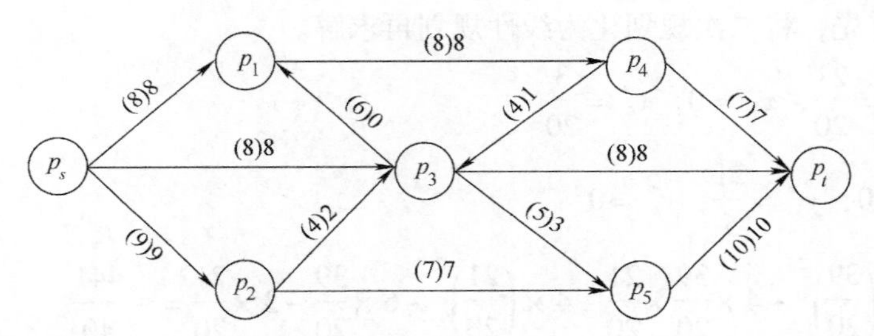

最大流的流量 =25

$P_1=\{p_s\}$,$\overline{P}_1=\{p_1、p_2\quad p_3\quad p_4\quad p_5\quad p_t\}$

最小截集 $(P_1,\overline{P}_1)=\{(p_s,p_1),(p_s,p_2),(p_s,p_3)\}$

第 十 章

1. 工期为 27,关键路线为 $A\to B\to F\to G\to J$
2. 工期为 43,关键路线为 $A\to D\to F\to I\to L\to M\to O\to P$
3. 工期为 15,关键路线为 $B\to G\to H$;最低成本日程为 14 天,最低成本为 151 百元
4. 期望工期为 19;关键路线为 $B\to G\to H\to J\to K$;在 18 天完成的概率为 35.2%

第 十 一 章

1. × ✓ × × ✓ ✓
2. 两者都不是凸规划
3. 提示:先建立无约束极值数学模型,然后用梯度法进行求解。
4. $x_6=-0.4762$ 为近似极小点,近似极小值为 $f(x_6)=2.7506$

5. $t^* = 0.974$，$f(t^*) = 0.000676$

6.

$$\begin{cases}(8x_1^* - 10 - 4x_2^*, \ 2x_2^* - 4 - 4x_1^*)^{\mathrm{T}} - \gamma_1^*(-1, \ -1)^{\mathrm{T}} - \gamma_2^*(-4, \ -1)^{\mathrm{T}} - \\ \quad \gamma_3^*(1, \ 0)^{\mathrm{T}} - \gamma_4^*(0, \ 1)^{\mathrm{T}} = 0 \\ \gamma_1^*(-1, \ -1)^{\mathrm{T}} = 0 \\ \gamma_2^*(-4, \ -1)^{\mathrm{T}} = 0 \\ \gamma_3^*(1, \ 0)^{\mathrm{T}} = 0 \\ \gamma_4^*(0, \ 1)^{\mathrm{T}} = 0 \\ \gamma_1^*, \ \gamma_2^*, \ \gamma_3^*, \ \gamma_4^* \geqslant 0\end{cases}$$

7. 初始点的选择并不唯一，问题的求解是一个多次迭代的过程，且相邻两次迭代方向呈正交关系。收敛到点 $\boldsymbol{X}^* = (1, \ 1)^{\mathrm{T}}$

8. 提示：首先，求出函数的一阶导和二阶导，然后利用它们构造出自变量的迭代公式，将题目所要求的精度作为迭代终止条件。得到近似极小点为 3.0001，近似极小值为$f(3.0001) = 1.0000007$

9. 提示：$\boldsymbol{A}$ 为对称正定阵，运用正定二次函数的共轭梯度法求解。$\boldsymbol{X}^{(2)} = (0, \ 0)^{\mathrm{T}}$ 即极小点。

10. 提示：首先，将二次规划化为线性规划再求解。

$$x_1^* = \frac{39}{20}, \ x_2^* = \frac{21}{20}, \ x_3^* = 0, \ x_4^* = \frac{3}{20}$$

$$z_1^* = 0, \ z_2^* = 0, \ y_3^* = \frac{21}{5}, \ y_4^* = 0$$

$$f(\boldsymbol{X}^*) = 2 \times \left(\frac{39}{20}\right)^2 - 4 \times \frac{39}{20} \times \frac{21}{20} + 4 \times \left(\frac{21}{20}\right)^2 - 6 \times \frac{39}{20} - 3 \times \frac{21}{20} = -\frac{441}{40}$$

第十二章

1. (注意本题中的需求与保管费计划期不同，应统一) $EOQ = 31.6$ t
2. (1)2000 件；(2)200 件
3. $EOQ = 4472$ 个
4. 7 件，56.57 元；9 件，43.82 元
5. (1)447 件，10733 元/年；(2)48 件
6. 1500 个
7. $\dfrac{k}{k+h} = \dfrac{15}{15+20} = 0.4286$，最佳订货量 4 百份
8. 运用经济订购批量存储模型，可以得到。

(1) 经济订货批量：

$$Q^* = \sqrt{\frac{2Dc_3}{c_1}} = \sqrt{\frac{2 \times 4800 \times 350}{40 \times 25\%}} \text{件} \approx 579.66 \text{件}$$

(2) 由于需要提前 5 天订货，因此仓库中需要留有 5 天的余量，故再订货点为

$$\frac{4800\times5}{250}\text{件}=96\text{件}$$

(3) 订货次数为 $\frac{4800}{579.7}$ 次≈8.28 次，故两次订货的间隔时间为 250/8.28 天≈30.19 天

(4) 每年订货与存储的总费用为 $TC=\frac{1}{2}Qc_1+\frac{D}{Q^*}c_3\approx5796.55$ 元

9. (1) 经济订货批量：

$$Q^*=\sqrt{\frac{2Dc_3}{c_1}}=\sqrt{\frac{2\times14400\times1800}{1500\times2\%}}\text{ t}\approx1314.53\text{ t}$$

(2) 由于需要提前 7 天订货，因此仓库中需要留有 7 天的余量，故再订货点为

$$\frac{14400}{365}\text{ t}\approx276.16\text{ t}$$

(3) 订货次数为 14400/1314.53 次≈10.95 次，故两次订货的间隔时间为

$$\frac{365}{10.95}\text{天}\approx33.32\text{天}$$

(4) 每年订货与存储的总费用为 $TC=\frac{1}{2}Qc_1+\frac{D}{Q^*}c_3\approx39436.02$ 元

10. 运用经济生产批量模型，可知：

(1)最优经济生产批量为

$$Q^*=\sqrt{\frac{2Dc_3}{\left(1-\frac{d}{p}\right)c_1}}=\sqrt{\frac{2\times18000\times1600}{\left(1-\frac{18000}{30000}\right)\times150\times18\%}}\text{套}\approx2309.4\text{套}$$

(2)每年生产次数为 18000/2309.4 次 =7.79 次

(3)两次生产的间隔时间为 250/7.79 天≈ 32.08 天

(4)每次生产所需的时间为 250 × 2309.4/30000 天≈19.25 天

(5)最大存储水平为 $\left(1-\frac{d}{p}\right)Q^*\approx923.76$ 套

(6)生产和存储的全年总成本为 $TC=\frac{1}{2}\left(1-\frac{d}{p}\right)Qc_1+\frac{D}{Q^*}c_3\approx24941.53$ 元

第十三章

1. (1)0.6 (2)0.0384 (3)0.4 (4)0.67 人 (5)1/6 h (6)4/15 人

(7)1/15 h

2. (1) 此时服务强度大于 1，若不增加工人，顾客越来越多，队列将无限长

(2) 增加工人后，模型即为 $M/M/2$，空闲概率为 0.25

(3) 0.45

(4) 1.875 人

(5) 0.1563 h

(6) 0.675 人

（7）0.0563 h

3. （1）1/4　（2）3 人　（3）1 h　（4）超过 3.2 人/h

4. 为 $M/M/1$ 系统：$\lambda=50$ 人/h，$\mu=80$ 人 /h

（1）顾客来借书不必等待的概率：$P_0=0.375$

（2）柜台前的平均顾客数：$L_s=1.6667$ 人

（3）顾客在柜台前平均逗留时间：$W_s=0.033$ h

（4）顾客在柜台前平均等候时间：$W_q=0.0205$ h

5. （1）为 $M/M/1$ 系统：$\lambda=30$ 人/h，$\mu=40$ 人/h，$P_0=0.25$，$L_q=2.25$，$L_s=3$，$W_q=0.075$ h，$W_s=0.1$ h

（2）1）$M/M/1$ 系统：$\lambda=30$ 人/h，$\mu=60$ 人/h，$P_0=0.5$，$L_q=0.5$，$L_s=1$，$W_q=0.0167$ h，$W_s=0.0333$ h

2）$M/M/2$ 系统：$\lambda=30$ 人/h，$\mu=40$ 人/h，$P_0=0.4545$，$L_q=0.1227$，$L_s=0.8727$，$W_q=0.0041$ h，$W_s=0.0291$ h

系统二明显优于系统一。

6. 为 $M/M/1$ 系统：$\lambda=10$ 人/h，$\mu=20$ 人/h，$L_q=3$ min，因为 $L_q=3\text{ min}<4\text{ min}$，故不应该去另一电话亭。

7. 为 $M/M/n$ 系统：$\lambda=510$ 次/h，$\mu=30$ 次/h，故至少需要 18 部外线才能满足系统运行。要求外线电话接通率为 95% 以上，即 $P_w<0.05$：

当 $n=18$ 时，$P_w=0.7437$

当 $n=19$ 时，$P_w=0.5413$

当 $n=20$ 时，$P_w=0.3851$

当 $n=21$ 时，$P_w=0.2674$

当 $n=22$ 时，$P_w=0.181$

当 $n=23$ 时，$P_w=0.1193$

当 $n=24$ 时，$P_w=0.0766$

当 $n=25$ 时，$P_w=0.0478$

故系统应设 25 条外线才能满足外线电话接通率为 95% 以上。

8. 为 $M/M/n$ 系统：$\lambda=10$ 台/h，$\mu=4$ 台/h，至少需要 3 名修理工才能保证及时维修机器故障。

（1）假设雇佣 3 名修理工，则系统为 $M/M/3$ 模型：

$L_s=6.0112$，$W_q=0.3511$ h，$W_s=0.6011$ h，$z=630.6742$ 元

假设雇佣 4 名修理工，则系统为 $M/M/4$ 模型：

$L_s=3.0331$，$W_q=0.0533$ h，$W_s=0.3033$ h，$z=541.9857$ 元

假设雇佣 5 名修理工，则系统为 $M/M/5$ 模型：

$L_s=2.6304$，$W_q=0.013$ h，$W_s=0.263$ h，$z=607.824$ 元

故雇佣 4 名修理工时总费用最小，为 541.9857 元

（2）等待修理时间不超过 0.5 h，即要求 $W_q<0.5$，当雇佣 4 名修理工时，$W_q=0.0533\text{ h}<0.5\text{ h}$

第十四章

1. 建大厂的期望收益 64 万元，建小厂的期望收益 37 万元，故选择建大厂（决策树略）。

2. 乐观准则选用 S_1，悲观准则选用 S_3。

3. 折中准则：$\alpha=0.3$ 时，选转色方案，$\alpha=0.7$ 时，选新建方案。等可能准则：选新建方案。

4. （1）S_2 方案最优
（2）S_1 方案最优
（3）S_2 方案最优
（4）S_2 方案最优
（5）S_2 方案最优

5. （1）面包进货问题的收益矩阵为

订货量 \ 公司收益值 \ 需求量	N_1	N_2	N_3	N_4	N_5
S_1	84	84	84	84	84
S_2	126	126	126	126	60
S_3	168	168	168	102	36
S_4	210	210	144	78	12
S_5	252	186	120	54	-12

（2）用悲观准则得最优方案为 S_1；
用乐观准则得最优方案为 S_5；
用后悔值法得最优方案为 S_4；
用折中准则得最优方案为 S_5。

6. I_1 表示不合格品的概率为 0.05，I_2 表示不合格品的概率为 0.25，由题可得：

$$P(I_1)=0.8, P(I_2)=0.2$$

（1）用 S_1表示检验，S_2表示不检验，则该问题的收益矩阵为

方案 \ 公司费用 \ 自然状态	$I_1(P(I_1)=0.8)$	$I_2(P(I_2)=0.2)$
S_1	1500	1500
S_2	750	3750

（2）$E(S_1)=(1500\times0.8+1500\times0.2)$元$=1500$ 元

$E(S_2)=(750\times0.8+3750\times0.2)$元$=1350$ 元

故 S_2为最优检验方案。

7. 规定 S_1 表示投资开发事业，S_2 表示存放银行。

（1）$E(S_1)=(50000\times0.2\times0.96-50000\times0.04)$元$=7600$ 元

$E(S_2)=(50000\times0.06\times1)$元$=3000$ 元

比较可知道 S_1 更优，即选投资开发事业。即当我们不掌握全情报用期望值准则来决策

时，S_1 是最优行动方案。

（2）用 I_1 表示咨询公司结论为开发，I_2 表示咨询公司结论为不开发，N_1 表示开发，N_2 表示不开发。为了求解题中的问题，先根据题意求出其中的 $P(I_1)$、$P(I_2)$、$P(N_1|I_1)$、$P(N_2|I_1)$、$P(N_1/I_2)$、$P(N_2|I_2)$的值：

$P(I_1|N_1)=0.9$，　$P(I_2|N_1)=0.1$，　$P(I_1|N_2)=0.4$

$P(I_2|N_2)=0.6$，　$P(N_1)=0.96$，　$P(N_2)=0.04$

$P(I_1)=P(N_1)P(I_1|N_1)+P(N_2)P(I_1|N_2)=0.96\times0.9+0.04\times0.4=0.88$

$P(I_2)=P(N_2)P(I_2|N_2)+P(N_1)P(I_2|N_1)=0.04\times0.6+0.96\times0.1=0.12$

由贝叶斯公式,可求得：

$$P(N_1|I_1)=\frac{P(N_1)P(I_1|N_1)}{P(I_1)}=\frac{0.96\times0.9}{0.88}=0.9818$$

$$P(N_2|I_1)=\frac{P(N_2)P(I_1|N_2)}{P(I_1)}=\frac{0.04\times0.4}{0.88}=0.0182$$

$$P(N_1|I_2)=\frac{P(N_1)P(I_2|N_1)}{P(I_2)}=\frac{0.96\times0.1}{0.12}=0.8$$

$$P(N_2|I_2)=\frac{P(N_2)P(I_2|N_2)}{P(I_2)}=\frac{0.04\times0.6}{0.12}=0.2$$

当调查结论为开发时：

$$E(S_1)=(0.9818\times50000\times0.2-0.0182\times50000)\text{元}=8908\text{ 元}$$

$$E(S_2)=(50000\times0.06)\text{元}=3000\text{ 元}$$

即此题应选择方案 S_1。

当调查结论为不开发时：

$$E(S_1)=(0.8\times50000\times0.2-0.2\times50000)\text{元}=-2000\text{ 元}$$

$$E(S_2)=(50000\times0.06)\text{元}=3000\text{ 元}$$

即此题应选择方案 S_2。

因为咨询公司调查结论为开发的概率为 $P(I_1)=0.88$,不开发的概率 $P(I_2)=0.12$,故：

$$E(\text{调})=(0.88\times8908+0.12\times3000)\text{元}=8199.04\text{ 元}$$

这就是当公司委托咨询公司进行市场调查即具有样本情报时，公司的期望收益可达到 8199.04 元，比不进行市场调查的收益 7600 元要高。故：

$$EVSI=(8199.04-7600)\text{元}=599.04\text{ 元}$$

因为 599.04 元 < 800 元，所以该咨询服务费用 800 元是不值得的。

参 考 文 献

[1] 《运筹学》教材编写组．运筹学［M］．4 版．北京：清华大学出版社，2013.
[2] 胡运权，郭耀煌．运筹学教程［M］．4 版．北京：清华大学出版社，2012.
[3] 韩伯棠．管理运筹学［M］．4 版．北京：高等教育出版社，2015.
[4] 胡运权．运筹学习题集［M］．4 版．北京：清华大学出版社，2010.
[5] 胡运权．运筹学基础及应用［M］．6 版．北京：高等教育出版社，2014.
[6] 何坚勇．运筹学基础［M］．2 版．北京：清华大学出版社，2008.
[7] 弗雷德里克 S 希利尔，马克 S 希利尔．数据、模型与决策：运用电子表格建模与案例研究［M］．任建标，译．北京：中国财政经济出版社，2004.
[8] 丁以中．管理科学：运用 Spreadsheet 建模和求解［M］．北京：清华大学出版社，2003.